W0261960

Herausgegeben von
Prof. Dr. Bernd Luderer, Technische Universität Chemnitz

Die Studienbücher Wirtschaftsmathematik behandeln anschaulich, systematisch und fachlich fundiert Themen aus der Wirtschafts-, Finanz- und Versicherungsmathematik entsprechend dem aktuellen Stand der Wissenschaft.
Die Bände der Reihe wenden sich sowohl an Studierende der Wirtschaftsmathematik, der Wirtschaftswissenschaften, der Wirtschaftsinformatik und des Wirtschaftsingenieurwesens an Universitäten, Fachhochschulen und Berufsakademien als auch an Lehrende und Praktiker in den Bereichen Wirtschaft, Finanz- und Versicherungswesen.

Karl Michael Ortmann

Praktische Finanzmathematik

Zinsrechnung – Zinsanleihen – Zinsmodelle

Karl Michael Ortmann
Beuth Hochschule für Technik Berlin
Berlin, Deutschland

Studienbücher Wirtschaftsmathematik
ISBN 978-3-658-13833-2   ISBN 978-3-658-13834-9 (eBook)
DOI 10.1007/978-3-658-13834-9
Die Deutsche Nationalbibliothek verzeichnet diese Publikation in der Deutschen Nationalbibliografie; detaillierte bibliografische Daten sind im Internet über http://dnb.d-nb.de abrufbar.

Springer Spektrum

Planung: Ulrike Schmickler-Hirzebruch

Gedruckt auf säurefreiem und chlorfrei gebleichtem Papier

Springer Spektrum ist Teil von Springer Nature
Die eingetragene Gesellschaft ist Springer Fachmedien Wiesbaden GmbH
Die Anschrift der Gesellschaft ist: Abraham-Lincoln-Strasse 46, 65189 Wiesbaden, Germany

Vorwort

Das vorliegende Buch richtet sich an Studierende der Mathematik, Wirtschafts- und Finanzmathematik sowie der Wirtschaftswissenschaften an Hochschulen und Universitäten. Den Lesern ist gemeinsam, dass sie sich für die praktische Anwendung der Mathematik in der Finanzwirtschaft im Allgemeinen und der Versicherungswirtschaft im Besonderen interessieren.

In diesem Lehrbuch geben wir einen Einblick in diejenigen Themen, die für die Praxis besonders relevant sind. Im Grunde genommen werden alle diejenigen Kenntnisse vermittelt, die der Autor bei seinem Berufseinstieg in die Versicherungsbranche gerne gehabt hätte.

Da der Praxisbezug im Vordergrund steht, wurden zahlreiche Beispiele und Abbildungen aufgenommen, um das Verständnis der behandelten Materie zu erleichtern und zu fördern. Außerdem kann der Leser seinen Lernerfolg anhand von 100 Aufgaben und Lösungen eigenständig überprüfen. Sie entstammen zu einem großen Teil aus ehemaligen Klausuren des Autors zu seiner einschlägigen Lehrveranstaltung in Finanzmathematik.

Das Buch ist derart gestaltet, dass es sich einerseits für das systematische Erlernen des Stoffes eignet, andererseits im Nachhinein als Nachschlagewerk dienen kann. Zu diesem Zweck sind Kernbegriffe fettgedruckt und wichtige Formeln umrandet. Dadurch wird das Aufspüren relevanter Passagen erleichtert. Außerdem gibt es am Ende eines jeden der drei Kapitel eine Zusammenfassung mit den wichtigsten Formeln sowie einschlägige Literaturhinweise.

Dieses Lehrbuch gliedert sich in drei Teile. Im ersten Teil werden die Grundlagen der Zinsrechnung dargestellt. Im zweiten Teil widmen wir uns Zinsanleihen. Im dritten Teil geben wir einen Einblick in ausgewählte Modelle zur Prognose zukünftiger Zinssätze. An diesen Inhalten wird deutlich, dass der Zins in diesem Lehrbuch im Mittelpunkt steht.

Es sollte an dieser Stelle erwähnt werden, dass die Europäische Zentralbank am 16. März 2016 den Leitzinssatz auf null gesenkt hat. Außerdem gibt es seit geraumer Zeit in der Praxis darüber hinaus sogar negative Zinsen. Solche Umstände galten vor nicht allzu langer Zeit als undenkbar. Auch wenn die Höhe der Zinsen in der Praxis gewöhnungsbedürftig erscheinen mag, so ist das finanzmathematische Konzept der elementaren und höheren Zinsrechnung in all seinen Facetten natürlich nicht obsolet geworden.

Meinen Studierenden, Freunden und Bekannten gebührt mein herzlicher Dank für ihren Beitrag zum Gelingen dieses Lehrbuchs. Es wäre durchaus angemessen, sie alle an dieser Stelle namentlich zu erwähnen. Mein besonderer Dank gilt dem Herausgeber der Studienbücher Wirtschaftsmathematik, Prof. Dr. Bernd Luderer, und dem Springer Verlag, namentlich Frau Schmickler-Hirzebruch, für die angenehme und gelungene Zusammenarbeit.

Berlin, im August 2016   Karl Michael Ortmann

Inhaltsverzeichnis

Zinsrechnung

Gegenstand der elementaren Finanzmathematik ist die Analyse des Wertes von Geld im Verlauf der Zeit. Entscheidend ist dabei die Feststellung, dass der Wert des Geldes sowohl von der nominellen Höhe als auch vom Zeitpunkt seiner Fälligkeit abhängt.

Die beiden wesentlichen Größen der elementaren Finanzmathematik sind somit der Betrag des Geldes und sein Fälligkeitszeitpunkt. Unter dem **Kapital** K_t versteht man in diesem Zusammenhang den Geldbetrag, der von der Zeit t abhängig ist. In der Praxis interessiert man sich vielmehr für das Kapital und nicht so sehr für den nominellen Betrag des Geldes.

Durch die beiden Komponenten Betrag und Zeitpunkt ist das Kapital also eindeutig bestimmt. Dieser Umstand wird in der elementaren Finanzmathematik anhand des Zahlungsstrahls verdeutlicht.

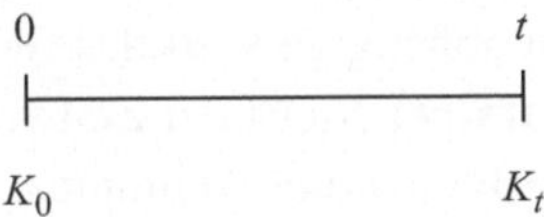

Sind die beiden Beträge K_0 und K_t gleich hoch, so sind sie trotzdem nicht gleichwertig. Denn 100 € sofort, bar auf die Hand, sind nicht dasselbe wie 100 € in zehn Jahren. Man hat unbedingt darauf zu achten, dass der nominelle Geldbetrag einer Zahlung das Kapital nicht vollständig beschreibt. Man benötigt immer zusätzlich die Zeitangabe hinsichtlich der Fälligkeit. Zwei Zahlungen sind dann und nur dann gleichwertig, wenn sie sich auf denselben Zeitpunkt beziehen und denselben Betrag haben. Dieser entscheidende Umstand wird durch das **finanzmathematische Äquivalenzprinzip** beschrieben, auf das wir besonders eingehen werden, weil es die Grundlage sämtlicher Berechnungen in der praktischen Finanzmathematik bildet.

Eine grundlegende Aufgabe in der elementaren Finanzmathematik ist es, Geldbeträge vergleichbar zu machen, die zu unterschiedlichen Zeitpunkten fällig sind. Die zeitliche

© Springer Fachmedien Wiesbaden GmbH 2017
K.M. Ortmann, *Praktische Finanzmathematik*, Studienbücher Wirtschaftsmathematik,
DOI 10.1007/978-3-658-13834-9_1

Transformation von Kapital erfolgt dabei mit Hilfe des Kalküls der **Zinsrechnung**, die im ersten Abschnitt behandelt wird. Danach befassen wir uns mit der Analyse von regelmäßig wiederkehrenden Zahlungen im Rahmen der **Rentenrechnung**. Anschließend geht es dann in der **Tilgungsrechnung** um die Analyse von Kreditgeschäften. Im Zusammenhang mit der **Investitionsrechnung** werden wir schließlich quantitative Methoden vorstellen, die zur Beurteilung der Wirtschaftlichkeit von Investitionen geeignet sind.

1.1 Zinsen

Schon im Altertum war es Usus, Mitmenschen Geld gegen eine Gebühr zu leihen. Lange Zeit wurden derartige Geschäfte in Philosophie und Religion kontrovers diskutiert. Im Verlauf der Jahrhunderte haben sich professionelle Geldgeschäfte dann mehr und mehr durchgesetzt. Sie bilden heute die Grundlage einer funktionierenden Volkswirtschaft. Denn dadurch wird es möglich, jetzt zu investieren und später zu zahlen. Ohne Kredit wäre beispielsweise der Kauf eines Eigenheims oder der Bau einer Fabrik kaum möglich.

Die **Zinsen** sind in diesem Zusammenhang das Entgelt, um gewisse materielle Bedürfnisse sofort zu befriedigen, die man sich ansonsten nur zu einem späteren Zeitpunkt leisten könnte. Der Preis für die gewonnene Zeit wird üblicherweise im Nachhinein gezahlt. Zinsen sind also die Vergütung, oder auch das Entgelt, für die temporäre oder dauerhafte Überlassung von Geld. Den Geldgeber nennt man **Gläubiger**, den Geldempfänger **Schuldner**. Mit der **Laufzeit** bezeichnet man die Dauer der Überlassung des Geldes. Den Zeitraum für die vereinbarte Verzinsung des überlassenen Geldes nennt man **Zinsperiode**. Die **Zinsrate**, auch **Zinssatz**, **Zinsfuß**, manchmal vereinfacht **Zins** genannt, ist der Anteil der Zinsen auf das zur Verfügung gestellte Geld für eine vollständige Zinsperiode. Der **Zeitwert** ist der von der Zeit abhängige Wert des Geldes. Zwei Zeitwerte sind dabei besonders hervorzuheben: der **Barwert** K_0 ist der Zeitwert am Anfang und der **Endwert** K_n ist der Zeitwert am Ende des Betrachtungszeitraums, also nach Ablauf von n Zinsperioden, wobei die Laufzeit n nicht notwendig eine ganze Zahl sein muss.

Bis vor nicht allzu langer Zeit galt ein negativer Zinssatz in der Praxis als unsinnig. Diese Annahme ist nicht mehr gültig. Am 16. März 2016 hat die Europäische Zentralbank (EZB) den sogenannten **Leitzinssatz** auf null gesenkt. Zu diesem Zinssatz wickelt die Zentralbank Geldgeschäfte mit den ihr angeschlossenen Geschäftsbanken ab. Mit Hilfe des Leitzinssatzes kann die Europäische Zentralbank indirekt die Zinsen am Geld- und Kapitalmarkt beeinflussen. Darüber hinaus wurde der sogenannte **Einlagesatz** auf −0,4 % gesenkt. Zu diesem Zinssatz können Geschäftsbanken kurzfristig Geld bei der Zentralbank deponieren. Für die Kapitaleinlage muss somit ein Verlust, nämlich in Höhe der negativen Zinsen, akzeptiert werden. Negative Zinssätze sind also in der Praxis Realität geworden.

Privatpersonen hingegen haben nach wie vor die Möglichkeit, ihr Geld unter die Matratze zu legen. Dadurch verliert es nicht an Wert. Aus diesem Grund sind negative Zinssätze im Kundengeschäft zumindest für überschaubare Geldbeträge nicht durchsetzbar. Wenn hingegen Bargeld abgeschafft wird, so könnte es auch negative Zinsen für den Mann auf der Straße geben. Aus konservativen und didaktischen Gründen diskutieren wir im Folgenden vorwiegend positive Zinssätze.

1.1.1 Lineare Zinsen

Die **lineare Zinsrechnung**, manchmal auch **einfache Zinsrechnung** genannt, setzt voraus, dass es während der Dauer der Überlassung des Geldes keine Zinsen ausgeschüttet werden. Es gibt also keinen **Zinszuschlagstermin**. Insbesondere gibt es bei der linearen Verzinsung damit keine Zinsen für die Überlassung der Zinszahlungen, die sogenannten **Zinseszinsen**, die im nächsten Abschnitt ausführlich diskutiert werden.

Bei der einfachen Verzinsung werden die fälligen Zinsen zunächst gesammelt, bevor sie verrechnet werden. Wir gehen ohne Beschränkung der Allgemeinheit davon aus, dass Zinsen stets am Ende der Laufzeit gezahlt werden. Man spricht dabei von **nachschüssig** fälligen Zinsen. Diese Form der Zinszahlung ist in der Praxis am häufigsten anzutreffen.

Bei einfacher Zinsrechnung hängen die Zinsen Z_n proportional vom Kapital K_0 und der Laufzeit, also der Anzahl n der betrachteten Zinsperioden ab. Der Proportionalitätsfaktor ist durch die Zinsrate i gegeben. Somit berechnen sich die Zinsen gemäß

$$\boxed{Z_n = i \cdot n \cdot K_0}.$$

Aus dem Anfangskapital ergibt sich das um die Zinsen vermehrte Endkapital nach n Zinsperioden zu

$$\boxed{K_n = K_0 + Z_n = K_0\left(1 + i \cdot n\right)}.$$

Dabei ist K_0 der Barwert und K_n der Endwert des Geldes. Umgekehrt gilt

$$\boxed{K_0 = \frac{K_n}{1 + i \cdot n}},$$

Der Vorgang des Berechnens des Endwerts aus dem Barwert heißt **Aufzinsen** oder **Verzinsen**. Die Durchführung der Berechnung des Anfangskapitals aus dem Endkapital heißt **Abzinsen** oder **Diskontieren**. Man sagt, das Endkapital wird abgezinst, das Anfangskapital wird verzinst.

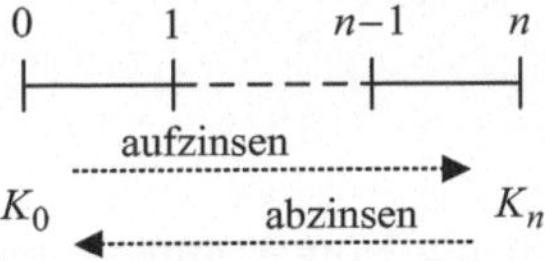

Oft trifft man die Situation an, dass ein bestimmter Geldbetrag für einen fest vereinbarten Zeitraum abgetreten wird. Am Ende dieser Dauer wird dann das Kapital einschließlich

der vereinbarten Zinsen zurückgezahlt. Wenn zwei Zeitwerte gegeben sind, so können wir
den zugehörigen Zinssatz mit der Formel

$$i = \frac{K_n - K_0}{n K_0}$$

angeben. Um Zinssätze vergleichbar zu machen, ist in der Praxis die Zinsperiode üblicherweise ein Jahr lang. Die Anzahl der Zinsperioden wird berechnet durch

$$n = \frac{K_n - K_0}{i K_0} \, .$$

Um verschiedene Zahlungen vergleichen zu können, muss man sämtliche Zahlungen zum
gleichen Zeitpunkt betrachten. Dabei ist die Wahl des Stichtags entscheidend, wie das
folgende Beispiel illustriert. Es sei ergänzend erwähnt, dass wir beim Auf- und Abzinsen
stillschweigend die Gleichheit von **Soll- und Habenzinsen** voraussetzen.

Beispiel
Wir betrachten die beiden Zahlungen 100 € am 1.1.2010 und 110 € am 1.1.2011,
wobei der Zinssatz 10 % pro Jahr sei. Dann ist der Endwert der ersten Zahlung am
1.1.2011 ebenfalls 110 €. Die beiden Zahlungen sind am 1.1.2011 also gleich viel
wert. Man kann sagen, die beiden Zahlungen sind am 1.1.2011 zum Zinssatz 10 %
gleichwertig.

Bezogen auf den jährlichen Zinssatz in Höhe von 5 % wird aus 100 € am
1.1.2010 105 € am 1.1.2011, also 5 € weniger als die zweite Zahlung. Am 1.1.2011
zum Zinssatz von 5 % sind die beiden Zahlungen folglich nicht gleichwertig.

Betrachten wir nun als Stichtag den 1.1.2012 und den jährlichen Zinssatz 10 %.
Dann sind die Endwerte der beiden betrachteten Zahlungen zum gewählten Stichtag:

$$K_2 = 100 + 0{,}1 \cdot 2 \cdot 100 = 120$$
$$\tilde{K}_2 = 110 + 0{,}1 \cdot 110 = 121 \, .$$

Zu diesem Zeitpunkt, am 1.1.2012, sind die beiden Zahlungen unterschiedlich viel
wert. Man sagt, die beiden Zahlungen sind am 1.1.2012 zum Zinssatz von 10 %
nicht gleichwertig.

An obigem Beispiel erkennen wir die Notwendigkeit der Festlegung des Zinssatzes und
des Stichtags in Bezug auf die Definition einer geeigneten Äquivalenzrelation für das Kapital: Zwei Zahlungen sind **äquivalent** am vorgegebenen Stichtag bezüglich der linearen

Verzinsung, wenn sie auf- beziehungsweise abgezinst auf den gemeinsamen Stichtag denselben Wert ergeben. Derjenige Zinssatz, für den zwei Zahlungen zum gewählten Stichtag äquivalent sind, wird **Effektivzinssatz** genannt und mit i_{eff} bezeichnet.

Es ist wichtig, sich immer bewusst zu sein, dass gleich hohe Geldbeträge, die zu unterschiedlichen Zeitpunkten fällig sind, im Allgemeinen, das heißt für $i \neq 0$, nicht äquivalent sind! Man darf Geldbeträge nur dann betragsmäßig miteinander vergleichen, wenn man sie vorher durch Auf- oder Abzinsen auf den gleichen Zeitpunkt transformiert hat.

Zur Verallgemeinerung dieses Ansatzes betrachten wir **Zahlungsfolgen**, die aus mehreren Zahlungen bestehen, die ihrerseits zu verschiedenen Zeitpunkten fällig sein können. Zur Veranschaulichung des Konzepts dient der **Zahlungsstrahl**. Jener ist ein Zeitstrahl, auf dem die Fälligkeiten aller Zahlungen erfasst sind.

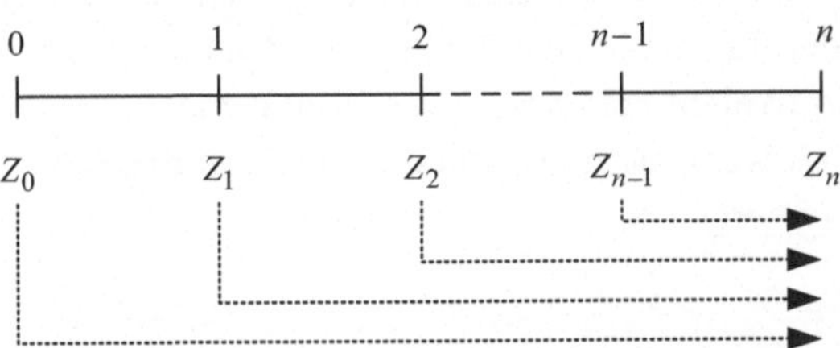

Der Zeitstrahl der Zahlungen stellt ein nützliches Hilfsmittel dar, um die Fälligkeit der einzelnen Zahlungen korrekt zu erfassen. Außerdem wird dem Anwender dadurch vor Augen geführt, dass Geldbeträge nur dann miteinander verglichen werden können, wenn sie sich an derselben Position auf dem Zeitstrahl befinden. Transformationen, das heißt, Verschiebungen der Geldbeträge nach links oder rechts auf dem Zeitstrahl, erfolgen durch Auf- oder Abzinsen.

Um einen gegebenen **Zahlungsstrom** zusammenzufassen, werden zunächst alle einzelnen Zahlungen mit Hilfe der Zinsrechnung auf den gewählten, gemeinsamen Stichtag transformiert. Sämtliche Zahlungen müssen zwingend auf ein und denselben Termin transferiert werden. Anschließend werden alle so berechneten Zeitwerte addiert.

Beispiel

Wir betrachten die folgenden drei Zahlungen: 100 € am 1.1.2010, 200 € am 1.1.2011 und 300 € am 1.1.2012. Der lineare Zinssatz sei der Einfachheit halber 10 % pro Jahr. Dann berechnen wir die Endwerte der drei Zahlungen durch

$$Z_0 \, (1 + 2i) = 100 \cdot (1 + 2 \cdot 0{,}1) = 120$$
$$Z_1 \, (1 + i) = 200 \cdot (1 + 1 \cdot 0{,}1) = 220$$
$$Z_2 = 300 \, .$$

Da sich diese Geldbeträge auf denselben Termin beziehen, können wir sie nicht nur vergleichen sondern auch addieren:

$$Z = 120 + 220 + 300 = 640\,.$$

Der zusammengefasste Wert am 1.1.2012 des Zahlungsstroms aus den genannten drei Zahlungen ist also 640 €.

Stillschweigend wird bei der linearen Zinsrechnung der Tag der letzten vorkommenden Zahlung als Termin gewählt. Wenn nichts anderes gesagt ist, verwenden wir also bei der linearen Verzinsung den Tag der letzten Zahlung als den kanonischen Stichtag. Zwei Zahlungsreihen heißen **äquivalent** bei linearer Verzinsung zum vorgegeben Stichtag und zum vorgegebenen Zinssatz, wenn sie transformiert und zusammengefasst auf den gewählten Stichtag denselben Wert ergeben.

Beispiel

Wir betrachten zwei unterschiedliche Zahlungsströme. Der erste bestehe aus 100 € sofort und 50 € nach einem Jahr. Der zweite bestehe aus 80 € sofort und 72 € nach einem Jahr. Dann sind die Zeitwerte der beiden Zahlungsströme, die wir mit Leistung L und Gegenleistung GL bezeichnen wollen, zum kanonischen Stichtag, also nach Ablauf eines Jahres:

$$L = 100 \cdot (1 + 1 \cdot 0{,}1) + 50 = 160$$
$$GL = 80 \cdot (1 + 1 \cdot 0{,}1) + 72 = 160\,.$$

Da $L = GL$ gilt, sind beide Zahlungsströme äquivalent am kanonischen Stichtag zum linearen Zinssatz in Höhe von 10 %.

1.1.2 Exponentielle Zinsen

Bei der **exponentiellen Zinsrechnung** gibt es mehrere Zinszuschlagstermine innerhalb der Überlassungsdauer des Geldes. Dabei werden Zinsen berücksichtigt, die während des Geschäfts anfallen und über die nachfolgenden Perioden ihrerseits verzinst werden. Es entstehen somit zusätzliche Zinsen für die Überlassung der fälligen Zinszahlungen, die sogenannten **Zinseszinsen**. Die Zinsen und Zinseszinsen werden allerdings nicht unbedingt ausdrücklich erwähnt. Sie werden oft gar nicht explizit ausgewiesen.

In der Zinseszinsrechnung wird das Kapital in aufeinanderfolgenden Perioden für $t = 0, \ldots, n - 1$ rekursiv berechnet durch

$$K_{t+1} = K_t \left(1 + i\right) .$$

Folglich ist das Endkapital nach n Zinsperioden bei exponentieller Verzinsung

$$\boxed{K_n = K_0 \left(1 + i\right)^n} .$$

wie man leicht durch Induktion erkennen kann. Diese Gleichung wird auch als **Leibniz'sche Zinseszinsformel** der Finanzmathematik bezeichnet. Dabei ist, wie gehabt, K_0 der Barwert und K_n der Endwert des Geldes.

Es sei

$$\boxed{r = 1 + i}$$

der **Aufzinsungsfaktor**. Dann ist in abgekürzter Schreibweise

$$\boxed{K_n = K_0 r^n} .$$

Beispiel
Ein Investor legt $10.000 \, €$ für fünf Jahre fest an. Der jährliche Zinssatz sei $2{,}5\,\%$. Dann ist der Vermögenswert am Laufzeitende $11.314{,}08 \, €$:

$$K_5 = 10.000 \cdot \left(1 + 0{,}25\right)^5 = 11.314{,}08 .$$

Klassische finanzmathematische Fragestellungen bestehen in der Berechnung des Barwerts, des Endwerts, der Zinsrate oder der Laufzeit. Zur Lösung derartiger Probleme benutzt man die Potenz- und Logarithmusgesetze. Dazu stellt man obige Gleichung nach der gesuchten Größe um. Der Barwert ist somit

$$\boxed{K_0 = \frac{K_n}{\left(1 + i\right)^n}} .$$

Es sei für $i \neq -1$

$$\boxed{v = \left(1 + i\right)^{-1}}$$

der **Abzinsungsfaktor**, dann gilt in neuer Schreibweise

$$\boxed{K_0 = K_n v^n} .$$

Beispiel

Um in drei Jahren genau 10.000 € zur Verfügung zu haben, muss ein Anleger sofort 9.285,99 € zurücklegen, wenn der jährliche Zinssatz 2,5 % pro Jahr beträgt:

$$\boxed{K_0 = 10.000 \cdot (1 + 0,25)^{-3} = 9.285,99} \ .$$

Andererseits ist der Zinssatz durch äquivalentes Umformen

$$\boxed{i = \sqrt[n]{\frac{K_n}{K_0}} - 1} \ .$$

Beispiel

Ein Investor hat 10.000 € zur freien Verfügung. In vier Jahren benötigt er 12.500 €. Dazu muss er das Geld zum Zinssatz von 5,74 % fest anlegen:

$$i = \sqrt[4]{\frac{12.500}{10.000}} - 1 = 0,0574 \ .$$

In der Praxis kommt dem effektiven Zinssatz eine große Bedeutung zu. Dabei ist nicht immer klar, wie das berechnete Ergebnis interpretiert werden soll. Am besten vergleicht man den effektiven Zinssatz mit einer vorgegebenen Zinsrate. Im folgenden Beispiel unterscheiden wir dazu den Sparzinssatz und den Kreditzinssatz.

Beispiel

Ein Autohändler wirbt mit folgendem Finanzierungsangebot für den Kauf eines Neuwagens: „Bezahlen Sie jetzt die eine Hälfte und in 3 Jahren die zweite Hälfte." Als Alternative bietet er 10 % Rabatt bei Sofortzahlung. Um diese Angebote finanzmathematisch zu analysieren, stellen wir zunächst die Barwerte der beiden Zahlungsalternativen auf:

$$L_1 = K\,(1 - 0,1) \ ,$$
$$L_2 = \frac{K}{2} + \frac{K}{2}\,(1 + i)^{-3} \ ,$$

wobei K der Kaufpreis sei. Der Vergleich der beiden Alternativen liefert durch Gleichsetzen

$$K\,(1-0{,}1) = \frac{K}{2}\left(1 + (1+i)^{-3}\right)\,.$$

Nach äquivalenter Umformung erhalten wir zunächst

$$0{,}9 = 0{,}5 + 0{,}5\,(1+i)^{-3}$$

und schließlich

$$0{,}8 = (1+i)^{-3}\,.$$

Diese Formel lässt sich so interpretieren, dass der Barwert 0,8 und der äquivalente Endwert nach drei Jahren eins ist. Gesucht ist der effektive Zinssatz, den wir durch

$$i = \sqrt[3]{\frac{1}{0{,}8}} - 1 = 0{,}0772$$

berechnen können. Für den Zinssatz 7,72 % sind beide Angebote gleich viel wert, also äquivalent.

Um die Finanzierungsfrage zu konkretisieren, nehmen wir an, dass der Kreditzinssatz 8 % pro Jahr und die Sparzinsrate 4 % pro Jahr beträgt. Wenn man über genügend Geld verfügt, um das Fahrzeug sofort zu bezahlen, ist es besser, den Sofortrabatt anzunehmen. Wir vergleichen dazu die Zahlung von $0{,}9K$ sofort mit dem Zahlungsstrom aus $0{,}5K$ sofort und $0{,}5K$ nach drei Jahren. Vereinfacht wird also $0{,}4K$ sofort mit $0{,}5K$ nach drei Jahren verglichen. Da der Sparzins geringer als der Effektivzinssatz von 7,72 % ist, würden aus den angelegten 40 % des Kaufpreises bei der Bank nach Ablauf von drei Jahren weniger als die dann fälligen 50 % des Kaufpreises werden:

$$0{,}4K \cdot 1{,}04^3 = 0{,}450 < 0{,}5\,.$$

Es lohnt sich also nicht, dass vorhandene Geld bei der Bank zu deponieren. Stattdessen sollte man den Sofortrabatt in Anspruch nehmen.

Wenn man nur 50 % des Kaufpreises zur sofortigen Verfügung hat, könnte man einen Bankkredit in Höhe von 40 % des Kaufpreises aufnehmen und nach drei Jahren zurückzahlen. Wir vergleichen dazu die sofortige Zahlung über $0{,}4K$ mit der Zahlung über $0{,}5K$ in drei Jahren zum Kreditzinssatz von 8 %. Nimmt man $0{,}4K$

als Kredit von der Bank auf, so ist der Endwert nach drei Jahren größer als $0{,}5K$, da der Kreditzinssatz höher als $7{,}72\,\%$ ist:

$$0{,}4K \cdot 1{,}08^3 = 0{,}504 > 0{,}5$$

Man sollte sich das nötige Geld für den Sofortkauf nicht von der Bank leihen. In diesem Fall ist es günstiger, die Finanzierungsalternative des Autohändlers zu wählen.

Eine weitere typische Grundaufgabe der Zinsrechnung besteht in der Berechnung der Laufzeit n aus der Formel

$$K_n = K_0 \left(1 + i\right)^n \;.$$

Lösen wir diese Gleichung nach $\left(1 + i\right)^n$ auf und wenden den natürlichen Logarithmus an, so erhalten wir

$$\ln\left(1 + i\right)^n = \ln\left(\frac{K_n}{K_0}\right)\;.$$

Mit den Logarithmusregeln ergibt sich die Dauer der Überlassung des Kapitals folglich durch

$$\boxed{n = \frac{\ln\left(K_n\right) - \ln\left(K_0\right)}{\ln\left(1 + i\right)}}\;.$$

Beispiel

Es stellt sich die Frage, wie lange es dauert, bis sich ein gegebener Geldbetrag K_0 durch Zinsen verdoppelt. Bei linearer Verzinsung betrachten wir dazu gemäß dem Äquivalenzprinzip

$$K_n = K_0 \left(1 + i\,n\right) = 2K_0\;.$$

Daraus folgt für die Dauer bis zur Verdopplung des Kapitals bei einfacher Verzinsung:

$$n = \frac{1}{i}\;.$$

Bei exponentieller Verzinsung hingegen betrachten wir

$$K_n = K_0 \left(1 + i\right)^n = 2K_0 \,.$$

Dieser Ansatz liefert im Ergebnis

$$n = \frac{\ln 2}{\ln \left(1 + i\right)} \,.$$

Für einige Zinssätze können wir sodann die Laufzeit in Jahren exemplarisch vergleichen:

Zinssatz	Laufzeit bei exponentieller Verzinsung	Laufzeit bei linearer Verzinsung	Verhältnis
1 %	69,7	100	69,7 %
2 %	35,0	50	70,0 %
3 %	23,4	33,3	70,3 %
4 %	17,7	25	70,7 %

Daran erkennen wir, dass für kleine Zinssätze das Verhältnis aus den Laufzeiten zur Kapitalverdopplung bei exponentieller Verzinsung zu linearer Verzinsung unabhängig vom Zinssatz etwa 70 % beträgt. Werden Zinsen auf Zinsen berücksichtigt, so verkürzt sich daher die Laufzeit zur Verdopplung des Anfangskapitals um etwa 30 %.

Der durch das Beispiel angedeutete Zusammenhang lässt sich allgemein zeigen. Zum Beweis greifen wir auf die Taylor-Entwicklung zurück. Für eine differenzierbare Funktion gilt demnach in erster Näherung

$$f\left(x\right) \approx f\left(x_0\right) + f'\left(x_0\right) \cdot \left(x - x_0\right) \,.$$

wobei $f'\left(x\right)$ die Ableitung und x_0 eine beliebige Stelle aus dem Definitionsbereich ist. Setzen wir nun $f\left(x\right) = \ln\left(x\right)$, dann ist $f'\left(x\right) = 1/x$. Mit der Substitution $x = 1 + i$ gilt dann gemäß der Taylor-Entwicklung um die Stelle $x_0 = 1$:

$$\ln\left(1 + i\right) \approx \ln\left(1\right) + \frac{1}{1} \cdot \left(1 + i - 1\right) = i \,.$$

Diese Approximation gilt näherungsweise für kleine Zinssätze i. Daraus folgt für die Dauer bis zur Verdopplung des Kapitals bei exponentieller Verzinsung gemäß der Rechnung aus obigem Beispiel:

$$n = \frac{\ln 2}{\ln (1 + i)} \approx \ln (2) \cdot \frac{1}{i} \; .$$

Wegen $\ln (2) = 0{,}6931$ ist die Verdopplungszeit bei exponentieller Verzinsung etwa das
$0{,}6931$-fache der Dauer bis zur Kapitalverdopplung bei linearer Verzinsung. Damit haben
wir eine einfache Daumenregel gefunden.

Beispiel

Teilt man die Zahl 70 durch den Vomhundertsatz, den wir aus dem vorgegebenem
Zinssatz durch Vernachlässigen des Prozentzeichens erhalten, so ergibt sich die Verdopplungszeit n bei exponentieller Verzinsung. Bei einem gegebenen Zinssatz von
7 % dauert es somit etwa 10 Jahre,

$$n \approx \frac{70}{7} = 10 \; .$$

bis sich das eingesetzte Kapital verdoppelt hat. Exakt berechnet, ist die Verdopplungszeit bei exponentieller Verzinsung 10,24 Jahre:

$$n = \frac{\ln (2)}{\ln (1{,}07)} = 10{,}24 \; .$$

Die genannte Daumenregel gilt näherungsweise nur für kleine Zinssätze.

Bei exponentieller Verzinsung hängt der Endwert K_n, der am Ende der n. Periode zahlbar ist, nur vom Zinssatz i sowie der zeitlichen Differenz der Perioden n zwischen den
Zahlungszeitpunkten für K_0 und K_n ab, nicht aber vom Weg der Berechnung. Es ist also
beispielsweise irrelevant, ob man K_0 zunächst für n_1 Perioden aufzinst und anschließend
für n_2 Perioden abzinst, wenn $n_1 - n_2 = n$ ist. Der Beweis dieser Behauptung ist trivial
aufgrund der Potenzgesetze, denn es gilt

$$K_0 \, (1 + i)^n = K_0 \, (1 + i)^{n_1 - n_2} = K_0 \, (1 + i)^{n_1} \cdot (1 + i)^{-n_2} \; .$$

Der Endwert einer Zahlung kann bei exponentieller Verzinsung mit der **Kontostaffelmethode** ermittelt werden. Diese Methode ist beispielweise für Bankkonten üblich. Sie
ist dadurch gekennzeichnet, dass zum Ende jeder Zinsperiode der Wert des Kapitals einschließlich der zu verrechnenden Zinsen ermittelt wird und dem Konto explizit gutge-
schrieben wird.

Beispiel

In einem Sparplan werden einmalig 1.000 € angelegt. Der Zinssatz betrage 5 % pro Jahr. Dann ist das Endkapital nach drei Jahren

$$K_3 = 1.000\,(1 + 0{,}05)^3 = 1.157{,}63\,.$$

Diesen Endwert können wir alternativ mit der Kontostaffelmethode berechnen. Die Kontostaffel lautet konkret

Jahr	Kontostand am Beginn	Einzahlung am Beginn	Zinsen am Ende	Kontostand am Ende
1	0	1.000,00	50,00	1.050,00
2	1.050,00	0	52,50	1.102,50
3	1.102,50	0	55,13	1.157,63

Es spielt bei der exponentiellen Verzinsung also keine Rolle, auf welchem Weg der Endwert berechnet wird. Die direkte Berechnung und die Kontostaffelmethode liefern das gleiche Ergebnis.

Zwei Zahlungen sind nun **äquivalent** bezüglich der exponentiellen Verzinsung, wenn die beiden Zeitwerte zu einem beliebigen, aber gemeinsamen Stichtag gleich groß sind. In der Zinseszinsrechnung ist es im Hinblick auf die Äquivalenzrelation unbedeutend, welcher Stichtag gewählt wird. Bei der exponentiellen Verzinsung ist der Stichtag also frei wählbar – im Gegensatz zur linearen Zinsrechnung, bei der die Wahl des Stichtags bedeutend ist. Dieser Umstand erleichtert es uns, das fundamentale Axiom der elementaren Finanzmathematik zu formulieren.

Im Folgenden werden wir, wie schon angedeutet, zwei Zahlungsalternativen als **Leistung** beziehungsweise als **Gegenleistung** identifizieren. Prinzipiell ist die Festlegung, was als Leistung identifiziert wird, natürlich subjektiv. Man darf die Bezeichnungen also miteinander vertauschen.

Sind zwei Zahlungen, die mit Leistung und Gegenleistung bezeichnet werden, gegeben, so lautet das **finanzmathematische Äquivalenzprinzip**:

> **Barwert der Leistung ist gleich Barwert der Gegenleistung.**

Dieses Prinzip ist die Grundlage sämtlicher Berechnungen der elementaren Finanzmathematik! Erst dieses Axiom ermöglicht die Berechnung einer gesuchten finanzmathematischen Größe. Mit Hilfe der Verzinsung, die eine Transformation der Höhe des Geldbetrags in der Zeit darstellt, wird die Äquivalenzrelation der Finanzmathematik auf die Gleichheitsrelation für reelle Zahlen zurückgeführt.

Sind zwei zu unterschiedlichen Zeitpunkten fällige Zahlungen äquivalent bezüglich eines Zeitpunktes, so sind sie äquivalent bezüglich jedes Zeitpunktes. Diese Feststellung beruht, wie schon gezeigt, auf den Potenzgesetzen.

Beispiel

Wir betrachten die beiden Zahlungen 100 € am 1.1.2010 und 110 € am 1.1.2011, wobei der Zinssatz 10 % pro Jahr sei. Dann ist der Endwert der ersten Zahlung am 1.1.2011 ebenfalls 110 €. Die beiden Zahlungen sind am 1.1.2011 also gleich viel wert. Man kann sagen, die beiden Zahlungen sind am 1.1.2011 zum Zinssatz 10 % gleichwertig.

Betrachten wir nun als Stichtag den 1.1.2012. Dann sind die Endwerte der beiden betrachteten Zahlungen zum gewählten Stichtag:

$$L = 100 \cdot (1 + 0{,}1)^2 = 121$$
$$GL = 110 \cdot (1 + 0{,}1) = 121 \; .$$

Zu diesem Zeitpunkt, am 1.1.2012, sind die beiden Zahlungen ebenfalls gleich viel wert.

Für die Äquivalenzrelation der exponentiellen Verzinsung spielt die Wahl des Stichtags folglich keine Rolle. Wir erinnern daran, dass bei linearer Verzinsung hingegen die Äquivalenz zweier Zahlungen vom Stichtag abhängt.

Das Äquivalenzprinzip lässt sich problemlos auf Zahlungsströme verallgemeinern. Dazu werden alle Zahlungen auf einen beliebigen, aber gemeinsamen Termin auf- beziehungsweise abgezinst und anschließend addiert. Wenn die so berechneten Zeitwerte identisch sind, dann sind die Zahlungsströme äquivalent.

Beispiel

Wir betrachten zwei unterschiedliche Zahlungsströme, deren Zahlungen jeweils im Abstand von einem Jahr fällig sind. Die Leistung bestehe aus der Folge (100; 80; 120) die alternative Gegenleistung aus der Folge (100; 75; 95). Der Zinssatz sei 10 % pro Jahr. Dann sind die Endwerte:

$$L = 100 \cdot (1 + 0{,}1)^2 + 80 \cdot (1 + 0{,}1) + 120 = 329$$
$$GL = 150 \cdot (1 + 0{,}1)^2 + 75 \cdot (1 + 0{,}1) + 95 = 329 \; .$$

Da $L = GL$ gilt, sind beide Zahlungsströme äquivalent zum Zinssatz in Höhe von 10 %.

Ist eine Zahlungsreihe zu einem Zeitwert zusammengefasst worden, so erhält man den Zeitwert zu jedem beliebigen anderen Zeitpunkt durch einmaliges Auf- oder Abzinsen dieses zusammengefassten Wertes.

Beispiel

Um die Barwerte aus dem obigen Beispiel zu ermitteln, zinsen wir den bereits berechneten Endwert ab:

$$L = GL = 329 \cdot (1 + 0{,}1)^{-2} = 271{,}90$$

Zum gleichen Ergebnis gelangen wir, wenn wir die Barwerte direkt berechnen:

$$L = 100 + 80 \cdot (1 + 0{,}1)^{-1} + 120 \cdot (1 + 0{,}1)^{-2} = 271{,}90$$
$$GL = 150 + 75 \cdot (1 + 0{,}1)^{-1} + 95 \cdot (1 + 0{,}1)^{-2} = 271{,}90 \, .$$

In vielen praktischen Anwendungen der Finanzdienstleistungsbranche berechnet man zunächst die Barwerte aller vorkommenden Zahlungen, addiert alle erhaltenen Barwerte auf und verzinst die so erhaltene Summe bis zum vorgegebenen Stichtag, um den Zeitwert zu einem anderen Stichtag zu erhalten. Das hängt damit zusammen, dass der Gegenwartswert am besten verstanden wird. Der Barwert nimmt unter allen Zeitwerten also eine besondere Stellung ein.

Ein typisches finanzmathematisches Problem ist die Verdopplungsfrage, die wir bereits diskutiert haben. An diesem Beispiel soll das Äquivalenzprinzip weiter verdeutlicht werden.

Beispiel

Das Kalkül der elementaren Finanzmathematik lässt sich insbesondere auch auf allgemeine Wachstumsprozesse anwenden. So kann man die jährliche Wachstumsrate ausrechnen, bei der nach genau 100 Jahren Bevölkerungsverdopplung eintritt. Es sei dazu B_t die Anzahl der Personen in der Bevölkerung zum Zeitpunkt t. Dann machen wir nach dem Äquivalenzprinzip folgenden Ansatz:

$$L = B_0$$
$$GL = B_{100} (1 + i)^{-100} = 2B_0 (1 + i)^{-100} \, .$$

Durch Gleichsetzen von Leistung und Gegenleistung nach dem Äquivalenzprinzip erhalten wir durch äquivalentes Umformen

$$i = \sqrt[100]{2} - 1 = 0{,}006956 \, .$$

Wenn die Bevölkerung um jährlich etwa 0,7 % wächst, so verdoppelt sie sich alle hundert Jahre. In der Verdopplungsfrage hatten wir bereits eine Daumenregel für kleine Zinssätze diskutiert. In diesem Zusammenhang teilt man die Zahl 70 durch die vorgegebene Laufzeit, hier 100 Jahre, und erhält so näherungsweise die gesuchte Wachstumsrate 0,7 als Vomhundertsatz.

Treten mehrere Zahlungen auf, so liefert das Äquivalenzprinzip ein Polynom im Zinssatz i. Üblicherweise kann ein solches Nullstellenproblem zur Berechnung des effektiven Zinssatzes nicht explizit gelöst werden, da es sich in der Praxis meistens um eine Polynomgleichung höherer Ordnung handelt. Deshalb wird man ein geeignetes Verfahren zur näherungsweisen Lösung des effektiven Zinssatzes einsetzen müssen.

Das **Newton-Verfahren** gilt als das Standardverfahren zur numerischen Berechnung einer Lösung der Gleichung $f(i) = 0$. Man wählt einen Startwert i_0 und linearisiert die Funktion um $f(i_0)$. Dazu bestimmt man die Tangente von $f(i)$ an der Stelle i_0. Sie genügt der Funktionsgleichung $g(i) = f(i_0) + f'(i_0) \cdot (i - i_0)$. Die Nullstelle i_1 dieser Tangente ist $i_1 = i_0 - \frac{f(i_0)}{f'(i_0)}$ und wird als verbesserte Näherung der Nullstelle der Funktion $f(i)$ aufgefasst, wie die nachfolgende Grafik verdeutlicht.

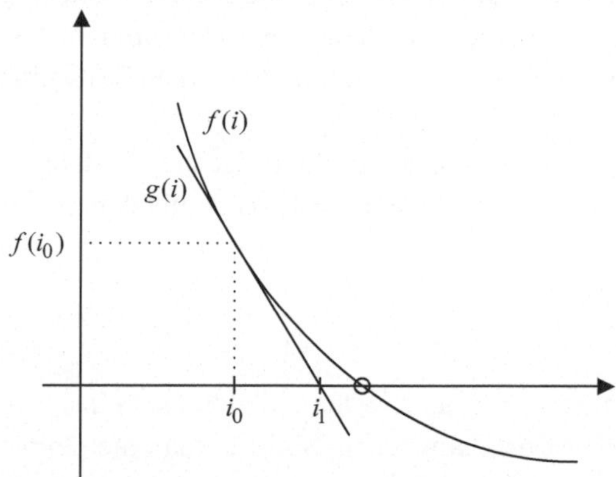

Die Iteration dieses Ansatzes liefert

$$\boxed{i_{n+1} = i_n - \frac{f(i_n)}{f'(i_n)}} \quad \text{für} \quad n = 0,1,\dots$$

Das Newton-Verfahren konvergiert unter gewissen Voraussetzungen für die Funktion $f(i)$ und den Startwert i_0 recht schnell. Für weiter gehende Informationen zur approximativen Berechnung von Nullstellen verweisen wir auf die einschlägige Literatur zur Numerischen Mathematik.

1.1.3 Vorschüssige Zinsen

Für Bankgeschäfte ist es üblich, Zinsen nachschüssig, das heißt, am Ende der Zinsperiode zu zahlen. Die Bezugsgröße für die Zinsrate ist dabei das Anfangskapital. Insbesondere für gewisse Wertpapiergeschäfte hingegen gibt es stattdessen **vorschüssige Zinsen**. Jene werden zu Beginn der Zinsperiode verrechnet. Die vorschüssige Zinsrate wird dabei auf das Endkapital bezogen. Beim Ankauf einer noch nicht fälligen Forderung gibt es dann einen sofortigen Zinsabzug.

Der sofort fällige Zinsabschlag für eine später fällige Geldforderung wird **Diskont D** genannt:

$$D = K_n - K_0 \,.$$

Der **Diskontsatz d** ist das Verhältnis aus Diskont und Endkapital:

$$\boxed{d = \frac{D}{K_n} = \frac{K_n - K_0}{K_n}} \,.$$

Daraus folgt, dass wir das Anfangskapital durch

$$\boxed{K_0 = K_n\,(1 - d)}$$

berechnen können. Wenn der Diskontsatz $100\,\%$ oder mehr beträgt, so ist der Diskont D größer gleich der endfälligen Forderung K_n und der anfängliche Kapitalbetrag K_0 kleiner gleich null.

Wir wollen nun den vorschüssigen Diskontsatz zum nachschüssigen Zinssatz in Beziehung setzen. Letzterer ist gegeben durch

$$i = \frac{K_n - K_0}{K_0} \,.$$

Setzen wir die Formel für den Barwert ein, so erhalten wir

$$i = \frac{K_n - K_n\,(1 - d)}{K_n\,(1 - d)} \,.$$

Also ist

$$\boxed{i = \frac{d}{1 - d}} \,.$$

Formen wir diese Gleichung weiter äquivalent um, so erhalten wir zunächst

$$i\,(1 - d) = d \Leftrightarrow i = d\,(1 + i) \,.$$

Daraus folgt für den Diskontsatz

$$d = \frac{i}{1+i} = iv$$

beziehungsweise

$$d = \frac{i}{1+i} = \frac{1+i-1}{1+i} = 1-v\,.$$

Wir halten fest, dass der nachschüssige Zinssatz i stets größer als der vorschüssige Diskontsatz d ist, wenn i positiv ist.

Beispiel

Für einen Wechsel mit einjähriger Laufzeit wird ein Diskontsatz von 4 % angegeben. Dann ist der effektive Jahreszinssatz

$$i = \frac{0{,}04}{1-0{,}04} = 0{,}0417\,.$$

Der äquivalente nachschüssige Zinssatz ist mit 4,17 % etwas größer als der Diskontsatz mit 4,0 %.

Wir halten fest, dass es zu jedem Diskontsatz einen zugehörigen effektiven Zinssatz gibt. Das bedeutet auch, dass es zu jedem vorschüssigen Zinssatz einen äquivalenten nachschüssigen Zinssatz gibt. Wenn nicht anderes spezifiziert ist, setzen wir im Folgenden die nachschüssige Verrechnung von Zinsen voraus.

1.1.4 Unterjährige Zinsen

Bislang galt stillschweigend, dass die Zeitperiode, auf die sich der Zinssatz bezieht, gleich der Zinsperiode ist, also dem zeitlichen Abstand zwischen zwei Zinszuschlagterminen. Oft wird der Zinssatz für eine bestimmte Periode festgelegt, wobei die Zinszahlungen jedoch schon innerhalb der Periode fällig werden. Beispielsweise spricht man von Jahreszinssätzen bei monatlicher Verzinsung. In solchen Fällen muss festgelegt werden, wie der vorgegebene Zinssatz auf den verkürzten Zeitraum anzuwenden ist. Dazu kann man die **unterjährige Verzinsung** konsistent mit der vorgegebenen jährlichen Verzinsung, sei sie linear oder exponentiell, festlegen. Es kann aber auch eine gemischte Verzinsung dadurch etabliert werden, dass beispielsweise unterjährig lineare Verzinsung und ansonsten exponentielle Verzinsung vereinbart ist.

Es gibt also prinzipiell zunächst zwei Möglichkeiten zur Festlegung der unterjährigen Verzinsungsmodalitäten. Die erste Methode ist an die lineare Verzinsung angelehnt. Sei i der vorgegebene Jahreszinssatz. Die Zinsen seien k Mal pro Jahr fällig. Im Zusammenhang mit **unterjährig linearer** oder auch **zeitproportionaler Verzinsung** nennt man i den **Nominalzinssatz** i_{nom} und i/k den **relativen unterjährigen Periodenzinssatz** i_{rel}. Man schreibt dafür

$$\boxed{i_{\mathrm{rel}} = \frac{i_{\mathrm{nom}}}{k}} \, .$$

Nach der Zinseszinsformel gilt für den Endwert nach n Jahren mit jeweils k unterjährigen Zinszuschlagterminen zum relativen Periodenzins:

$$\boxed{K_{k \cdot n} = K_0 \left(1 + \frac{i_{\mathrm{nom}}}{k} \right)^{k \cdot n}} \, .$$

> **Beispiel**
>
> Die Verzinsung eines Kapitals betrage 4 % pro Jahr, der Zinszuschlag erfolge vierteljährlich zum proportionalen Quartalszinssatz
>
> $$i_Q = \frac{0{,}04}{4} = 0{,}01 \, .$$
>
> Damit kann man den Endwert nach 3,5 Jahren aus einem Anfangskapital von 100 €
> wie folgt berechnen:
>
> $$K_{4 \cdot 3,5} = K_0 \left(1 + i_Q \right)^{4 \cdot 3,5} = 100 \left(1 + 0{,}01 \right)^{14} = 114{,}95 \, .$$

Ist umgekehrt der unterjährige Zinssatz vorgegeben, dann wird er auf das ganze Jahr umgerechnet.

> **Beispiel**
>
> Ein gegebenes Kapital von hundert Euro werde mit dem Zinssatz in Höhe von 2 % pro Quartal linear verzinst. Setzen wir $i_{\mathrm{nom}} = i_J$ und $i_{\mathrm{rel}} = i_Q$ dann ist sofort nach

Definition:

$$i_j = 4i_Q = 4 \cdot 0{,}02 = 0{,}08 \ .$$

Wir können diesen Zusammenhang auch elementar nachvollziehen. Der Endwert nach einem Jahr, also nach vier Zinsperioden, ist nämlich

$$K_4 = K_0 + Z_4 = K_0 + i_Q \cdot 4 \cdot K_0 = 100 + 0{,}02 \cdot 4 \cdot 100 = 108 \ .$$

Davon ausgehend ist der zugehörige Jahreszinssatz

$$i_J = \frac{K_4}{K_0} - 1 = \frac{108}{100} - 1 = 0{,}08 \ .$$

Eine weitere Möglichkeit, unterjährige Verzinsung zu definieren, ist die Verallgemeinerung der exponentiellen Zinsrechnung. Sei dazu i der vorgegebene Jahreszinssatz. Die Zinsen seien k Mal pro Jahr fällig. Für **unterjährig konforme Verzinsung** nennt man dann i den **effektiven Zinssatz** i_{eff} und

$$\boxed{i_{\text{kon}} = \sqrt[k]{1 + i_{\text{eff}}} - 1}$$

den **konformen Zinssatz**. In äquivalenter Form

$$(1 + i_{\text{kon}})^k = 1 + i_{\text{eff}}$$

mag der Zusammenhang einprägsamer sein. Diese Gleichung lässt sich leicht nach einem der beiden Zinssätze auflösen. Nach der Zinseszinsformel gilt für den Endwert nach n Jahren bei k unterjährigen Zinszuschlagterminen zum konformen Zins:

$$K_{n \cdot k} = K_0 \left(1 + i_{\text{kon}}\right)^{n \cdot k} = K_0 \left(1 + i_{\text{eff}}\right)^n \ .$$

Daran erkennt man, dass diese Definition des konformen Zinssatzes tatsächlich eine sinnvolle Verallgemeinerung des Konzepts der exponentiellen Verzinsung ist.

Beispiel

Die Verzinsung eines Kapitals betrage 4 % pro Jahr, der Zinszuschlag erfolge vierteljährlich zum konformen Quartalszinssatz

$$i_Q = \sqrt[4]{1{,}04} - 1 = 0{,}009853 \ .$$

Damit kann man den Endwert berechnen, der sich nach beispielsweise 3,5 Jahren aus einem Anfangskapital von 100 € ergibt:

$$K_{4 \cdot 3,5} = K_0 \left(1 + i_Q\right)^{4 \cdot 3,5} = 100 \left(1 + 0{,}009853\right)^{14} = 114{,}71 \ .$$

Um den Zusammenhang zwischen Nominalzins und Effektivzins zu verdeutlichen, betrachten wir folgenden Zusammenhang. Sei i_{nom} der nominale Jahreszinssatz. Die Zinsen seien k Mal pro Jahr zeitproportional fällig. Dann ist

$$\boxed{i_{\text{eff}} = \left(1 + \frac{i_{\text{nom}}}{k}\right)^{k} - 1} \ .$$

In diesem Zusammenhang ist i_{eff} der zu i_{nom} und k äquivalente effektive Jahreszinssatz bei exponentieller Verzinsung. Der Nachweis gelingt mit Hilfe des Äquivalenzprinzips: Es seien k unterjährige Zahlungen fällig. Bei gegebenem Anfangs- und Endwert nach genau einem Jahr gilt

$$K_k = K_0 \left(1 + i_{\text{rel}}\right)^{k} \ .$$

Es folgt

$$i_{\text{rel}} = \sqrt[k]{\frac{K_k}{K_0}} - 1 \ .$$

Analog ist der konforme Zinssatz:

$$i_{\text{kon}} = \sqrt[k]{\frac{K_k}{K_0}} - 1 \ .$$

Also ist $i_{\text{rel}} = i_{\text{kon}}$. Schließlich haben wir

$$i_{\text{eff}} = (1 + i_{\text{kon}})^{k} - 1 = (1 + i_{\text{rel}})^{k} - 1 = \left(1 + \frac{i_{\text{nom}}}{k}\right)^{k} - 1 \ .$$

Im Spezialfall für $k = 1$, das heißt, bei nur einer einzigen unterjährigen Zahlung, ist der Effektivzins gleich dem Nominalzins.

Beispiel

Bei linearer Verzinsung führt der Zinssatz von 1 % pro Quartal wiederum auf 4 % Zins pro Jahr. Betrachtet man jedoch Zinseszinsen von Quartal zu Quartal, so wächst ein Kapital K_0 auf

$$K_4 = K_0 \left(1 + \frac{i}{4}\right)^4 = K_0 \cdot 1{,}01^4 = K_0 \cdot 1{,}0406 \ .$$

Mit anderen Worten, das Kapital wächst auf einen höheren Betrag, als wenn es mit 4 % pro Jahr verzinst würde, da durch die unterjährige Verzinsung die zeitproportionalen Zinsen wiederum verzinst werden. Diesen Zusammenhang kann man auch direkt erkennen:

$$i_{\text{eff}} = \left(1 + \frac{i_{\text{nom}}}{4}\right)^4 - 1 = 1{,}01^4 - 1 = 0{,}0406 \ .$$

Der nominale Zinssatz 4 % ist äquivalent zu der effektiven Verzinsung in Höhe von 4,06 %.

Um den Unterschied zwischen unterjährig konformer und linearer Verzinsung weiter zu verdeutlichen, betrachten wir das folgende Beispiel.

Beispiel

Der Jahreszinssatz sei 4 %. Bei quartalsweiser linearer Verzinsung gilt

$$i_{\text{nom}} = 0{,}04 \ ,$$
$$i_{\text{rel}} = \frac{0{,}04}{4} = 0{,}01 \ .$$

Bei quartalsweiser konformer Verzinsung hingegen ist

$$i_{\text{eff}} = 0{,}04 \ ,$$
$$i_{\text{kon}} = \sqrt[4]{1{,}04} - 1 = 0{,}009853 \ .$$

Bei vorgegebenem Jahreszinssatz ist der konform unterjährige Zinssatz also niedriger als der relative zeitproportionale Zinssatz.

Abschließend wollen wir den Effekt der beiden unterjährigen Verzinsungsmodalitäten grafisch verdeutlichen.

Beispiel

Die folgende Grafik verdeutlicht die unterjährige Entwicklung des anfänglichen Kapitals in Höhe von 1.000 € für unterjährig lineare Verzinsung im Vergleich mit unterjährig konformer Verzinsung bei einem Zinssatz von 25 % pro Jahr.

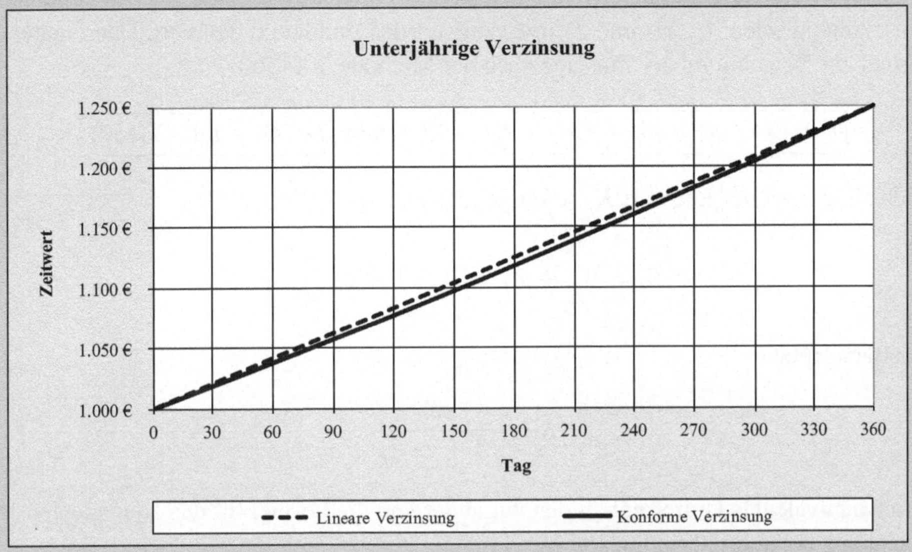

Der Zeitwert des Geldes liegt bezüglich der unterjährig zeitproportionalen Verzinsung oberhalb des Zeitwerts bei konformer unterjähriger Verzinsung, da die Kurve bei exponentieller Verzinsung konvex ist. Die Differenz in diesem Beispiel ist maximal nach 183 Tagen und beträgt 6,97 €. Nach Ablauf von genau einem Jahr sind die Endwerte identisch, nämlich 1.250,00 €.

1.1.5 Zinsusancen

Bei Überlassung des Kapitals für einen Bruchteil eines Jahres werden die linearen Zinsen bei Angabe eines Jahreszinssatzes i oft vereinfacht berechnet durch

$$Z_t = i \cdot \frac{t}{360} \cdot K_0 \, .$$

Dabei bezeichnet t die Anzahl der Tage für die Überlassung des Kapitals K_0. Für den ersten Tag werden keine Zinsen gezahlt, wohl aber für den letzten. Bei dieser Definition wird außerdem davon ausgegangen, dass jeder der zwölf Monate im Jahr, auch der Februar, rechnerisch 30 Zinstage hat. Der 31. Tag eines Monats wird wie der 30. Tag behandelt. Das Jahr hat somit insgesamt 360 Tage. Die genannte Festlegung ist für Sparbücher üblich, um Zinsrechnungen zu vereinfachen. Diese **Zinstagzählmethode**, auch **Zinsusance** genannt, wird mit **30E/360** bezeichnet.

Es sei J_1 das Kalenderjahr, M_1 der Monat und T_1 der fortlaufende Tag des Anfangsdatums. Analog seien J_2, M_2 und T_2 in Bezug auf das Enddatum definiert. Dann lautet die Formel zur Berechnung der Zinstage nach der Methode 30E/360:

$$\boxed{t = (J_2 - J_1) \cdot 360 + (M_2 - M_1) \cdot 30 + \min\{T_2; 30\} - \min\{T_1; 30\}} \;.$$

Nach t Tagen ist der Endwert K_t somit gegeben durch

$$K_t = K_0 + Z_t = K_0 \left(1 + i \cdot \frac{t}{360} \right) \;.$$

Der Barwert ist

$$K_0 = \frac{K_t}{1 + i \cdot \frac{t}{360}} \;.$$

Durch äquivalentes Umformen finden wir außerdem die Formel für den äquivalenten Jahreszinssatz bei unterjährig linearer Verzinsung:

$$i = \left(\frac{K_t}{K_0} - 1 \right) \frac{360}{t} \;.$$

Beispiel

Ein Schuldner leiht sich von einem Gläubiger am 8. Februar 2017 100 € aus und zahlt dafür am 3. Juli 2017 110 € zurück. Verwenden wir die Zinstagzählmethode 30E/360, dann beträgt die Dauer der Überlassung $t = 22 + 4 \cdot 30 + 3 = 145$ Tage, wobei der erste Tag nicht gezählt wird, im Gegenzug aber der letzte Tag berücksichtigt wird und jeder Monat rechnerisch 30 Tage hat. Diesen Wert können wir auch anhand der Berechnungsformel verifizieren:

$$t = 0 + (7 - 2) \cdot 30 + \min\{3; 30\} - \min\{8; 30\} = 150 + 3 - 8 = 145 \;.$$

Somit ist der jährliche effektive Zinssatz 24,83 %:

$$i = \left(\frac{K_t}{K_0} - 1 \right) \frac{360}{t} = \left(\frac{110}{100} - 1 \right) \frac{360}{145} = 0{,}2483 \;.$$

Als Alternative bietet es sich an, taggenaue Abrechnungen vorzunehmen. Dabei hält man sich exakt an den Jahreskalender. Diese Zählmethode für die Zinstage im Zähler und im Nenner, die mit **Act/Act** bezeichnet wird, wird von der International Capital Markets Association (**ICMA**), vormals International Securities Market Association (**ISMA**), davor Association of International Bond Dealers (**AIBD**), für Wertpapiergeschäfte vorgeschrieben. Dabei wird der erste Zinstag mitgezählt, nicht aber der letzte.

Beispiel

In Fortführung des obigen Beispiels berechnen wir die taggenaue Anzahl der Zinstage durch $t = 21 + 31 + 30 + 31 + 30 + 2 = 145$ Tage, wobei der erste Tag mitgezählt wird, im Gegenzug aber der letzte Tag nicht berücksichtigt wird. Somit ist der jährliche effektive Zinssatz bei linearer Verzinsung 25,17 %:

$$i = \left(\frac{K_t}{K_0} - 1\right)\frac{365}{t} = \left(\frac{110}{100} - 1\right)\frac{365}{145} = 0,2517 \,.$$

Verwenden wir statt der linearen Verzinsung die exponentielle Verzinsung, so ist das Endkapital K_t nach t Tagen in der Zinsusance 30E/360:

$$K_t = K_0 \left(1 + i\right)^{\frac{t}{360}} = K_0 \sqrt[360]{\left(1 + i\right)^t} \,.$$

Dabei ist, wie gehabt, K_0 der Barwert und K_t der Endwert des Geldes. Andererseits ist der Barwert

$$K_0 = K_t \left(1 + i\right)^{\frac{-t}{360}} = \frac{K_t}{\sqrt[360]{\left(1 + i\right)^t}} \,.$$

In diesem Zusammenhang ist der **konforme Tageszinssatz** gegeben durch

$$i_{\text{kon}} = \sqrt[360]{1 + i} - 1 \,.$$

Beispiel

Stellen Sie sich vor, Sie müssen eine Warenrechnung bezahlen. Wenn Sie innerhalb von 10 Tagen zahlen, so dürfen Sie 2 % Skonto abziehen, andernfalls ist der volle Betrag innerhalb von 30 Tagen zu begleichen. Angenommen die Sparrate bei Ihrer Bank betrage 4 %. Nehmen Sie das Skonto an?

Es sei K der Rechnungsbetrag, der vom zehnten bis zum dreißigsten Tag nach dem Rechnungsdatum angelegt werden kann. Eine Verzinsung für 20 Tage zum Zinssatz 4 % pro Jahr liefert bei exponentieller Verzinsung den Endwert

$$K_{20} = K \cdot (1 + 0{,}04)^{\frac{20}{360}} = 0{,}9821 \cdot K \,.$$

Das heißt, wenn Sie das Geld haben, um 10 Tage nach dem Kauf die Rechnung in Höhe von 100 € abzüglich 2 % Skonto zu bezahlen, sich jedoch entscheiden, jene 98 € stattdessen bei Ihrer Bank anzulegen, so haben Sie nach Ablauf von 30 Tagen nicht genug angespart, nämlich lediglich 98,21 €, um die volle Rechnung in Höhe von 100 € zu bezahlen. Sie sollten also lieber die Rechnung des Händlers nach 10 Tagen bezahlen.

Um die Einsicht zu fördern, berechnen wir alternativ denjenigen Zinssatz, zu dem die beiden Zahlungsalternativen am Stichtag, 30 Tage nach dem Kauf, gleich viel wert sind. Der Ansatz lautet sodann

$$K = 0{,}98 \cdot K \cdot (1 + i)^{\frac{20}{360}} \,.$$

Folglich ist

$$i = \left(\frac{1}{1 - 0{,}02} \right)^{\frac{360}{20}} - 1 = 0{,}4386 \,.$$

Der jährliche Effektivzins in Höhe von 43,86 % der Ihnen vom Lieferanten angeboten wird, ist viel höher als der Sparzins bei Ihrer Bank. Sie sollten das Angebot für das Skonto also annehmen.

1.1.6 Gemischte Verzinsung

Es ist durchaus möglich, die beiden genannten Verzinsungsarten miteinander zu kombinieren. So wird für ein Sparbuch mit Zinseszinsen gerechnet, die Verzinsung innerhalb des Kalenderjahres erfolgt hingegen linear.

Beispiel

Am 1. Juni werden 100 € auf ein Sparkonto eingezahlt. Der Zinssatz sei 5 %. Die Verrechnung der Zinsen erfolgt typischerweise zum 31.12. eines jeden Kalenderjahres.

Dann ist das Kapital nach 210 Tagen, also am Ende des ersten Jahres:

$$K_{210} = 100 \cdot \left(1 + 0{,}05 \cdot \frac{210}{360}\right) = 102{,}92 \, .$$

Dabei wird üblicherweise die Zinsusance 30E/360 verwendet. Von nun an werden die Zinsen ebenfalls verzinst. Am Ende des nächsten Jahres, also nach 570 Tagen, ist der Kontostand somit:

$$K_{570} = 102{,}92 \cdot 1{,}05 = 108{,}06 \, .$$

Das Sparguthaben ist im zweiten Jahr um 5,14 € gewachsen.

1.1.7 Stetige Verzinsung

Wie oben hergeleitet, ist der Endwert nach n Jahren bei unterjährig linearer Verzinsung zum nominalen Zinssatz i bei jährlich k maligem Zuschlag:

$$K_n = K_0 \left(1 + \frac{i}{k}\right)^{k \cdot n} \, .$$

Wir betrachten nun den Grenzwert für immer mehr Zinszuschläge innerhalb des Jahres. Mit der Substitution $x = \frac{k}{i}$ ist

$$K_n = K_0 \left(1 + \frac{1}{x}\right)^{x \cdot i \cdot n} \underset{x \to \infty}{\to} K_0 \cdot e^{i \cdot n} \, .$$

Dabei haben wir benutzt, dass der Grenzwert $\lim_{x \to \infty} \left(1 + \frac{1}{x}\right)^x$ gleich der **Euler'schen Zahl** e ist. Bemerkenswert ist die finanzmathematische Interpretation der Euler'schen Zahl: Der Wert der Euler'schen Zahl e ist gleich dem Endkapital, das nach einem Jahr aus einer Geldeinheit entsteht, insofern **stetige Verzinsung** zum Zinssatz 100 % pro Jahr unterstellt wird:

$$K_1 = 1 \cdot e^{1 \cdot 1} = e \, .$$

In diesem Zusammenhang, also

$$\boxed{K_n = K_0 e^{i_s \cdot n}} \, ,$$

nennt man i_s den **stetigen Zinssatz** oder auch die **Zinsintensität**. Die äquivalente diskrete jährliche Zinsrate i_d ergibt sich aus der Betrachtung für ein Jahr, also $n = 1$:

$$K_0 \left(1 + i_d\right) = K_0 e^{i_s} \,.$$

Äquivalent dazu ist

$$\boxed{i_d = e^{i_s} - 1} \,.$$

Umgekehrt ist der äquivalente stetige Zinssatz i_s bei gegebenem diskreten Jahreszinssatz i_d

$$\boxed{i_s = \ln\left(1 + i_d\right)} \,.$$

Wesentlich ist für uns die Erkenntnis, dass die Anzahl der Zinszuschlagstermine den Endwert erhöht, wie wir an dem folgenden Beispiel verdeutlichen.

Beispiel

Ausgehend von einem Grundkapital von $100\,€$ berechnen wir zum Zinssatz $8\,\%$ den Endwert nach zehn Jahren für verschiedene Zinszuschlagsvarianten. Für den jährlichen Zinszuschlag gilt

$$K_{10}^{j} = 100 \left(1 + 0{,}08\right)^{10} = 215{,}89 \,.$$

Bei monatlichen Zinszahlungen mit unterjährig linearer Verzinsung haben wir

$$K_{120}^{m} = 100 \left(1 + \frac{0{,}08}{12}\right)^{120} = 221{,}96$$

und für stetige Verzinsung nach zehn Jahren ist

$$K_{10}^{s} = 100 e^{10 \cdot 0{,}08} = 222{,}55 \,.$$

Der Endwert steigt mit der Anzahl der Zinszuschlagstermine bis auf maximal $222{,}55\,€$.

Abschließend wollen wir die lineare, die exponentielle und die stetige Verzinsung grafisch miteinander vergleichen.

Beispiel

Die folgende Grafik verdeutlicht die Entwicklung des Kapitals der drei klassischen Verzinsungsmethoden bei einem Zinssatz von 8 % pro Jahr.

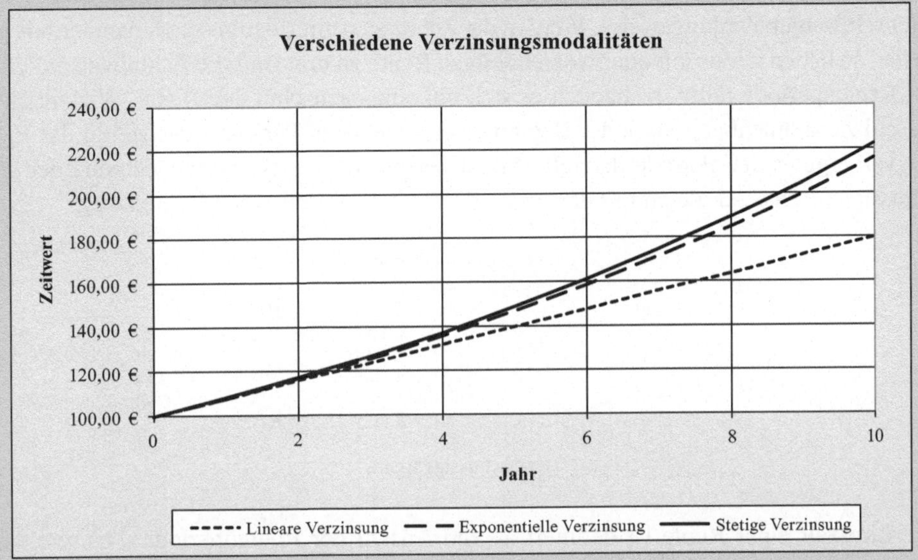

Wir erkennen daran, dass der Zeitwert bezüglich der stetigen Verzinsung am größten ist, gefolgt von der exponentiellen Verzinsung und der linearen Verzinsung. Für unterjährige Verzinsung innerhalb eines Jahres liegt der Zeitwert bezüglich der unterjährig zeitproportionalen Verzinsung oberhalb des Zeitwerts bei konformer unterjähriger Verzinsung, da die Zeitwertkurve bei exponentieller Verzinsung konvex ist.

1.2   Renten

Unter einer **Rente** im engeren Sinne versteht man eine Zahlungsreihe, die aus gleich hohen Raten besteht, welche in gleichen Zeitabständen, der **Rentenperiode**, aufeinander folgen. Renten im erweiterten Sinne bestehen aus Raten, die nicht gleich hoch sind, sondern einem einfachen Bildungsgesetz gehorchen.

In der elementaren Finanzmathematik betrachtet man nur solche Renten, deren Höhe sicher ist, und deren Auszahlungszeitpunkte im Voraus bekannt sind. Deshalb spricht man in diesem Zusammenhang von **Zeitrenten** – im Gegensatz zu **Leibrenten** in der Lebensversicherung, die vom Überleben der versicherten Person abhängen. Aufgrund der zu berücksichtigenden Sterblichkeit ist die Laufzeit der Altersrente nämlich ungewiss.

Für die Rentenrechnung gibt es mannigfaltige Anwendungen in der Praxis: Miete, Gehalt, BAföG, Versicherungsbeiträge, Zinsausschüttungen, Dividenden, Darlehensrückzahlungen und so weiter. Man unterscheidet hier sorgfältig zwischen **vorschüssiger** und **nachschüssiger** Zahlungsweise. Werden die Zahlungen am Beginn der Rentenperiode geleistet, so haben wir es mit einer vorschüssigen Rente zu tun; sind die Zahlungen am Ende der Rentenperiode fällig, so handelt es sich um eine nachschüssige Rente. Wichtig ist in diesem Zusammenhang, dass der Beginn einer gegebenen Periode gleichzeitig das Ende der vorhergehenden Periode darstellt. So ist beispielsweise die zweite Zahlung der vorschüssigen Rente zeitgleich mit der ersten Rate der nachschüssigen Rente fällig.

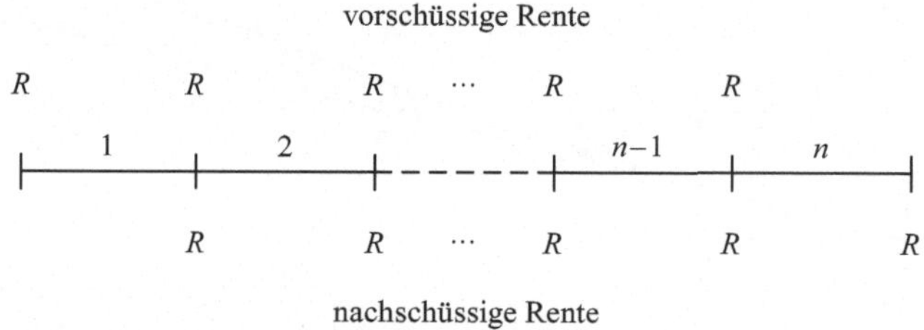

Die **Laufzeit** einer Rente ist definiert als die Anzahl der Rentenperioden. Unsere stillschweigende Prämisse ist, dass die Rentenperiode gleich der Zinsperiode ist.

Im Prinzip geht es bei der Rentenrechnung um sukzessives Auf- oder Abzinsen der einzelnen Raten. Eine typische Aufgabe besteht darin, das erforderliche Anfangsguthaben für einen vorgegebenen Auszahlungsplan zu berechnen. Umgekehrt interessiert man sich insbesondere beim regelmäßigen Sparen für das Sparziel, also das gebildete Kapital am Ende der Laufzeit. In erster Linie wollen wir deshalb den **Rentenbarwert** und den **Rentenendwert** berechnen. Dabei gehen wir, insofern nichts anderes vereinbart ist, von exponentieller Verzinsung aus.

1.2.1 Rentenbarwertfaktoren

Um den Barwert der jährlich vorschüssigen Rente der Höhe 1 über n Perioden zu berechnen, benötigt man den sogenannten **Rentenbarwertfaktor der vorschüssigen Rente** $\ddot{a}_{\overline{n}|}$.

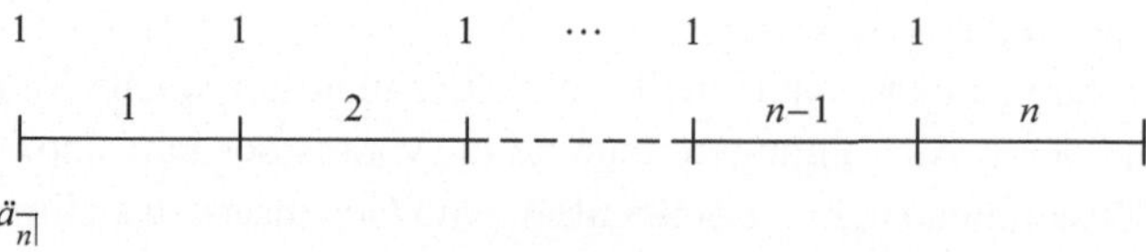

Es müssen alle Rentenzahlungen auf den Beginn des Zeitstrahls abgezinst werden und anschließend addiert werden. Es gilt somit

$$\ddot{a}_{\overline{n}|} = \sum_{k=0}^{n-1} 1 \cdot v^k \ .$$

Die rechte Seite lässt sich durch einen einfachen Trick ausrechnen. Zunächst ist

$$v\ddot{a}_{\overline{n}|} = v\sum_{k=0}^{n-1} v^k = \sum_{k=0}^{n-1} v^{k+1} = \sum_{k=1}^{n} v^k \ ,$$

und durch Subtraktion der beiden Gleichungen folgt

$$\ddot{a}_{\overline{n}|} - v\ddot{a}_{\overline{n}|} = \sum_{k=0}^{n-1} v^k - \sum_{k=1}^{n} v^k = v^0 - v^n = 1 - v^n \ .$$

Somit ist für $v \neq 1$, beziehungsweise $i \neq 0$,

$$\boxed{\ddot{a}_{\overline{n}|} = \frac{1 - v^n}{1 - v}} \ .$$

Für $i = 0$ ist $v = 1$. In diesem Fall ist folglich nach Definition $\ddot{a}_{\overline{n}|} = n$.

Beispiel

Ein Rentner möchte für die nächsten 20 Jahre jährlich vorschüssig 6.000 € von seiner Bank ausbezahlt bekommen. Zum jährlichen Zinssatz von 3,5 % beträgt das äquivalente Anfangskapital

$$L = R\ddot{a}_{\overline{n}|} = 6.000\frac{1 - 1{,}035^{-20}}{1 - 1{,}035^{-1}} = 88.259{,}02 \ .$$

Der Rentner muss einmalig 88.259,02 € bereitstellen, um sofort beginnend, für zwanzig Jahre, jährlich vorschüssig die Rente in Höhe von 6.000 € zu erhalten.

Im Grunde genommen, reicht es aus, sich einzig und allein den vorschüssigen Rentenbarwertfaktor zu merken. Denn alle folgenden Rentenfaktoren lassen sich auf eben diesen zurückführen.

Der **Rentenbarwertfaktor der nachschüssigen Rente** $a_{\overline{n}|}$ der Höhe 1, die n mal fällig ist, wird analog durch die Summe der abgezinsten Zahlungen berechnet:

$$a_{\overline{n}|} = \sum_{k=1}^{n} 1 \cdot v^k = v\sum_{k=1}^{n} v^{k-1} = v\sum_{k=0}^{n-1} v^k = v\ddot{a}_{\overline{n}|} \ .$$

Die nachschüssige Rente entspricht der in der Fälligkeit um eine Periode nach hinten verschobenen vorschüssigen Rente, wie man sich am Zahlungsstrahl verdeutlichen kann.

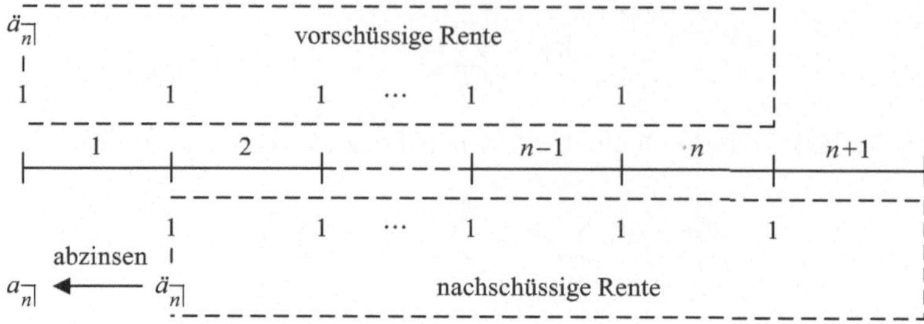

Der Rentenbarwertfaktor der nachschüssigen Rente lässt sich explizit darstellen durch:

$$a_{\overline{n}|} = v\,\frac{1 - v^n}{1 - v} = \frac{1}{1 + i} \cdot \frac{1 - v^n}{1 - \frac{1}{1+i}} = \frac{1}{1 + i} \cdot \frac{1 - v^n}{\frac{1+i-1}{1+i}}\,.$$

Daraus folgt schließlich für $i \neq 0$

$$\boxed{a_{\overline{n}|} = \frac{1 - v^n}{i}}\,.$$

Der Vollständigkeit halber sei erwähnt, dass für $i = 0$ trivialerweise $a_{\overline{n}|} = \ddot{a}_{\overline{n}|} = n$ gilt.

Beispiel

Wenn der Rentner aus dem vorherigen Beispiel seine Raten nachschüssig erhalten möchte, reduziert sich das Anfangskapital wie folgt:

$$L = Ra_{\overline{n}|} = 6.000\,\frac{1 - 1{,}035^{-20}}{0{,}035} = 85.274{,}42\,.$$

Der Rentner muss einmalig 2.984,60 € weniger bereitstellen, um eine nachschüssige anstatt vorschüssige zwanzigfache Rente in Höhe von 6.000 € zu beziehen. Den Differenzbetrag kann man auch direkt berechnen: Er ergibt sich aus der Differenz der ersten Rate bei vorschüssiger Zahlungsweise und des Barwerts der letzten nachschüssigen Rate:

$$2.984{,}60 = 6.000 - 6.000 \cdot 1{,}035^{-20}\,.$$

1.2.2 Rentenendwertfaktoren

Der Endwert der jährlich vorschüssigen Rente der Höhe 1 über n Perioden wird durch den **Rentenendwertfaktor der vorschüssigen Rente** $\ddot{s}_{\overline{n}|}$ angegeben. Er lässt sich auf den Rentenbarwertfaktor $\ddot{a}_{\overline{n}|}$ zurückführen.

Die Summendarstellung der Endwerte der einzelnen Raten ist

$$\ddot{s}_{\overline{n}|} = \sum_{k=1}^{n} 1 \cdot r^k = r^n \sum_{k=1}^{n} r^{k-n} = r^n \sum_{k=1}^{n} v^{n-k} = r^n \sum_{k=0}^{n-1} v^k = r^n \ddot{a}_{\overline{n}|} \; .$$

Daran erkennen wir, dass sich der Rentenendwertfaktor durch Aufzinsen des zum Rentenbarwertfaktor zusammengefassten Werts der vorschüssigen Rente ergibt.

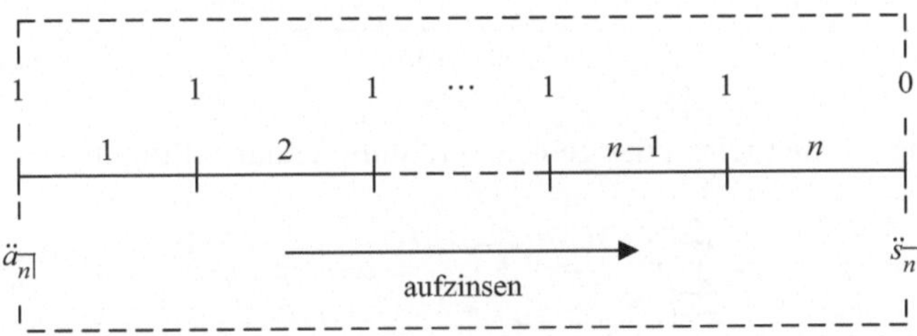

In konkreter Darstellung haben wir für $i \neq 0$, beziehungsweise für $v \neq 1$,

$$\boxed{\ddot{s}_{\overline{n}|} = r^n \frac{1 - v^n}{1 - v} = \frac{r^n - 1}{1 - v}} \; .$$

Für $i = 0$ ist hingegen $\ddot{s}_{\overline{n}|} = \ddot{a}_{\overline{n}|} = n$.

Beispiel
Der Endwert einer jährlich vorschüssigen Sparrate in Höhe von 5.000 € über sieben Jahre ist beim Zinssatz von 4,5 % pro Jahr

$$L = R\ddot{s}_{\overline{n}|} = 5.000 \, \frac{1{,}045^7 - 1}{1 - 1{,}045^{-1}} = 41.900{,}07 \; .$$

Das Sparziel ist 41.900,07 €, welches ein Jahr nach Einzahlung der letzten Rate erreicht wird. Darüber hinaus ist es von Interesse, wie hoch die Sparrate sein muss, damit das Ziel von 50.000 € erreicht wird. Dazu betrachten wir nach dem Äquivalenzprinzip

$$R = \frac{50.000}{\ddot{s}_{\overline{n}|}} = 50.000 \, \frac{1 - 1{,}045^{-1}}{1{,}045^7 - 1} = 5.966{,}58 \; .$$

Um 50.000 € anzusparen, ist es notwendig, sieben Jahre lang vorschüssig
5.966,58 € zur Seite zu legen.

Zum Abschluss betrachten wir den **Rentenendwertfaktor der nachschüssigen Rente**
$s_{\overline{n}|}$ der Höhe 1, zahlbar über n Perioden. Jener lässt sich auf die bereits hergeleiteten
Rentenfaktoren zurückführen. Wir betrachten konkret den Bezug von $s_{\overline{n}|}$ zu $\ddot{s}_{\overline{n}|}$ und $\ddot{a}_{\overline{n}|}$
am Zeitstrahl.

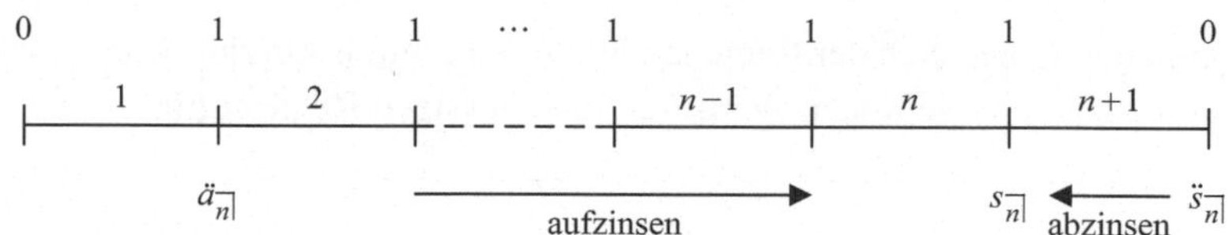

Diese Beziehung können wir in der gewohnten Summendarstellung nachvollziehen:

$$s_{\overline{n}|} = \sum_{k=0}^{n-1} r^k = \sum_{k=1}^{n} r^{k-1} = v \sum_{k=1}^{n} r^k = v\ddot{s}_{\overline{n}|} = vr^n \ddot{a}_{\overline{n}|} = r^{n-1}\ddot{a}_{\overline{n}|} \ .$$

Daraus folgt zunächst durch äquivalentes Umformen:

$$s_{\overline{n}|} = r^{n-1}\frac{1-v^n}{1-v} = \frac{r^n}{r} \cdot \frac{1-r^{-n}}{1-r^{-1}} = \frac{r^n-1}{r-1}$$

und schließlich für $i \neq 0$

$$\boxed{s_{\overline{n}|} = \frac{r^n-1}{i}} \ .$$

Für $i = 0$ ist natürlich $s_{\overline{n}|} = n$.

Beispiel
Werden die Sparraten aus obigem Beispiel als nachschüssige Zahlungen angesehen,
so berechnet man den Endwert nach Ablauf von sieben Jahren wie folgt:

$$L = Rs_{\overline{n}|} = 5.000\frac{1{,}045^7 - 1}{0{,}045} = 40.095{,}76 \ .$$

Das Sparguthaben am Tag der letzten Einzahlung beträgt damit 40.095,76 €. Im
Verlauf eines Jahres wächst dieses Kapital um 1.804,31 € auf 41.900,07 €. Dieser
Wert entspricht dem Endwert des Sparguthabens bei vorschüssiger Zahlungsweise
aus dem vorherigen Beispiel.

Zusammenfassend, haben wir kompakte Rentenformeln für den Barwert und den Endwert der vorschüssigen und nachschüssigen Rente hergeleitet.

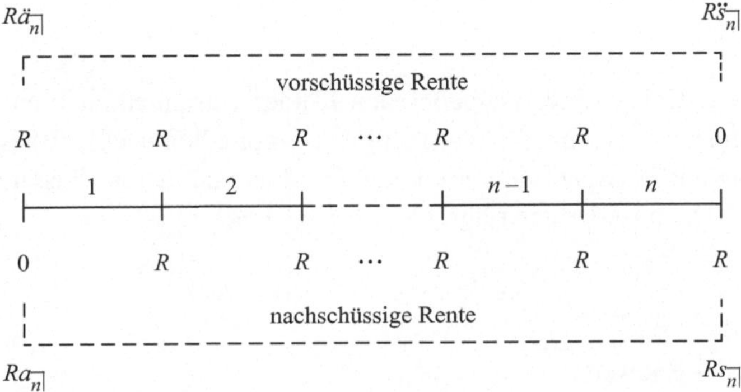

Mit diesen Formeln können der Rentenbarwert, der Rentenendwert, die Rentenrate oder die Laufzeit für beliebige Renten einfach berechnet werden. Um den Zinssatz zu ermitteln, muss man in den meisten Fällen auf ein Iterationsverfahren zurückgreifen, um eine Näherungslösung zu bestimmen.

1.2.3 Unterjährige Renten

In der Praxis erfolgen Rentenzahlungen oft mehrmals im Jahr, also **unterjährig**. Zur Berechnung der Barwerte und Endwerte müssen dann die Verzinsungsmodalitäten festgelegt werden. Wenden wir die konforme unterjährige Verzinsung an, so ändern sich im Vergleich zur jährlichen Zahlungsweise lediglich die Anzahl der zu betrachtenden Perioden und der Zinssatz pro Periode. Ansonsten bleibt das Kalkül wie gehabt.

Beispiel

Ein Rentner möchte über die nächsten zwanzig Jahre monatlich vorschüssig 500 € von seiner Bank ausbezahlt bekommen. Zum jährlichen Zinssatz von 4 % ist der konforme monatliche Zinssatz

$$i_{\text{kon}} = \sqrt[12]{1{,}04} - 1 = 0{,}003274$$

und somit ist der äquivalente Einmalbetrag, den der Rentner vorab zu zahlen hat:

$$L = R\ddot{a}_{\overline{12 \cdot 20}|} = 500 \frac{1 - 1{,}003274^{-240}}{1 - 1{,}003274^{-1}} = 83.298{,}11 \ .$$

Die Methodik ist auf die Anspar- und die Auszahlungsphase einer Rente gleichermaßen anzuwenden.

Beispiel

Anlässlich der Geburt ihres neugeborenen Kindes entschließt sich ein Elternpaar zu folgendem Sparvorgang: 18 Jahre lang wird monatlich nachschüssig ein gleich hoher Betrag auf ein Sparkonto gezahlt. Wir gehen von einem Zinssatz von 2,0 % pro Jahr aus. Dann ist der unterjährig konforme Zinssatz

$$i_{\mathrm{kon}} = \sqrt[12]{1{,}02} - 1 = 0{,}001652 \,.$$

Folglich ist der Endwert

$$L = 150 s_n = 150 \frac{1{,}001652^{216} - 1}{0{,}001652} = 38.894{,}20 \,.$$

Dieser Betrag soll für ein Studium verwendet werden, welches im Alter von genau 19 Jahren aufgenommen wird. Die Kosten werden mit monatlich vorschüssig 800 € veranschlagt. Dann stellt sich die Frage, wie lange das Geld reicht. Nach dem Äquivalenzprinzip gilt zu Beginn des Studiums

$$38.894{,}20 \cdot (1 + i) = 800 \ddot{a}_{\overline{n}|} = 800 \frac{1 - (1 + i_{\mathrm{kon}})^{-n}}{1 - (1 + i_{\mathrm{kon}})^{-1}} \,.$$

Nach äquivalenter Umformung ergibt sich zunächst

$$\frac{38.894{,}20}{800} (1 + i) \left(1 - \frac{1}{1 + i_{\mathrm{kon}}}\right) = 1 - (1 + i_{\mathrm{kon}})^{-n}$$

sowie danach

$$(1 + i_{\mathrm{kon}})^{-n} = 1 - \frac{38.894{,}20}{800} (1 + i) \frac{i_{\mathrm{kon}}}{1 + i_{\mathrm{kon}}}$$

und schließlich mit den Logarithmusregeln

$$n = -\frac{\ln\left(1 - \frac{38.894{,}20}{800} (1 + i) \frac{i_{\mathrm{kon}}}{1 + i_{\mathrm{kon}}}\right)}{\ln(1 + i_{\mathrm{kon}})} = 51{,}7 \,.$$

Das angesparte Vermögen wird für knapp 51 volle Monate sowie eine Restzahlung im 52. Monat, also etwa 8,5 Semester, reichen.

Im Zusammenhang mit unterjähriger Verzinsung interessieren wir uns insbesondere für die sogenannte **unterjährig äquivalente Ersatzrate**. Zu diesem Zweck möchten wir die Zahlungsweise einer gegebenen jährlichen Rente äquivalent auf eine höher frequentierte Zahlungsweise umrechnen. Gegeben sei also eine jährliche vorschüssige Rente der Höhe 1, die äquivalent in k gleich hohe Raten der Höhe R ausbezahlt werden soll.

Bei unterjährig linearer Verzinsung betrachten wir die Endwerte und setzen sie nach dem Äquivalenzprinzip gleich:

$$1\,(1 + i) = \sum_{j=1}^{k} R\,(1 + i_{\text{rel}} \cdot j)\ .$$

Wir wissen, dass $i_{\text{rel}} = i/k$ ist. Auf die rechte Seite können wir dann die Gauß'sche Summenformel anwenden:

$$\sum_{j=1}^{k} R\left(1 + \frac{i}{k}j\right) = R\sum_{j=1}^{k}1 + \frac{iR}{k}\sum_{j=1}^{k}j = kR + \frac{iR}{k}\cdot\frac{k\,(k+1)}{2} = R\left(k + i\frac{k+1}{2}\right)\ .$$

Daraus folgt schließlich für die unterjährig äquivalente Rate bei linearer Verzinsung

$$\boxed{R = \frac{1 + i}{k + i\frac{k+1}{2}}}\ .$$

Bei unterjährig konformer Verzinsung betrachten wir stattdessen die Beziehungsgleichung

$$1\,(1 + i) = \sum_{j=1}^{k} R\,(1 + i_{\text{kon}})^{j}$$

mit $i_{\text{kon}} = \sqrt[k]{1 + i} - 1$. Darin erkennen wir die Summendarstellung des vorschüssigen Rentenendwertfaktors wieder. Folglich ist die unterjährig äquivalente Ersatzrate bei konformer Verzinsung:

$$\boxed{R = (1 + i)\frac{1 - (1 + i_{\text{kon}})^{-1}}{(1 + i_{\text{kon}})^{k} - 1}}\ .$$

Beispiel

Ein Rentner beziehe eine jährlich vorschüssige Rente in Höhe von 10.000 €. Dann ist die monatlich äquivalente vorschüssige Rate R bei linearer unterjähriger Verzinsung zum Jahreszins 4 % nach dem Äquivalenzprinzip

$$10.000\,(1+i) = R\left(1 + \frac{1}{12}i\right) + R\left(1 + \frac{2}{12}i\right) + \ldots + R\left(1 + \frac{12}{12}i\right)\,.$$

Äquivalentes Umformen und Auflösen ergibt, wie allgemein gezeigt

$$R = 10.000\,\frac{1,04}{12 + 0,04 \cdot 6,5} = 848,29\,.$$

Diese Rate ist die äquivalente monatliche Ersatzrate bei linearer unterjähriger Verzinsung. Analog berechnen wir die monatlich äquivalente vorschüssige Rate bei konformer unterjähriger Verzinsung gemäß

$$10.000\,(1+i) = R\,(1+i)^{\frac{1}{12}} + R\,(1+i)^{\frac{2}{12}} + \ldots + R\,(1+i)^{\frac{12}{12}}\,.$$

Die rechte Seite lässt sich wie gewohnt in kompakter Form schreiben, sodass

$$10.000\,(1+i) = R\,\frac{(1 + i_{\mathrm{kon}})^{12} - 1}{1 - v_{\mathrm{kon}}}$$

mit $i_{\mathrm{kon}} = \sqrt[12]{1+i} - 1$ gilt. Es folgt, dass

$$R = 10.000 \cdot 1,04\,\frac{1 - 1,04^{-\frac{1}{12}}}{1,04 - 1} = 848,39\,.$$

Die monatliche Ersatzrate ist bei konformer Verzinsung also etwas größer als bei linearer Verzinsung.

In einer ähnlichen Fragestellung ist die unterjährige Rate vorgegeben, wobei die **jährlich äquivalente Ersatzrate** berechnet werden soll. Gegeben seien also k gleich hohe Raten pro Jahr, die jeweils vorschüssig in der Höhe $1/k$ gezahlt werden.

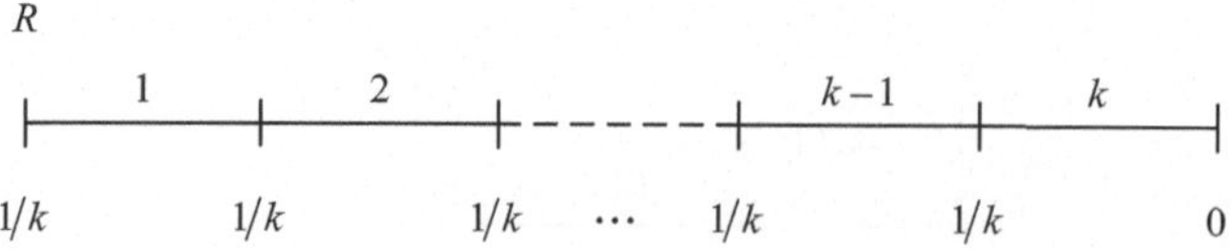

Bei unterjährig linearer Verzinsung betrachten wir nach dem Äquivalenzprinzip

$$R\,(1 + i) = \sum_{j=1}^{k} \frac{1}{k}\,(1 + i_{\text{rel}} \cdot j)\ .$$

Die rechte Seite können wir wiederum vereinfachen:

$$\sum_{j=1}^{k} \frac{1}{k}\,(1 + i_{\text{rel}} \cdot j) = \frac{1}{k}\sum_{j=1}^{k} 1 + \frac{i}{k}\sum_{j=1}^{k} j = 1 + i\,\frac{k+1}{2}\ .$$

Daraus folgt für die jährliche Ersatzrate bei unterjährig linearer Verzinsung:

$$\boxed{\,R = \frac{1 + i\,\frac{k+1}{2}}{1 + i}\,}\ .$$

Es bezeichne nun $\ddot{a}_{\overline{n}|}^{(k)}$ den Rentenbarwertfaktor einer k Mal pro Jahr vorschüssig fälligen Rente der Höhe $1/k$, wobei unterjährig lineare Verzinsung anzuwenden ist. Dann gilt zunächst

$$\ddot{a}_{\overline{n}|}^{(k)} = R\ddot{a}_{\overline{n}|} = \frac{1 + i\,\frac{k+1}{2}}{1 + i}\ddot{a}_{\overline{n}|} = \frac{1 + i\,\frac{k+1}{2}}{1 + i}\cdot\frac{1 - v^{n}}{1 - v}$$

und daraus folgt mit der Formel für den Rentenbarwertfaktor

$$\boxed{\,\ddot{a}_{\overline{n}|}^{(k)} = \left(1 + i\,\frac{k+1}{2}\right)\frac{1 - v^{n}}{i}\,}\ .$$

Wird hingegen unterjährig konforme Verzinsung vereinbart, so ist die Einführung eines zusätzlichen Rentenbarwertfaktors überflüssig. Man muss nämlich dann lediglich den konformen Zinssatz berechnen und die Anzahl der Rentenperioden entsprechend erhöhen.

In der Versicherungspraxis verwendet man häufig einen eher pragmatischen Ansatz für die Behandlung unterjähriger Zahlungsweisen. Da die meisten Versicherten ihre Beiträge monatlich zahlen, wird der Monatsbeitrag als Ausgangsbasis für Abschläge gewählt. Ausgehend vom monatlich fälligen Betrag B werden die Ratenhöhen für längere Perioden zeitproportional aufs Jahr hochgerechnet. Anschließend wird die erhaltene Ratenhöhe durch einen Rabatt verringert. Typische Abschläge in der Personenversicherung sind $1\,\%$ für vierteljährliche, $2\,\%$ für halbjährliche und $4\,\%$ für jährliche Zahlungsweise.

Beispiel

Der monatliche Versicherungsbeitrag einer Lebensversicherung betrage 100 €. Es sei festgelegt, dass der jährliche Beitrag 96 % des Zwölffachen des Monatsbeitrags, also 1.152 €, beträgt. Damit lässt sich nach dem Äquivalenzprinzip der Effektivzins ermitteln, zu dem beide Zahlungsweisen äquivalent sind. Es sei dazu a der Abschlag für die unterjährige Zahlung in k Raten. Dann ist

$$(1 - a)\, kB = B\ddot{a}_{\overline{k}|} \; .$$

Daraus folgt

$$(1 - a)\, k \,(1 - v_{\mathrm{kon}}) - \left(1 - v_{\mathrm{kon}}^{k}\right) = 0 \; .$$

Für $a = 0{,}04$ und $k = 12$ lässt sich näherungsweise ein konformer Diskontierungsfaktor von $v_{\mathrm{kon}} = 0{,}992545$ und somit ein jährlicher Effektivzins von

$$i_{\mathrm{eff}} = (1 + i_{\mathrm{kon}})^{k} - 1 = 0{,}992545^{-12} - 1 = 0{,}0939$$

berechnen. Die im Markt erzielbare risikolose Verzinsung ist normalerweise deutlich geringer als 9,4 %. Deshalb ist es bei dem angebotenen Rabatt ratsam, die fälligen Versicherungsbeiträge jährlich statt monatlich zu zahlen.

1.2.4 Aufgeschobene Renten

Eine Rente, deren Ratenzahlungen erst nach einer gewissen **Wartezeit**, oder auch **Karenzzeit**, beginnen, nennt man **aufgeschobene Rente**.

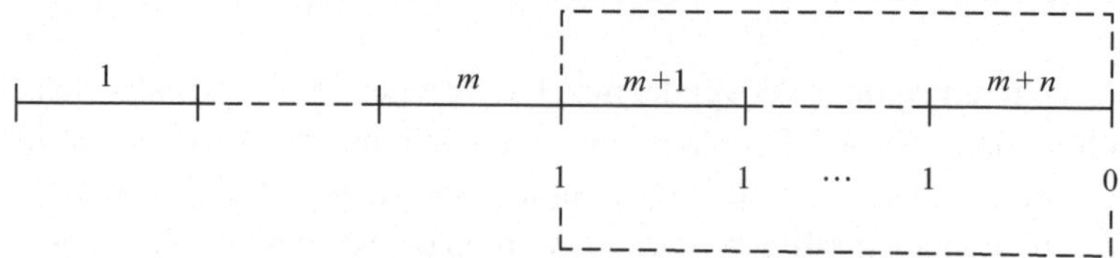

Der Rentenbarwertfaktor $_{m|}\ddot{a}_{\overline{n}|}$ der um m Jahre aufgeschobenen für die folgenden n Jahre vorschüssig zahlbaren Rente der Höhe 1 lautet

$$_{m|}\ddot{a}_{\overline{n}|} = \ddot{a}_{\overline{n}|} \cdot v^{m} = \frac{1 - v^{n}}{1 - v}\, v^{m} \; .$$

Folglich ist

$$m|\ddot{a}_{\overline{n}|} = \frac{v^m - v^{m+n}}{1 - v}\,.$$

Beispiel

Ein 60-jähriger Mann hat 100.000 € zur Verfügung, die er bei einer Bank anlegen möchte. Zum jährlichen Zinssatz von 5 % möchte er ab seinem 65. Lebensjahr für die folgenden 20 Jahre eine jährlich vorschüssige Rente beziehen. Nach dem Äquivalenzprinzip erhalten wir durch Gleichsetzen von Leistung und Gegenleistung

$$100.000 = R\; {}_{5|}\ddot{a}_{\overline{20}|}\,.$$

woraus man die Rentenhöhe R berechnen kann:

$$R = 100.000\,\frac{1 - v}{v^5 - v^{25}} = 100.000\,\frac{1 - 1{,}05^{-1}}{1{,}05^{-5} - 1{,}05^{-25}} = 9.753{,}54\,.$$

Somit erhält der Mann garantiert zwanzig Jahre lang jeweils jährlich vorschüssig 9.753,54 €.

Mit dem Kalkül der aufgeschobenen Rente lassen sich vielfältige Aufgabentypen lösen.

Beispiel

Ein verdienter Mitarbeiter eines Unternehmens wird in genau sieben Jahren in den Ruhestand gehen. Ab diesem Zeitpunkt soll er jährlich vorschüssig eine Pension in Höhe von 6.000 € erhalten. Die voraussichtliche restliche Lebenserwartung zum Renteneintritt betrage 22,5 Jahre. Dann kann man die Rückstellung berechnen, die die Bilanz des Unternehmens heute ausweisen muss, damit die Zusage in der Zukunft eingehalten werden kann.

Der Zinssatz betrage jährlich 4,5 %. Man beachte, dass es $n = 23$ Auszahlungen gibt. Dann ist mit der Aufschubzeit $m = 7$:

$$L = R \cdot {}_{m|}\ddot{a}_{\overline{n}|} = 6.000\,\frac{1{,}045^{-7} - 1{,}045^{-30}}{1 - 1{,}045^{-1}} = 65.184{,}10\,.$$

Die Bilanzrückstellung für die verbindliche Pensionszusage muss also 65.184,10 € betragen.

Im Gegensatz zur aufgeschobenen Rente ist auch die **abgebrochene Rente** von Interesse. Dabei endet die Ratenzahlung zu einem festen Zeitpunkt, die Verzinsung des gebildeten Kapitals erfolgt anschließend für eine vereinbarte Restlaufzeit. Der Rentenendwertfaktor, der n Jahre lang vorschüssig zahlbaren Rente der Höhe 1, die eine zusätzliche Restlaufzeit von m Jahren hat, in der Zinsen verdient werden, ist gegeben durch den zusammengesetzten Ausdruck

$$r^m \ddot{s}_{\overline{n}|} = r^{m+1} s_{\overline{n}|} = r^{m+1} \frac{r^n - 1}{i} = \frac{r^{m+n+1} - r^{m+1}}{i} .$$

Anwendung findet diese Formel insbesondere für Sparpläne, die nach Ablauf einer zusätzlichen Sperrfrist einen Zinsbonus vorsehen.

Beispiel

Ein junger Mann investiert monatlich $100\,€$ in einem festen Sparplan. Nach fünf Jahren bleibt das Gesparte ein Jahr fest angelegt, wobei weiterhin Zinsen verdient werden. Am Vertragsende zahlt die Bank einen Sparbonus in Höhe von $5\,\%$ auf die Summe der eingezahlten Sparbeiträge. Bei einem angenommenen Zinssatz von $6\,\%$ ist dann zunächst der konforme Zinssatz

$$i_{\mathrm{kon}} = \sqrt[12]{1{,}06} - 1 = 0{,}004868 .$$

Somit ist das Endvermögen inklusive Sparbonus für $k = 12$, $n = 5$, $R = 100$ und $b = 0{,}05$:

$$L = R\ddot{s}_{\overline{k \cdot n}|}(1 + i) + bnkR = 100\frac{1{,}004868^{60} - 1}{1 - 1{,}004868^{-1}} \cdot 1{,}06 + 0{,}05 \cdot 5 \cdot 12 \cdot 100$$

$$= 7.701{,}35 .$$

Das gesamte Vermögen beträgt nach sechs Jahren also $7.701{,}35\,€$. Die Effektivverzinsung kann nach dem Äquivalenzprinzip berechnet werden, indem der Endwert aus den eingezahlten Sparbeiträgen und das oben berechnete Endvermögen gegenübergestellt werden. Dazu sei jetzt i_{kon} der gesuchte konforme Zinssatz. Dann gilt nach dem Äquivalenzprinzip

$$L = R\ddot{s}_{\overline{k \cdot n}|} \cdot (1 + i_{\mathrm{kon}})^k = 100\frac{(1 + i_{\mathrm{kon}})^{60} - 1}{1 - (1 + i_{\mathrm{kon}})^{-1}}(1 + i_{\mathrm{kon}})^{12} .$$

Daraus folgt zunächst

$$7.701{,}35 - 7.701{,}35\,(1 + i_{\mathrm{kon}})^{-1} - 100\,(1 + i_{\mathrm{kon}})^{72} + 100\,(1 + i_{\mathrm{kon}})^{12} = 0$$

und weiter

$$7.701{,}35 \cdot i_{\text{kon}} - 100\,(1 + i_{\text{kon}})^{73} + 100\,(1 + i_{\text{kon}})^{13} = 0 \ .$$

Löst man diese Gleichung näherungsweise, so erhält man den monatlichen konformen Zinssatz von 0,005774. Also beträgt der effektive Jahreszins 7,15 %:

$$i_{\text{eff}} = (1 + i_{\text{kon}})^{12} - 1 = 1{,}005774^{12} - 1 = 0{,}0715 \ .$$

Jener liegt somit, bedingt durch den Sparbonus, um 1,15 Prozentpunkte über der Sparzinsrate.

1.2.5 Dynamische Renten

Anstelle von konstanten Renten betrachtet man in der Praxis außerdem sogenannte **dynamische Renten**, deren Raten sich gemäß einem mathematischen Bildungsgesetz von Periode zu Periode verändern. Für arithmetisch und geometrisch steigende und fallende Renten lassen sich geschlossene Formeln für die Zeitwerte angeben.

Wir beginnen mit der **arithmetisch steigenden Rente**.

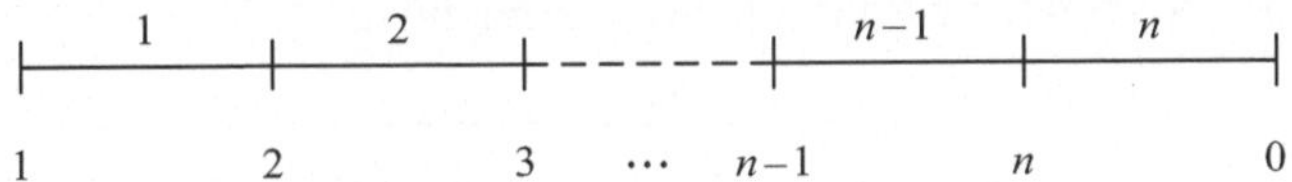

Der Barwertfaktor $(I\ddot{a})_{\overline{n}|}$ der jährlich vorschüssigen Rente über n Perioden, die in jeder Periode um 1 steigt und auch bei 1 beginnt, ist gegeben durch

$$(I\ddot{a})_{\overline{n}|} = \frac{\ddot{a}_{\overline{n}|} - nv^n}{1 - v} \ .$$

Der Beweis gelingt mit demselben Trick, den wir schon bei der Berechnung der geometrischen Summe angewandt haben. Es gilt nämlich

$$(1 - v)\,(I\ddot{a})_{\overline{n}|} = (1 - v) \sum_{k=0}^{n-1} (1 + k)\,v^k = \sum_{k=0}^{n-1} (1 + k)\,v^k - \sum_{k=1}^{n} k v^k$$

$$= 0 + \sum_{k=0}^{n-1} v^k - nv^n = \ddot{a}_{\overline{n}|} - nv^n$$

Daraus folgt die Behauptung.

Beispiel

Eine vorschüssige Jahresrente in Höhe von 5.000 € steige jährlich um 200 €. Die Laufzeit betrage 20 Jahre. Dann setzt sich der Leistungsbarwert aus einer konstanten Rente der Höhe 4.800 € sowie einer arithmetisch steigenden Rente zusammen, die, beginnend mit 200 €, jährlich um 200 € steigt. Damit berechnet sich der Barwert bei einem Zinssatz von 4 % zu

$$L = 4.800\,\ddot{a}_{\overline{n}|} + 200\,(I\ddot{a})_{\overline{n}|} = 4.800\frac{1 - 1{,}04^{-20}}{1 - 1{,}04^{-1}} + 200\frac{\frac{1 - 1{,}04^{-20}}{1 - 1{,}04^{-1}} - 20 \cdot 1{,}04^{-20}}{1 - 1{,}04^{-1}}$$

$$= 93.875{,}15\,.$$

Der heutige Gegenwert beträgt demnach 93.875,15 €.

Analog berechnet man den Barwertfaktor der **arithmetisch fallenden Rente** mit Laufzeit n, welche eine jährlich vorschüssige Rente vorsieht, die anfänglich n beträgt und mit jeder Periode um 1 fällt.

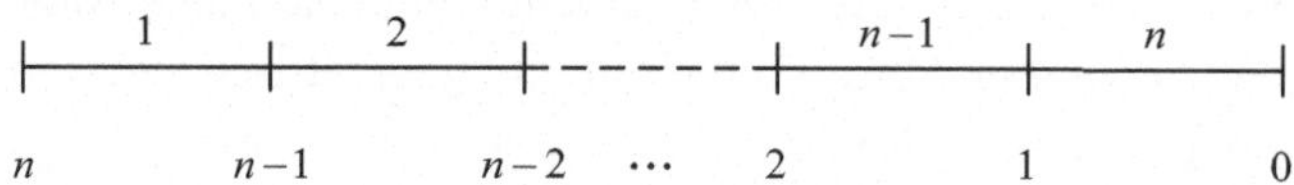

Der zugehörige Barwertfaktor wird mit $(D\ddot{a})_{\overline{n}|}$ bezeichnet:

$$(D\ddot{a})_{\overline{n}|} = (n + 1)\,\ddot{a}_{\overline{n}|} - \frac{\ddot{a}_{\overline{n}|} - nv^n}{1 - v}\,.$$

Denn es gilt

$$(D\ddot{a})_{\overline{n}|} = \sum_{k=0}^{n-1}(n - k)\,v^k = (n + 1)\sum_{k=0}^{n-1}v^k - \sum_{k=0}^{n-1}(1 + k)\,v^k = (n + 1)\,\ddot{a}_{\overline{n}|} - (I\ddot{a})_{\overline{n}|}\,.$$

Neben arithmetisch veränderbaren Renten widmen wir uns abschließend den sich **geometrisch veränderlichen Renten**. Dazu betrachten wir die n Mal fällige vorschüssige Rente, deren Ratenhöhe anfangs 1 beträgt und sich jährlich um den Prozentsatz p erhöht. Dann ist der Barwertfaktor $^{\%}(I\ddot{a})_n$ der sich geometrisch verändernden Rente

$$^{\%}(I\ddot{a})_{\overline{n}|} = \sum_{k=0}^{n-1}\tilde{v}^k = \tilde{\ddot{a}}_{\overline{n}|}\,,$$

wobei der Barwertfaktor $\tilde{a}_{\overline{n}|}$ durch die Festlegung

$$\tilde{v} = \frac{1}{1+\tilde{i}} \quad \text{und} \quad \tilde{i} = \frac{i-p}{1+p} .$$

berechnet wird. Der Beweis beruht auf der Tatsache, dass der Zins genauso wirkt wie die prozentuale Veränderung. Der Zinssatz und der prozentuale Steigerungssatz können also miteinander verrechnet werden. Es gilt

$$^{\%}(I\ddot{a})_{\overline{n}|} = \sum_{k=0}^{n-1} (1+p)^k v^k = \sum_{k=0}^{n-1} \left(\frac{1+p}{1+i}\right)^k = \sum_{k=0}^{n-1} \frac{1}{\left(\frac{1+p-p+i}{1+p}\right)^k} = \sum_{k=0}^{n-1} \frac{1}{\left(1+\frac{i-p}{1+p}\right)^k} .$$

woraus per Definition des Rentenbarwertfaktors $\ddot{a}_{\overline{n}|}$ die Behauptung folgt.

Beispiel
Eine vorschüssige Jahresrente in Höhe von 5.000 € steige jährlich um 3 %. Die Laufzeit betrage 20 Jahre. Dann ist der Barwert bei einem Marktzins von 4 %

$$L = R \, ^{\%}(I\ddot{a})_{\overline{n}|} = R\frac{1-\frac{1}{\left(1+\frac{i-p}{1+p}\right)^n}}{1-\frac{1}{\left(1+\frac{i-p}{1+p}\right)}} = 5.000\frac{1-\frac{1}{\left(1+\frac{0,01}{1,03}\right)^{20}}}{1-\frac{1}{\left(1+\frac{0,01}{1,03}\right)}} = 91.371,49 .$$

Der Leistungsbarwert beträgt demnach 91.371,49 €. Im Vergleich dazu ist der Rentenbarwert ohne Leistungssteigerung gemäß

$$\tilde{L} = R\ddot{a}_{\overline{n}|} = R\frac{1-v^n}{1-v} = 5.000\frac{1-1,04^{-20}}{1-1,04^{-1}} = 70.669,70$$

deutlich geringer.

1.2.6 Ewige Renten

Man spricht von einer **ewigen Rente**, wenn die Anzahl der Rentenzahlungstermine unbegrenzt ist. Aufgrund der zeitlichen Unbeschränktheit kann lediglich der Barwert berechnet werden.

Der Rentenbarwertfaktor $\ddot{a}_{\overline{\infty}|}$ der ewig vorschüssig zahlbaren Rente der Höhe 1 erhält man durch Grenzwertbetrachtung aus der endlichen Rente:

$$\ddot{a}_{\overline{\infty}|} = \lim_{n\to\infty} \ddot{a}_{\overline{n}|} = \lim_{n\to\infty} \frac{1-v^n}{1-v} = \frac{1}{1-v}\left(1 - \lim_{n\to\infty} (1+i)^{-n}\right) = \frac{1}{1-v} = \frac{1+i}{i} .$$

Analog ist der Rentenbarwertfaktor $a_{\overline{\infty}|}$ der ewig nachschüssig zahlbaren Rente

$$a_{\overline{\infty}|} = \lim_{n \to \infty} a_{\overline{n}|} = v \lim_{n \to \infty} \ddot{a}_{\overline{n}|} = v \frac{1+i}{i} = \frac{1}{i} \, .$$

Diese Formel erlaubt eine einleuchtende Interpretation: Entspricht die Rentenhöhe genau den Zinsen auf das Anfangskapital, so bleibt jenes auf ewig erhalten. Der Kontostand fällt niemals unter das Anfangskapital, weil höchstens die verdienten Zinsen ausgeschüttet werden. Das gebildete Vermögen steigt nur zwischen zwei Zinszahlungsterminen an, weil die Zinsen periodisch in voller Höhe wieder ausgezahlt werden.

Ewige Renten finden ihre praktische Anwendung bei Stiftungen, wie im folgenden Beispiel illustriert.

Beispiel

Ein berühmter Professor entscheidet sich, ab sofort einen Stifterpreis in Höhe von 500 € für den besten Studierenden der jährlich stattfindenden Vorlesung Finanzmathematik einzurichten. Bei einem Zinssatz von 4 % pro Jahr ist das notwendige Stiftungskapital

$$K = R\ddot{a}_{\overline{\infty}|} = 500 \frac{1{,}04}{0{,}04} = 13.000 \, .$$

Wenn der Preis zum ersten Mal im nächsten Jahr vergeben wird, so betrachtet man die nachschüssige ewige Rente:

$$K = Ra_{\overline{\infty}|} = 500 \frac{1}{0{,}04} = 12.500 \, .$$

Der Barwert der nachschüssigen ewigen Rente ist um 500 € geringer als der Barwert der vorschüssigen Rente. Die Differenz entspricht der Höhe des Preisgeldes. Die Zinsen in Höhe von 4 % auf 12.500 € entsprechen genau dem Preisgeld in Höhe von 500 €. Das Stiftungskapital bleibt also auf ewig erhalten.

1.3　Kredite

Die Kreditrechnung befasst sich mit der Leihe von Geld, welches für einen befristeten Zeitraum jemandem überlassen wird. Ein **Kredit** ist ein Vertrag, bei dem der Kreditgeber, der **Gläubiger** genannt wird, dem Kreditnehmer, **Schuldner** genannt, vorrübergehend Geld gibt. Das Zurverfügungstellen von Geld wird umgangssprachlich als Kredit und formal als **Darlehen** bezeichnet.

Zu den Darlehensarten gehören unter anderen **Hypotheken**, die durch ein Grundpfand-recht auf eine Immobilie besichert sind, sowie **Bausparverträge**, die durch eine Anspar- und eine Auszahlungsphase charakterisiert sind. Alle Kredite haben gemeinsam, dass zu ihrer finanzmathematischen Analyse dabei das Äquivalenzprinzip auf die Leistungen des Gläubigers und die Gegenleistungen des Schuldners angewendet wird. Wir diskutieren im Folgenden eine Auswahl für die Praxis relevanter Kreditgeschäfte.

Den Rückzahlungsbetrag nennt man in der Tilgungsrechnung **Annuität**. Der überlasse-ne Geldbetrag zu Vertragsbeginn wird **Kreditsumme** genannt. Dann werden die Leistung des Gläubigers und die Gegenleistung des Schuldners am Zahlungsstrahl gegenüber ge-stellt. Mit dem Äquivalenzprinzip lässt sich dann die gesuchte Größe berechnen.

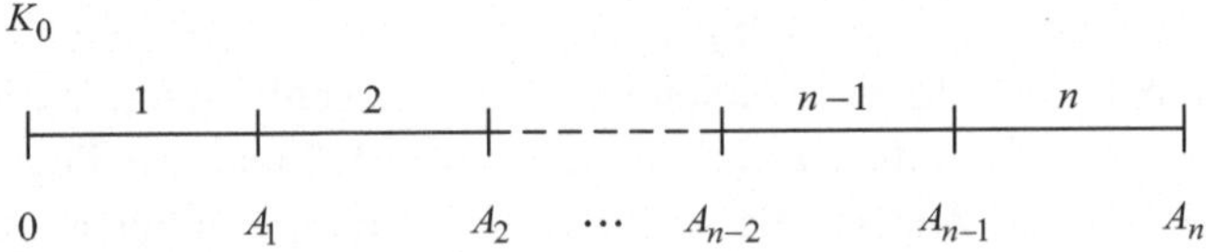

Wenn die Rückzahlungsbeträge konstant sind, wenn also $A_t = A$ für $t = 1, \ldots, n$ gilt, so lassen sich unsere Erkenntnisse aus der Rentenrechnung leicht auf die Tilgungsrechnung übertragen.

Beispiel

Ein Student möchte sich ein altes Alfa Romeo Spider Cabriolet für 10.000 € kaufen. Dafür muss er einen Kredit aufnehmen, den er über acht Semester durch monatlich nachschüssige Annuitäten abzuzahlen gedenkt. Bei einem Sollzinssatz von 8 % pro Jahr ist dann zunächst der konforme unterjährige Zins

$$i_{\text{kon}} = 1{,}08^{\frac{1}{12}} - 1 = 0{,}006434 \, .$$

Durch das Gegenüberstellen von Leistung und Gegenleistung

$$A a_{\overline{48}|} = 10.000$$

können wir die gesuchte Annuität A berechnen:

$$A = 10.000 \frac{0{,}006434}{1 - 1{,}006434^{-48}} = 242{,}82 \, .$$

Somit zahlt der Student monatlich 242,82 € für den Spaß mit dem Cabrio.

1.3.1 Allgemeine Tilgung

In der **allgemeinen Tilgung** erfolgen die Rückzahlungen unregelmäßig — sowohl zeitlich als auch der Höhe nach. Das zugehörige Kreditkonto wird analog zu einem Sparkonto geführt. Die Kontostaffel nennt man in diesem Zusammenhang den **Tilgungsplan**. Wir verwenden ohne Beschränkung der Allgemeinheit die Sichtweise des Schuldners. Zu Beginn der Vertragslaufzeit erfolgt eine Einzahlung auf das Kreditkonto in Höhe der Kreditsumme. Das auf dem Konto vorhandene Kapital wird verzinst und am Ende einer jeden Periode gibt es eine Auszahlung in Höhe der vereinbarten Annuität an den Gläubiger. Am Tilgungsplan kann man somit für jeden Zeitpunkt $t = 0, \ldots, n$ den Kontostand K_t des eingegangenen Kreditgeschäfts ablesen, der als **Restschuld** interpretiert wird. Jene stellt die verbleibende Forderung des Gläubigers dar.

Als Besonderheit der Tilgungsrechnung wird die Gegenleistung des Schuldners, die Annuität, in jeder Periode additiv zerlegt in den **Zinsanteil** und den **Tilgungsanteil**. Für $t = 1, \ldots, n$ sind Z_t die **Zinsen**, die am Ende der Periode t anfallen, bezogen auf die ausstehende Restschuld am Anfang der Periode, das heißt, es ist

$$\boxed{Z_t = i K_{t-1}} \, .$$

Weiter sei T_t die **Tilgung**, die die Veränderung der Restschuld von Periode zu Periode verursacht, und

$$\boxed{A_t = Z_t + T_t}$$

sei die **Annuität**, das heißt, die gesamte Zahlung des Schuldners am Ende der Periode t. Hintergrund dieser Notation ist unter anderem das Steuerrecht in Deutschland, welches es unter gewissen Umständen ermöglicht, den Zinsanteil eines Kredits steuermindernd geltend zu machen. Auf die Feinheiten der rechtlichen Vorgaben können wir in diesem finanzmathematischen Rahmen nicht näher eingehen.

Die Entwicklung des Kontostandes in einem beliebigen Kreditgeschäft können wir nun leicht herleiten. Wie auf einem Bankkonto üblich, wird das Guthaben verzinst und verringert sich durch die Rückzahlung:

$$K_t = K_{t-1} (1 + i) - A_t = K_{t-1} - T_t \, .$$

Die Restschuld K_t am Ende des Jahres t ergibt sich folglich aus der Restschuld des Vorjahres K_{t-1} verringert um die Tilgung T_t. Die Summation über alle Zeitpunkte

$$\sum_{t=1}^{n} K_t = \sum_{t=1}^{n} (K_{t-1} - T_t)$$

ergibt

$$\sum_{t=1}^{n} T_t = \sum_{t=1}^{n} K_{t-1} - \sum_{t=1}^{n} K_t = K_0 - K_n \, .$$

Somit führt die Zerlegung der Annuität in Zins und Tilgung zu der Erkenntnis, dass die Summe der Tilgungsraten gleich der Differenz aus Kreditsumme zu Vertragsbeginn und Restschuld bei Vertragsende ist. Falls der Kredit vollständig abbezahlt wird, so ist die anfängliche Kreditsumme also gleich der Summe aller Tilgungszahlungen.

In der Praxis kann sich die Höhe der Annuität durchaus von Periode zu Periode unterscheiden. Meistens gibt es eine gewisse Systematik, die die Rückzahlungsraten vollständig erklärt. Im Folgenden wollen wir die wichtigsten Tilgungsarten beschreiben. Dabei wird stillschweigend vereinbart, dass Annuitäten stets nachschüssig fällig werden. Die Rückzahlungsperiode entspreche der Zinsperiode. Annuitäten und Zinszahlungen werden miteinander verrechnet. Gebühren, Kosten und Provision lassen wir unberücksichtigt.

Beispiel
Wir betrachten einen Kredit in Höhe von 100.000 €, der über neun Jahre unregelmäßig abgezahlt wird. Der Kreditzins betrug 10 % pro Jahr. Die Kontostaffel, beziehungsweise der Tilgungsplan lautet

Jahr	Kontostand am Beginn	Zinsen am Ende	Tilgung am Ende	Annuität am Ende	Kontostand am Ende
1	100.000	10.000	0	10.000	100.000
2	100.000	10.000	−10.000	0	110.000
3	110.000	11.000	10.000	21.000	100.000
4	100.000	10.000	20.000	30.000	80.000
5	80.000	8.000	0	8.000	80.000
6	80.000	8.000	0	8.000	80.000
7	80.000	8.000	30.000	38.000	50.000
8	50.000	5.000	0	5.000	50.000
9	50.000	5.000	50.000	55.000	0

Die tatsächlich geleisteten Rückzahlungen erkennt man anhand der Annuitäten. Außer im zweiten Jahr wurden stets Rückzahlungen geleistet. In den Jahren 3, 4, 7 und 9 ist die Tilgung positiv; es erfolgte eine Abzahlung des Kredits, wie man am Vergleich der Kontostände zu Beginn und am Ende des jeweiligen Jahres erkennt. Im zweiten Jahr ist die Tilgung negativ gewesen. Das bedeutet, die Kreditsumme hat sich erhöht. In den Jahren 1, 5, 6 und 8 war die Tilgung null. Der Kontostand blieb unverändert; es kam zu einem Rückzahlungsaufschub.

Es bleibt festzuhalten, dass Zinsen die Restschuld erhöhen. Positive Tilgungsbeträge vermindern die Restschuld, negative Tilgungsbeträge erhöhen sie. Somit kann eine negative Tilgung als zusätzliche Kreditaufnahme interpretiert werden.

1.3.2 Ratentilgung

Bei der **Ratentilgung** ist die Höhe der Tilgung konstant. Es bezeichne K_0 die Kreditsumme, welche über n Perioden vollständig zurückgezahlt werde. Dann gilt bei Ratentilgung

$$\boxed{T_t = \frac{K_0}{n} \quad \forall t = 1,\ldots,n}.$$

Da sich die Zinsen aus dem jeweiligen Kontostand berechnen lassen, ist somit auch die Annuität für jede Periode berechenbar. Konkret ist für alle $t = 1,\ldots,n$

$$Z_t = i K_{t-1}$$

sowie

$$A_t = Z_t + T_t = i K_{t-1} + \frac{K_0}{n}.$$

Beispiel

Ein Kredit in Höhe von 10.000 € werde durch Ratentilgung in fünf Jahren abbezahlt. Dann lautet der Tilgungsplan bei einem Zinssatz von 5 % pro Jahr:

Jahr	Kontostand am Beginn	Zinsen am Ende	Tilgung am Ende	Annuität am Ende	Kontostand am Ende
1	10.000	500	2.000	2.500	8.000
2	8.000	400	2.000	2.400	6.000
3	6.000	300	2.000	2.300	4.000
4	4.000	200	2.000	2.200	2.000
5	2.000	100	2.000	2.100	0

Die folgende Grafik verdeutlicht die linear fallende Restschuld sowie die unterschiedlich hohen Annuitäten im Verlauf der Zeit.

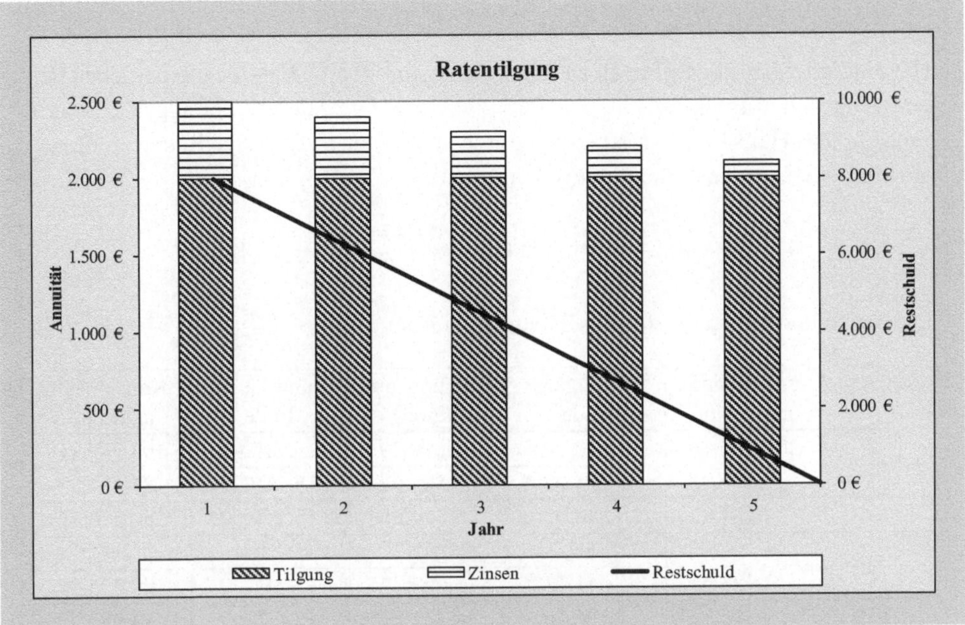

1.3.3   Annuitätentilgung

Bei der **Annuitätentilgung** ist die Summe aus Zinsen und Tilgung in jeder Periode gleich. Allerdings wird der Zinsanteil im Laufe der Zeit geringer, der Tilgungsanteil wird größer. Man nennt diese Art der Tilgung daher auch „**Tilgung durch ersparte Zinsen**".

Ein Kredit der Höhe 1 € werde durch eine konstante Annuität $A_t = A$ in genau n Jahren vollständig getilgt. Dann stellen wir den Barwert aus Leistung und Gegenleistung gegenüber:

$$1 = A a_{\overline{n}|} = A \frac{1 - v^n}{i} \; .$$

Dabei setzen wir wieder $i \neq 0$ voraus. Folglich ist die Annuität gegeben durch

$$A = \frac{i}{1 - v^n} \; .$$

Wegen der Laufzeitabhängigkeit nennt man deshalb

$$\boxed{A_{\overline{n}|} = \frac{i}{1 - v^n}}$$

den **Annuitätenfaktor** oder auch **Kapitalwiedergewinnungsfaktor**. Er gibt an, welcher Betrag jährlich nachschüssig zu zahlen ist, um einen Kredit der Höhe 1 € in genau n Jahren vollständig zu tilgen. Durch Multiplikation mit dem tatsächlichen Kreditbetrag K_0 eines beliebigen Kredites ermöglicht er die Berechnung der jährlich konstanten nachschüssigen Rückzahlungsrate.

Beispiel

Um ein Ferienhaus in Cornwall zu finanzieren, nimmt eine Familie ein Darlehen bei einer englischen Bank in Höhe von 200.000 £ auf. Die Zinsrate betrage 4,75 % pro Jahr. Um das Haus in genau 20 Jahren durch jährlich nachschüssige Ratenzahlungen abzubezahlen, ist die Annuität gegeben durch

$$A = 200.000\,A_{\overline{20|}} = 200.000\frac{0,0475}{1 - 1,0475^{-20}} = 15.710,09 \ .$$

Die ersten und letzten Zeilen des Tilgungsplans lauten:

Zeitpunkt	Kontostand am Beginn	Zinsen am Ende	Tilgung am Ende	Annuität am Ende	Kontostand am Ende
1	200.000,00	9.500,00	6.210,09	15.710,09	193.789,91
2	193.789,91	9.205,02	6.505,07	15.710,09	187.284,83
3	187.284,83	8.896,03	6.814,06	15.710,09	180.470,77
...	...	...	...	...	...
18	42.983,69	2.041,73	13.668,37	15.710,09	29.315,32
19	29.315,32	1.392,48	14.317,62	15.710,09	14.997,70
20	14.997,70	712,39	14.997,70	15.710,09	0,00

In der folgenden Grafik ist der Verlauf von Zinsanteil und Tilgungsanteil dargestellt. Wir erkennen daran, dass die Tilgung in jedem Jahr genau um denjenigen Betrag steigt, der im Zinsanteil aufgrund des reduzierten Kontostandes wegfällt. Der Graph der Restschuld ist konkav, er fällt anfangs kaum, zum Vertragsende recht stark. Nach genau zwanzig Jahren ist der Kredit abbezahlt.

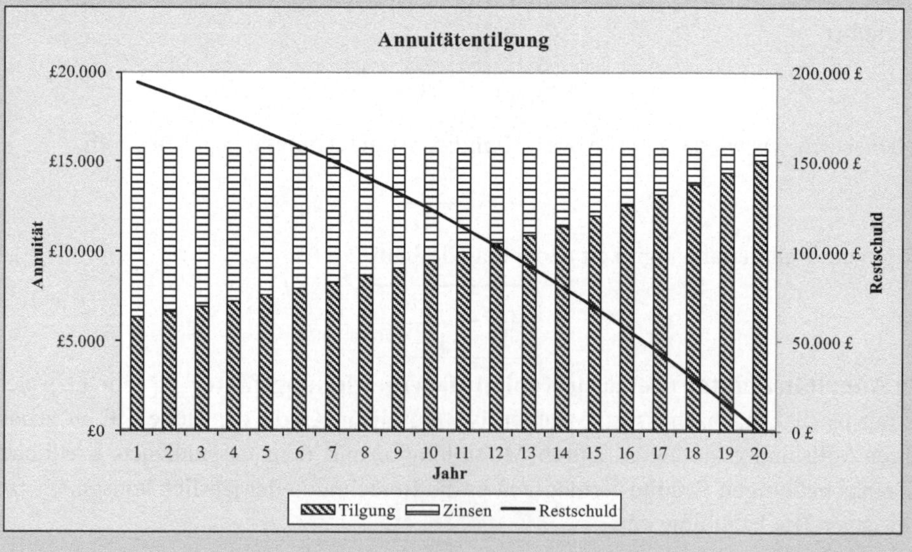

Derartige Annuitätentilgungen sind für Darlehen insbesondere in Verbindung mit dem Erwerb einer Immobilie im Ausland gang und gäbe. Dabei wird die Vertragslaufzeit n vorgegeben, um die Rückzahlungsrate zu berechnen.

In Deutschland hingegen wird anstelle der Laufzeit die Annuität vorgegeben. Die Angabe erfolgt als sogenannte **Prozentannuität**. Dabei wird die konstante Rückzahlungsrate als Prozentsatz der Kreditsumme angegeben. Diese Prozentrate setzt sich additiv zusammen aus dem Sollzinssatz i und der Tilgungsrate im ersten Jahr p, so dass die gleich bleibende Annuität gegeben ist durch

$$\boxed{A = (i + p)\, K_0}\ .$$

Beispiel

Für ein Darlehen zum Hauskauf in Deutschland seien die Modalitäten wie folgt festgelegt: Sollzinssatz 3,0 % und anfänglicher Tilgungssatz 2,0 %. Für die Kreditsumme 200.000 € ist dann die gleich bleibende Annuität

$$A = (i + p)\, K_0 = (0{,}03 + 0{,}02) \cdot 200.000 = 10.000\ .$$

Die konstante Annuität wird also als Anteil der anfänglichen Kreditsumme ausgedrückt. Die Tilgungsrate im ersten Jahr beträgt 4.000 €, die Zinsrate 6.000 €. In den folgenden Jahren verringern sich die Restschuld und somit auch der Zinsanteil. Im Gegenzug erhöht sich der Tilgungsanteil um die ersparten Zinsen, so dass die Annuität stets gleich hoch bleibt.

Es sei betont, dass der Saldo im Tilgungsplan stets mit dem Sollzinssatz i zu verzinsen ist. Die Tilgungsrate p hat damit nichts zu tun.

Üblicherweise werden der Sollzinssatz und der anfängliche Tilgungssatz pro Jahr angegeben. Tatsächlich werden Rückzahlungen jedoch für gewöhnlich monatlich getätigt. Für die unterjährige Annuitätentilgung gibt es dann verschiedene Ansätze. Aus finanzmathematischer Sicht ist es am einfachsten, den jährlichen Sollzinssatz i und die Tilgungsrate p konform umzurechnen. In der Praxis erfolgt die Festlegung des monatlichen Zinssatzes und der monatlichen Tilgungsrate stattdessen zumeist zeitproportional. Die konstante monatliche Annuität ist somit

$$A = \frac{i + p}{12}\, K_0\ .$$

Bei vorgegebener monatlicher Rückzahlungsrate ist die Darlehenshöhe

$$K_0 = \frac{12A}{i + p}\ .$$

Beispiel

Eine Internetbank bietet ein Darlehen zu folgenden Konditionen an: jährlicher Sollzinssatz 4,5 % und jährlicher anfänglicher Tilgungssatz 1,5 %. Die Rückzahlung habe monatlich zu erfolgen und die Annuität ist 500 €. Damit ist die Kredithöhe 100.000 €:

$$K_0 = \frac{12 \cdot 500}{0{,}045 + 0{,}015} = 100.000 \ .$$

Der Tilgungsplan wird dann mit dem relativen Zinssatz $i_{\text{rel}} = 0{,}045/12 = 0{,}00375$ aufgestellt.

Wenn der Sollzinssatz i kleiner wird, muss der anfängliche Tilgungssatz p angehoben werden, um den Kredit in gleicher Zeit zurückzuzahlen. Um diesen Zusammenhang besser zu verstehen, sei die Kreditsumme K_0 und die Laufzeit n vorgegeben. Dann ist die Annuität gegeben durch den Annuitätenfaktor

$$A = K_0 \frac{i}{1 - (1 + i)^{-n}} \ .$$

Der zugehörige Tilgungssatz im ersten Jahr p ist per Definition

$$p = \frac{A}{K_0} - i \ .$$

Es sei nun $\tilde{i} > i$. Der neue anfängliche Tilgungssatz $\tilde{p}$ ist dann gegeben durch

$$\tilde{p} = \frac{\tilde{A}}{K_0} - \tilde{i} = \frac{1}{K_0} \cdot \frac{K_0 \tilde{i}}{1 - (1 + \tilde{i})^{-n}} - \tilde{i}$$

Dieser Ausdruck lässt sich durch äquivalentes Umformen vereinfachen, sodass

$$\tilde{p} = \frac{\tilde{i}}{1 - (1 + \tilde{i})^{-n}} - \frac{\tilde{i} - \tilde{i}(1 + \tilde{i})^{-n}}{1 - (1 + \tilde{i})^{-n}} = \frac{\tilde{i}(1 + \tilde{i})^{-n}}{1 - (1 + \tilde{i})^{-n}} = \frac{\tilde{i}}{(1 + \tilde{i})^{n} - 1}$$

gilt. Daraus folgt, dass der Tilgungssatz für steigenden Sollzinssatz fällt, also $\tilde{p} < p$ für $\tilde{i} > i$. Es sei ergänzend erwähnt, dass in diesem Fall die neue Rückzahlungsrate $\tilde{A}$ bei gleicher Rückzahlungsdauer n größer als die ursprüngliche Annuität ist:

$$\tilde{A} = K_0 \frac{\tilde{i}}{1 - (1 + \tilde{i})^{-n}} > A \ .$$

Umgekehrt gilt für fallenden Sollzinssatz, $\tilde{i} < i$, dass der Tilgungssatz wächst, dass also $\tilde{p} > p$ gilt. Insgesamt sinkt die Annuität in diesem Fall, es ist dann $\tilde{A} < A$.

Beispiel

Wir betrachten ein Darlehen über 100.000 € mit zwanzig Jahren Laufzeit zum Sollzinssatz von 2 %. Dann ist die Annuität 6.115,67 €:

$$A = 100.000 \frac{0,02}{1 - 1,02^{-20}} = 6.115,67 \ .$$

Der Tilgungssatz im ersten Jahr ist damit 4,12 %:

$$p = \frac{6.115,67}{100.000} - 0,02 = 0,0412 \ .$$

Die Bank fasst die zugehörigen Konditionen für den Kunden zusammen: Kreditsumme 100.000 €, Sollzinssatz 2,0 % und Tilgungssatz 4,12 %. Betrachten wir für denselben Kredit ein alternatives Angebot mit Sollzinssatz von 1 %, dann sinkt die Annuität auf 5.541,53 €:

$$\tilde{A} = 100.000 \frac{0,01}{1 - 1,01^{-20}} = 5.541,53 \ .$$

Der neue Tilgungssatz im ersten Jahr steigt dann aber auf 4,54 %:

$$\tilde{p} = \frac{5.541,53}{100.000} - 0,02 = 0,0454 \ .$$

Diesen neuen anfänglichen Tilgungssatz können wir auch direkt nachrechnen:

$$\tilde{p} = \frac{0,01}{1,01^{20} - 1} = 0,0454 \ .$$

Dieses Angebot lautet zusammengefasst: Kreditsumme 100.000 €, Sollzinssatz 1,0 % und Tilgungssatz 4,54 %. Der Sollzinssatz ist niedriger und der anfängliche Tilgungssatz ist höher als im ersten Angebot. Allerdings fällt der Sollzinssatz stärker, als der Tilgungssatz steigt. Deshalb ist die neue Annuität geringer. Die Kreditsumme und die Rückzahlungsdauer sind in beiden Fällen identisch.

Die Vertragslaufzeit lässt sich gemäß dem Äquivalenzprinzip aus der Gleichung

$$K_0 = A \frac{1 - v^n}{i}$$

berechnen. Dazu formen wir die Gleichung äquivalent um:

$$K_0 i = A \left(1 - v^n\right) \Leftrightarrow \frac{K_0 i}{A} = 1 - v^n \Leftrightarrow v^n = 1 - \frac{K_0 i}{A} = \frac{A - K_0 i}{A} \,.$$

Wenden wir nun den natürlichen Logarithmus auf beiden Seiten an, so erhalten wir mit den Logarithmusregeln

$$\boxed{n = \frac{\ln\left(A - K_0 i\right) - \ln\left(A\right)}{\ln\left(v\right)} = \frac{\ln\left(A\right) - \ln\left(A - K_0 i\right)}{\ln\left(r\right)}} \,.$$

Im Allgemeinen ist die Laufzeit n bei vorgegebenen Parametern K_0, A und i keine natürliche Zahl. Da aber Rückzahlungsraten nur zu diskreten, ganzzahligen Zeitpunkten fällig sind, muss entschieden werden, wie man mit der akademischen Lösung für den Parameter n umgeht. In der Praxis behilft man sich dadurch, dass entweder die letzte Annuität entsprechend erhöht wird oder eine zusätzliche **Schlussannuität** fällig wird.

Es sei dazu $[n]$ die größte ganze Zahl, die kleiner als die berechnete Laufzeit n des Kredits ist. Wir erhalten $[n]$ dadurch, dass wir die Nachkommastellen der Lösung für n ignorieren. Die Restschuld K_t kann nicht nur am Tilgungsplan abgelesen, das heißt, rekursiv berechnet werden. Konkret ist der Kontostand K_t des Kreditkontos zum Zeitpunkt $t = 0, \ldots, n$ direkt berechenbar als Differenz der aufgezinsten Kreditsumme abzüglich der aufgezinsten Annuitäten:

$$\boxed{K_t = K_0 r^t - A s_{\overline{t}|} = K_0 r^t - A \frac{r^t - 1}{i}} \,.$$

Im Speziellen ist die Restschuld nach $[n]$ Perioden:

$$K_{[n]} = K_0 \left(1 + i\right)^{[n]} - A \frac{\left(1 + i\right)^{[n]} - 1}{i} \,.$$

Sodann wird die letzte Annuität $A_{[n]}$ um die verbleibende Restschuld erhöht, sodass

$$\tilde{A}_{[n]} = A_{[n]} + K_{[n]}$$

festgesetzt wird, damit der Kredit in $[n]$ Perioden vollständig getilgt wird. Alternativ kann die Rückzahlungsdauer um eine Periode auf $[n] + 1$ erhöht werden, sodass die Schlussannuität

$$\boxed{\tilde{A}_{[n]+1} = K_{[n]} \left(1 + i\right)}$$

ist.

Beispiel

Eine Familie kauft eine Ferienwohnung an der Ostsee im Wert von 200.000 €. Die Zinsrate sei 4,75 % pro Jahr. Der Tilgungsanteil beträgt 2,5 % der anfänglichen Kreditsumme zuzüglich ersparter Zinsen. Also ist die Annuität:

$$A = 200.000\,(0{,}0475 + 0{,}025) = 14.500\,.$$

Dann berechnen wir die Laufzeit gemäß

$$n = \frac{\ln\,(14.500) - \ln\,(14.500 - 200.000 \cdot 0{,}0475)}{\ln\,(1{,}0475)} = 22{,}94\,.$$

Die Restschuld nach $[n] = 22$ Jahren ist dann

$$K_{22} = 200.000 \cdot 1{,}0475^{22} - 14.500\,\frac{1{,}0475^{22} - 1}{0{,}0475} = 13.073{,}33$$

Die Schlussannuität ist folglich

$$\tilde{A}_{23} = 13.073{,}33 \cdot 1{,}0475 = 13.694{,}31\,.$$

Die ersten und letzten Zeilen des Tilgungsplans lauten:

Zeitpunkt	Kontostand am Beginn	Zinsen am Ende	Tilgung am Ende	Annuität am Ende	Kontostand am Ende
1	200.000,00	9.500,00	5.000,00	14.500,00	195.000,00
2	195.000,00	9.262,50	5.237,50	14.500,00	189.762,50
3	189.762,50	9.013,72	5.486,28	14.500,00	184.276,22
…	…	…	…	…	…
21	38.971,83	1.851,16	12.648,84	14.500,00	26.322,99
22	26.322,99	1.250,34	13.249,66	14.500,00	13.073,33
23	13.073,33	620,98	13.073,33	13.694,31	0,00

Der Verlauf des Kreditgeschäfts in der Zeit lässt sich grafisch veranschaulichen.

Wir erkennen insbesondere, dass der Zinsanteil beständig fällt, da die Bezugsgröße der Restschuld geringer wird. Außerdem wird der Tilgungsanteil immer größer. Er wächst um genau denjenigen Anteil, um den die Zinsen geringer werden. Dadurch erklärt sich die Begriffsbildung der ersparten Zinsen. Die Schlussannuität fällt geringer aus als die vorherigen Annuitäten. Sie sorgt dafür, dass der Kredit nach einem zusätzlichen Jahr genau abbezahlt wird.

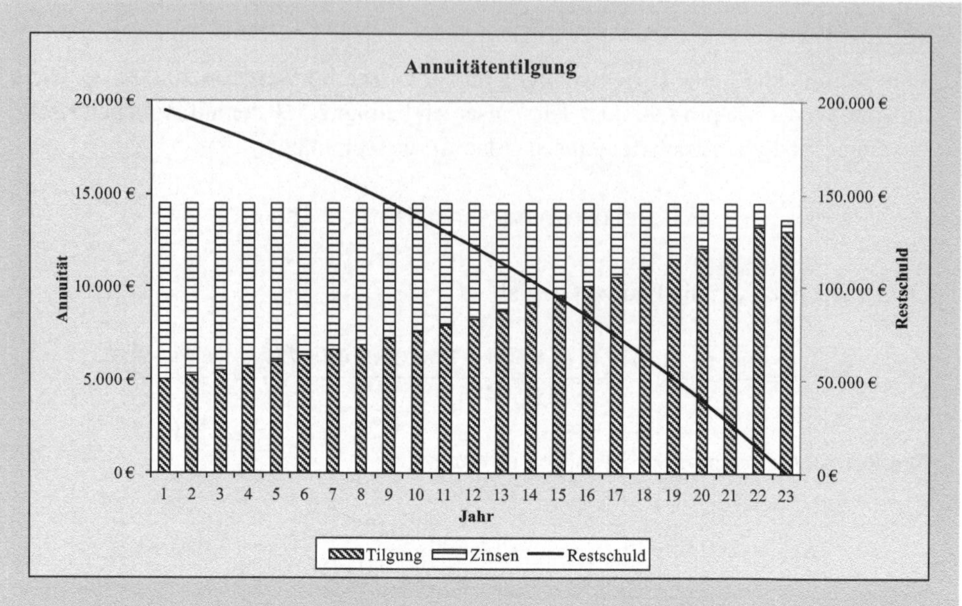

1.3.4　Warenkredit

Neben den bereits dargestellten Tilgungsarten ist der **Ratenkredit**, oder auch **Teilzahlungskredit**, in der Praxis weit verbreitet. Er findet nämlich insbesondere seine Anwendung im deutschen Warenhandel und wird deshalb auch **Warenkredit** genannt. Der Ratenkredit ist keine Ratentilgung, sondern eine besondere Form der Annuitätentilgung. Die gleich hohen Rückzahlungsraten werden dabei nach einer spezifischen Methode festgelegt.

Häufig werden in diesem Zusammenhang Kreditgebühren erhoben. Im Allgemeinen wird eine einmalige Kreditgebühr, das sogenannte **Disagio**, zu Beginn fällig. Diese Abschlussgebühr bewirkt eine Reduktion des ausgezahlten Betrages. Nichtsdestotrotz ist die Darlehensschuld nicht reduziert; der Kunde muss den ausgezahlten Betrag zuzüglich der nicht an ihn ausgezahlten Gebühr zurückzahlen.

Es sei K_0 der Auszahlungsbetrag, d das Disagio und g die periodische Verwaltungsgebühr, jeweils bezogen auf den auszuzahlenden Betrag K_0, i_{nom} der nominelle Jahreszinssatz, m die Anzahl der Rückzahlungsraten pro Jahr und n die gesamte Anzahl der Rückzahlungsraten. Dann ist die nachschüssige Rückzahlungsrate A definiert durch:

$$A = K_0 \frac{1 + n\frac{i_{\text{nom}}}{m} + d + ng}{n}.$$

Also ergibt sich die Rückzahlungsrate als Kreditbetrag plus die Summe der linearen Zinsen zuzüglich sämtliche Kosten und Gebühren geteilt durch die Laufzeit.

Beispiel

Es seien folgende typische Konditionen eines Ratenkredits gegeben: Auszahlungsbetrag K: 3.000 €, Disagio d: 2 %, keine zusätzliche Verwaltungsgebühr, nomineller Zinssatz i_{nom} pro Jahr: 7,8 %, monatliche nachschüssige Raten A, Laufzeit n: 24 Monate. Dann ist die monatliche Rückzahlungsrate

$$A = 3.000\frac{1 + 24 \cdot 0{,}078/12 + 0{,}02}{24} = 147{,}00 \,.$$

Für verschiedene Kreditsummen und unterschiedliche Laufzeiten ergibt sich die folgende Tabelle der Ratenhöhen in Euro:

Kredit-summe	Laufzeit (Monate)						
	12	18	24	30	36	48	60
1.000	91,50	63,17	49,00	40,50	34,83	27,75	23,50
2.000	183,00	126,33	98,00	81,00	69,67	55,50	47,00
3.000	274,50	189,50	147,00	121,50	104,50	83,25	70,50
4.000	366,00	252,67	196,00	162,00	139,33	111,00	94,00
5.000	454,50	315,83	245,00	202,50	174,17	138,75	117,50
10.000	915,00	631,67	490,00	405,00	348,33	277,50	235,00

Exemplarisch können wir auch den effektiven Jahreszinssatz berechnen, indem die tatsächlichen Zahlungsströme gegenübergestellt werden:

$$K_0 = Aa_n = A\frac{1 - v_{\text{kon}}^n}{i_{\text{kon}}} \,.$$

Dabei ist i_{kon} der gesuchte konforme Zinssatz. Es folgt

$$K_0 i_{\text{kon}} - A\left(1 - (1 + i_{\text{kon}})^{-n}\right) = 0 \,.$$

Dieses Nullstellenproblem wird näherungsweise gelöst. Wir berechnen: $i_{\text{kon}} = 0{,}013398$. Daraus folgt, dass der effektive Jahreszins 17,32 % ist:

$$i_{\text{eff}} = 1{,}013398^{12} - 1 = 0{,}1732 \,.$$

Wir erkennen daran, dass der Effektivzinssatz sehr viel höher ist als der ausgewiesene Nominalzins. Analog können wir den Effektivzins für verschiedene Laufzeiten berechnen. Der Parameter K_0 spielt dabei keine Rolle, weil er sowohl in der Kreditsumme als auch in der Annuität steckt und somit aus der Nullstellengleichung eliminiert werden kann.

Kredit-summe	Laufzeit (Monate)						
	12	18	24	30	36	48	60
beliebig	19,12 %	17,99 %	17,32 %	16,84 %	16,47 %	15,89 %	15,44 %

Der Effektivzinssatz ist unabhängig von der ausgezahlten Kreditsumme K_0. Das Disagio wirkt sich bei kürzeren Laufzeiten stärker auf den Effektivzins aus.

1.3.5 Endfällige Kredite

Bei Privatgeschäften ist es üblich, den Kredit fortlaufend zu tilgen. Auf den Kapitalmärkten hingegen werden Kredite ganz oder zumindest zum größten Teil am Laufzeitende getilgt. Dabei wird unterschieden, ob die fälligen Zinsen direkt gezahlt werden oder gesammelt werden. Wichtige Anwendungsbeispiele sind **Zinsanleihen**, die wir im nächsten Kapitel ausführlich besprechen werden. Eine Anleihe ist ein festverzinsliches Wertpapier, das dem Gläubiger das Recht auf Rückzahlung des Nominalbetrags sowie auf Zahlung der Zinsen einräumt.

Bei der **endfälligen Tilgung** mit Zinssammlung sind fast alle Annuitäten gleich null. Die Ausnahme bildet die letzte Annuität, die die gesamte ausstehende Schuld mit einem Schlag begleicht. Dieser Art der Tilgung findet man vorwiegend bei Krediten, die in der Form von **Nullkuponanleihen** durch öffentliche Träger angeboten werden. Der Käufer fungiert dabei als Gläubiger und nutzt das Finanzinstrument zum Zwecke des Sparens. Ein Beispiel für diese Tilgungsform ist der **Bundesschatzbrief** vom Typ B mit der Laufzeit von sieben Jahren. Ein Bundesschatzbrief war eine Anleihe der Bundesrepublik Deutschland, die dazu diente, dass die Bevölkerung Vermögen bilden konnte, indem sie dem deutschen Staat Geld lieh. Das Privatkundengeschäft wurde jedoch 2013 aus Kostengründen eingestellt. Im Zuge der Finanzkrise waren die Zinsen derart niedrig, dass der deutsche Staat bei professionellen Investoren in 2016 sogar negative Zinsen durchsetzen konnte.

In der Zukunft könnten Bundesschatzbriefe wieder neu aufgelegt werden, wenn denn die Zinsen wieder steigen. In jedem Fall eignen sie sich prima als Beispiel für endfällige Kredite

Beispiel
Die Zinssätze des Bundesschatzbriefes Typ B waren unterschiedlich in den einzelnen Vertragsjahren und wurden regelmäßig den Marktgegebenheiten angepasst. Typische Werte waren

Jahr	Zinssatz
1	2,50 %
2	3,00 %
3	3,50 %
4	4,00 %
5	4,50 %
6	4,75 %
7	5,00 %

Damit ergibt sich folgender Kontoverlauf bei einer Investition in Höhe von 10.000 €:

Jahr	Kontostand am Beginn	Zinsen am Ende	Tilgung am Ende	Annuität am Ende	Kontostand am Ende
1	10.000,00	250,00	−250,00	0,00	10.250,00
2	10.250,00	307,50	−307,50	0,00	10.557,50
3	10.557,50	369,51	−369,51	0,00	10.927,01
4	10.927,01	437,08	−437,08	0,00	11.364,09
5	11.364,09	511,38	−511,38	0,00	11.875,48
6	11.875,48	564,09	−564,09	0,00	12.439,56
7	12.439,56	621,98	12.439,56	13.061,54	0,00

Da die Annuität konstant null ist, treten negative Tilgungsbeträge in Höhe der anfallenden Zinsen auf. Dadurch erhöht sich die Schuld des Kreditnehmers, das heißt, des deutschen Staates.

Mit Hilfe des Äquivalenzprinzips können wir die effektive Verzinsung leicht berechnen:

$$i_{\text{eff}} = \sqrt[7]{1{,}306154} - 1 = 0{,}0389 \,.$$

Die gesamtfällige Tilgung ohne Zinssammlung sieht vor, dass die Tilgung innerhalb der Laufzeit null ist und somit die Annuität gleich den anfallenden Zinsen ist. Zum Vertragsende ist die Tilgung gleich der Kreditsumme. Ein Beispiel für diese Art der Tilgung war der **Bundesschatzbrief** vom Typ A, den es zurzeit ebenfalls nicht mehr gibt.

Beispiel

Die Zinssätze des Bundesschatzbriefes Typ A waren ebenfalls von Jahr zu Jahr verschieden. Die Laufzeit betrug sechs Jahre. Typische Werte waren

Jahr	Zinssatz
1	2,50 %
2	3,00 %
3	3,50 %
4	4,00 %
5	4,50 %
6	4,75 %

Damit ergibt sich folgender Kontoverlauf bei einer Investition in Höhe von 10.000 €:

Jahr	Kontostand am Beginn	Zinsen am Ende	Tilgung am Ende	Annuität am Ende	Kontostand am Ende
1	10.000,00	250,00	0,00	250,00	10.000,00
2	10.000,00	300,00	0,00	300,00	10.000,00
3	10.000,00	350,00	0,00	350,00	10.000,00
4	10.000,00	400,00	0,00	400,00	10.000,00
5	10.000,00	450,00	0,00	450,00	10.000,00
6	10.000,00	475,00	10.000,00	10.475,00	0,00

Auch in diesem Fall sind wir an der effektiven Verzinsung interessiert. Dazu stellen wir zunächst Leistung und Gegenleistung auf

$$L = 10.000\,(1+i)^6 \, ,$$

$$GL = 250\,(1+i)^5 + 300\,(1+i)^4 + 350\,(1+i)^3 + 400\,(1+i)^2$$
$$+ 450\,(1+i)^1 + 10.475 \, .$$

Nach dem Äquivalenzprinzip erhalten wir durch Gleichsetzen eine Polynomgleichung sechsten Grades für den gesuchten Zinssatz, die sich nur näherungsweise lösen lässt. Als Effektivzins berechnet man approximativ 3,66 %.

In einem endfälligen Darlehen ohne Zinssammlung wird der in Anspruch genommene Kredit durch periodische Zinszahlungen zuzüglich einer pauschalen Tilgung am Laufzeitende bedient. Der Schuldner muss dabei die endfällige Kreditsumme vorhalten oder ansparen. Anders als beim Annuitätendarlehen, wird die Sparrate nicht zur sofortigen Rückzahlung des Kredits genutzt, sondern separat angelegt. Diese Methode zur Rückzahlung eines Kredits bedient sich eines sogenannten **Tilgungsfonds**, englisch **sinking fund**.

Wenn nun der Habenzinssatz größer als der Sollzinssatz ist, dann ist es vorteilhaft, dass der Schuldner durch regelmäßiges Zurücklegen von Tilgungsraten die am Vertragsende fällige Kreditsumme anspart. Sind die beiden Zinssätze gleich hoch, so ist die Rückzahlung mittels Tilgungsfond identisch mit der Annuitätentilgung.

Zur Verdeutlichung des Konzepts betrachten wir im Vergleich die Annuitätentilgung mit der Kreditsumme K_0 über n Perioden zum Zinssatz i. Daraus können wir die konstante Rückzahlungsrate A berechnen:

$$A = K_0 \frac{i}{1 - (1 + i)^{-n}} \; .$$

Wenn nun im Sinne einer endfälligen Tilgung regelmäßig nur die Zinsen auf den Kredit zurückgezahlt werden, so ist deren gleichbleibende Höhe durch $Z = iK_0$ gegeben. Im Vergleich mit dem Annuitätendarlehen sind die Zinszahlungen in diesem Fall höher. Denn aufgrund fehlender Tilgungszahlungen verringert sich die zu verzinsende Restschuld bei der endfälligen Tilgung nicht.

Die Differenz aus Annuität und Zinsanteil, also $T = A - Z$, werde alternativ auf einem Sparkonto oder Ähnlichem mit der Sparzinsrate $j > i$ angelegt. Dann berechnen wir den Endwert dieser Sparraten mit Hilfe des Rentenendwertfaktors $s_{\overline{n}|}^{(j)}$ zum Zinssatz j:

$$
\begin{aligned}
T s_{\overline{n}|}^{(j)} &= (A - Z)\, \frac{(1 + j)^n - 1}{j} \\
&= K_0 \frac{i}{1 - (1 + i)^{-n}} \cdot \frac{(1 + j)^n - 1}{j} - iK_0 \frac{(1 + j)^n - 1}{j} \; .
\end{aligned}
$$

Durch Ausklammern und Erweitern auf einen gemeinsamen Nenner finden wir zunächst

$$
\begin{aligned}
T s_{\overline{n}|}^{(j)} &= \frac{iK_0}{j} \cdot \left(\frac{(1 + j)^n - 1}{1 - (1 + i)^{-n}} - (1 + j)^n + 1 \right) \\
&= \frac{iK_0}{j} \cdot \left(\frac{(1 + j)^n - 1}{1 - (1 + i)^{-n}} - \frac{(1 + j)^n - (1 + j)^n (1 + i)^{-n}}{1 - (1 + i)^{-n}} + \frac{1 - (1 + i)^{-n}}{1 - (1 + i)^{-n}} \right) ,
\end{aligned}
$$

und schließlich durch Zusammenfassen

$$
T s_{\overline{n}|}^{(j)} = \frac{iK_0}{j} \cdot \frac{\left((1 + j)^n - 1\right)(1 + i)^{-n}}{1 - (1 + i)^{-n}} = K_0 \frac{\frac{(1+j)^n - 1}{j}}{\frac{(1+i)^n - 1}{i}} = K_0 \frac{s_{\overline{n}|}^{(j)}}{s_{\overline{n}|}^{(i)}} > K_0 \; .
$$

An dieser Formel erkennen wir, dass der Endwert der Sparraten $T s_{\overline{n}|}^{(j)}$ größer als die endfällige Kreditsumme K_0 ist, wenn der Habenzins größer als der Sollzins ist, $j > i$. Der Sinn und Zweck der Aufteilung der Rückzahlungsrate A auf ein Kredit- und ein Sparkonto ist gegeben, wenn $j > i$ gilt. In diesem Fall übersteigt nämlich das Sparziel den fälligen Rückzahlungsbetrag.

Wenn der Kreditzinssatz i und der Sparzinssatz j übereinstimmen, wenn also $i = j$ gilt, dann ist $T s_{\overline{n}|}^{(j)} = K_0$. Die angesparten Tilgungsraten reichen in diesem Fall genau aus, um den Kredit am Laufzeitende vollständig zu tilgen. Das endfällige Darlehen mittels Tilgungsfond und das Annuitätendarlehen sind dann äquivalent.

Um den Kredit K_0 vollständig zu tilgen, kann im Fall $j > i$ eine niedrige Rate $\tilde{T}$ angesetzt werden, als im Annuitätendarlehen nötig ist. Aus dem Ansatz

$$\tilde{T} s_{\overline{n}|}^{(j)} = K_0$$

berechnen wir die Sparrate $\tilde{T}$ durch Einsetzen des Rentenendwertfaktors:

$$\tilde{T} = K_0 \frac{j}{(1+j)^n - 1} \, .$$

Dabei können wir $\tilde{T}$ als reduzierte Tilgungsrate interpretieren.

Beispiel

Wir betrachten einen Kredit in Höhe von 200.000 € mit Laufzeit von 20 Jahren zum Zinssatz $i = 0{,}035$. Wird der Kredit durch ein gewöhnliches Annuitätendarlehen getilgt, so ist die Annuität A:

$$A = 200.000 \frac{0{,}035}{1 - 1{,}035^{-20}} = 14.072{,}22 \, .$$

Die Tilgung erfolge stattdessen endfällig ohne Zinssammlung. Dann ist der jährliche Zinsanteil für den Kredit

$$Z = 0{,}035 \cdot 200.000 = 7.000 \, .$$

Der Sparzinssatz betrage $j = 0{,}05$. Die nötige Sparrate zur Bedienung des Kredits am Laufzeitende berechnet sich gemäß der Formel

$$\tilde{T} = 200.000 \cdot \frac{0{,}05}{1{,}05^{20} - 1} = 6.048{,}52 \, .$$

Die gesamte Rate $\tilde{A} = Z + \tilde{T}$ beträgt demnach 13.048,52 €. Aufgrund des höheren Sparzinssatzes fällt die Rückzahlungsrate $\tilde{A}$ um 1.023,70 € geringer aus.

Würde man hingegen als jährliche Rückzahlungsrate wie im Annuitätendarlehen notwendig 14.072,22 € berücksichtigen, so wäre die jährliche Sparrate nach Abzug des Zinsanteils 7.072,22 €. Das gebildete Kapital nach 20 Jahren wäre dann

233.849,55 €,

$$T\,s_{\overline{20|}}^{(0,05)} = 7.072,22 \cdot \frac{1,05^{20} - 1}{0,05} = 233.849,55 \,,$$

also deutlich mehr als die endfällige Rückzahlung des Kredits in Höhe von
200.000 €.

Auch für die Personenversicherung haben Kreditgeschäfte besondere Bedeutung. Oftmals
wird nämlich in Verbindung mit einem Kreditvertrag direkt eine **Restschuldversiche-
rung** abgeschlossen. Die Versicherungsleistung besteht darin, bei Eintreten bestimmter
versicherter Gefahren, wie Tod, Unfall, Krankheit, Berufsunfähigkeit oder auch Arbeits-
losigkeit, die Restschuld des Kredites durch das Versicherungsunternehmen begleichen
zu lassen. Derartige Geschäfte dienen der finanziellen Absicherung für den Gläubiger und
sind deshalb nicht selten quasi verbindlich.

In der Praxis werden Finanzierungen von privaten Immobilien nicht selten durch eine
Kombination aus einer gesamtfälligen Tilgung ohne Zinssammlung und einer **Kapitalle-
bensversicherung** realisiert. Ein solcher Versicherungsvertrag zahlt die vorab vereinbarte
Versicherungssumme aus, wenn die versicherten Person das Vertragsende erlebt. Im vor-
zeitigen Todesfall wird die gesamte Kreditschuld durch die Versicherung beglichen. Der
Kunde zahlt während der Vertragslaufzeit die regelmäßig fälligen Zinsen an die Bank und
die Prämien an die Versicherungsgesellschaft. In der Vergangenheit genossen derartige
Produkte gewisse steuerliche Vorzüge.

Die Rückzahlung der Kreditsumme erfolgt dabei über die Versicherungsleistung am
Ende der Laufzeit. Banken und Versicherungen machen gerne derartige Geschäfte aufgrund der damit verbundenen Provisionen. Für den Kunden kann sich diese Tilgungsme-
thode insbesondere unter Berücksichtigung von steuerlichen Aspekten lohnen.

Das Risiko der **Tilgung durch Lebensversicherung** besteht in der Unsicherheit der
tatsächlichen Auszahlung im Erlebensfall. Zwar garantiert jeder Versicherer eine Min-
destleistung, das heißt, die vertraglich vereinbarte Versicherungssumme; doch jene ist ver-
gleichsweise gering. Deshalb wird zu Vergleichszwecken mit anderen Tilgungsmethoden
die zu erwartende Auszahlung einer Lebensversicherung unter Berücksichtigung der his-
torischen Gewinnausschüttungen des Lebensversicherungsunternehmens herangezogen.
Die zukünftige **Überschussbeteiligung** kann jedoch leider nicht verlässlich prognostiziert
werden. Damit ist a priori die Sparzinsrate unsicher.

Ausgelöst durch fallende Aktienmärkte haben unzulängliche Kundeninformationen in
Bezug auf die Tilgung durch Lebensversicherung zu Beginn des Jahrhunderts in Groß-
britannien zu einem großen Skandal geführt. Die tatsächliche Erlebensfallleistung hat für
etliche Kunden nicht ausgereicht, um den aufgenommenen Kredit vollständig zu tilgen.
Zahlreiche Verbraucher fühlten sich unzureichend über die eingegangenen Risiken infor-
miert und sind vor Gericht gezogen.

1.3.6 Kosten

In der Praxis treten neben Zinsen und Tilgungen gegebenenfalls **Verwaltungskosten** und **Gebühren**, Provisionen, Bereitstellungszinsen oder auch ein Abschlag vom nominellen Darlehen, das bereits erwähnte **Disagio**, auf. Um Kreditgeschäfte vergleichbar zu machen, hat der Gesetzgeber die **Preisangabenverordnung (PAngV)** erlassen. Darin wird im Detail vorgeschrieben, wie Kredite unter Einbeziehung aller relevanten Einflussfaktoren miteinander verglichen werden sollen.

In einem Vergleichskonto werden sämtliche Zahlungen, Abschläge, Kosten und Gebühren sowie die zugehörigen Fälligkeitszeitpunkte akkurat erfasst. Der effektive Jahreszins ist dann derjenige Zinssatz, zu dem die tatsächlichen Zahlungsströme zwischen Gläubiger und Schuldner äquivalent sind. Sämtliche Kosten werden also finanzmathematisch äquivalent in einen gegenüber dem Sollzinssatz erhöhten jährlichen Zinssatz umgerechnet. Der auszuweisende Vomhundertsatz gilt nach PAngV als vergleichbare Kennzahl für die Gesamtkosten eines Kredits.

Für ein Kreditgeschäft gebe es dazu die verschiedenen Zahlungszeitpunkte $k = 0, 1, \ldots, n$ und es bezeichne t_k die Zeitdauer in Jahresbruchteilen seit Inanspruchnahme des Kredits gemäß PAngV. Außerdem sei Z_k der Saldo aus Kreditauszahlung und Rückzahlung zum Zeitpunkt t_k. Dann ist der effektive Jahreszins die Nullstelle der Gleichung

$$ f(i) = \sum_{k=0}^{n} Z_k \, (1 + i)^{-t_k} \ . $$

Dieses Nullstellenproblem wird näherungsweise gelöst. Der effektive Jahreszins ist auf zwei Nachkommastellen genau anzugeben. Dabei wird die letzte Stelle kaufmännisch gerundet.

Abweichend von den vorgestellten Zinsusancen 30E/360 und Act/Act sieht die Preisangabenverordnung eine eigenwillige Zählung der Zinstage vor. Dabei werden für ein Jahr 365 Tage, 52 Wochen und 12 gleiche Monate zugrunde gelegt. Ein Standardmonat hat rechnerisch $365/12 = 30{,}4166$ Tage.

1.4 Investitionen

Alle finanzmathematisch analysierbaren geschäftlichen Unternehmungen werden in Form eines aus Einnahmen und Ausgaben bestehenden Zahlungsstroms dargestellt. Bei **Investitionen**, das heißt, bei der mittel- bis langfristigen Anlage von Geldmitteln in

- reale Objekte, zum Beispiel Produktionsanlagen, Geschäftshäuser (**Real- oder Produktionsinvestitionen**),
- Finanzobjekte, zum Beispiel Aktien, festverzinsliche Wertpapiere, Bankguthaben und auch Lebensversicherungen (**Finanzinvestitionen**),

ist diese Darstellung besonders hilfreich.

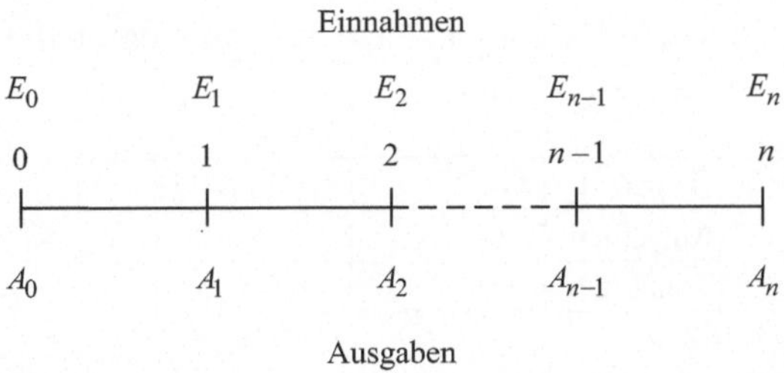

Die Aufgabe der **Investitionsrechnung** ist es, erstens, mit geeigneten rechnerischen Mitteln zwischen mehreren alternativen Investitionsobjekten dasjenige auszuwählen, welches am besten ist. Zweitens soll ergründet werden, ob eine Investition an sich vorteilhaft ist, selbst wenn keine Alternative vorliegt. Das heißt, es geht schlicht um die Frage, ob eine Investition durchgeführt werden soll, oder ob sie unterlassen werden soll.

Die wichtigsten Methoden zur finanzmathematischen Beurteilung von Investitionen sind:

- **Kapitalwertmethode**,
- **Methode der internen Rendite**
- **Amortisationsmethode**

Diese Methoden besitzen vielfältige Anwendung in der wirtschaftlichen Praxis, unter anderem auch für den **Finanzierbarkeitsnachweis** der Lebensversicherung.

1.4.1 Kapitalwertmethode

Bei der **Kapitalwertmethode** geht es um die Berechnung und den Vergleich von Barwerten. Die mit der Investition verbundenen Einnahmen und Ausgaben werden dabei einander gegenübergestellt.

Für die finanzmathematisch analytische Vorgehensweise unterscheidet man drei Schritte:

1. Verdeutlichung der Einnahmen und Ausgaben am zeitlichen Zahlungsstrahl,
2. Berechnung der Barwerte der Einnahmen und Ausgaben mittels eines vorgegebenen Zinssatzes,
3. Berechnung des **Kapitalwerts** der Investition als Differenz der beiden Barwerte.

Falls der Barwert der Einnahmen größer als der Barwert der Ausgaben ist, das heißt wenn der Kapitalwert größer als null ist, so ist die Investition **vorteilhaft**. Sind die Barwerte identisch, so ist der Investor **indifferent** hinsichtlich der Durchführung der Investition. Ist der Barwert der Ausgaben größer als der Barwert der Einnahmen, so gilt die Investition als unvorteilhaft und sollte **unterlassen** werden.

Beispiel

Wir betrachten die folgende Investition, die definiert ist durch die beiden vorschüssigen Zahlungsreihen (in tausend Euro):

Typ\Zeit	$t = 0$	$t = 1$	$t = 2$	$t = 3$	$t = 4$
Ausgaben	20	0	0	0	0
Einnahmen	0	8	8	5	4

Zum vorgegebenen Kalkulationszins von 10 % pro Jahr ist nach der Vorteilhaftigkeit dieser Investition gefragt. Dazu betrachten wir die Barwerte der Ausgaben und Einnahmen:

$$A = 20.000$$

$$E = 8.000\frac{1}{1{,}1} + 8.000\frac{1}{1{,}1^2} + 5.000\frac{1}{1{,}1^3} + 4.000\frac{1}{1{,}1^4} = 20.372{,}93 \ .$$

Wir erkennen, dass der Barwert der Einnahmen größer ist als der Kapitalwert der Ausgaben: die Investition lohnt sich, da der Kapitalwert $E - A$ positiv ist.

Für $i = 0{,}15$ hingegen ändert sich der Barwert der Einnahmen:

$$E = 8.000\frac{1}{1{,}15} + 8.000\frac{1}{1{,}15^2} + 5.000\frac{1}{1{,}15^3} + 4.000\frac{1}{1{,}15^4} = 18.580{,}27 \ .$$

Für diesen Zinssatz ist die Unterlassung sinnvoller, da hier $A > E$ ist.

Durch die Kapitalwertmethode werden die tatsächlichen Einnahmen mit einer fiktiven Anlage der Ausgaben zum vorgegebenen Zinssatz verglichen. Dieser Zinssatz kann als geforderte Mindestrendite interpretiert werden. Bei einer Investition, deren Ausgaben komplett aus eigenen Mitteln finanziert werden können, spricht man in diesem Zusammenhang von der **Eigenkapitalrendite**. Für die Festlegung der Zielrendite gibt es unterschiedliche Ansätze. Als Grundlage zur Entscheidungsfindung wird zum Beispiel eine vergleichbare branchenübliche Rendite, die eigene historische Unternehmensrendite, die Renditeforderung der Aktionäre oder auch der risikofreie Marktzinssatz zuzüglich eines adäquaten Risikoaufschlags in Betracht gezogen.

Wird zur Durchführung der Investition ein Kredit aufgenommen, so kann der vorgegebene Zinssatz als **Fremdkapitalrendite** interpretiert werden. Die Sollzinsen sind zwar extern vorgegeben, doch auch hier muss der Investor entscheiden, ob mit dem aufgenommenen Geld nicht ein besseres Geschäft durchgeführt werden kann. Unter diesem Gesichtspunkt macht es Sinn, dass der intern vorgegebene Zinssatz deutlich oberhalb des externen Sollzinssatzes liegt.

> **Beispiel**
>
> Als Fortführung des obigen Beispiels betrachten wir zusätzlich die Aufnahme eines Kredites, der am Ende der Laufzeit vollständig zurückgezahlt wird. Der Einfachheit halber berechnen wir diesmal die Endwerte der Einnahmen E und Ausgaben A des Investors bei einem Zinssatz von 10 % pro Jahr. Dabei ist zu beachten, dass für die Ausgabenseite lediglich die Kreditrückzahlung relevant ist. Die Bank finanziert das Geschäft, welches den besagten Einkommensstrom für den Investor generiert. Somit haben wir
>
> $$A = 20.000 \cdot 1{,}1^4 = 29.282{,}00$$
> $$E = 8.000 \cdot 1{,}1^3 + 8.000 \cdot 1{,}1^2 + 5.000 \cdot 1{,}1^1 + 4.000 \cdot 1{,}1^0 = 29.828{,}00 \,.$$
>
> Wir erkennen, dass der Endwert der Einnahmen den Endwert der Ausgaben um 546 € übersteigt: die Investition lohnt sich. Analog gilt für einen Zinssatz von 15 % pro Jahr:
>
> $$A = 20.000 \cdot 1{,}15^4 = 34.980{,}13$$
> $$E = 8.000 \cdot 1{,}15^3 + 8.000 \cdot 1{,}15^2 + 5.000 \cdot 1{,}15^1 + 4.000 \cdot 1{,}15^0 = 32.497{,}00 \,.$$
>
> Da $A > E$, ist in diesem Fall die Unterlassung der Investition sinnvoller.

Wie das Beispiel verdeutlicht, spielt die Form der Finanzierung für die Entscheidung der Vorteilhaftigkeit dieser Investition bei einem über die gesamte Laufzeit konstanten Zinssatz für Einnahmen und Ausgaben keine Rolle. Es ist einerlei, ob die Investition durch eigene Mittel oder durch Fremdmittel initiiert wird, insofern Soll- und Habenzinssatz identisch sind.

In der Praxis sollte die Gültigkeit der sogenannten **Wiederanlageprämisse** kritisch geprüft werden: Es ist genau zu überlegen, ob in der Praxis sämtliche Zahlungen jeweils bis zum Ende des Projektes zu dem vorgegebenen internen Zinssatz verzinst werden können. Für Verfeinerungen der Kapitalwertmethode in Form von unterschiedlichen Zinssätzen für Einnahmen und Ausgaben sei auf die weiterführende Literatur verwiesen.

1.4.2 Methode der internen Rendite

Alternativ zur Kapitalwertmethode kann derjenige Zinssatz ermittelt werden, für den der Barwert der Ausgaben gleich dem Barwert der Einnahmen ist. Man nennt diesen Zinssatz die **interne Rendite** oder auch den **Effektivzinssatz** der Investition.

Für die **Methode der internen Rendite** gibt es klar definierte Schritte:
1. Verdeutlichung der Einnahmen und Ausgaben am Zeitstrahl,
2. Berechnung des Kapitalwerts, definiert als Differenz der Barwerte aus Einnahmen und Ausgaben mit variablem Zinssatz,
3. (näherungsweise) Berechnung der Nullstellen der Kapitalwertfunktion.

Wir betrachten also ganz allgemein die Funktion

$$KW(i) = E(i) - A(i) = 0 \, .$$

wobei $KW(i)$ der Kapitalwert der Investition, $E(i)$ der Barwert der Einnahmen und $A(i)$ der Barwert der Ausgaben ist. Gesucht sind die Nullstellen der Kapitalwertfunktion in Abhängigkeit vom Zinssatz i. Jede Lösung ist ein Effektivzinssatz der Investition. In der Praxis wird man häufig, aber nicht immer, nachweisen können, dass es nur genau einen positiven Effektivzinssatz gibt.

Jede Nullstelle der Kapitalwertfunktion ist eine **interne Rendite** der Investition. Zu diesem Zinssatz sind die beiden Aktionen, Investieren und Unterlassen, finanzmathematisch äquivalent. Durch die tatsächlichen Einnahmen der Investition erzielt der Investor denselben Kapitalwert wie durch die fiktive Anlage der verfügbaren Mittel zum Zinssatz in Höhe der internen Rendite.

Ist die interne Rendite größer als die vorgegebene Zinsrate, die üblicherweise als die Eigenkapitalrendite definiert wird, so ist die Investition **vorteilhaft**. Ist der effektive Zins kleiner als der extern vorgegebene Zinssatz, so gilt die Investition als **unvorteilhaft**. Die Methode der internen Rendite liefert somit ein qualitatives Entscheidungskriterium, wohingegen die Kapitalwertmethode besser geeignet ist, Investitionen quantitativ zu beurteilen.

Beispiel

Für obige Investition gilt nach der Methode der internen Rendite

$$A(i) = 20.000$$

$$E(i) = 8.000\frac{1}{1+i} + 8.000\frac{1}{(1+i)^2} + 5.000\frac{1}{(1+i)^3} + 4.000\frac{1}{(1+i)^4} \, .$$

Setzen wir nun die Kapitalwertfunktion $KW(i)$ gleich null, so erhalten wir

$$KW(i) = -20(1+i)^4 + 8(1+i)^3 + 8(1+i)^2 + 5(1+i)^1 + 4 = 0 \, .$$

Diese Gleichung kann nicht ohne weiteres explizit gelöst werden. Es empfiehlt sich die Anwendung eines iterativen Näherungsverfahrens, wie zum Beispiel das Newton-Verfahren. Dadurch lässt sich die gesuchte Nullstelle approximativ berechnen. Hier berechnen wir näherungsweise $i_{\text{eff}} = 0{,}1098$.

Wenn die geforderte Eigenkapitalrendite der Aktionäre des Unternehmens 15 % beträgt, so ist die Investition zu unterlassen. Ist hingegen lediglich eine Eigenkapitalrendite von 10 % gefordert, so sollte die Investition durchgeführt werden. Die folgende Grafik verdeutlicht den Verlauf der Kapitalwertfunktion als Funktion des Zinssatzes.

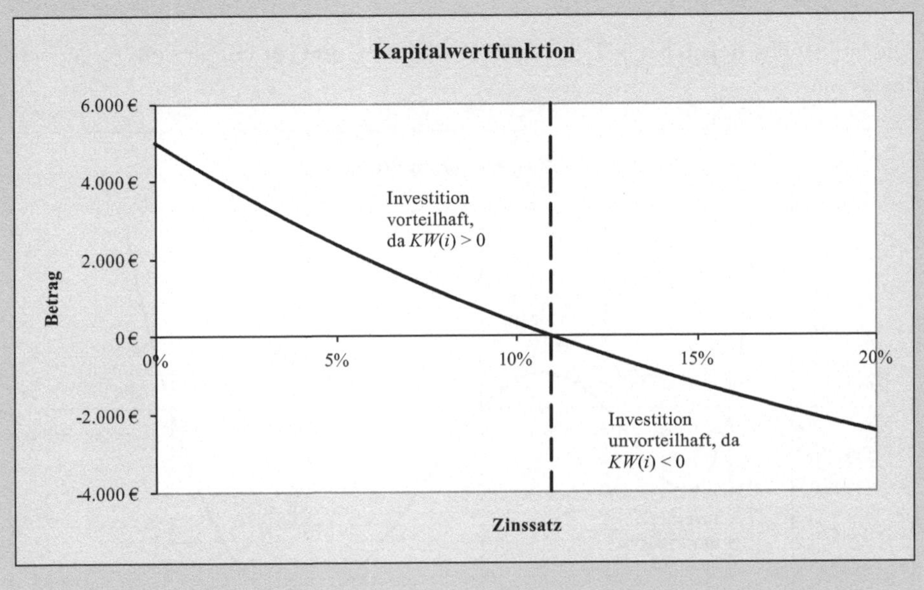

Es existieren bei Investitionen, die über n Perioden laufen, n Nullstellen der Kapitalwertfunktion. Denn die Kapitalwertfunktion ist ein Polynom n. Grades. Nach dem Fundamentalsatz der Algebra gibt es folglich n komplexe Nullstellen, wobei die Vielfachheit beachtet werden muss. Das folgende Beispiel macht einen solchen Fall mit mehrfachen reellen Nullstellen deutlich.

Beispiel

Wir betrachten eine Investition, die durch die folgenden Zahlungsreihen gegeben ist:

Typ/Zeit	$t = 0$	$t = 1$	$t = 2$	$t = 3$	$t = 4$
Einnahmen	1.400.000	1.020.000	7.653.000	2.021.750	3.905.625
Ausgaben	1.000.000	3.000.000	4.000.000	5.000.000	3.000.000
Saldo	400.000	−1.980.000	3.653.000	−2.978.250	905.625

Dann lautet die Kapitalwertfunktion, indem zeitgleiche Einnahmen und Ausgaben saldiert werden,

$$KW(i) = 1.000\big(400 - 1.980\,(1+i)^{-1} + 3.653\,(1+i)^{-2} - 2.978{,}25\,(1+i)^{-3}$$
$$+\ 905{,}625\,(1+i)^{-4}\big)\,.$$

Die Nullstellen liegen bei 5 %, 15 %, 25 % und 50 % und der Graph sieht folgendermaßen aus:

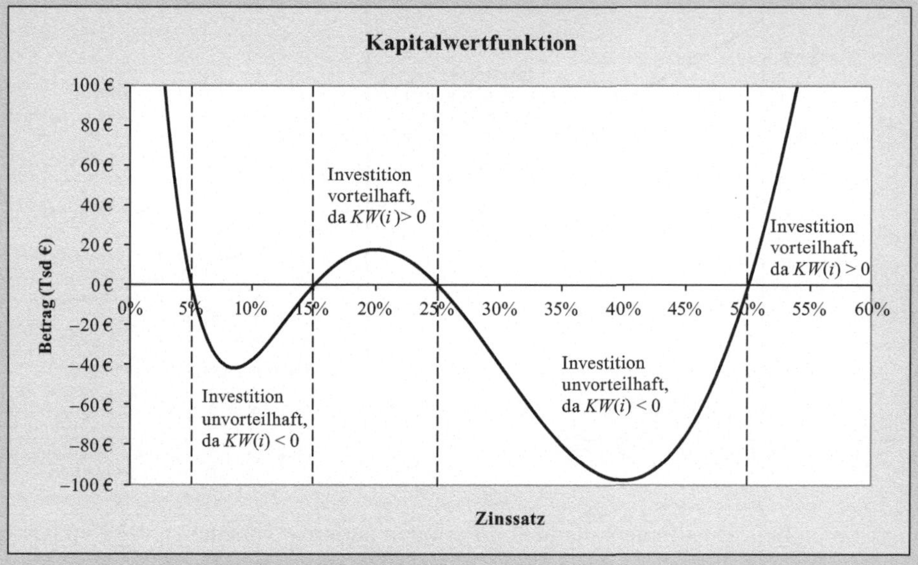

Die Investition ist lohnenswert für Zinssätze kleiner als 5 %, größer als 50 % sowie zwischen 15 % und 25 %. Für Zinssätze zwischen 5 % und 15 % sowie zwischen 25 % und 50 % sollte die Investition unterlassen werden.

Bislang haben wir einzelne Investitionen unter Verwendung des Kapitalwertes beurteilt. Beim Vergleich mehrerer Investitionen werden ebenfalls die jeweiligen Kapitalwertfunktionen als Entscheidungskriterium herangezogen. Dabei richtet sich die Reihenfolge der Priorität nach der Höhe des Kapitalwerts, solange die Vorteilhaftigkeit der einzelnen Investitionen gegeben ist.

Beispiel

Wir betrachten folgende Salden aus Einnahmen und Ausgaben für zwei Investitionen:

Typ/Zeit	$t = 0$	$t = 1$	$t = 2$	$t = 3$	$t = 4$
Investition I	10.000	-72.000	182.075	-192.375	72.450
Investition II	10.000	-101.000	329.000	-403.000	165.000

Dann lauten die Kapitalwertfunktionen

$$K W^{I}(i) = 1.000\big(10 - 72\,(1+i)^{-1} + 182{,}075\,(1+i)^{-2}$$
$$- 192{,}375\,(1+i)^{-3} + 72{,}450\,(1+i)^{-4}\big),$$
$$K W^{II}(i) = 1.000\big(10 - 101\,(1+i)^{-1} + 329\,(1+i)^{-2}$$
$$- 403\,(1+i)^{-3} + 165\,(1+i)^{-4}\big).$$

Damit ergibt sich folgendes Bild:

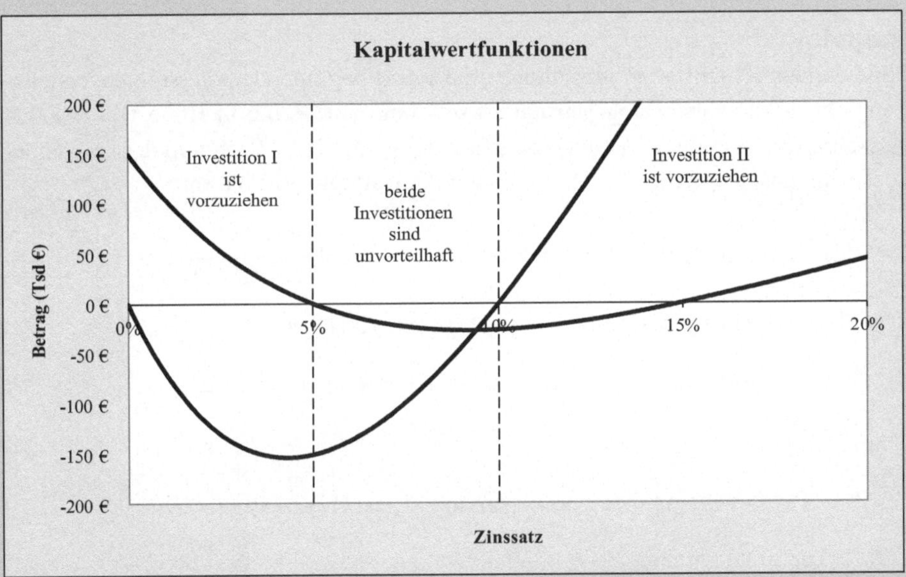

Für Zinsvorgaben unter 5 % ist die Investition I durchzuführen, da nur sie vorteilhaft ist. Für Zinssätze zwischen 5 % und 10 % sind beide Investitionen unvorteilhaft. Bei einem Renditeziel von mehr als 10 % ist Investition II durchzuführen. Ab einer Zinsrate von 15 % sind beide Investitionen vorteilhaft. Die Investition II ist hier vorteilhafter, da sie den höheren Kapitalwert hat. Auf die Analyse sehr großer Zinssätze haben wir hier verzichtet.

1.4.3 Amortisationsmethode

Neben den beiden dargestellten Verfahren, die in der Praxis vorrangig verwendet werden, ist ferner die **Amortisationsmethode** zu nennen. Diese Methode ist für **Normalinvestitionen** zweckmäßig; das sind Investitionen, die genau eine anfängliche Ausgabe vorweisen und für die die nominelle Summe der Einnahmen die der Ausgaben übertrifft.

Für Normalinvestitionen kann man berechnen, wie lange es dauert, bis der Zeitwert der Differenz aus Einnahmen und Ausgaben positiv wird. Die ganzzahlige **Amortisationsdauer** AD ist definiert als die kleinste ganze Zahl, die dafür sorgt, dass der zugehörige Kapitalwert zu diesem Zeitpunkt positiv ist:

$$\boxed{AD = \min\{t \in \mathbb{Z} \colon KW_t\,(i) \geq 0\}\,.}$$

Im Allgemeinen wird das Management eine Vorstellung davon haben, wie lange es dauern darf, bis eine Investition Gewinne abwirft. Je kürzer die Amortisationsdauer ist, umso schneller tilgen die Einnahmen die anfänglichen Ausgaben. Die Rangfolge verschiedener Investitionen kann also anhand der diskontierten Rückzahlungsdauer festgelegt werden.

Beispiel

Eine damals 65-jährige Frau schließe eine sofort beginnende Altersrentenversicherung ab, die ihr lebenslang jährlich vorschüssig eine Rente in Höhe von 6.000 € auszahlt. Der einmalige Versicherungsbeitrag beträgt 100.000 € und der verwendete Rechnungszinssatz ist 4 %. Somit lautet die Kapitalwertfunktion:

$$KW_t\,(0{,}04) = 100.000 \cdot 1{,}04^t - 6.000\,\frac{1{,}04^t - 1}{1 - 1{,}04^{-1}}\,.$$

Um die Nullstelle zu bestimmen, betrachten wir zunächst

$$100.000 \cdot 1{,}04^t\left(1 - 1{,}04^{-1}\right) - 6.000\left(1{,}04^t - 1\right) = 0\,.$$

Daraus folgt

$$1{,}04^t\left(94.000 - 100.000 \cdot 1{,}04^{-1}\right) = -6.000$$

sowie ferner

$$1{,}04^t = \frac{6.000}{100.000 \cdot 1{,}04^{-1} - 94.000}\,.$$

Mit den Logarithmusgesetzen ist dann

$$t = \frac{\ln\left(6.000\right) - \ln\left(100.000 \cdot 1{,}04^{-1} - 94.000\right)}{\ln\left(1{,}04\right)} = 26{,}12\,.$$

Die Amortisationsdauer ist somit 27 Jahre. Sollte die Rentnerin 27 Jahre überleben, also mindestens 92 Jahre alt werden, so hat sich die Investition in die Versicherung gelohnt.

Die Amortisationsmethode liefert wie die Methode der internen Rendite ein qualitatives Entscheidungskriterium zur Durchführung einer Investition. Um die Güte einer Investition kaufmännisch richtig zu beurteilen, eignet sich die Kapitalwertmethode anerkanntermaßen am besten.

1.4.4 Renditekonzepte

Die diskutierten Methoden zur Beurteilung von Investitionen sind auch auf Wertpapiergeschäfte anwendbar. Insbesondere für die Anlagerendite von Investmentfonds hat sich hierbei eine spezifische Bezeichnung etabliert. Die interne Rendite wird in diesem Kontext **wertgewichtete Rendite** genannt, englisch **money weighted rate of return**. Sie ist geeignet, um den Anlageerfolg aus Sicht des Investors zu messen. Dazu wird gemäß dem Äquivalenzprinzip derjenige Zinssatz bestimmt, zu dem alle Ein- und Auszahlungen äquivalent sind.

Beispiel
Ein Anleger kaufe am 1.4.2010 Fondsanteile im Wert von 15.000 €. Genau ein Jahr später sei der Investmentfond 17.500 € wert. Dadurch motiviert, werden zum 1.4.2011 weitere 3.000 € in den Fonds angelegt. Wiederum ein Jahr später sei der gesamte Vermögenswert auf 22.500 € gestiegen. Der Investor kaufe am 1.4.2012 zusätzliche Anteile im Wert von 4.000 €. Zum 31.12.2012 betrage das Vermögen 28.000 €. Um die wertgewichtete Rendite zu berechnen, modellieren wir die Einzahlungen und Auszahlungen zum Stichtag 31.12.2012 durch

$$E = 15.000\,(1+i)^{2,75} + 3.000\,(1+i)^{1,75} + 4.000\,(1+i)^{0,75}$$
$$A = 28.000\,.$$

Dabei haben für die Verzinsungszeiträume vereinfacht Quartale angesetzt. Setzen wir dann $E = A$, so folgt daraus, dass die Rendite näherungsweise 11,15 % beträgt.

Möchte man stattdessen den Erfolg des gesamten Investmentfonds messen, so könnte man die Ein- und Auszahlungen sämtlicher Investoren aggregieren. Das ist etwas mühselig, aber im Prinzip machbar. Es ist allerdings zu berücksichtigen, dass der Fondsmanager keinen Einfluss auf die Zahlungsflüsse der Investoren hat. Um den Anlageerfolg des Anlagemanagements zu messen, hat sich eine andere Kennzahl, die **zeitgewichtete Rendite**, englisch **time weighted rate of return**, als geeignetes Maß etabliert.

Es sei dazu V_{t_k} der Wert des Investmentfonds zum Zeitpunkt t_k mit $k = 0, \ldots, n$. Der Anlagehorizont darf beliebig unterteilt sein. Weiterhin gebe es direkt nach jeder Wertstellung die Möglichkeit für Zu- beziehungsweise Abflüsse Z_{t_k} in das beziehungsweise aus dem Fondsvermögen. Dann ist der Wertsteigerungsfaktor r_{t_k} im Zeitraum $[t_k; t_{k+1}]$ definiert durch

$$\boxed{r_{t_k} = \frac{V_{t_{k+1}}}{V_{t_k} + Z_{t_k}}}\,.$$

Die gesamte relative Wertsteigerung r ist das Produkt aller einzelnen Faktoren:

$$r = \prod_{k=0}^{n-1} r_{t_k}\,.$$

Die zeitgewichtete Rendite ist dann durch die Beziehung

$$(1 + i)^{t_n - t_0} = r$$

definiert. Äquivalent dazu ist

$$\boxed{i = \left(\prod_{k=0}^{n-1} r_{t_k}\right)^{\frac{1}{t_n - t_0}} - 1}\,.$$

Beispiel
Als Fortsetzung des obigen Beispiels berechnen wir die zeitgewichtete Rendite zu 11,62 %:

$$i = \left(\frac{17.500}{15.000} \cdot \frac{22.500}{17.500 + 3.000} \cdot \frac{28.000}{22.500 + 4.000}\right)^{\frac{1}{2,75}} - 1 = 0{,}1162\,.$$

Es bleibt anzumerken, dass die zeitgewichtete Rendite nicht von den Fälligkeitszeitpunkten der Zu- und Abflüsse beziehungsweise den Bewertungsstichtagen abhängt. Allerdings muss für jeden Fälligkeitstermin t_k die zugehörige Wertstellung V_{t_k} vorliegen. Diese fortlaufende Neubewertung, englisch **mark to market**, kann in der Praxis der Berechnung der zeitgewichteten Rendite Probleme aufwerfen, die nur durch geeignete Annahmen zur Vereinfachung der Berechnung beseitigt werden können.

Für die Analyse von **Aktien** gibt es zwei eigene Renditekonzepte, die in der höheren Finanzmathematik von Bedeutung sind. Eine Aktie ist ein verbrieftes Anteilsrecht an einer Aktiengesellschaft. Sie beinhaltet außerdem das Recht auf einen Anteil am ausgeschütteten Jahresgewinn der Gesellschaft, der sogenannten **Dividende**. Aktien werden vorrangig an Börsen gehandelt. Der Kurs einer Aktie bildet sich dann durch Angebot und Nachfrage. Die Marktkapitalisierung ist das Produkt aus der Anzahl der Aktien und dem Kurswert, er stellt den Gesamtwert des Unternehmens dar.

Zur Ermittlung der **einfachen Rendite** werden über einen festgelegten Zeitraum $[0; T]$, Anfangskurs S_0 und Endkurs S_T einbezogen:

$$\boxed{i_T = \frac{S_T - S_0}{S_0}} \ .$$

Die einfache Rendite stellt also das relative Wertwachstum über den betrachteten Zeitraum dar. Wenn ein Investor mehrere Aktien hält, so ist die einfache Rendite dieses **Portfolios** leicht zu berechnen. Sie ist nämlich der gewichtete Mittelwert der einfachen Renditen. Zum Beweis betrachten wir ohne Beschränkung der Allgemeinheit den Fall eines Portfolios mit genau zwei Aktien: Es sei a die Anzahl der Aktien A und b die Anzahl der Aktien B. Außerdem seien S_0^A und S_0^B die anfänglichen Kurse der beiden Wertpapiere. Dann ist das Vermögen zum Zeitpunkt 0

$$V_0 = a S_0^A + b S_0^B \ .$$

Die relativen Portfoliogewichte sind dann

$$\alpha = \frac{a S_0^A}{V_0}$$

$$\beta = \frac{b S_0^B}{V_0} = \frac{V_0 - a S_0^A}{V_0} = 1 - \alpha \ .$$

> **Beispiel**
>
> Die anfänglichen Kurse zweier Aktien seien $S_0^A = 30$ und $S_0^B = 40$. Es seien 20 Aktien vom Typ A und 10 Aktien vom Typ B im Besitz des Investors. Dann ist der Wert des Portfolios zum Zeitpunkt 0:
>
> $$V_0 = 20 \cdot 30 + 10 \cdot 40 = 1.000 \ .$$
>
> Die relativen Gewichte im Portfolio lauten:
>
> $$\alpha = \frac{20 \cdot 30}{1.000} = 0{,}6$$
>
> $$\beta = \frac{10 \cdot 40}{1.000} = 0{,}4 \ .$$
>
> 60 % des Vermögens sind in Aktie A investiert, 40 % in Aktie B.

Die einfachen Renditen der beiden Aktien über Zeitraum von 0 bis T sind gegeben durch:

$$i_T^A = \frac{S_T^A - S_0^A}{S_0^A}$$

$$i_T^B = \frac{S_T^B - S_0^B}{S_0^B} \, ,$$

wobei S_T^A und S_T^B die Schlusskurse der Aktie A und B sind.

Beispiel

Die Kurse zum Zeitpunkt T der beiden Aktien aus dem vorherigen Beispiel seien $S_T^A = 27$ und $S_T^B = 46$. Dann sind die einfachen Rendite über den genannten Zeitraum

$$i_T^A = \frac{27 - 30}{30} = -0{,}1$$

$$i_T^B = \frac{46 - 40}{40} = 0{,}15 \, .$$

Wir betrachten nun das gewichtete Mittel der einfachen Renditen $\alpha i_T^A + \beta i_T^B$ und setzen ein. Dann ist

$$\alpha i_T^A + \beta i_T^B = a \frac{S_0^A}{V_0} \cdot \frac{S_T^A - S_0^A}{S_0^A} + b \frac{S_0^B}{V_0} \cdot \frac{S_T^B - S_0^B}{S_0^B} \, .$$

Dieser Ausdruck lässt sich vereinfachen und umsortieren, sodass gilt

$$\alpha i_T^A + \beta i_T^B = \frac{\left(a S_T^A + b S_T^B \right) - \left(a S_0^A + b S_0^B \right)}{V_0} = \frac{V_T - V_0}{V_0} = i_T^V \, .$$

Es folgt daraus die Behauptung, dass die **Portfoliorendite** gleich der mit den relativen Portfolioanteilen gewichtete Mittelwert der einfachen Renditen ist. Diese Aussage bleibt für jedes Portfolio mit beliebig vielen Wertpapieren gültig.

Beispiel

In Fortführung der obigen Beispiele ist das Vermögen zum Zeitpunkt T

$$V_T = 20 \cdot 27 + 10 \cdot 46 = 1.000 \, .$$

Die einfache Rendite des Portfolios ist also null:

$$i_T^V = \frac{1.000 - 1.000}{1.000} = 0 \,,$$

wie man auch anhand des gewichteten Mittelwerts nachrechnen kann:

$$i_T^V = \alpha i_T^A + \beta i_T^B = 0{,}6 \cdot (-0{,}1) + 0{,}4 \cdot 0{,}15 = 0 \,.$$

Aufgrund ihrer Linearität spielt die einfache Rendite in der **Portfoliotheorie** eine zentrale Rolle. Konkret geht es dabei um die Aufteilung eines zur Verfügung stehenden Gelbetrages auf verschiedene Anlagemöglichkeiten. Anhand eines einfachen Beispiels wollen wir an dieser Stelle einen Ausblick auf die Portfoliotheorie geben.

Bislang sind wir von deterministischen Kursen ausgegangen. Dementsprechend sind die dargestellten Methoden nur ex post möglich. Will man jedoch a priori das Ertragspotential und das damit verbundene Risiko eines Wertpapieres beurteilen, so wird der Kurs als Zufallsvariable modelliert. Sodann wird die Optimierung eines Portfolios anhand der Kriterien Risiko und Chance durchgeführt. Wir gehen davon aus, dass bei gleichem Risiko diejenige Anlage mit der höchsten erwarteten Rendite bevorzugt wird. Andererseits wird bei gleicher erwarteter Rendite diejenige Anlage mit dem kleinsten Risiko favorisiert. Die beiden wichtigen Kenngrößen für unsere Analyse sind der Erwartungswert und die Standardabweichung.

Beispiel
Gegeben sei ein festverzinsliches Wertpapier A mit erwarteter Rendite $\mu_A = 0{,}04$ und Standardabweichung $\sigma_A = 0{,}03$ sowie eine Aktie B mit erwarteter Rendite $\mu_B = 0{,}1$ und Standardabweichung $\sigma_B = 0{,}15$. Der Korrelationskoeffizient sei $\rho_{AB} = -0{,}4$. Dann suchen wir dasjenige Portfolio aus beiden Anlagen, welches minimales Risiko hat.

Es sei dazu x der gesuchte relative Anteil in Anlage A. Dann ist die Varianz des Portfolios $P = xA + (1 - x) B$ gegeben durch

$$\sigma_P^2 = x^2 \sigma_A^2 + (1 - x)^2 \sigma_B^2 + 2x (1 - x) \, Cov(A, B) \,.$$

Dabei ist $Cov(A, B) = \rho_{AB} \sigma_A \sigma_B$. Wir leiten nun σ_P^2 nach x ab und setzen die Ableitung gleich null:

$$2x \sigma_A^2 - 2 (1 - x) \sigma_B^2 + (2 - 4x) \rho_{AB} \sigma_A \sigma_B = 0 \,.$$

Diese Gleichung ist äquivalent zu

$$x \left(2\sigma_A^2 + 2\sigma_B^2 - 4\rho_{AB}\sigma_A\sigma_B\right) = 2\sigma_B^2 - 2\rho_{AB}\sigma_A\sigma_B \ .$$

Daraus folgt

$$x = \frac{\sigma_B^2 - \rho_{AB}\sigma_A\sigma_B}{\sigma_A^2 + \sigma_B^2 - 2\rho_{AB}\sigma_A\sigma_B} = \frac{0{,}15^2 - (-0{,}4)\cdot 0{,}03\cdot 0{,}15}{0{,}03^2 + \cdot 0{,}15^2 - 2\cdot(-0{,}4)\cdot 0{,}03\cdot 0{,}15} = 0{,}9000 \ .$$

Man sollte also 90 % des vorhandenen Vermögens in die festverzinsliche Anlage A investieren. Die erwartete Rendite ist dann 4,6 %:

$$\mu_P = x\mu_A + (1 - x)\,\mu_A = 0{,}9\cdot 0{,}04 + 0{,}1\cdot 0{,}15 = 0{,}0460 \ .$$

Die Standardabweichung des Portfolios ist mit

$$\sigma_P = \sqrt{0{,}9^2\cdot 0{,}04^2 + 0{,}1^2\cdot 0{,}15^2 + 2\cdot 0{,}9\cdot 0{,}1\cdot(-0{,}4)\cdot 0{,}03\cdot 0{,}15} = 0{,}0251$$

geringer als die beiden gegebenen Standardabweichungen. Der Effekt, dass das Risiko des Portfolios unter das Risiko jedes einzelnen Wertpapieres gesenkt werden kann, heißt **Diversifikationseffekt**.

Das hergeleitete Portfolio hat eine höhere Renditeerwartung und ein niedrigeres Risiko als die Anlage A. Folglich **dominiert** dieses Portfolio in beiden Aspekten, Chance und Risiko, das gegebene festverzinsliche Wertpapier.

Neben der einfachen Rendite wird in der stochastischen Finanzmathematik das Konzept der **logarithmischen Rendite** verwendet. Sie ist für den Anlagehorizont von 0 bis T definiert durch

$$\boxed{\ i_T = \ln\frac{S_T}{S_0} = \ln S_T - \ln S_0\ } \ .$$

Bei vorgegebenem Anfangskurs und gegebener logarithmischer Rendite ergibt sich der Endkurs zur Zeit T aus der Gleichung

$$S_T = S_0 \cdot e^{i_T} \ .$$

Die logarithmische Rendite wird auch stetige Rendite genannt. Denn wie uns bereits bekannt ist, wächst ein anfängliches Kapital K_0 bei gegebener Zinsintensität i nach t Zeitperioden auf

$$K_t = K_0 \cdot e^{i\cdot t} \ .$$

Diese Formel ergibt sich als Grenzwert für immer mehr Zinszuschläge innerhalb einer vorgegebenen Zeitspanne. Gilt nun $t = T = 1$, so sind die beiden Formeln äquivalent und die logarithmische Rendite ist gleich der Zinsintensität.

Zum Vergleich der einfachen Rendite mit der logarithmischen Rendite betrachten wir ein einfaches Beispiel.

Beispiel

Gegeben sei ein Wertpapier mit Anfangskurs $S_0 = 100$. Dann ist für verschiedene Endkurse S_T

S_T	$S_T - S_0$	S_T/S_0	Einfache Rendite	Logarithmische Rendite
0	-100	0	-1	nicht definiert
10	-90	0,1	$-0,9$	$-2,30$
50	-50	0,5	$-0,5$	$-0,69$
90	-10	0,9	$-0,1$	$-0,1054$
95	-5	0,95	$-0,05$	$-0,0513$
99	-1	0,99	$-0,01$	$-0,0101$
100	0	1	0	0
101	1	1,01	0,01	0,010
105	5	1,05	0,05	0,0488
110	10	1,1	0,1	0,0953
150	50	1,5	0,5	0,41
200	100	2	1	0,69
500	400	5	4	1,61
1.000	900	10	9	2,30
10.000	9.900	100	99	4,61

Bei kleinen Kursänderungen gibt es keine großen Unterschiede zwischen den beiden Renditekonzepten. Das lässt sich formal nachvollziehen: Wir betrachten die Kurse an zwei aufeinander folgenden Tagen $k - 1$ und k. Dann ist die einfache Tagesrendite

$$i = \frac{S_k - S_{k-1}}{S_{k-1}}.$$

Daraus folgt

$$1 + i = \frac{S_{k-1}}{S_{k-1}} + \frac{S_k - S_{k-1}}{S_{k-1}} = \frac{S_k}{S_{k-1}}$$

Wenden wir den Logarithmus auf beiden Seiten an, so erhalten wir

$$\ln\left(1 + i\right) = \ln \frac{S_k}{S_{k-1}}.$$

Nun ist die Taylorreihe um $i = 0$ für die linke Seite dieser Gleichung

$$\ln(1+i) = \sum_{k=0}^{\infty} \frac{\ln^{(k)}(1+0)}{k!} (i-0)^k \ .$$

wobei $\ln^{(k)}$ die k. Ableitung der Logarithmusfunktion bezeichne. Konkret ist also

$$\ln(1+i) = \frac{\ln(1)}{0!} i^0 + \frac{\frac{1}{1}}{1!} i^1 + \frac{-\frac{1}{1^2}}{2!} i^2 + \ldots \ .$$

In linearer Näherung ist folglich

$$\ln(1+i) \approx i$$

und deshalb ist die logarithmische Tagesrendite für kleine Kursänderungen ungefähr gleich der einfachen Tagesrendite:

$$\ln \frac{S_k}{S_{k-1}} \approx i \ .$$

Es fällt auf, dass einfache Renditen höchstens $-100\,\%$ betragen können, aber andererseits beliebig groß werden können. Diese Asymmetrie zeigt sich auch in der Kompensation von Kursrückgängen durch nachfolgende Kurssteigerungen: Auf einen Kursverlust von $50\,\%$ muss eine Verdopplung von $200\,\%$ folgen, damit der Ausgangswert wieder erreicht wird.

Die logarithmische Rendite hingegen ist symmetrisch in der Zeit: wenn auf eine Halbierung des Kurswerts, was einer logarithmischen Rendite von $-0{,}69$ entspricht, eine Verdopplung folgt, also eine logarithmische Rendite von $0{,}69$, so wird der anfängliche Verlust genau kompensiert und die logarithmischen Renditen addieren sich zu null. Diese Symmetrieeigenschaft der logarithmischen Rendite ist recht praktisch. Außerdem kann die logarithmische Rendite beliebig klein und beliebig groß werden.

Der entscheidende Grund zur vorwiegenden Nutzung der logarithmischen Rendite in der stochastischen Finanzmathematik und in der Finanzmarktstatistik liegt in der Additivität bezüglich der betrachteten Perioden: Die logarithmische Rendite über den gesamten Betrachtungszeitraum ist gleich der Summe der logarithmischen Renditen über die Teilzeiträume. Um diese Aussage zu formalisieren, sei eine Folge von Schlusskursen S_k für $k = 0,1,\ldots,n$ gegeben. Dann ist gemäß den Rechenregeln für die Logarithmusfunktion

$$\ln \frac{S_2}{S_1} + \ln \frac{S_3}{S_2} + \ldots + \ln \frac{S_n}{S_{n-1}} = \ln \left(\frac{S_2}{S_1} \cdot \frac{S_3}{S_2} \cdot \ldots \cdot \frac{S_n}{S_{n-1}} \right) = \ln \frac{S_n}{S_1} \ .$$

1.4.5 Inflation

Inflation bezeichnet den Preisanstieg von Gütern und Dienstleistungen. Die Preissteigerung kann auch als Minderung der Kaufkraft des Geldes aufgefasst werden. Denn im

Allgemeinen ist ein jeder Geldbetrag in der Zukunft weniger wert, weil man dafür dann weniger kaufen kann als in der Vergangenheit. Es gilt nun, diesen Wertverlust adäquat zu berücksichtigen.

Wir nehmen vereinfacht an, dass sämtliche Preise im Markt einem einheitlichen exponentiellen Wachstum unterworfen sind. Es gebe also eine gemeinsame **Inflationsrate** i_I, durch welche die allgemeine Preissteigerung ausgedrückt wird. Durch Abzinsen mit der Inflationsrate kann andererseits die Wertminderung des Geldes modelliert werden, die als **Kaufkraftverlust** interpretiert wird.

Wir nehmen ferner an, dass jedes Kapital im Verlauf der Zeit mit der **Kapitalzinsrate** i_K exponentiell wächst. Der **reale Zinssatz** i_R berücksichtigt den mindernden Effekt der Inflation auf das Kapitalwachstum und ist definiert durch den Zusammenhang

$$\boxed{1 + i_R = \frac{1 + i_K}{1 + i_I}}\,.$$

Daraus folgt

$$i_R = \frac{1 + i_K}{1 + i_I} - 1 = \frac{i_K - i_I}{1 + i_I}\,.$$

Für jede kleine Inflationsrate i_I ist der Aufzinsungsfaktor im Nenner ungefähr gleich Eins, $1 + i_I \approx 1$. Deshalb gilt in solch einem Fall approximativ

$$i_R \approx i_K - i_I\,.$$

Bei geringer Inflation ist der reale Zinssatz also in etwa gleich der Differenz aus Kapitalzinssatz und Inflationsrate.

Beispiel

Ein Investor besitze seit genau fünf Jahren 1.000 Aktien eines namhaften Finanzdienstleisters. Der Kaufkurs pro Aktie habe 22,50 € betragen. Jährlich nachschüssig habe es Dividendenzahlungen in Höhe von 0,50 €, 0,70 €, 0,80 €, 0,85 € und 0,95 € pro Aktie gegeben. Direkt nach der letzten Ausschüttung werde das Aktienpaket zum Preis von 25,10 € pro Aktie verkauft.

Um die interne Rendite zu berechnen, betrachten wir die Gleichung:

$$22{,}50 = 0{,}50\,(1 + i_K)^{-1} + 0{,}70\,(1 + i_K)^{-2} - 0{,}80\,(1 + i_K)^{-3}$$
$$+ \; 0{,}85\,(1 + i_K)^{-4} + 26{,}05\,(1 + i_K)^{-5}\,.$$

Daraus berechnen wir näherungsweise den Kapitalzinssatz von 5,40 %. Im genannten Zeitraum habe die Inflationsrate konstant 2 % betragen. Dann ist die reale Rendite 3,34 %:

$$i_R = \frac{0{,}0540 - 0{,}02}{1 + 0{,}02} = 0{,}0334\,.$$

Nicht selten wird die Inflation anhand einer Kennzahl für die Entwicklung von Preisen ausgewählter Produkte gemessen. So wird beispielsweise der **Verbraucherpreisindex (VPI)** regelmäßig vom Statistischen Bundesamt veröffentlicht. Dazu wird die Preisentwicklung von denjenigen Waren und Dienstleistungen beobachtet, die für private Haushalte von besonderer Bedeutung sind. Ausgangspunkt der Ermittlung des konkreten Wertes des Verbraucherpreisindex zu einem bestimmten Zeitpunkt ist der sogenannte **Warenkorb**. Das Ergebnis der Berechnungen ist ein gewichteter Mittelwert der beobachteten Preise. Auf der Grundlage des Warenkorbs wird die jährliche relative Veränderung gewisser Lebenshaltungskosten gemessen. So kann der Verbraucherpreisindex zur Angabe der allgemeinen Preissteigerung verwendet werden.

Um den Kaufkraftverlust finanzmathematisch zu erfassen, werden sämtliche Zahlungen in den vorgegebenen Währungseinheiten mit Hilfe der Indexeinheiten umgerechnet. Es sei dazu $I\,(t)$ der Wert des verwendeten Preisindex zum Zeitpunkt t. Gegeben sei unabhängig davon ein Zahlungsstrom $Z_0, Z_1, \ldots, Z_n$. Die Fälligkeit der k. Zahlung sei am Zeitpunkt t_k. Dann betrachten wir gemäß dem Äquivalenzprinzip die Gleichung

$$\sum_{k=0}^{n} \frac{Z_k}{I\,(t_k)}\,(1 + i_R)^{-t_k} = 0\,,$$

um den realen effektiven Zinssatz i_R näherungsweise zu berechnen. Der Quotient $Z_k/I\,(t_k)$ gibt an, wie viel die Zahlung Z_k zum Zeitpunkt t_k wert ist. Als Bezugspunkt für die Wertstellung mag jeder beliebige Zeitpunkt t dienen, denn obige Gleichung ist äquivalent zu:

$$\sum_{k=0}^{n} Z_k\,\frac{I\,(t)}{I\,(t_k)}\,(1 + i_R)^{-t_k} = 0\,.$$

Beispiel

Ein mittelständischer Kaufmann erhielt im Jahr 2010 einen Kredit über 10.000 € von seiner Hausbank. Für den Kredit fielen nachschüssige Zinszahlungen in Höhe von 5 % an. Die vollständige Tilgung erfolgte endfällig nach Ablauf von drei Jahren. Es fielen keine weiteren Kosten und Gebühren an. Somit war der effektive Zinssatz selbstverständlich 5 %. Um den realen effektiven Zinssatz zu ermitteln, betrachten wir exemplarisch den Verbraucherpreisindex im Dezember eines jeden Jahres als Maßstab für die jährliche Preisentwicklung

Kalenderjahr t	2010	2011	2012	2013
VPI $I\,(t)$	100,9	102,9	105,0	106,5

Dann ist nach dem Äquivalenzprinzip:

$$\frac{10.000}{100,9} = 0,05 \cdot 10.000 \left(\frac{1 + i_R}{102,9} + \frac{(1 + i_R)^2}{105,0} + \frac{(1 + i_R)^3}{106,5} \right) + 10.000 \frac{(1 + i_R)^3}{106,5} \, .$$

Wir lösen diese Gleichung näherungsweise für i_R mit Hilfe des Newton-Verfahrens. Im Ergebnis ist der reale effektive Zinssatz 3,12 %. Durch die Berücksichtigung der Inflation war der Kredit also deutlich attraktiver als vorab ausgewiesen.

1.5 Formelsammlung der Zinsrechnung

An dieser Stelle geben wir eine Übersicht der wichtigsten Formeln aus der elementaren Finanzmathematik.

Bezeichnung	Symbol	Formel
Rechnungszinssatz	i	i
Aufzinsungsfaktor	r	$1 + i$
Abzinsungsfaktor	v	$\dfrac{1}{1 + i}$
Diskontsatz	d	$\dfrac{i}{1 + i} = iv = 1 - v$
Unterjährig relativer Zinssatz	i_{rel}	$\dfrac{i_{\text{nom}}}{k}$
Unterjährig konformer Zinssatz	i_{kon}	$\sqrt[k]{1 + i_{\text{eff}}} - 1$
Barwert	K_0	$K_n v^n$
Endwert	K_n	$K_0 r^n$
Barwertfaktor der vorschüssigen Rente	$\ddot{a}_{\overline{n}\rvert}$	$\dfrac{1 - v^n}{1 - v}$
Barwertfaktor der nachschüssigen Rente	$a_{\overline{n}\rvert}$	$\dfrac{1 - v^n}{i}$
Endwertfaktor der vorschüssigen Rente	$\ddot{s}_{\overline{n}\rvert}$	$\dfrac{r^n - 1}{1 - v}$
Endwertfaktor der nachschüssigen Rente	$s_{\overline{n}\rvert}$	$\dfrac{r^n - 1}{i}$
Barwertfaktor der arithmetisch steigenden Rente	$(I\ddot{a})_{\overline{n}\rvert}$	$\dfrac{\ddot{a}_{\overline{n}\rvert} - nv^n}{1 - v}$
Barwertfaktor der arithmetisch fallenden Rente	$(D\ddot{a})_{\overline{n}\rvert}$	$(n + 1)\ddot{a}_{\overline{n}\rvert} - (I\ddot{a})_{\overline{n}\rvert}$

Bezeichnung	Symbol	Formel
Barwertfaktor der ewigen vorschüssigen Rente	$\ddot{a}_{\overline{\infty}\rvert}$	$\dfrac{1+i}{i}$
Barwertfaktor der ewigen nachschüssigen Rente	$a_{\overline{\infty}\rvert}$	$\dfrac{1}{i}$
Annuitätenfaktor	$A_{\overline{n}\rvert}$	$\dfrac{i}{1-v^n}$
Restschuld bei Annuitätentilgung	K_t	$K_0 r^t - A s_{\overline{t}\rvert}$
Laufzeit bei Annuitätentilgung	n	$\dfrac{\ln(A)-\ln(A-K_0 i)}{\ln(r)}$

1.6 Aufgaben zur Zinsrechnung

Die **fachspezifische Arbeitsweise** der elementaren Finanzmathematik gliedert sich in vier
klare Schritte. Durch das Bearbeiten der nachfolgenden Aufgaben möge der Leser diese
Vorgehensweise üben. Dabei empfehlen wir, so weit wie möglich symbolisch, das heißt,
mit allgemeinen Parametern, zu rechnen. Die einzelnen Lösungsschritte sind:

1. Verdeutlichen Sie im Detail alle betreffenden Zahlungen am Zeitstrahl! Ordnen
   Sie jede Zahlung der Leistung beziehungsweise der Gegenleistung zu!
2. Legen Sie einen gemeinsamen Stichtag für alle Zahlungen fest und berechnen
   Sie die Zeitwerte der Leistung und der Gegenleistung!
3. Wenden Sie das finanzmathematische Äquivalenzprinzip an, indem sie zunächst
   Leistung und Gegenleistung gleichsetzen und anschließend durch äquivalentes
   Umformen die gesuchte Größe in allgemeiner Form berechnen!
4. Setzen Sie die konkreten Parameterwerte ein! Dann berechnen und interpretieren
   Sie Ihr Ergebnis!

A 1.1 Zu welchem linearen Zinssatz sind die beiden Zahlungen 87,75 € sofort und
122,85 € nach acht Perioden äquivalent?

A 1.2 Ein Schuldner überweist seinem Gläubiger Verzugszinsen in Höhe von 3.654,00 €
für einen ursprünglichen Rechnungsbetrag in Höhe von 8.700,00 €. Der lineare Zinssatz
sei 7 % pro Zinsperiode. Wie viele Perioden sind vergangen?

A 1.3 Der Kontoauszug eines Sparbuches zeigt zum 31.12. den Kontostand von 619,52 €.
Es sind folgende Zahlungseingänge verzeichnet:

Datum	Betrag
12.10.	241,52 €
8.11.	85,47 €
?	128,75 €
16.12.	159,61 €

Gehen Sie von linearer Verzinsung zum Zinssatz von 5 % pro Jahr aus. Die Zinstagzählmethode sei 30E/360. Wann wurde der Betrag in Höhe von 128,75 € eingezahlt?

A 1.4 Sie wollen ein Geschäft mit gebrauchten Kugelschreibern aufmachen und müssen zu diesem Zweck sofort einmalig 1.000 € bereitstellen. Alternativ bietet man Ihnen an, eine sofortige Anzahlung in Höhe von 300 € zu leisten, sowie mit Beginn des vierten Monats nach Rechnungsstellung zwei Mal monatlich 360 € zu zahlen. Welchem linearen Effektivzinssatz entspricht diese Zahlungsweise bei Anwendung der Zinsusance 30E/360?

A 1.5 Zu welchem jährlichen Effektivzinssatz sind die Beträge, 2.750 €, fällig am 13.3 und 3.130 € fällig am 21.11 äquivalent? Machen Sie eine Fallunterscheidung für die Zinsusancen 30E/360 und Act/Act einerseits sowie lineare und exponentielle Verzinsung andererseits!

A 1.6 Ein Betrag in Höhe von 10.000 € werde 2 Jahre lang mit 4 %, danach 4 Jahre lang mit 3 % und anschließend 3 Jahre lang mit 2 % verzinst.
a)   Was ist der Vermögensendwert bei Zinseszinsrechnung?
b)   Zu welchem jährlich effektiven Zinssatz war das Geld angelegt?

A 1.7 Sie leihen einem Bekannten 100 €. Als Rückzahlungen verlangen Sie 60 € nach Ablauf von 12 Monaten sowie weitere 50 € nach Ablauf von genau 2 Jahren. Welche Effektivverzinsung hat dieses Geschäft unter Freunden?

A 1.8 Ein Einzelhändler unterbreitet ihnen folgendes Angebot zur Finanzierung eines vertragslosen Smartphones: sofortige Anzahlung von 150 € sowie eine Schlusszahlung in Höhe von 350 € in genau zwei Jahren. Angenommen, der Händler rechnet mit einem Zinssatz von 7 % pro Jahr. Wie hoch ist der äquivalente Barverkaufspreis am Erwerbstag?

A 1.9 Ein Sparer zahlt zwei Jahre lang jeweils zu Jahresbeginn einen festen Betrag B auf ein Sparkonto ein, das mit 2 % pro Jahr verzinst wird. Am Ende des zweiten Jahres erhält er einen Treuebonus in Höhe von 3 % auf die Summe der eingezahlten Beträge.
a)   Über welchen Betrag verfügt der Sparer am Ende der zwei Jahre, wenn $B = 1.000$?
b)   Wie hoch ist der Effektivzinssatz? Hängt die Antwort von B ab?

A 1.10 Gegeben sei der folgende Zahlungsstrom:

Jahr k	Zahlung Z_k am 31.12.
0	$-500 \,€$
1	$600 \,€$
2	$-1.000 \,€$
3	$1.200 \,€$

Dabei bedeuten negative Werte Ausgaben und positive Werte Einnahmen. Berechnen Sie unter Berücksichtigung von exponentiellen Zinsen anhand einer Kontostaffel den Kontostand am Ende eines jeden Jahres. Der Zinssatz für Guthaben i_H sei 10 % p.a. und der Zinssatz für Schulden i_S sei 12 % p.a. Wie lauten die Kontostände am jeweiligen Jahresende?

A 1.11 Eine vermögende Person habe sein Geld zu 1 % jährlicher Verzinsung auf einem Tagesgeldkonto geparkt. Sie besitze eine ausreichende Menge und möchte täglich darüber verfügen. Beim Kauf eines Gebrauchtwagens bietet der Händler die beiden folgenden Optionen an:
a) Barzahlung in Höhe von 22.000 €.
b) Ratenzahlung: 10.000 € in einem halben Jahr zuzüglich 12.200 € in einem Jahr.
Welche der beiden Varianten ist günstiger für die vermögende Person? Rechnen Sie dazu mit unterjährig konformer Verzinsung.

A 1.12 Eine fünfundzwanzigjährige Frau denkt über ihren späteren Ruhestand nach. Mit Erreichen des Alters 65 möchte sie 100.000 € angespart haben. Allerdings möchte sie erst in zehn Jahren damit anfangen, jährlich vorschüssig einen gewissen Betrag B zu sparen. Der Zinssatz sei konstant 2 % pro Jahr. Berechnen Sie die Sparrate!

A 1.13 Ein Vater möchte seiner Tochter das spätere Studium der Finanzmathematik finanzieren. Das Mädchen kommt gerade in die fünfte Klasse aufs Gymnasium, wird in acht Jahren das Abitur machen und dann sofort anfangen zu studieren. Der Vater rechnet mit einem jährlich vorschüssigen finanziellen Bedarf in Höhe von 9.000 €. Für die komplette Hochschulausbildung werden fünf Jahre veranschlagt. Welchen Betrag muss der Vater sofort zurücklegen, wenn man mit dem Zinssatz von 1,25 % pro Jahr rechnet?

A 1.14 Ein Möbelhändler wirbt für den Kauf einer neuen Küche im Wert von 10.000 € mit einer Finanzierung über fünf Jahre ohne Anzahlung bei 0 % Zinsen. Wir nehmen vereinfachend an, dass diese Raten jährlich nachschüssig fällig seien. Der Marktzinssatz betrage 3,75 % pro Jahr. Berechnen Sie damit die Höhe des prozentualen Rabatts auf den ausgewiesenen Preis der Küche!

A 1.15 Ein Biomarkt bietet eine lebenslange Genossenschaft für einmalig 500 € an. Als Mitglied erhält man 10 % Rabatt auf alle Waren. Wie viel Geld müssen Sie jährlich im Biomarkt ausgeben, damit sich die Mitgliedschaft als Genosse über drei Jahre gesehen lohnt? Rechnen Sie vereinfachend mit jährlich nachschüssigen Ausgaben. Der Zinssatz sei 4 % im Jahr.

A 1.16 Eine Frau möchte für ihren Altersruhestand vorsorgen und legt jährlich 1.000 € zurück. Die erste Einzahlung findet an dem Tag statt, an dem sie 38 Jahre alt wird, und die letzte Einzahlung findet an dem Tag statt, an dem sie 64 Jahre alt wird.

Bei Erreichen des Rentenalters von genau 67 Jahren soll das angesparten Kapitals in eine jährliche Rente verwandelt, die vorschüssig für 25 Jahre ausbezahlt werden soll. Der Zinssatz sei 3 % pro Jahr.

a) Wie hoch ist das angesparte Kapital im Alter 64?

b) Wie hoch ist die jährliche Rente ab dem Alter 67?

A 1.17 Einem Unfallopfer wird gerichtlich folgendes Schmerzensgeld zugesprochen: 10.000 € Sofortzahlung, eine jährlich nachschüssige Rente über 6.000 € für zehn Jahre sowie zusätzlich 10.000 € nach zehn Jahren. Welche gleich bleibende, sofort beginnende jährlich vorschüssige Rente könnte alternativ über 12 Jahre gezahlt werden? Der Zinssatz sei 6 %.

A 1.18 Ein Sparer entscheidet sich an seinem Geburtstag, 20 Jahre lang jeweils 500 € von den Geldgeschenken an seinem Ehrentag zur Seite zu legen – bei einer angenommenen Verzinsung von 3,5 % pro Jahr. Am Ende der Einzahlungsphase, also nach 20 Jahren, werden einmalig 10.000 € für eine Weltreise entnommen. Vom Restbetrag sollen anschließend 10 jährlich nachschüssige Raten zum Zinssatz 1,5 % ausgezahlt werden. Dadurch sei das angesparte Kapital vollständig aufgebraucht. Wie hoch ist die Ratenhöhe?

A 1.19 Eine ewige Rente bestehe aus jährlich ansteigenden nachschüssigen Zahlungen der Art $(1 + p), (1 + p)^2, (1 + p)^3, \ldots$ mit gegebener Steigerungsrate $p \in \mathbb{R}^+$. Zum Zinssatz von 8 % betrage der Barwert 35. Berechnen Sie die Steigerungsrate!

A 1.20 Ein angehender Rentner habe 250.000 € zur freien Verfügung. Er will daraus eine monatliche Rente über 20 Jahre beziehen. Die erste Rate soll nach genau drei Jahren fließen. Die Marktkonditionen lassen auf einen Zinssatz von 4 % pro Jahr mit unterjährig konformer Verzinsung schließen.

a) Wie hoch ist die monatliche Rente?

b) Für wie lange kann eine Rente in Höhe von 2.000 € pro Monat gezahlt werden?

A 1.21 Eine genau 35-jährige Frau will sich im Alter 60 zur Ruhe setzen und dann 20 Jahre lang eine monatlich vorschüssige Rente in Höhe von 1.000 € beziehen. Der Jahreszinssatz sei 5,5 % pro Jahr. Es gelte unterjährig konforme Verzinsung. Wie hoch ist der monatlich vorschüssige Sparbeitrag bis zum Renteneintritt?

A 1.22 Eine genau 22-jährige Studentin möchte für ihren Altersruhestand vorsorgen und legt monatlich nachschüssig 50 € zurück. Bei Erreichen des Rentenalters von genau 67 Jahren sollen 30 % des angesparten Kapitals ausbezahlt werden und der Rest in eine ewige monatlich nachschüssige Rente umgewandelt werden. Der Zinssatz sei 2,5 % pro Jahr und es gelte konforme Verzinsung innerhalb des Jahres.
a)   Welcher Betrag wird im Alter 67 ausbezahlt?
b)   Welche Rentenhöhe kann die Studentin erwarten?

A 1.23 Eine junge Frau macht eine Erbschaft in Höhe von 45.000 €. Sie hebt monatlich vorschüssig 500 € ab. Das Kapital ist zum jährlichen Zinssatz von 3 % angelegt. Wie viel Geld ist am Ende des fünften Jahres übrig, wenn unterjährig konforme Verzinsung angewendet wird?

A 1.24 Ein Student wird in seinem Studium durch seine Patentante unterstützt. Er soll jeweils zum Monatsanfang 850 € erhalten.
a)   Die Tante rechnet zunächst mit acht Semestern Regelstudienzeit. Welchen Betrag müsste die Tante am Beginn des Studiums äquivalent bereitstellen, wenn der Markt-zinssatz 6 % pro Jahr ist und unterjährig konforme Verzinsung angesetzt wird?
b)   Angenommen die Tante hat 50.000 € zur Verfügung. Wie viele Semester kann sich der Student damit über Wasser halten?

A 1.25 Eine Studienstiftung gebe ein Darlehen. Die Modalitäten seien wie folgt: Der geförderte Student erhält monatlich vorschüssig jeweils 800 € für insgesamt 4 Jahre. Während der darauf folgenden fünf Jahre fließen keine Zahlungen. Anschließend wird das Darlehen durch monatlich nachschüssige Raten in Höhe von 160 € für die nächsten zwanzig Jahre zurückgezahlt.
a)   Ermitteln Sie den Barwert des Verlustes der Studienstiftung, beziehungsweise des Geschenks an den Studenten, wenn man einen Zinssatz von 4,5 % pro Jahr sowie unterjährige konforme Verzinsung ansetzt!
b)   Wie hoch müsste die monatlich gleich bleibende Rückzahlungsrate bei den genannten Verzinsungskonditionen sein, um die Leistung vollständig zu tilgen?

A 1.26 Eine Studentin macht eine Erbschaft in Höhe von 50.000 €. Während ihres zehn semestrigen Studiums hebt sie monatlich vorschüssig einen bestimmten Betrag ab. Am Ende des Studiums sollen 5.000 € übrig bleiben. Wie viel Geld kann die Studentin monat-lich abheben? Gehen sie dabei von unterjährig konformer Verzinsung bei einem jährlichen Zinssatz von 5 % aus.

A 1.27 Ein junger Mann beabsichtigt, sich in fünf Jahren einen Sportwagen im Wert von dann 30.000 € zu kaufen.

a) Welche monatlich nachschüssige Sparrate ist dafür notwendig?

b) Nach zwei Jahren entscheidet sich der junge Mann, das Auto ein Jahr früher zu kaufen. Um wie viel muss er seine Sparrate erhöhen?

Rechnen sie mit einem Zinssatz in Höhe von jährlich 3,5 % sowie mit unterjährig konformer Verzinsung.

A 1.28 Eine junge Frau zahlt jeweils zum Monatsende 500 € auf ein Sparkonto ein. Der Zinssatz sei 1,5 % pro Jahr. Rechnen Sie mit unterjährig konformer Verzinsung!

a) Wie hoch ist das Guthaben nach dreieinhalb Jahren?

b) Wie lange muss die junge Frau sparen, um sich ein Cabrio kaufen zu können, das 50.000 € kostet?

A 1.29 Wie viele vorschüssige Raten zu 200 € im Monat muss man ansparen, um genau zehn Jahre nach Einzahlung der ersten Rate, eine monatlich vorschüssige Rente von 450 € für die nächsten 20 Jahre zu erhalten? Gehen Sie dabei von 12 % Zinsen pro Jahr mit unterjährig konformer Verzinsung aus!

A 1.30 Ein verdienter Mitarbeiter eines großes Unternehmens erhält ein Mitarbeiterdarlehen über 50.000 €, das durch gleichbleibende Monatsraten, die vom Gehalt einbehalten werden, zurückgezahlt wird. Die erste Rate sei zwei Jahre und 1 Monat nach Kreditnahme fällig. Die Laufzeit betrage zehn Jahre und der effektive Zinssatz betrage 2 % pro Jahr. Berechnen Sie die Höhe der monatlichen Rückzahlungsrate!

A 1.31 Gegeben sei ein Annuitätendarlehen mit Sollzinssatz 7 % pro Jahr und Tilgungssatz 1 %. Die Bank berechnet außerdem einmalige Kosten in Höhe von 2 % der Kreditsumme K_0. Es soll ein Betrag $B = 10.000$ an den Kunden ausgezahlt werden.

a) Berechnen Sie Kreditsumme!

b) Berechnen Sie die Laufzeit des Darlehens!

c) Berechnen Sie die Schlussannuität!

A 1.32 Ein Unternehmer benötigt für eine Investition 80.000 €. Er könnte eine jährliche Rückzahlung in Höhe von 12.000 € aufbringen. Der von der Bank vorgegebene Zinssatz sei 6 % pro Jahr. Ist der Unternehmer in der Lage, das Darlehen innerhalb von acht Jahren bei Annuitätentilgung vollständig zurückzuzahlen? Berechnen Sie dazu

a) die tatsächlich finanzierbare Kredithöhe!

b) die tatsächliche Dauer bis zur vollständigen Tilgung!

c) die tatsächliche Restschuld nach acht Jahren!

d) die notwendige Höhe der Annuität, um den Kredit in genau acht Jahren zurückzuzahlen!

e) den geforderten effektiven Jahreszinssatz!

A 1.33 Ein Investor hat vor genau 15 Jahren ein Mietshaus für 1.500.000 € gekauft. Das Eigenkapital betrug damals 30 % des Kaufpreises. Der Rest sollte durch ein zwanzigjähriges Annuitätendarlehen mit monatlichen Rückzahlungen zum Zinssatz von 6,5 % pro Jahr zurückgezahlt werden.

a)   Berechnen Sie die Höhe der Annuität unter Berücksichtigung konformer Verzinsung! Der Investor entscheidet sich aktuell, die ausstehende Restschuld durch eine sofortige Einmalzahlung vollständig zu tilgen.

b)   Berechnen Sie die Restschuld!

Die Bank verlangt als Ausgleich für die verkürzte Laufzeit einen Aufschlag in Höhe von 30 % der Summe der nicht erhaltenen Zinsen. (Hinweis: Betrachten Sie dazu die Summe der noch ausstehenden Annuitäten im Vergleich zur Restschuld.)

c)   Berechnen Sie den Aufschlag und die tatsächliche Ablöse für den Kredit!

A 1.34 Eine junge Frau benötigt einen Kredit in Höhe von 125.000 €, um sich eine schöne Wohnung zu kaufen. Ihre Hausbank macht Werbung für ein jährliches Annuitätendarlehen mit den folgenden Konditionen: Sollzinssatz 7 %, Laufzeit genau 30 Jahre. Außerdem werden einmalige Kosten in Höhe von 4 % auf die Kreditsumme erhoben.

a)   Wie hoch muss die Kreditsumme gewählt werden, damit die Wohnung vollständig finanziert werden kann?

b)   Wie hoch ist die Annuität?

c)   Nach einer vorab durchgeführten Risikoprüfung setzt die Bank jedoch den Sollzins auf 9 % fest. Welcher Auszahlungsbetrag steht dadurch zur Verfügung, wenn sich die Frau keine höhere Annuität leisten kann?

A 1.35 Eine Bank bietet ein Annuitätendarlehen zu einem Sollzinssatz von 5 % pro Jahr und anfänglicher Tilgung von 3 % pro Jahr an. Berechnen Sie die Restschuld in Prozent der anfänglichen Kreditsumme K am Anfang und am Ende desjenigen Jahres, in dem der Kredit genau zur Hälfte getilgt ist.

A 1.36 Ein brandneues TV-Gerät koste 1.500 €. Der Händler macht folgendes Angebot für einen Warenkredit: Laufzeit 15 Monate, Disagio 50 €, monatliche Kontoführungsgebühr 5 €, Sollzinssatz pro Jahr 6 %, unterjährig linear anzuwenden.

a)   Wie hoch ist die Annuität?

b)   Berechnen Sie näherungsweise den effektiven Jahreszinssatz!

A 1.37 Ein Kapitalanleger hat 1.000 Aktien zum Gesamtwert von 160.000 € erworben. Die nachschüssigen Dividendenzahlungen betrugen in den Jahren 1 bis 5 8 €, in den Jahren 6 bis 8 5,50 € und in den Jahren 9 bis 12 4 € pro Aktie. Am Ende des zwölften Jahres wurde das Aktienpaket zum Preis von 250.000 € verkauft. Die Renditevorgabe des Investors betrug durchweg 7 % pro Jahr. Hat sich diese Kapitalanlage gelohnt?

A 1.38 Ein Investor hat das Renditeziel von 6 % pro Jahr. Zur Auswahl steht ein Mietshaus, dessen Kaufpreis gleich dem Fünfzehnfachen der Jahresnettomiete ist. Weiterhin nehmen wir an, dass das Mietshaus jederzeit zum Anschaffungspreis verkauft werden kann.

a)   Entscheiden Sie, ob diese Investition dem Renditeziel entspricht! Nehmen Sie dazu vereinfacht an, dass die Jahresnettomiete jeweils am Jahresende fällig sei.

b)   Ziehen Sie alternativ einen Restwert von 70 % des Kaufpreises nach 20 Jahren in Betracht. Lohnt sich die Investition bei dem genannten Renditeziel?

A 1.39 Ein Investor betrachte die Möglichkeit, in ein Mietshaus zu investieren. Die jährlich vorschüssigen Mieteinnahmen betragen 50.000 €. Die Aufwendungen für Instandhaltung und Verwaltung betragen nachschüssig 10.000 € im Jahr. Weiterhin wird davon ausgegangen, dass das Haus nach zwölf Jahren zum Anschaffungspreis verkauft werden kann. Das Renditeziel betrage 7 % pro Jahr. Außerdem soll ein Kapitalwert von mindestens 25.000 € erreicht werden. Wie hoch darf der Kaufpreis des Wohnhauses höchstens sein?

A 1.40 Eine Maschine kostet 20.000 €. Nach fünf Jahren kann sie zu einem Restwert in Höhe von 5.000 € verkauft werden. Welche konstant hohen nachschüssigen Einnahmen müssen bei einer Renditeforderung von 10 % pro Jahr mindestens erreicht werden, damit sich die Investition lohnt?

A 1.41 Ein altmodischer Professor benötige in jedem Jahr 10.000 Blatt Kopierpapier. Wenn er 20.000 Blatt auf einmal kauft, erhält er einen Rabatt von 3 %, bei 40.000 Blatt bekommt er 6 % Rabatt. Welche Einkaufsstrategie empfehlen Sie dem Professor, um seinen Bedarf über vier Jahre zu decken? Nehmen Sie dazu an, dass das Papier im Verlauf der Zeit nicht teurer wird. Außerdem verfüge der Professor über reichlich Geld, das er zu 4 % im Jahr anlegt.

A 1.42 Ein Privatanleger investierte in einen Investmentfonds, der am 1.7.2013 den Wert von 13.000 € hatte. Am 1.7.2014 gab es einen Zufluss in Höhe von 3.000 €, genau ein Jahr später wurden 5.000 € eingezahlt. Die Wertstellungen am 1.7. jeweils kurz vor den Transaktionen waren: 17.000 € in 2014, 22.000 € in 2015 und 25.000 € in 2016.

a)   Berechnen Sie die wertgewichtete Rendite!

b)   Berechnen Sie die zeitgewichtete Rendite!

Literaturhinweise zur Zinsrechnung

1. Albrecht, P.: Grundprinzipien der Finanz- und Versicherungsmathematik. Schäffer Poeschel Verlag (2007)

2. Arrenberg, J.: Finanzmathematik, 2. Aufl. Oldenbourg Verlag (2013)

3. Bosch, K.: Finanzmathematik, 7. Aufl. Oldenbourg Verlag (2007)

4. Chan, W.-S., Tse, Y.-K.: Financial Mathematics for Actuaries, 2. Aufl. Mc Graw Hill Education (2013)

5. Garret, S. J.: An Introduction to the Mathematics of Finance, 2. Aufl. Butterworth-Heinemann (2013)

6. Grundmann, W., Luderer, B.: Finanzmathematik, Versicherungsmathematik, Wertpapieranalyse: Formeln und Begriffe, 3. Aufl. Vieweg+Teubner Verlag (2009)

7. Hass, O., Fickel, N.: Finanzmathematik: Finanzmathematische Methoden der Investitionsrechnung, 9. Aufl. Oldenburg Verlag (2012)

8. Ihrig, H., Pflaumer, P.: Finanzmathematik: Intensivkurs – Lehr- und Übungsbuch, 11. Aufl. Oldenbourg Verlag (2008)

9. Kruschwitz, L.: Finanzmathematik, 5. Aufl. Oldenbourg Verlag (2010)

10. Luderer, B.: Starthilfe Finanzmathematik, 4. Aufl. Springer Spektrum Verlag (2015)

11. Luderer, B.: Mathe, Märkte und Millionen. Springer Spektrum Verlag (2013)

12. Martin, T.: Finanzmathematik, 3. Aufl. Carl Hanser Verlag (2014)

13. Pfeifer, A.: Praktische Finanzmathematik, 5. Aufl. Europa Lehrmittel Verlag (2009)

14. Pfeifer, A.: Finanzmathematik Das große Aufgabenbuch. Europa Lehrmittel Verlag (2015)

15. Tietze, J.: Einführung in die Finanzmathematik, 12. Aufl. Springer Spektrum Verlag (2015)

16. Tietze, J.: Übungsbuch zur Finanzmathematik, 8. Aufl. Springer Spektrum Verlag (2014)

17. Wessler, M.: Grundzüge der Finanzmathematik. Pearson Studium (2013)

Zinsanleihen

2

Zinsanleihen sind durch eine vertragliche Vereinbarung über die Überlassung von Geld zwischen einem Kapitalgeber und einem Kapitalnehmer charakterisiert. Im Prinzip sind Zinsanleihen den bereits diskutierten Kreditgeschäften durchaus ähnlich. Mittels einer Anleihe wird nämlich ein Kredit am Kapitalmarkt aufgenommen. Die Besonderheit besteht darin, dass Zinsanleihen in der Regel an Börsen gehandelt werden. Der Kapitalgeber kann seine Rückzahlungsforderungen deshalb recht leicht an einen Dritten abtreten.

Gegenstand dieses Kapitels ist die Bewertung, die Analyse und das Management von Zinsanleihen. Zunächst leiten wir im ersten Abschnitt verschiedene Formeln her, die zur Berechnung des Kurswerts einer beliebigen Zinsanleihe verwendet werden. Außerdem gehen wir auf die Besonderheiten der Preisbildung an der Börse ein.

Im zweiten Abschnitt widmen wir uns der Analyse des Zinsänderungsrisikos. Zu diesem Zweck diskutieren wir verschiedene Risikokennzahlen. In besonderem Maße gehen wir dabei auf die sogenannte Duration ein. Sie eignet sich insbesondere dazu, den Kurswert bei einer sofortigen Zinsänderung näherungsweise zu berechnen. In diesem Zusammenhang präsentieren wir zwei Approximationsformeln.

Zu guter Letzt gehen wir im dritten Abschnitt auf das Management von Zinsanleihen ein. Dabei soll das Zinsänderungsrisiko im Hinblick auf die Vermögensbildung aus Zinsanleihen weitergehend begrenzt werden. In diesem Rahmen stellen wir verschiedene Anlagetechniken vor, die insbesondere in der Versicherungsbranche ihre praktische Anwendung finden.

2.1 Risikobewertung

Eines der wichtigsten Anwendungsgebiete der klassischen Finanzmathematik ist die Bewertung und Analyse von **Zinsanleihen**. Derartige Anleihen werden von der Öffentlichen Hand oder auch von Unternehmen herausgegeben, die sich auf diesem Weg Geld am Kapitalmarkt besorgen. Sowohl für Bund, Länder und Gemeinden als auch für Unternehmen

© Springer Fachmedien Wiesbaden GmbH 2017
K.M. Ortmann, *Praktische Finanzmathematik*, Studienbücher Wirtschaftsmathematik,
DOI 10.1007/978-3-658-13834-9_2

stellen sie eine Alternative zu Bankkrediten dar, um an Fremdkapital zu gelangen. Zinsanleihen sind also standardisierte Finanzierungsinstrumente, die an der Börse platziert und gehandelt werden.

Anleihen werden alternativ als **verzinsliche Wertpapiere** bezeichnet. Man spricht von **festverzinslichen Wertpapieren**, wenn die Höhe der regelmäßigen Rückzahlungen fest vereinbart wird. Durch ein Wertpapier werden die laufenden Zahlungen und der Rückzahlungsanspruch als Entgelt für die Überlassung von Kapital verbrieft. Historisch betrachtet, besteht eine Zinsanleihe aus Mantel und Bogen: Durch den sogenannten **Mantel** wurde der endfällige Tilgungsbetrag schriftlich fixiert. Durch den sogenannten **Bogen** wurden die regelmäßigen Zinszahlungen und etwaige laufende Tilgungen schriftlich erfasst. Diese beiden Begriffe werden heute nicht mehr verwendet.

Synonyme Begriffe für Zinsanleihen sind **Obligationen** und **Rentenpapiere.**Typische Anleihearten sind **Unternehmensanleihen, Bundesanleihen, Bundesobligationen** sowie **Pfandbriefe** und **Schuldverschreibungen**. Auf die Unterschiede, die insbesondere rechtlicher Natur sind und die Sicherheit der Rückzahlungen betreffen, wollen wir an dieser Stelle nicht näher eingehen.

Durch ein verzinsliches Wertpapier nimmt der Schuldner, **Emittent** genannt, einen Kredit am Kapitalmarkt auf. Der **Inhaber** einer Zinsanleihe ist der Gläubiger – analog zur Kreditvergabe in der Bankwirtschaft. Da Anleihen in der Regel öffentlich begeben werden, kann jedermann eine Anleihe erwerben und dem Emittenten Kapital überlassen. Im Gegenzug besitzt er das Recht auf den Erhalt von regelmäßigen Zahlungen, sogenannten **Kupons**, sowie die Schlusszahlung zur vollständigen Tilgung der Schuld. Sämtliche Konditionen, also insbesondere die Verzinsung, die Rückzahlungsmodalitäten und die Laufzeit, werden vorab verbindlich festgelegt. Zu erwähnen ist, dass es eine Reihe von Risiken gibt, die für den Anleger mit der Investition in Anleihen verbunden sind:

- **Zinsrisiko**: Die Zinsen im Markt können sich im Verlauf der Zeit ändern; dadurch verändert sich auch der Barwert der ausstehenden Zahlungen.

- **Ausfallrisiko**: Der Emittent der Anleihe kann insolvent werden und somit außer Stande sein, seinen Zahlungsverpflichtungen nachzukommen.

- **Wiederanlagerisiko**: Die Konditionen, um die erhaltenen Kuponzahlungen zu reinvestieren, sind a priori unbekannt.

- **Inflationsrisiko**: Der reale Wert, beziehungsweise die Kaufkraft, der zukünftigen Zahlungen aus einer Anleihe ist unbekannt.

- **Liquiditätsrisiko**: Unter Umständen kann eine Zinsanleihe nicht oder nur zu einem niedrigen Preis verkauft werden.

Des Weiteren können Wechselkurse und Steueraspekte weitere Unwägbarkeiten für den Investor darstellen. Die genannten Risiken werden wir jedoch zunächst vernachlässigen.

Für festverzinsliche Wertpapiere führen wir nun die folgende Notation ein: Der **Nennwert** N ist die Bezugsgröße für die Zinsen, also der Betrag, den der Schuldner zu verzinsen hat. Die jährliche Zinszahlung Z, **Kupon** genannt, ist definiert durch

$$Z = cN \, ,$$

wobei c die **Kuponrate** ist. Die **Laufzeit** n wird auch als **Verfallsdauer** bezeichnet. Der **Kurs** P_t zum Zeitpunkt $t \in [0; n]$ wird berechnet durch den Barwert aller noch ausstehenden Zahlungen bezogen auf einen theoretischen Nennwert von 100. Der Kurs wird folglich als Vomhundertsatz angegeben; man spricht deshalb in der Praxis vom **Prozentkurs**. Für $t = 0$ nennt man P_0 den **Ausgabekurs** oder **Emissionskurs** und für $t = n$ nennt man P_n den **Rücknahmekurs**. Oftmals ist der Rücknahmekurs gleich dem theoretischen Nennwert, das heißt, es gilt $P_n = 100$. Dies ist für uns eine stillschweigende Prämisse. Der tatsächliche **Preis** der Zinsanleihe ist gegeben durch

$$\tilde{P}_t = P_t \cdot N/100 .$$

Beispiel

Gegeben sei ein festverzinsliches Wertpapier zum Nennwert 1.000 € mit Kuponrate 5 %. Der Emissionskurs sei 98 und der Rücknahmekurs sei 100. Dann ist der Kaufpreis an der Börse 980 €:

$$\tilde{P}_0 = P_0 \frac{N}{100} = \frac{98 \cdot 1.000}{100} = 980 .$$

Man beachte, dass dieses Wertpapier nur in ganzzahligen Vielfachen des tatsächlichen Kaufpreises erworben werden kann. Der Rücknahmepreis ist 1.000 €:

$$\tilde{P}_n = P_n \frac{N}{100} = \frac{100 \cdot 1.000}{100} = 1.000 .$$

Der jährliche Kupon ist 50 €:

$$Z = cN = 0,05 \cdot 1.000 = 50 .$$

2.1.1 Kurse und Renditen

In diesem Abschnitt diskutieren wir drei äquivalente Formeln zur Kursberechnung von festverzinslichen Wertpapieren. Der folgende Zeitstrahl verdeutlicht den Zahlungsstrom einer Zinsanleihe.

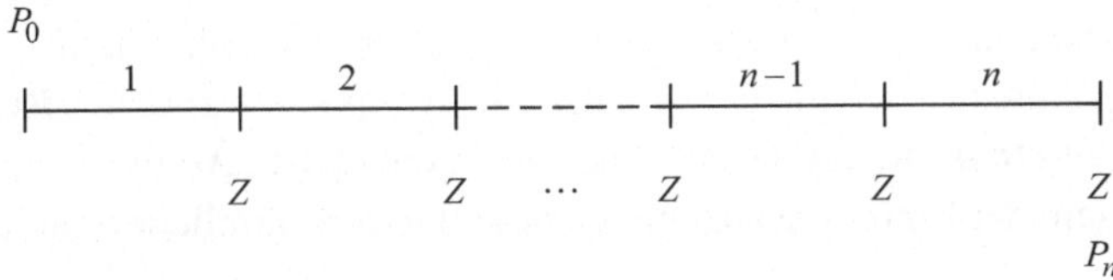

Gemäß dem finanzmathematischen Äquivalenzprinzip ergibt sich aus Kenntnis der Rentenrechnung die sogenannte **Standardformel**:

$$\boxed{P_0 = Z a_{\overline{n}|} + P_n v^n} \; .$$

Beispiel

Gegeben sei ein festverzinsliches Wertpapier mit Kuponrate 5 % und Laufzeit von 7 Jahren. Der Zinssatz sei 4 %. Dann ist der Emissionskurs 106:

$$P_0 = 0{,}05 \cdot 100 \frac{1 - 1{,}04^{-7}}{0{,}04} + 100 \cdot 1{,}04^{-7} = 106 \; .$$

Eine einfache Renditekennzahl für Zinsanleihen ist die **laufende Rendite**, englisch **current yield**. Sie ist definiert als Kupon geteilt durch Kurswert

$$\boxed{i_{LR} = \frac{Z}{P_0}} \; .$$

Beispiel

Wir betrachten eine Zinsanleihe mit Emissionskurs 84,21 und Kupon 4. Dann ist die laufende Rendite

$$i_{LR} = \frac{4}{84{,}21} = 0{,}0475 \; .$$

Die laufende Rendite bei Emission beträgt 4,75 %.

Die laufende Rendite setzt die vom Inhaber erhaltenen Zinszahlung in Bezug zum Ausgabekurs. Selbstverständlich kann man die laufende Rendite auch analog zu jedem späteren Zeitpunkt berechnen. Je höher der Kapitaleinsatz bei gegebener Kuponhöhe ist, desto geringer ist die laufende Rendite. Dieser Sachverhalt ist unmittelbar einleuchtend. Der Rücknahmekurs geht jedoch nicht in die Berechnung ein. Deshalb ist die laufende Rendite nur ein ungenaues Maß für den Anlageerfolg.

Von besonderem finanzmathematischen Interesse ist die Berechnung des effektiven Zinssatzes einer Anleihe, der für festverzinsliche Wertpapiere **interne Rendite** genannt wird, englisch **yield to maturity**. Gesucht ist dabei gemäß dem Äquivalenzprinzip derjenige Zinssatz, zu dem der Emissionskurs gleich dem Barwert sämtlicher Zahlungsrückflüsse ist.

Prinzipiell ist davon auszugehen, dass sämtliche am Markt verfügbaren Zinsanleihen konsistent bewertet sind. Ist also die interne Rendite für ein festverzinsliches Wertpapier bekannt, so stellt dieser Zinssatz den **Marktzinssatz** für alle anderen Anleihen dar. Mit dieser Annahme ignorieren wir die Laufzeitabhängigkeit des Zinssatzes, auf die wir im nächsten Abschnitt zurückkommen.

Besonders einfach zu lösen ist das Problem der internen Rendite für eine sogenannte **Nullkuponanleihe**, auch kurz **Nullkupon** oder englisch **Zerobond** genannt. Eine solche Anleihe besitzt keine regelmäßigen Kuponzahlungen, sie weist nur eine einzige Rückzahlung zum Ende der Laufzeit auf. Eine Nullkuponanleihe kann somit als ein endfälliges Tilgungsdarlehen aufgefasst werden. Für einen Nullkupon ist $P_0 = P_n v^n$. Daraus folgt für die interne Rendite eines Zerobonds

$$\boxed{\; i_{\text{eff}} = \sqrt[n]{\frac{P_n}{P_0}} - 1 \;}.$$

Folglich können wir aus der Kenntnis des Emissionskurses und des Rücknahmekurses einer Nullkuponanleihe auf die effektive Verzinsung dieser Anleihe schließen. Die so berechnete interne Rendite wiederum wird als Marktzinssatz interpretiert. Für eine Standardanleihe hingegen benötigt man in der Regel ein Näherungsverfahren, um die interne Rendite zu berechnen.

Beispiel
Wir betrachten eine dreijährige Anleihe mit Kupon 4 und Emissionskurs 100. Dann gilt nach der Standardformel

$$P_0 = Z \frac{1 - (1+i)^{-3}}{i} + P_n (1+i)^{-3} \Leftrightarrow Z(1+i)^3 - Z + iP_n - iP_0(1+i)^3 = 0.$$

Konkret haben wir also folgendes Nullstellenproblem zu lösen:

$$4(1+i)^3 - 4 + 100i - 100i(1+i)^3 = 0$$

Daraus berechnen wir näherungsweise die interne Rendite: $i_{\text{eff}} = 0{,}04$. Es ist nicht überraschend, dass in diesem Beispiel die Rendite gleich der Kuponrate, nämlich 4 %, ist, wie wir im Folgenden allgemein zeigen.

Ausgehend von der Standardformel wollen wir eine alternative Berechnungsformel für den Kurswert herleiten. Aus der Definition des nachschüssigen Rentenbarwertfaktors wissen wir, dass

$$a_{\overline{n}|} = \frac{1 - v^n}{i} \Leftrightarrow v^n = 1 - i\, a_{\overline{n}|}$$

ist. Diesen Ausdruck setzen wir in die Standardformel ein und erhalten

$$P_0 = Z a_{\overline{n}|} + P_n \left(1 - i a_{\overline{n}|}\right) \ .$$

Daraus folgt nun durch Ausklammern des Faktors $a_{\overline{n}|}$:

$$P_0 = P_n + (Z - i P_n)\, a_{\overline{n}|} \ .$$

Diese Formel wird **Aufschlag-Abschlag-Formel** genannt, denn die Differenz

$$\boxed{P_0 - P_n = (Z - i P_n)\, a_{\overline{n}|}}$$

stellt, wenn sie positiv ist, den Kursaufschlag und, wenn sie negativ ist, den Kursabzug im Vergleich zum Rücknahmekurs dar. Eine Anleihe, deren Kurswert über dem Rücknahmekurs liegt, nennt man eine **Prämienanleihe**. Eine Zinsanleihe, für die der aktuelle Kurswert kleiner als der Rücknahmekurs ist, wird als **Diskontanleihe** bezeichnet.

Wenn der Emissionskurs gleich dem Rücknahmekurs ist, wenn also $P_0 = P_n$ gilt, so spricht man von einer **Notation zu pari**. Die Gleichheit ist genau dann erfüllt, wenn $(Z - i P_n) = 0$ ist. Unter Berücksichtigung der Definition des Kupons, $Z = c N = c P_n$, gilt dies wiederum genau dann, wenn $c = i$ gilt. Der Kurs ist also dann und nur dann zu pari notiert, wenn die Kuponrate gleich der internen Rendite ist. Eine Notation zu pari impliziert ferner, dass die Kuponrate gleich der laufenden Rendite ist.

> **Beispiel**
> Wir betrachten eine Zinsanleihe mit Kuponhöhe fünf und Notation zu pari. Dann gilt
>
> $$c = \frac{Z}{N} = \frac{5}{100} = \frac{Z}{P_0} = i_{LR} \ .$$
>
> Die Kuponrate und die laufende Rendite betragen jeweils 5 %.

Man spricht von einer **Notation über pari**, falls der Emissionskurs größer als der Rücknahmekurs ist, wenn also $P_0 > P_n$ gilt. Nach der Aufschlag-Abschlag-Formel gilt diese Ungleichung genau dann, wenn $(Z - i P_n) > 0$ ist, was äquivalent ist zu $N (c - i) > 0$ und zu $c > i$.

Es handelt sich um eine **Notation unter pari**, falls der Emissionskurs kleiner als der Rücknahmekurs ist, wenn also $P_0 < P_n$ gilt. In analoger Schlussfolgerung erkennen wir, dass die Bezeichnung genau dann zutrifft, wenn $c < i$ gilt.

Der Kurs einer Zinsanleihe kann alternativ durch die Formel nach Makeham berechnet werden. Dazu betrachten wir wiederum zunächst die Standardformel:

$$P_0 = Z \frac{1 - v^n}{i} + P_n v_n \,.$$

Unter Berücksichtigung von $Z = cN$ und $P_n = N$ ist dazu äquivalent

$$P_0 = \frac{c}{i} \left(P_n - P_n v^n \right) + P_n v_n \,.$$

Durch die Substitution $P_n v^n = K_0$ erhalten wir sodann die **Makeham-Formel**:

$$\boxed{P_0 = \frac{c}{i} \left(P_n - K_0 \right) + K_0} \,.$$

Wir erinnern uns, dass $a_{\overline{\infty}|} = 1/i$ der Barwertfaktor der ewigen nachschüssigen Rente ist. Der Emissionskurs einer Zinsanleihe ist nach Makeham folglich der Barwert des Rücknahmekurses zuzüglich des Barwerts der ewigen Rente der Höhe $c\,(P_n - K_0)$. Eine andere Interpretation der Makeham-Formel gelingt uns, indem wir die Differenz

$$P_n - K_0 = P_n - P_n v^n = N - N v^n = N \left(1 - v^n \right) = i\,N \cdot \frac{1 - v^n}{i} = i\,N a_{\overline{n}|}$$

betrachten. Die Differenz aus dem Rückzahlungskurs und seinem Barwert ist also gleich dem Barwert der nachschüssigen Rente in Höhe der rechnungsmäßigen Zinsen auf den Nennwert. Da sich die rechnungsmäßigen Zinsen von den tatsächlich fälligen Kupons unterscheiden können, ist eine Anpassung notwendig. Durch Multiplikation mit dem Faktor c/i ergibt sich der Barwert der tatsächlichen Kuponzahlungen:

$$\frac{c}{i} \left(P_n - K_0 \right) = \frac{c}{i} i\,N a_{\overline{n}|} = c N a_{\overline{n}|} = Z a_{\overline{n}|} \,.$$

Addieren wir den Barwert des Rücknahmekurses hinzu, so erkennen wir die Standardformel wieder.

Der Kurswert einer beliebigen Kuponanleihe lässt sich leicht nach der Makeham-Formel berechnen, sobald der Kurs einer Nullkuponanleihe mit gleicher Verfallsdauer bekannt ist. Darin liegt der besondere Nutzen dieser Formel begründet.

Beispiel

Gegeben sei ein Nullkupon mit Laufzeit von 5 Jahren und Kurs 87,52. Dann ist die interne Rendite

$$i = \left(\frac{P_n}{P_0} \right)^{\frac{1}{5}} - 1 = \sqrt[5]{\frac{100}{87,52}} - 1 = 0{,}0270 \,.$$

Die Rendite des Nullkupons in Höhe von 2,7 % kann als Marktzinssatz interpretiert werden. Der Kurs einer fünfjährigen Anleihe mit Kuponhöhe 3 ist dann nach der Makeham-Formel

$$P_0 = \frac{0,03}{0,027}\,(100 - 87,52) + 87,52 = 101,38\,.$$

Kurswerte für festverzinsliche Wertpapiere entstehen in der Praxis durch das Zusammenwirken von Angebot und Nachfrage an den Handelsplätzen. Für Investoren ist dabei die Konsistenz der Kurse untereinander von großer Bedeutung. Die Makeham-Formel liefert in diesem Zusammenhang einen ersten Ansatz zur Überprüfung der theoretisch richtigen Kurswerte.

2.1.2   Arbitrage

Eine ökonomisch sinnvolle Preisbildung, die mit den Marktmechanismen von Angebot und Nachfrage kompatibel ist, beruht auf dem Prinzip zur Vermeidung von **Arbitrage**. Eine Möglichkeit zu Arbitrage existiert genau dann, wenn

a)   ein Investor eine Finanztransaktion durchführen kann, die einen sofortigen Gewinn und keinen zukünftigen Verlust bringt, oder wenn

b)   ein Investor eine Finanztransaktion durchführen kann, die anfänglich nichts kostet und einen zukünftigen Gewinn verspricht.

Beispiel

Um die erste Arbitragemöglichkeit zu illustrieren, betrachten wir zwei Anleihen mit identischer Kuponhöhe und Rücknahmekurs jeweils zu 100. Für die Kurse gelte: $P_0^A = 96,50$ und $P_0^B = 97,00$. Dann wird man Anleihe A kaufen, weil sie billiger ist, und gleichzeitig Anleihe B verkaufen. Im Saldo bringt diese Transaktion einen sofortigen Gewinn von 0,50. Da die Rückflüsse aus beiden Anleihen identisch sind, ist der Saldo zu jedem zukünftigen Zeitpunkt null.

Um die zweite Arbitragemöglichkeit zu illustrieren, betrachten wir zwei Anleihen mit identischem Kupon und gleichem Ausgabekurs. Für die Rücknahmekurse gelte $P_n^A = 100$ und $P_n^B = 101$. Dann kauft man Anleihe B und verkauft Anleihe A. Als Rückzahlung erhält man somit 101 für Anleihe B und muss 100 für Anleihe A zahlen. Die Einnahmen und Ausgaben, die sich aus den Kuponzahlungen und den Emissionskursen ergeben, heben sich nach Voraussetzung jeweils auf. Diese Transaktion bringt also einen risikolosen Gewinn in Höhe von eins am Laufzeitende.

In der Praxis existieren kaum Möglichkeiten zu Arbitrage. Denn sobald sich die Gelegenheit ergibt, risikolose Gewinne zu machen, wird eine solche von Händlern gnadenlos ausgenutzt. Denn jeder möchte gerne etwas umsonst haben. In Englisch benennt man eine Arbitragemöglichkeit bezeichnenderweise als **free lunch**. Die dadurch hervorgerufene rege Handelsaktivität führt dazu, dass sich die Preise im Markt durch Angebot und Nachfrage derart verändern, dass die Arbitragemöglichkeit verschwindet.

Schließt man Arbitrage kategorisch aus, dann haben zwei festverzinsliche Wertpapiere, die denselben zukünftigen Zahlungsstrom haben, zwingend denselben aktuellen Kurswert. Dieser Sachverhalt wird im Englischen als **law of one price** bezeichnet. Es sei an dieser Stelle betont, dass die Arbitragefreiheit ein zentrales Prinzip zur Preisfindung an den Finanzmärkten ist.

Im Grunde genommen liefert das Arbitrageprinzip die Rechtfertigung dafür, dass das Äquivalenzprinzip der Finanzmathematik in der Praxis gültig ist, obwohl die Kurse festverzinslicher Wertpapiere auf ganz eigene Art und Weise zustande kommen. Die Preise im Marktgleichgewicht, welche durch Angebot und Nachfrage entstehen, sind also aufgrund der Forderung nach Arbitragefreiheit konsistent mit der theoretischen Berechnung gemäß dem Äquivalenzprinzip.

Ferner sei bemerkt, dass es prinzipiell möglich ist, an der Börse Wertpapiere zu verkaufen, ohne sie zu besitzen. Man muss die Anleihen lediglich zum festgelegten Verrechnungstermin in seinem Besitz haben. Eine solche Aktion nennt man **Leerverkauf**, oder im Englischen **short selling**. Die vorab verkauften Wertpapiere müssen innerhalb einer vorgegebenen Frist nachträglich gekauft werden. Im Allgemeinen haben in der Praxis nur institutionelle Anleger die Möglichkeit zu Leerverkäufen.

Sind zwei Zahlungsströme in der Praxis nicht äquivalent, so gibt es Arbitrage. Gehen wir davon aus, dass festverzinsliche Wertpapiere beliebig gekauft und verkauft werden, so ergeben sich Handelsstrategien, um etwaige Preisdifferenzen an den Börsen auszunutzen.

Um dieses Konzept zu verdeutlichen, betrachten wir die Kursberechnung einer kupontragenden Anleihe. Im Prinzip werden dabei alle zukünftigen Zahlungen diskontiert und anschließend addiert. Jede einzelne Zahlung kann theoretisch als eine separate Nullkuponanleihe aufgefasst werden. Grundsätzlich lässt sich jede beliebige Zinsanleihe somit als Linearkombination von Nullkuponanleihen darstellen.

Beispiel
Wir betrachten eine fünfjährige Zinsanleihe mit Kuponhöhe 3 und Rücknahmekurs 100. Der Marktzinssatz sei 2 %. Dann ist der Kurswert

$$P_0 = 3 \frac{1 - 1{,}02^{-5}}{0{,}02} + 100 \cdot 1{,}02^{-5} = 104{,}71 \, .$$

Außerdem können wir die Barwerte der einzelnen Zahlungen berechnen:

$$3 \cdot 1{,}02^{-1} = 2{,}94$$
$$3 \cdot 1{,}02^{-2} = 2{,}88$$
$$3 \cdot 1{,}02^{-3} = 2{,}83$$
$$3 \cdot 1{,}02^{-4} = 2{,}77$$
$$103 \cdot 1{,}02^{-5} = 93{,}29 \ .$$

Die Addition dieser Werte ergibt den Kurswert 104,71. Dementsprechend kann die gegebene Zinsanleihe in sechs Nullkuponanleihen zerlegt werden.

Anleihe	Laufzeit n	Kurs P_0	Kupon Z	Rücknahme P_n
A_1	1	2,94	0	3
A_2	2	2,88	0	3
A_3	3	2,83	0	3
A_4	4	2,77	0	3
A_5	5	93,29	0	103

Das Portfolio aus diesen fünf Zerobonds hat denselben Zahlungsstrom wie die vorgegebene Kuponanleihe. Im Grunde genommen könnten wir die Anleihe A_5 des Weiteren in zwei Anleihen mit gleicher Laufzeit, aber unterschiedlichem Nennwert splitten. Die fünfjährige Nullkuponanleihe mit Rücknahmekurs 3 ist aktuell 2,72 wert, der fünfjährige Zerobond mit Rücknahmekurs 100 hat den aktuellen Kurs 90,57. Beide Kurswerte addieren sich zu 93,29, also zum Kurs von A_5.

Unter einer **Anleihezerlegung** einer Zinsanleihe, englisch **stripping**, versteht man die Trennung von Mantel und Bogen. Die einzelnen Komponenten werden als **Strips** bezeichnet und können getrennt voneinander gehandelt werden. Tatsächlich ist es für gewisse **Bundesanleihen** möglich, die Kapitalkomponente von den Zinskomponenten zu trennen. So lässt sich die zehnjährige Bundesanleihe in zehn Zerobonds mit Laufzeiten von einem bis zehn Jahre trennen.

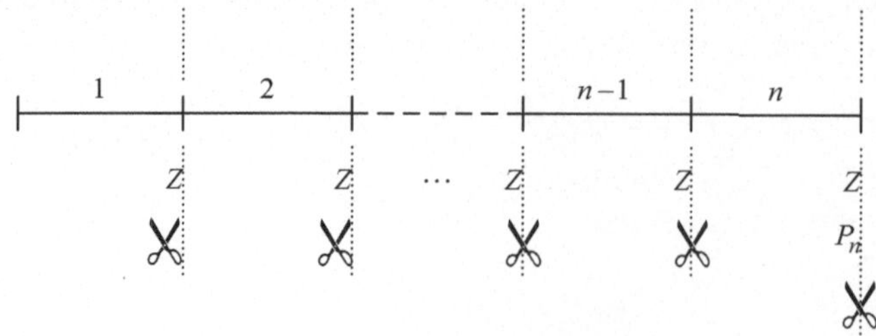

Natürlich ist es auch umgekehrt möglich, einzelne Zinsanleihen zu einem Portfolio zu vereinen. Beispielsweise kann man ein Portfolio aus Nullkuponanleihen derart zusammenstellen, dass genau jedes zweite Jahr eine Kuponzahlung anfällt.

Beispiel

Als Fortsetzung des obigen Beispiels betrachten wir das Portfolio $A = A_2 + 31A_4$. Dabei ist durch Anleihe 2 nach zwei Jahren eine Zahlung in Höhe von 3 und durch Anleihe 4 nach vier Jahren eine Zahlung in Höhe von 93 fällig. Dieses Portfolio kann als eine vierjährige Zinsanleihe verstanden werden, die alle zwei Jahre einen Kupon in Höhe von 3 ausschüttet und den Rücknahmekurs 90 hat.

Zeitpunkt	A_2	A_4	$A = A_2 + 31A_4$
1	0	0	0
2	3	0	3
3	0	0	0
4	0	3	93
5	0	0	0

Zur Vermeidung von Arbitrage ist es notwendig, dass der Preis einer jeden Zinsanleihe mit der Summe der Preise seiner Komponenten übereinstimmt. Andernfalls wäre die Konsistenz des Kalküls im Sinne des Äquivalenzprinzips verletzt. Insbesondere ist es auf diese Art und Weise auch möglich, durch Kauf und Verkauf geeigneter Kuponanleihen den finanzmathematisch korrekten Kurs einer jeden Nullkuponanleihe herzuleiten.

Beispiel

Gegeben seien die beiden folgenden Kuponanleihen:

Anleihe	Laufzeit n	Kurs P_0	Kupon Z	Rücknahme P_n
A_1	10	100,00	8	100
A_2	10	77,00	5	100

Durch eine geeignete Linearkombination dieser beiden Anleihen lässt sich der Zahlungsstrom eines zehnjährigen Nullkupons erzeugen. Wir kaufen beispielsweise 8 Anleihen vom Typ A_2 und verkaufen 5 Anleihen vom Typ A_1. Daraus resultieren die folgenden Zahlungen:

Anleihe	Laufzeit n	Anfangspreis $\tilde{P}_0$	Zinsen $\tilde{Z}$	Endpreis $\tilde{P}_n$
$8A_2 - 5A_1$	10	$8 \cdot 77 - 5 \cdot 100 = 116$	$8 \cdot 5 - 5 \cdot 8 = 0$	$8 \cdot 100 - 5 \cdot 100 = 300$

Durch die genannte Linearkombination verschwinden alle Zahlungen bis auf die erste und die letzte. Das so erstellte Portfolio entspricht in seiner Gesamtheit also einer zehnjährigen Nullkuponanleihe zum Nennwert 300 und Kurs 116. Die Rendite berechnen wir nach dem Äquivalenzprinzip:

$$i = \sqrt[10]{\frac{300}{116}} - 1 = 0{,}0997 \ .$$

Folglich ist der Kurs einer zehnjährigen Nullkuponanleihe mit Rücknahmekurs 100:

$$P_0 = 100 \cdot 1{,}0997^{-10} = 38{,}67 \ .$$

Ist das Äquivalenzprinzip, beziehungsweise das Arbitrageprinzip, verletzt, dann kann man risikolose Gewinne erzielen. An einem einfachen Beispiel wollen wir verdeutlichen, wie so etwas geht.

Beispiel

Im Markt werde eine einjährige Zinsanleihe zu 96,76 gehandelt. Außerdem geben es einen zweijährigen Nullkupon mit Kurs 93,33 sowie eine zweijährige Anleihe mit Kuponhöhe 4 und Kurs 99,61. Alle drei Anleihen mögen den Rücknahmekurs 100 haben. Dann erfassen wir zunächst die Zahlungsströme tabellarisch aus Sicht des Investors

Zeitpunkte	Anleihe A	Anleihe B	Anleihe C
$t = 0$	−96,76	−93,33	−99,61
$t = 1$	100	0	4
$t = 2$	0	100	104

Um einen risikolosen Gewinn zum Zeitpunkt $t = 0$ zu erzielen, müssen wir ein Portfolio aus diesen drei Zinsanleihen bilden, welches in jedem zukünftigen Zeitpunkt, also für $t = 1$ und $t = 2$, im Saldo eine Zahlung von null aufweist. Es sei dazu x die Anzahl der Einheiten von Anleihe A, y die Anzahl der Einheiten von Anleihe B und z die Anzahl der Einheiten von Anleihe C. Dann betrachten wir das lineare Gleichungssystem

$$\begin{pmatrix} -96{,}76 \\ 100 \\ 0 \end{pmatrix} x + \begin{pmatrix} -93{,}33 \\ 0 \\ 100 \end{pmatrix} y + \begin{pmatrix} -99{,}61 \\ 4 \\ 104 \end{pmatrix} z = \begin{pmatrix} \lambda \\ 0 \\ 0 \end{pmatrix} \quad \text{mit } \lambda > 0 \ .$$

Der zweiten Gleichung entnehmen wir $z = -25x$. Aus der dritten Gleichung folgt $y = -\frac{26}{25}z = 26x$. Diese beiden Beziehungen setzen wir in die erste Gleichung ein und erhalten:

$$\lambda = -96{,}76x - 93{,}33 \cdot 26x - 99{,}61 \cdot (-25x) = -33{,}09x \ .$$

Weil nach Voraussetzung $\lambda > 0$ ist, muss $x < 0$ gelten. Setzen wir nun ohne Beschränkung der Allgemeinheit $x = -1$ so folgt daraus, dass $z = 25$ sowie $y = -26$ ist. Es werden also eine Anleihe vom Typ A und 26 Anleihen vom Typ B verkauft sowie 25 Anleihen vom Typ C gekauft. Der sofortige Gewinn ist dann

$$G = -96{,}76 \cdot (-1) + (-93{,}33)(-26) + (-99{,}61)\,25 = 33{,}09$$

An den anderen beiden Zeitpunkten summieren sich die Zahlungen zu Null. Wir können einen risikolosen Gewinn erzielen, weil die drei Anleihen inkonsistent bewertet sind. Es gibt eine Arbitragemöglichkeit, weil das Äquivalenzprinzip verletzt ist.

Das dargestellte Prinzip lässt sich im **zeitdiskreten Modellfinanzmarkt** verallgemeinern. Der von uns betrachtete Markt bestehe aus n festverzinslichen Wertpapieren $A_1, \ldots, A_n$. Die zugehörigen Kurse seien mit P_0^k für $k = 1, \ldots, n$ bezeichnet. Die Rückflüsse zum Zeitpunkt $t = 1, \ldots, m$ seien für Anleihe k gegeben durch Z_t^k. Wir nehmen an, dass es mehr Finanztitel als Zeitpunkte gibt, dass also $n \geq m + 1$ gilt. In Tabellenform haben wir dann die folgenden Zahlungsströme aus Sicht des Kapitalanlegers gegeben:

Zeit\Anleihe	A_1	A_k	A_n
0	$-P_0^1$	$-P_0^k$	$-P_0^n$
1	Z_1^1	Z_1^k	Z_1^n
t	Z_t^1	Z_t^k	Z_t^n
m	Z_m^1	Z_m^k	Z_m^n

Diese Tabelle induziert eine $(m + 1) \times n$ Matrix

$$\mathbf{M} = \begin{pmatrix} -P_0^1 & \cdots & -P_0^k & \cdots & -P_0^n \\ Z_1^1 & \cdots & Z_1^k & \cdots & Z_1^n \\ \vdots & & \vdots & & \vdots \\ Z_m^1 & \cdots & Z_m^k & \cdots & Z_m^n \end{pmatrix} \ .$$

Außerdem sei $\mathbf{x} = (x_1, \ldots, x_n)^T \in \mathbb{R}^n$ die Zusammensetzung des gesuchten Portfolios aus den gegebenen Anleihen $A_1, \ldots, A_n$. Dann muss gelten

$$\mathbf{Mx} = \mathbf{0} \, .$$

Wenn wir nun eine gegebene Anleihe $A_k = \sum_{j \neq k} x_j A_j$ als Linearkombination der anderen Anleihen darstellen können derart, dass $Z_t^k = \sum_{j \neq k} x_j Z_t^j$ für alle $t = 1, \ldots, m$ ist, so muss zwingend $P_0^k = \sum_{j \neq k} x_j P_0^j$ gelten. Folglich müssen die zugehörigen Spaltenvektoren der Matrix $\mathbf{M}$ linear abhängig sein. In diesem Sinne lässt sich das Kalkül der linearen Algebra zur marktkonsistenten Bewertung von Zinsanleihen anwenden.

Beispiel

Im Markt werde eine einjährige Zinsanleihe zu 96,76 gehandelt. Außerdem gebe es einen zweijährigen Nullkupon mit Kurs 93,33. Dann wollen wir den Kurs einer zweijährigen Anleihe mit Kuponhöhe 4 berechnen. Alle drei Anleihen mögen den Rücknahmekurs 100 haben. Dazu replizieren wir die kupontragende Anleihe aus den beiden Zerobonds.

Es sei $\mathbf{x} = (x_1, x_2, x_3)^T$ der Vektor der gesuchten Portfoliogewichte und P_0 der gesuchte Kurs. Dann muss gelten:

$$\begin{pmatrix} -96{,}76 & -93{,}33 & -P_0 \\ 100 & 0 & 4 \\ 0 & 100 & 104 \end{pmatrix} \begin{pmatrix} x_1 \\ x_2 \\ x_3 \end{pmatrix} = \begin{pmatrix} 0 \\ 0 \\ 0 \end{pmatrix}$$

Dieses homogene Gleichungssystem hat nur dann eine nicht triviale Lösung, wenn die Determinante der Matrix gleich null ist. Jene berechnen wir nach der Regel von Sarrus

$$\begin{aligned} 0 = \det &\begin{pmatrix} -96{,}76 & -93{,}33 & -P_0 \\ 100 & 0 & 4 \\ 0 & 100 & 104 \end{pmatrix} \\ &= (-96{,}76) \cdot 0 \cdot 104 + (-93{,}33) \cdot 4 \cdot 0 + (-P_0) \cdot 100 \cdot 100 \\ &\quad - 0 \cdot 0 \cdot (-P_0) - 100 \cdot 4 \cdot (-96{,}76) - 104 \cdot 100 \cdot (-93{,}33) \\ &= -10.000 \, P_0 + 1.009.336 \end{aligned}$$

Der faire Kurs zur Vermeidung von Arbitrage ist folglich 100,93:

$$P_0 = \frac{1.009.336}{10.000} = 100{,}9336 \, .$$

2.1.3 Kursanalysen

In Analogie zum **Tilgungsplan** können wir für ein festverzinsliches Wertpapier den sogenannten **Amortisationsplan** aufstellen. Die Berechnungen erfolgen vollkommen analog zur Kreditrechnung. Dabei entspricht der Kupon der Annuität. Der Zinsteil ergibt sich aus dem Produkt aus Kurswert und Marktzinssatz. Der Tilgungsteil ist die Differenz aus Kuponzahlung und fälligen Zinsen.

An den beiden folgenden Beispielen wird deutlich, dass sich der aktuelle Kurs einer Zinsanleihe im Verlauf der Zeit dem Rücknahmekurs annähert. Zunächst betrachten wir eine **Prämienanleihe**, deren aktueller Kurs höher als der Rücknahmekurs ist.

Beispiel

Gegeben sei eine Prämienanleihe mit folgenden Parametern: $c = 0{,}05$, $n = 5$, $N = 1.000$, $P_0 = 109{,}16$ und $i = 0{,}03$. Daraus ergibt sich folgender Amortisationsplan für ganzzahlige Zeitpunkte.

Zeitpunkt	Kurswert am Beginn	Zinsen am Ende	Tilgung am Ende	Kupon am Ende	Kurswert am Ende
0					1.091,59
1	1.091,59	32,75	17,25	50,00	1.074,34
2	1.074,34	32,23	17,77	50,00	1.056,57
3	1.056,57	31,70	18,30	50,00	1.038,27
4	1.038,27	31,15	18,85	50,00	1.019,42
5	1.019,42	30,58	19,42	50,00	1.000,00

An diesem Amortisationsplan wird illustriert, wie sich für die gegebene Prämienanleihe der Aufschlag gegenüber dem Rücknahmekurs mit abnehmender Restlaufzeit verringert. Der Kurs nähert sich von oben dem Rücknahmekurs.

Analog können wir eine Diskontanleihe betrachten, deren aktueller Kurswert geringer als der Rücknahmekurs ist.

Beispiel

Gegeben sei eine Diskontanleihe mit folgenden Parametern $c = 0{,}05$, $n = 5$, $N = 1.000$, $P_0 = 91{,}80$ und $i = 0{,}07$. Daraus ergibt sich folgender Amortisationsplan für ganzzahlige Zeitpunkte.

Zeitpunkt	Kurswert am Beginn	Zinsen am Ende	Tilgung am Ende	Kupon am Ende	Kurswert am Ende
0					918,00
1	918,00	64,26	−14,26	50,00	932,26
2	932,26	65,26	−15,26	50,00	947,51
3	947,51	66,33	−16,33	50,00	963,84
4	963,84	67,47	−17,47	50,00	981,31
5	981,31	68,69	−18,69	50,00	1.000,00

Für diese diskontierte Anleihe verringert sich der Abschlag gegenüber dem Rücknahmekurs mit der Zeit. Der Kurswert nähert sich von unten dem Rücknahmekurs an.

An dieser Stelle sei ergänzend erwähnt, dass der Kurs der Anleihe als Funktion der Restlaufzeit an den Kuponzahlungsterminen unstetig ist. Genau zur Fälligkeit der Zinszahlung fällt der Anleihekurs nämlich um die ausgewiesene Kuponhöhe. Dabei ist zu berücksichtigen, dass dieser Betrag nicht etwa verloren geht. Der Kupon wird an den Inhaber ausbezahlt, sodass sich der Kurs der Anleihe entsprechend reduziert.

Zur mathematischen Bereinigung der Sprungstellen im Kursverlauf wird das Konzept der **Stückzinsen** benötigt, auf die wir im Folgenden näher eingehen werden. An der Börse wird üblicherweise der um die Stückzinsen bereinigte Kurs ausgewiesen. Die Stückzinsen müssen folglich zum **Börsenkurs** addiert werden und ergeben den zu zahlenden Erwerbskurs der Anleihe zum gegebenen Stichtag.

Motiviert durch Amortisationspläne, wollen wir den Kurs eines festverzinslichen Wertpapieres als Funktion der Laufzeit näher untersuchen.

Beispiel

Gegeben sei eine Zinsanleihe mit Kuponhöhe 6. Der Marktzinssatz betrage 5 %. Die Verfallsdauer n sei variabel. Dann gilt nach der Standardformel exemplarisch für $n = 7$

$$P_0(7) = 6\frac{1 - 1{,}05^{-7}}{0{,}05} + 100 \cdot 1{,}05^{-7} = 105{,}79 \, .$$

Im Grenzwert $n \to \infty$ strebt der Kurswert gegen 120:

$$\lim_{n\to\infty} P_0(n) = \lim_{n\to\infty} \left(6\frac{1 - 1{,}05^{-n}}{0{,}05} + 100 \cdot 1{,}05^{-n} \right) = \frac{6}{0{,}05} = 120 \, .$$

Der Graph der Kurswertfunktion ist hier konkav, weil die Kuponrate für eine Diskontanleihe größer als der Marktzinssatz ist. Bei einer Prämienanleihe hingegen ist die Kurswertfunktion konvex bezüglich der Laufzeit.

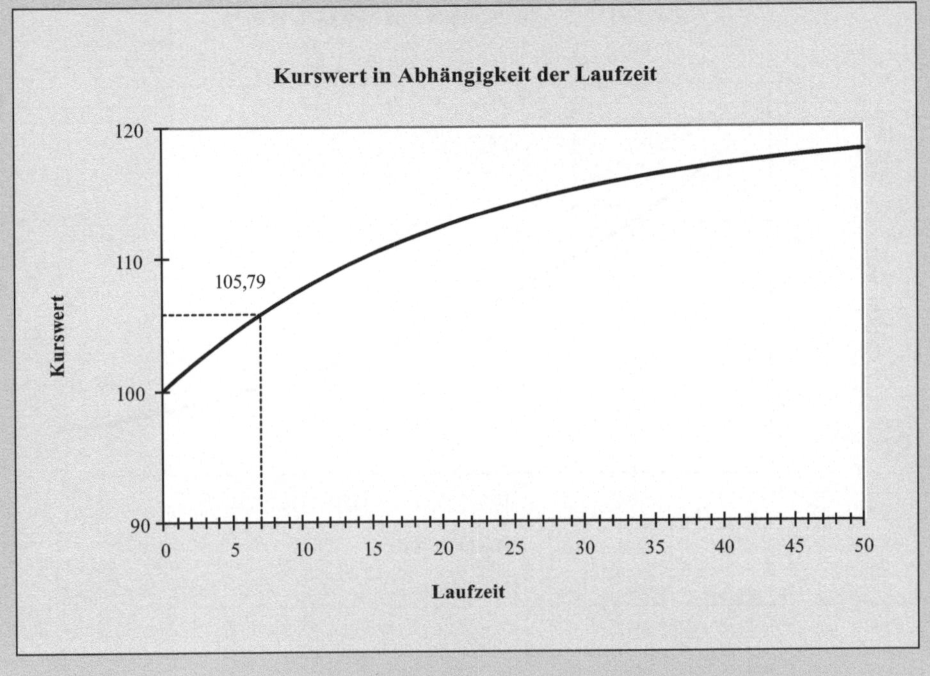

Außerdem lässt sich der Kurs einer Zinsanleihe als Funktion des Marktzinssatzes auffassen.

Beispiel
Gegeben sei eine Zinsanleihe mit Kuponhöhe 6 und Laufzeit 7 Jahre. Der Marktzinssatz i sei variabel.

Für $i = 0{,}05$ ergibt sich exemplarisch anhand der Standardformel

$$P_0\,(0{,}05) = 6\frac{1 - 1{,}05^{-7}}{0{,}05} + 100 \cdot 1{,}05^{-7} = 105{,}79 \,.$$

Der Graph der Kurswertfunktion als Funktion des Marktzinssatzes ist stets konvex:

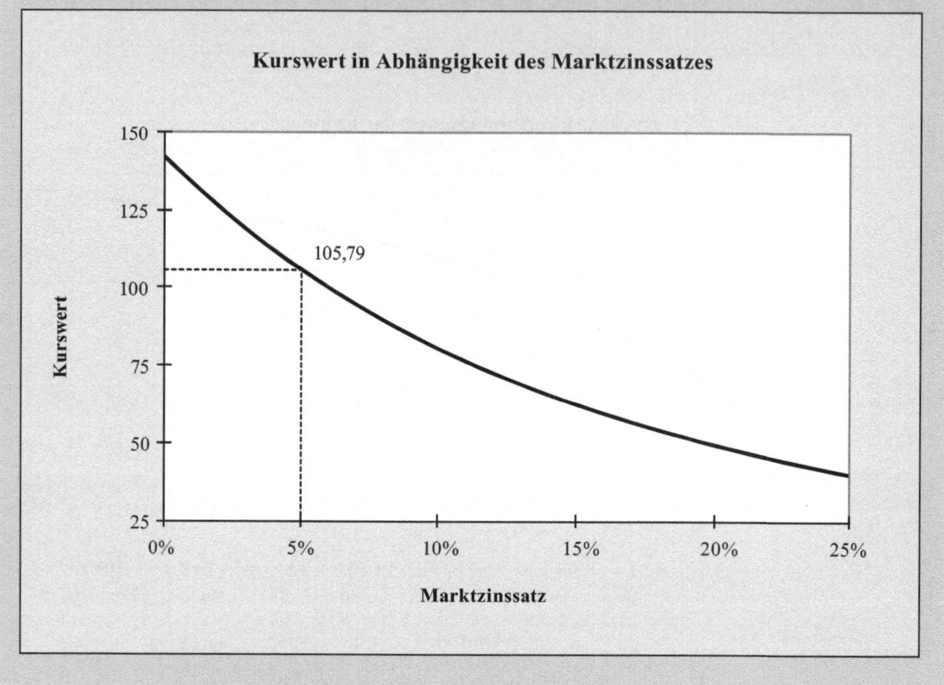

In der Praxis ergibt sich der Marktzinssatz anhand der internen Rendite von festverzinslichen Wertpapieren. Letztere wird anhand der Kurse von Zinsanleihen berechnet, die wiederum auf Angebot und Nachfrage beruhen. Durch den fortwährenden Handel ist also gleichermaßen der Marktzinssatz einem Wandel unterworfen. Auf die Auswirkung einer Änderung des Zinssatzes auf den Kurswert werden wir noch näher eingehen.

2.1.4 Stückzinsen

Die bislang diskutierten Formeln für den Kurs einer Zinsanleihe sind nur zum Ausgabezeitpunkt und zu den Kuponterminen, also für ganzzahlige Bewertungszeitpunkte gültig. Tatsächlich werden festverzinsliche Wertpapiere jedoch fortwährend gehandelt. Wir wollen daher den Kurs einer Anleihe zu einem beliebigen Zeitpunkt eingehend diskutieren.

Gegeben sei also eine Zinsanleihe mit Nennwert N, Kuponrate c, jährlichem Kupon $Z = cN$, Laufzeit n Jahre und Rücknahme zu pari, $P_n = N$. Der Bewertungsstichtag sei der Zeitpunkt $t \in [0;n]$. Außerdem sei $[t]$ die größte ganze Zahl, die kleiner oder gleich t ist. Sie entsteht aus t durch Abschneiden der Nachkommastellen. Am genannten

Stichtag hat der Emittent bereits $[t]$ Kuponzahlungen geleistet, in der Restlaufzeit stehen noch $n - [t]$ Kupons aus.

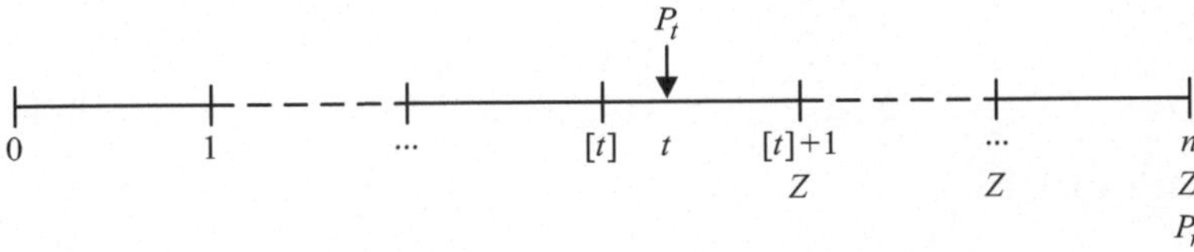

Folglich ist der Kurs P_t der Barwert der noch ausstehenden Zahlungen:

$$P_t = \left(Z s_{\overline{n-[t]}|} + P_n\right) v^{n-t}.$$

Diese Berechnung beruht auf der **prospektiven** Sichtweise. Äquivalent können wir auch den Endwert der bereits geleisteten Zahlungen betrachten, insofern der verwendete Zinssatz i über die gesamte Laufzeit konstant ist. Der Kurs P_t ist in der **retrospektiven** Sicht

$$P_t = \left(P_0 r^{[t]} - Z s_{\overline{[t]}|}\right) r^{t-[t]}.$$

Den so errechneten Kurs nennt man den **Erwerbskurs**, englisch **dirty price**. Dieser ist gemäß dem Äquivalenzprinzip vom Käufer zu zahlen.

Beispiel
Wir betrachten eine Zinsanleihe zum Nennwert 100, Kupon 6, Gesamtlaufzeit 7 Jahre. Der Marktzinssatz sei 5 %. Dieses Wertpapier soll nach 3 Jahren und 4 Monaten, also $t = 3{,}33$ Jahre, verkauft werden. Dann gab es bislang $[t] = 3$ Kuponzahlungen; $n - [t] = 4$ Kupons stehen noch aus. Die Restlaufzeit beträgt $n - t = 3{,}67$ Jahre. Also ist der Erwerbskurs nach der prospektiven Methode

$$P_{3,33} = \left(6 \frac{1{,}05^4 - 1}{0{,}05} + 100\right) \cdot 1{,}05^{-3{,}67} = 105{,}24.$$

Mit der retrospektiven Methode berechnen wir dasselbe Ergebnis. Dazu benötigen wir den Emissionskurs

$$P_0 = 6 \frac{1 - 1{,}05^{-7}}{0{,}05} + 100 \cdot 1{,}05^{-7} = 105{,}79.$$

Daraus folgt

$$P_{3,33} = \left(105{,}79 \cdot 1{,}05^3 - 6 \frac{1{,}05^3 - 1}{0{,}05}\right) \cdot 1{,}05^{0{,}67} = 105{,}24.$$

Zum Vergleich dazu ist der Kurs nach 3 Jahren

$$P_3 = \left(6\frac{1{,}05^4 - 1}{0{,}05} + 100 \right) \cdot 1{,}05^{-4} = 103{,}55$$

sowie nach 4 Jahren

$$P_4 = \left(6\frac{1{,}05^3 - 1}{0{,}05} + 100 \right) \cdot 1{,}05^{-3} = 102{,}72 \; .$$

Daran erkennen wir, dass der Erwerbskurs zwischen den Jahren 3 und 4 gestiegen ist.

Kuponzahlungen stellen Zinsen für ein volles Jahr dar und werden nachschüssig vom Emittenten ausgeschüttet. Beim unterjährigen Kauf der Anleihe hat der Verkäufer demnach das Anrecht auf einen Teil des nächsten Kupons, den der Emittent zu einem späteren Zeitpunkt an den Käufer zahlt. Die sogenannten **Stückzinsen** S_t werden in der Praxis üblicherweise zeitproportional berechnet:

$$\boxed{S_t = Z\,(t - [t])} \; .$$

Die Stückzinsen stellen den verdienten Anteil der nächsten Kuponzahlung dar, wobei wir unterjährig die lineare Verzinsung ansetzen. Dieser Teil des nächsten Kupons steht dem Verkäufer der Anleihe zu. Folglich muss der Käufer den Verkäufer entsprechend auszahlen.

Beispiel

In Fortsetzung des obigen Beispiels sind die Stückzinsen

$$S_{3{,}33} = 6\,(3{,}33 - 3) = 2 \; .$$

Der Käufer wird in 8 Monaten den vollen Kupon für das vierte Jahr bekommen wird. Den aus Käufersicht nicht verdienten Anteil des nächsten Kupons, nämlich 4/12 von sechs, also zwei, gehören eigentlich dem Verkäufer.

Da die Angabe der Zeiten in Jahren zu erfolgen hat, zählt man die Anzahl der tatsächlich verstrichenen Tage im aktuellen Jahreskalender im Verhältnis zu der tatsächlichen Jahreslänge gemäß der Zinstagezählmethode Act/Act. Darüber hinaus ist es in der Praxis nicht unüblich, für die Berechnung der Stückzinsen erst den nächsten oder übernächsten Werktag zugrunde zu legen.

Es sei darauf hingewiesen, dass für die Berechnung der Stückzinsen S_t die verstrichene Zeit $t - [t]$ seit der letzten Kuponzahlung berücksichtigt wird. Die Berechnung des Erwerbskurses P_t in der prospektiven Sichtweise hingegen bezieht sich auf die Restlaufzeit $n - t$.

Die Differenz aus Erwerbskurs und Stückzinsen ist der sogenannte **Angebotskurs** oder auch **Börsenkurs** B_t, der der an der Börse ausgewiesen wird:

$$\boxed{B_t = P_t - S_t}\,.$$

Den Börsenkurs nennt man im Englischen **clean price**. Umgekehrt ergibt sich der tatsächliche Erwerbskurs aus der Summe des Angebotskurses und den Stückzinsen:

$$P_t = B_t + S_t\,.$$

Bei Erwerb einer Anleihe müssen also die unterjährig verdienten Zinsen zusätzlich zum ausgewiesenen Börsenkurs bezahlt werden. Es wird vorausgesetzt, dass diese Aussage allen Investoren bekannt ist, sodass Stückzinsen an der Börse nicht explizit ausgewiesen werden.

Beispiel
Für die oben diskutierte siebenjährige Zinsanleihe haben wir den Verlauf des Angebotskurses und des Erwerbskurses in der Zeit berechnet und grafisch dargestellt.

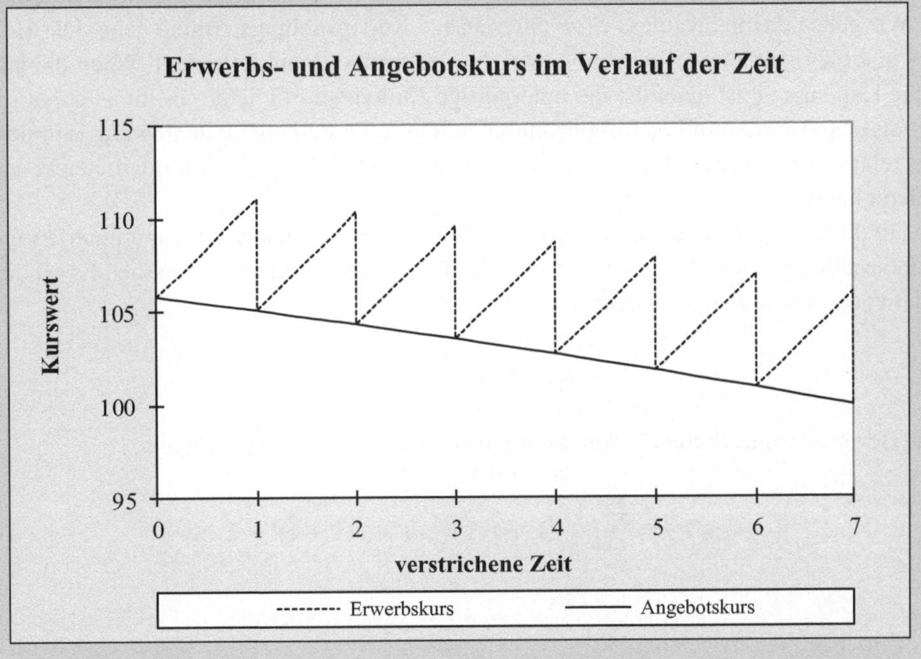

An den Kuponterminen ist die Erwerbskurve unstetig. Zur Fälligkeit der Zinszahlung fällt der Erwerbskurs um die Kuponhöhe. Dabei ist zu berücksichtigen, dass dieser Betrag nicht etwa verloren geht. Der Kupon wird ausgezahlt, sodass sich der Kurs der Anleihe entsprechend reduziert. Danach steigt der Erwerbskurs wieder exponentiell an, da die nächste Zinszahlung näher rückt. Der Angebotskurs ist stetig und eignet sich deshalb für die Notierung an der Börse.

Der Ausweis des Erwerbskurses kann für Anleger irreführend sein kann. Der Grund ist der am Beispiel illustrierte steigende Verlauf zwischen den Zinszahlungen und die Unstetigkeit an den Kuponterminen.

Um den Erwerbskurs um den Kuponeffekt zu bereinigen, wird an der Börse der Angebotskurs ausgewiesen. Allerdings verschleiert der Börsenkurs die tatsächlichen Kosten für den Erwerb der Anleihe. Es ist nämlich zu beachten, dass der Käufer einer Anleihe zusätzlich zum Angebotskurs Stückzinsen zu zahlen hat.

2.1.5 Unterjährige Kuponzahlungen

In Deutschland sind jährliche Kuponzahlungen üblich. In angelsächsischen Märkten gibt es nicht selten halbjährliche oder vierteljährliche Kuponzahlungen. In diesem Zusammenhang müssen die Kuponzahlungsmodalitäten und die Verzinsungsart spezifiziert werden.

Wir gehen davon aus, dass es m unterjährige Kuponzahlungstermine gebe. Die Höhe des unterjährigen Kupons wird üblicherweise zeitproportional festgelegt. Wenn die jährliche Kuponrate c ist, dann ist die unterjährige Kuponrate folglich c/m. In n Jahren gibt es folglich insgesamt $n \cdot m$ Kuponzahlungen. Diese Festlegung ist analog zur Definition des relativen Zinssatzes, den wir bei der Festlegung unterjähriger Zinsmodalitäten kennen gelernt hatten.

Für die finanzmathematisch konsistente Bewertung einer Zinsanleihe mit unterjährigen Kuponzahlungen berechnen wir zunächst den unterjährig konformen Zinssatz. Es sei dazu i der vorgegebene Jahreszinssatz. Dann gilt

$$i_{\text{kon}} = \sqrt[m]{1 + i} - 1 \ .$$

Die Bewertungsgleichung für den anfänglichen Kurswert P_0 lautet sodann

$$P_0 = \sum_{k=1}^{n \cdot m} \frac{c}{m} \left(1 + i_{\text{kon}}\right)^{-k} + P_n \left(1 + i\right)^{-n} \ .$$

Unter Verwendung des Barwertfaktors der nachschüssigen Rente ist dazu äquivalent:

$$P_0 = \frac{c}{m} \cdot \frac{1 - (1 + i_{\text{kon}})^{-n \cdot m}}{i_{\text{kon}}} + P_n \, (1 + i)^{-n} \, .$$

Beispiel

Wir betrachten eine Zinsanleihe mit Kuponrate $4\,\%$, halbjährlicher Ausschüttung, Zinssatz $3\,\%$, Laufzeit 5 Jahre und Rücknahme zum Nennwert von 100. Dann ist zunächst der konforme Zinssatz

$$i_{\text{kon}} = \sqrt{1{,}03} - 1 = 0{,}014889 \, .$$

Daraus folgt für den Emissionskurs

$$P_0 = \frac{0{,}04}{2} \cdot \frac{1 - 1{,}014889^{-5 \cdot 2}}{0{,}014889} + 100 \cdot 1{,}03^{-5} = 86{,}45 \, .$$

Der Kurswert ist also 86,45. Im Vergleich dazu ist der Kurswert bei jährlicher Kuponzahlung 86,44:

$$P_0 = 0{,}04 \frac{1 - 1{,}03^{-5}}{0{,}03} + 100 \cdot 1{,}03^{-5} = 86{,}44 \, .$$

2.1.6 Aktien

Die Berechnung der Kurse beziehungsweise Preise von Zinsanleihen lässt sich analog auf andere Wertpapiere übertragen. Wir betrachten dazu exemplarisch den Aktienmarkt. Eine **Aktie** stellt einen verbrieften Anteil am vorhandenen Vermögen einer Aktiengesellschaft und insbesondere auch eine Beteiligung am ausgeschütteten Jahresgewinn, der sogenannten **Dividende** dar. Der Kurs einer Aktie gibt den anteiligen Wert des Unternehmens an. Er bildet sich im Allgemeinen durch Angebot und Nachfrage an der Börse. Die **Marktkapitalisierung** ist das Produkt aus der Anzahl der Aktien und dem Kurswert pro Aktie, sie stellt den Gesamtwert des Unternehmens dar.

Wir können den aktuellen Kurswert P_0 einer Aktie in Beziehung zu den zukünftigen Dividenden setzen. Ist nämlich die Höhe der zukünftigen Dividenden bekannt und der Diskontierungsfaktor vorgegeben, so ergibt sich der faire Aktienkurs im Wesentlichen als Barwert der zukünftigen Dividenden.

Beispiel

Die Dividende D einer Aktiengesellschaft sei aktuell 2,13 € pro Aktie. In Abwesenheit besseren Wissens sei die Dividende in den folgenden Jahren konstant gleich hoch. Außerdem gehen wir davon aus, dass sich der Kurswert der Aktie in den nächsten zehn Jahren um 50 % erhöhen möge.

Ein risikoscheuer Anleger verlange 10 % als Rendite. Dann gilt gemäß dem Äquivalenzprinzip zum Zeitpunkt nach der ersten Dividendenausschüttung

$$P_0 = Da_{\overline{10}|} + 1{,}5P_0v^{10} \ .$$

Daraus folgt konkret für den gesuchten Kurs P_0

$$P_0 = D\frac{1-v^{10}}{i} \cdot \frac{1}{1-1{,}5v^{10}} = 2{,}13\frac{1-1{,}1^{-10}}{0{,}1 \cdot (1-1{,}5 \cdot 1{,}1^{-10})} = 31{,}04 \ .$$

Der risikoscheue Investor kauft die Aktie, wenn der Kurs kleiner oder gleich 31,04 € ist.

Ein risikofreudiger Anleger verlange als Renditeziel lediglich 8 %. Dann ist der Kurs

$$P_0 = 2{,}13\frac{1-1{,}08^{-10}}{0{,}1 \cdot (1-1{,}5 \cdot 1{,}08^{-10})} = 46{,}83 \ .$$

Der risikofreudige Investor kauft die Aktie, wenn der Kurs kleiner oder gleich 46,83 € ist.

Umgekehrt lässt sich die interne Rendite einer Aktieninvestition aus vorgegebenen Annahmen zu aktuellem Kurswert und zukünftigen Dividenden berechnen. Dabei fällt uns die Analogie zu einer Zinsanleihe auf, die zu pari notiert ist.

Beispiel

Ein börsennotiertes Unternehmen zahle für das abgelaufene Geschäftsjahr eine Dividende D in Höhe von 3,83 € pro Aktie. Wir gehen davon aus, dass sich dies in den nächsten fünf Jahren nicht ändern wird. Außerdem lasse sich die Aktie nach fünf Jahren zum gegenwärtigen Kurswert $P_0 = 87{,}44$ verkaufen. Dann gilt nach dem Äquivalenzprinzip analog zur Kurswertberechnung für Zinsanleihen

$$P_0 = Da_{\overline{5}|} + P_0v^5 \ .$$

wobei die erste Dividende an den neuen Investor in genau einem Jahr fällig sei. Diese Beziehungsgleichung entspricht derjenigen für eine festverzinsliche Anleihe, die zu pari notiert ist:

$$100 = c \cdot 100 \cdot a_{\overline{5}|} + 100v^5 \ .$$

Wir erinnern uns, dass für eine solche Anleihe die Kuponrate c gleich der internen Rendite i ist. Multiplizieren wir diese zweite Gleichung mit P_0, teilen sie durch 100 und subtrahieren sie von der ersten Gleichung, so finden wir heraus, dass

$$0 = D \cdot a_{\overline{5}|} - c \cdot P_0 \cdot a_{\overline{5}|}$$

Daraus folgt schließlich

$$c = \frac{D}{P_0} = \frac{3{,}83}{87{,}44} = 0{,}0438 \ .$$

Der Quotient aus Dividende zu Kurswert entspricht der Kuponrate einer festverzinslichen Zinsanleihe, die zu pari notiert ist. Folglich ist der effektive Zinssatz i gleich der Dividendenrate. Die interne Rendite der Aktieninvestition entspricht unter den gegebenen Annahmen also 4,38 %.

2.2 Risikoanalyse

Bislang waren wir davon ausgegangen, dass der gegebene Zinssatz konstant ist, das heißt, im Verlauf der Zeit unveränderlich ist. Wenn sich der Zinssatz jedoch ändern sollte, so ergeben sich daraus gewisse Risiken für Kapitalanleger. In diesem Abschnitt diskutieren wir das **Zinsänderungsrisiko** für Anleihen. Außerdem stellen wir verschiedene Risikokennzahlen zur Messung dieses Risikos vor. Nicht zuletzt wenden wir die Konzepte praktisch an.

2.2.1 Duration

Zinssätze ändern sich in der Praxis durch den ständigen Handel von Anleihen an den Börsen. Veränderungen der Kurswerte für festverzinsliche Wertpapiere implizieren Zinsänderungen und umgekehrt. Für einen Investor sind solche Schwankungen grundsätzlich riskant.

Das **Zinsänderungsrisiko** beinhaltet zwei Gefahren. Mit einer Anhebung des Marktzinssatzes fällt der Kurswert eines festverzinslichen Wertpapieres. Denn der Kurswert

ist definiert als Barwert der Rückzahlungen aus einer Zinsanleihe. Umgekehrt steigt der
Kurswert, wenn der Marktzinssatz fällt. Dieser Effekt wird als **Barwertrisiko** oder **Kurswertrisiko** bezeichnet.

Gleichermaßen gibt es das **Endwertrisiko**, das auch als **Wiederanlagerisiko** bezeichnet wird. Dabei ist der Vermögenswendwert von Interesse, den ein Investor durch das
Halten eines festverzinslichen Wertpapieres erreicht. Wenn der Marktzinssatz sinkt, dann
können Kuponzahlungen nur zu geringeren Zinsen wieder reinvestiert werden. Umgekehrt
impliziert ein höherer Zinssatz eine verbesserte Wiederanlagemöglichkeit der erhaltenen
Kupons aus einer Anleihe.

Wir halten fest, dass sich eine Zinsänderung gegenläufig auf den Barwert und auf den
Endwert auswirkt. Eine Zinsanhebung führt zu einem negativen Kurswerteffekt und zu
einem positiven Wiederanlageeffekt. Andererseits impliziert eine Zinssenkung einen positiven Kurswerteffekt und einen negativen Wiederanlageeffekt.

Im Folgenden interessieren wir uns für denjenigen Zeitpunkt, für den sich die beiden
gegenläufigen Effekte genau aufheben. Es sei dazu der Vermögenswert $V_t(i)$ zum Zeitpunkt $t \in [0; n]$, definiert durch den Zeitwert aller Zahlungen der Zinsanleihe.

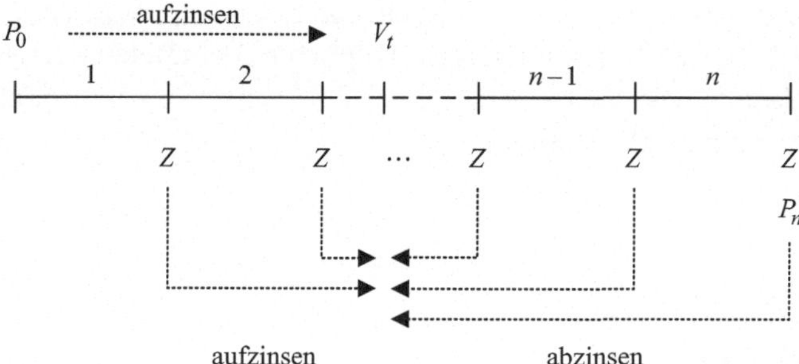

Wir erinnern uns darin, dass wir den Vermögenswert $V_t(i)$ ganz einfach berechnen können, indem wir den Barwert $P_0(i)$ aller Rückzahlungen aufzinsen. In Abhängigkeit vom
Marktzinssatz i ist also

$$\boxed{V_t(i) = P_0(i) \cdot (1+i)^t}\ .$$

Dabei setzen wir stillschweigend voraus, dass alle Kuponzahlungen zum vorgegebenen
Marktzinssatz reinvestiert werden.

Beispiel
Gegeben sei eine Zinsanleihe mit Kuponhöhe 5 und Laufzeit 10 Jahre. Dann ist
allgemein

$$V_t(i) = \left(Za_{\overline{n}|} + P_n v^n\right) \cdot (1+i)^t = 5\frac{1-(1+i)^{-n}}{i}(1+i)^t + 100 \cdot (1+i)^{t-n}\ .$$

Für $i_1 = 0{,}04$, $i_2 = 0{,}05$ und $i_3 = 0{,}06$ berechnen wir die Kurswerte, das heißt die anfänglichen Vermögenswerte für $t = 0$:

$$V_0\,(0{,}04) = P_0\,(0{,}04) = 108{,}11$$
$$V_0\,(0{,}05) = P_0\,(0{,}05) = 100$$
$$V_0\,(0{,}06) = P_0\,(0{,}06) = 92{,}64\ .$$

Die Vermögensendwerte für $t = 10$ sind

$$V_{10}\,(0{,}04) = P_0\,(0{,}04) \cdot 1{,}04^{10} = 160{,}03$$
$$V_{10}\,(0{,}05) = P_0\,(0{,}05) \cdot 1{,}05^{10} = 162{,}89$$
$$V_{10}\,(0{,}06) = P_0\,(0{,}06) \cdot 1{,}06^{10} = 165{,}90\ .$$

Die Differenz von je zwei Vermögenswertfunktionen, beispielsweise $V_t\,(0{,}04) - V_t\,(0{,}05)$, ist zum Zeitpunkt $t = 0$ positiv, nämlich $8{,}11$, und zum Zeitpunkt $t = 10$ negativ, nämlich $-2{,}86$. Da die betrachteten Funktionen stetig sind, gibt es nach dem Satz von Rolle folglich eine Nullstelle der Differenzfunktion. Die folgende Grafik verdeutlicht den Verlauf der drei Vermögenswertkurven.

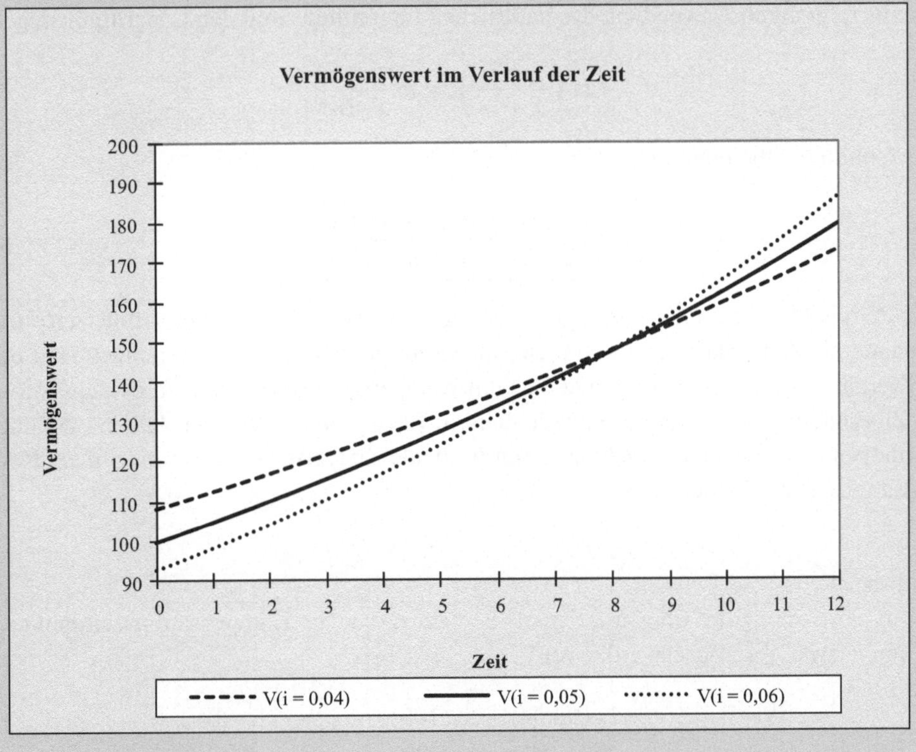

Wir können den Schnittpunkt zweier Vermögenswertkurven analytisch berechnen. Dazu setzen wir

$$V_t\,(i_1) = V_t\,(i_2)\ .$$

Der Vermögenswert zum Zeitpunkt t steht in Beziehung zum anfänglichen Vermögen:

$$V_t\,(i_1) = (1 + i_1)^t\,V_0\,(i_1)\ .$$

Diese Gleichung gilt analog für jeden anderen Zinssatz. Daraus folgt dann, dass

$$(1 + i_1)^t\,V_0\,(i_1) = (1 + i_2)^t\,V_0\,(i_2)\ .$$

Durch äquivalentes Umformen erhalten wir

$$\frac{(1 + i_1)^t}{(1 + i_2)^t} = \frac{V_0\,(i_2)}{V_0\,(i_1)}\ .$$

Außerdem ist das anfängliche Vermögen gleich dem aktuellen Kurswert. Also gilt

$$\left(\frac{1 + i_1}{1 + i_2}\right)^t = \frac{P_0\,(i_2)}{P_0\,(i_1)}\ .$$

Daraus folgt durch Anwendung des natürlichen Logarithmus mit den Logarithmusregeln

$$t \ln\left(\frac{1 + i_1}{1 + i_2}\right) = \ln\frac{P_0\,(i_2)}{P_0\,(i_1)}$$

die Schnittpunktbedingung

$$\boxed{\,t = \frac{\ln\,(P_0\,(i_2)) - \ln\,(P_0\,(i_1))}{\ln\,(1 + i_1) - \ln\,(1 + i_2)}\,}\ .$$

Der Zeitpunkt, zu dem die Vermögenswerte gleich sind, wird **Kompensationszeitpunkt** genannt; die Zeitspanne bis dorthin wird als **Kompensationsdauer** bezeichnet. Hält man ein verzinsliches Wertpapier genau bis zum Kompensationszeitpunkt, so ist eine sofortige Zinsänderung von i_1 auf i_2 unbedeutend in Bezug auf das aus der Anleihe gebildete Vermögen zum genannten Stichtag. Denn für beide Zinssätze ist das Vermögen am Kompensationszeitpunkt identisch.

Beispiel

Als Fortsetzung des obigen Beispiels berechnen wir die Kompensationszeitpunkte von je zwei Vermögenswertkurven

$$t_{12} = \frac{\ln\,(92{,}64) - \ln\,(100)}{\ln\,(1{,}04) - \ln\,(1{,}05)} = 8{,}1496$$

$$t_{13} = \frac{\ln(92,64) - \ln(108,11)}{\ln(1,04) - \ln(1,06)} = 8,1077$$

$$t_{23} = \frac{\ln(100) - \ln(108,11)}{\ln(1,05) - \ln(1,06)} = 8,0654 \;.$$

Betrachten wir exemplarisch den Kompensationszeitpunkt t_{12} für eine sofortige Zinsanhebung von $i_1 = 0,04$ auf $i_2 = 0,05$. Diese Änderung ist unbedeutend für den Vermögensendwert nach $t_{12} = 8,1496$ Jahren, denn für beide Zinssätze ist das gebildete Vermögen zum Stichtag gleich:

$$V_{t_{12}}(i_1) = P_0(i_1) \cdot (1 + i_1)\, t_{12} = 108,11 \cdot 1,04^{8,1496} = 148,83$$

$$V_{t_{12}}(i_2) = P_0(i_2) \cdot (1 + i_2)\, t_{12} = 100 \cdot 1,05^{8,1496} = 148,83 \;.$$

Die Schnittpunkte der drei Kurven sind in der folgenden Grafik ersichtlich.

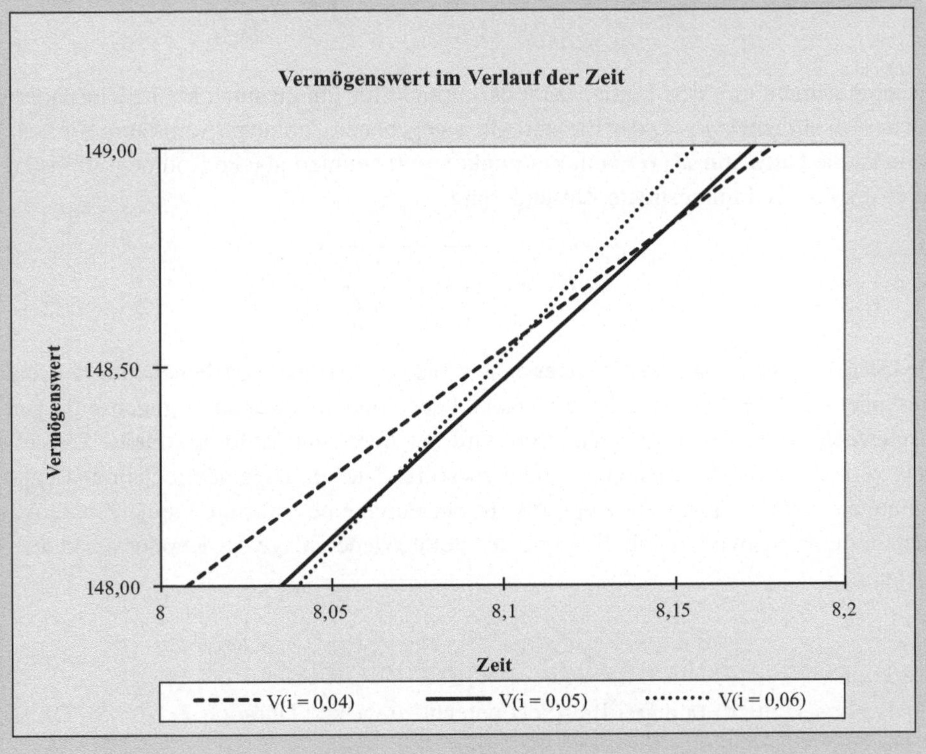

Wir können nun auch den Kompensationszeitpunkt für infinitesimale Marktzinsänderungen berechnen. Sei dazu $i_1 = i$ und $i_2 = i + \varepsilon$. Dann ist der Kompensationszeitpunkt im Grenzwert $\varepsilon \to 0$ nach der Schnittpunktformel

$$t = \lim_{\varepsilon \to 0} \frac{\ln\left(P_0\left(i + \varepsilon\right)\right) - \ln\left(P_0\left(i\right)\right)}{\ln\left(1 + i\right) - \ln\left(1 + i + \varepsilon\right)} \, .$$

Da sowohl Zähler als auch Nenner gegen Null streben, können wir die Regel von de l'Hospital anwenden:

$$t = \lim_{\varepsilon \to 0} \frac{\frac{d}{d\varepsilon} \ln P_0\left(i + \varepsilon\right) - \ln P_0\left(i\right)}{\frac{d}{d\varepsilon} \ln\left(1 + i\right) - \ln\left(1 + i + \varepsilon\right)} \, .$$

Die Ableitungen im Zähler und Nenner können wir jeweils mit der Kettenregel berechnen. Es ist

$$t = \lim_{\varepsilon \to 0} \frac{\frac{1}{P_0(i+\varepsilon)} \cdot P_0'\left(i + \varepsilon\right) \cdot 1}{-\frac{1}{1+i+\varepsilon} \cdot 1} = -\left(1 + i\right) \frac{P_0'\left(i\right)}{P_0\left(i\right)} \, .$$

Dieser Ausdruck gibt den Kompensationszeitpunkt für infinitesimal kleine Zinsänderungen an. Sei allgemein $P_0\left(i\right)$ der Barwert eines gegebenen Zahlungsstroms zum Zinssatz i. Dann ist die **Duration** $D_0\left(i\right)$ zum Zeitpunkt $t = 0$ definiert als die Kompensationsdauer für eine sofortige infinitesimale Zinsänderung:

$$\boxed{\; D_0\left(i\right) = -\left(1 + i\right) \frac{P_0'\left(i\right)}{P_0\left(i\right)} \;} \, .$$

Die Duration gibt also an, wie lange es dauert, bis sich bei einer gegebenen infinitesimalen Zinsänderung die Effekte des Kursrisikos und des Wiederanlagerisikos gegenseitig genau ausgleichen. Nach Ablauf der Duration wird der durch eine sofortige kleine Zinsanhebung verursachte Kursverlust durch die verbesserte Wiederanlagemöglichkeit der Kuponzahlungen exakt kompensiert. Ebenso wird der durch eine sofortige kleine Zinssenkung implizierte Kursgewinn durch die verschlechterte Wiederanlage der Kupons exakt ausgeglichen.

Beispiel

Als Fortsetzung des obigen Beispiels berechnen wir die Duration $D_0\left(0{,}05\right)$. Dazu wird die Ableitung des Kurswerts benötigt:

$$P_0'\left(i\right) = \frac{d}{di} \left(Z \frac{1 - \left(1 + i\right)^{-n}}{i} + P_n \left(1 + i\right)^{-n} \right) \, .$$

Die Berechnung gelingt mit der Quotientenregel:

$$P_0'(i) = Z \frac{n(1+i)^{-n-1} i - (1-(1+i)^{-n}) 1}{i^2} - n P_n (1+i)^{-n-1} \ .$$

Konkret berechnen wir in diesem Fall

$$P_0'(0{,}05) = 5 \frac{10 \cdot 1{,}05^{-11} \cdot 0{,}05 - 1 + 1{,}05^{-10}}{0{,}05^2} - 10 \cdot 100 \cdot 1{,}05^{-11} = -772{,}17 \ .$$

Daraus folgt für die Duration

$$D_0(0{,}05) = -1{,}05 \frac{-772{,}17}{100} = 8{,}1078 \ .$$

Hält man das betrachte Wertpapier genau 8,1078 Jahre lang, so ist das gebildete Vermögen zum Zeitpunkt $t = 8{,}1078$ unabhängig von einer kleinen sofortigen Zinsänderung.

Der zukünftige Vermögenswert, der aus einer gehaltenen Zinsanleihe generiert wird, kann als geplanter Zeitwert des zu bildenden Vermögens verstanden werden. Man kann zeigen, dass das aus der Anleihe gebildete Vermögen bezüglich des anfänglich gültigen Marktzinssatz i_0 nach Ablauf der Duration $D_0(i_0)$ geringer ist als das Vermögen bezüglich jedes anderen Zinssatzes i. Dazu betrachten wir die Ableitung der Vermögenswertfunktion $V_{D_0(i_0)}(i)$:

$$\frac{d}{di} V_{D_0(i_0)}(i) = \frac{d}{di} \left(P_0(i) \cdot (1+i)^{D_0(i_0)} \right) \ .$$

Mit der Produktregel der Differentiation finden wir

$$\frac{d}{di} V_{D_0(i_0)}(i) = P_0'(i) \cdot (1+i)^{D_0(i_0)} + D_0(i_0) \cdot (1+i)^{D_0(i_0)-1} \cdot P_0(i) \ .$$

Durch Einsetzen der Duration folgt

$$\frac{d}{di} V_{D_0(i_0)}(i) = P_0'(i) \cdot (1+i)^{D_0(i_0)} - (1+i_0) \frac{P_0'(i)}{P_0(i_0)} \cdot (1+i)^{D_0(i_0)-1} \cdot P_0(i) \ .$$

An der Stelle $i = i_0$ verschwindet dieser Ausdruck, sodass die Ableitung Null wird:

$$\begin{aligned}
\frac{d}{di} V_{D_0(i_0)}(i_0) &= P_0'(i_0) \cdot (1+i_0)^{D_0(i_0)} - (1+i_0) \frac{P_0'(i_0)}{P_0(i_0)} \cdot (1+i_0)^{D_0(i_0)-1} \cdot P_0(i_0) \\
&= P_0'(i_0) \cdot (1+i_0)^{D_0(i_0)} - P_0'(i_0) \cdot (1+i_0)^{D_0(i_0)} = 0 \ .
\end{aligned}$$

Folglich hat die Vermögenswertfunktion an dieser Stelle ein Extremum, das in der Tat ein lokales Minimum ist.

Beispiel

Als Fortsetzung des obigen Beispiels berechnen wir den minimalen Vermögenswert für $i_0 = 0{,}05$ nach Ablauf der Duration $t = D_0\,(i_0) = 8{,}1078$. Es ist dann

$$V_{D_0(i_0)}\,(i_0) = P_0\,(i_0) \cdot (1 + i_0)^{D_0(i_0)} = 100 \cdot 1{,}05^{8{,}1078} = 148{,}5248 \;.$$

Zum Vergleich dazu sind die Vermögenswerte für die Zinssätze $i_1 = 0{,}04$ und $i_2 = 0{,}06$

$$V_{D_0(i_0)}\,(i_1) = P_0\,(i_1) \cdot (1 + i_1)^{D_0(i_0)} = 108{,}11 \cdot 1{,}04^{8{,}1078} = 148{,}5842$$

$$V_{D_0(i_0)}\,(i_2) = P_0\,(i_2) \cdot (1 + i_2)^{D_0(i_0)} = 92{,}64 \cdot 1{,}06^{8{,}1078} = 148{,}5845 \;.$$

Die nachfolgende Grafik illustriert die Vermögenswertfunktion und ihr Minimum.

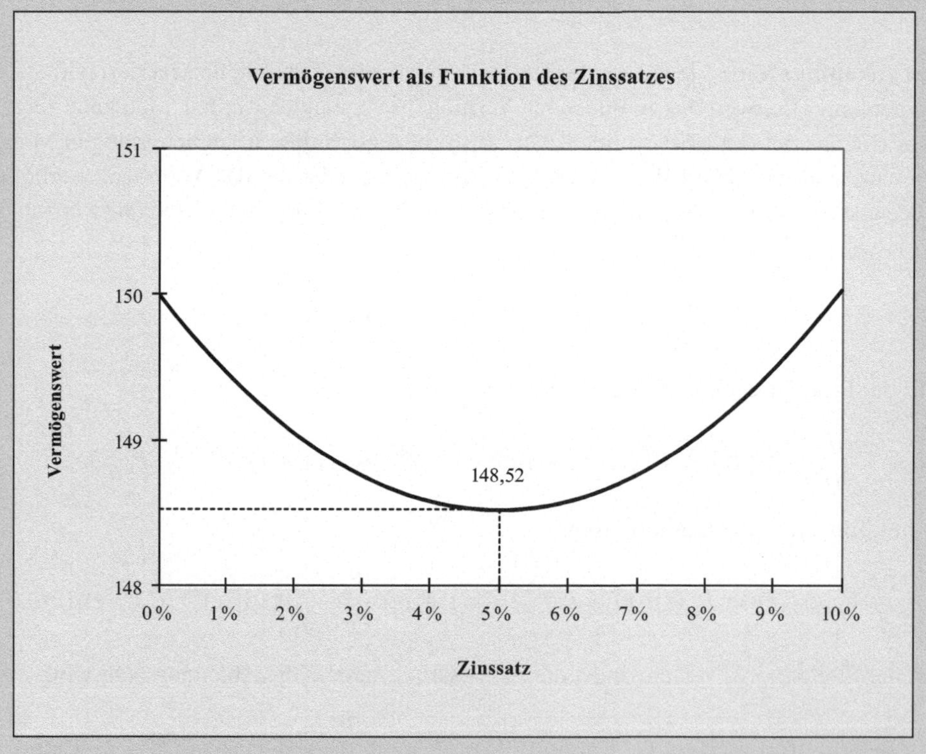

2.2.2 Durationsregeln

Für einen beliebigen Zahlungsstrom können wir die Duration in allgemeiner Form darstellen. Die Barwertfunktion in verallgemeinerter Form lautet

$$P_0(i) = \sum_{k=1}^{n} Z_k (1+i)^{-k}.$$

Dabei ist Z_k die nachschüssige Zahlung in der k. Periode.

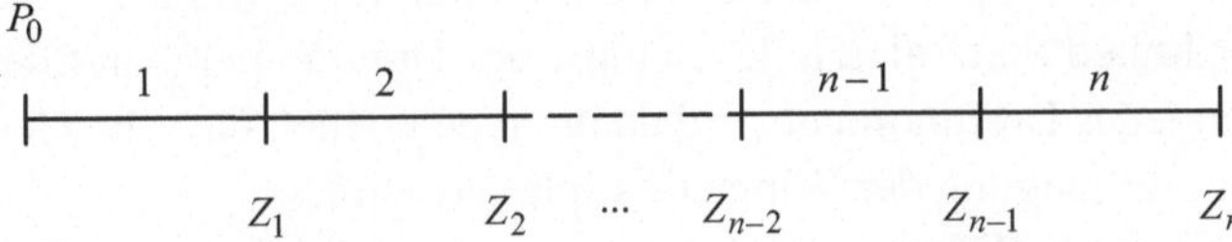

Für eine gewöhnliche Zinsanleihe ist $P_0(i)$ der Kurswert zum Marktzinssatz i sowie $Z_k = cN$ für $k = 1, \ldots, n-1$ und $Z_n = cN + P_n$. Die Ableitung der Kurswertfunktion ist dann

$$P_0'(i) = \sum_{k=1}^{n} -k Z_k (1+i)^{-k-1}.$$

Daraus folgt für die Duration

$$D_0(i) = -(1+i)\frac{P_0'(i)}{P_0(i)} = \frac{\sum_{k=1}^{n} k Z_k (1+i)^{-k}}{\sum_{k=1}^{n} Z_k (1+i)^{-k}}.$$

Definiert man nun Gewichte w_k derart, dass

$$w_k = \frac{Z_k (1+i)^{-k}}{\sum_{k=1}^{n} Z_k (1+i)^{-k}}.$$

so ist die Duration darstellbar durch

$$D_0(i) = \sum_{k=1}^{n} k \cdot w_k.$$

Wir erkennen unschwer, dass jedes einzelne Gewicht positiv ist, und dass die Summe aller Gewichte 1 ergibt. Jeder Zeitpunkt k wird mit dem Faktor w_k gewichtet. Das Gewicht w_k ist der Anteil des Barwerts der k. Zahlung, $Z_k (1 + i)^{-k}$, am gesamten Barwert $P_0 (i)$. Die Duration ist also das **gewichtete arithmetische Mittel der Zahlungszeitpunkte**. Die Duration gibt also an, wie lange es im Durchschnitt dauert, bis das eingesetzte Kapital mit Zinsen zurückgezahlt ist. So gesehen, ist die Duration die **durchschnittliche Verfalls-frist** des Zahlungsstroms. Man sagt deshalb, dass die Duration die **barwertgewichtete durchschnittliche Bindungsdauer** des eingesetzten Kapitals ist.

Überdies kann das Konzept der Duration anschaulich anhand einer Wippe illustriert werden. Bei einer Kinderwippe wirken die Gewichtskräfte der darauf sitzenden Kinder jeweils nach unten. Die Wippe befindet sich im Gleichgewicht, wenn die Summe der Dreh-momente auf der linken Seite gleich der Summe der Drehmomente auf der rechten Seite der Wippe ist. Ein jedes Drehmoment wird dadurch berechnet, dass die Gewichtskraft mit dem Abstand zur Aufhängung der Wippe multipliziert wird.

Übertragen wir nun die Wippe auf die Finanzmathematik. Dazu wird der Zeitstrahl als Wippe interpretiert. Die Gewichte auf der Wippe sind durch die Barwerte der einzelnen Zahlungen festgelegt; ihre Positionen entsprechen den Zahlungszeitpunkten. Die Wippe ist genau dann im Gleichgewicht, wenn der Zahlungsstrahl bei der Duration unterstützt wird. Physikalisch betrachtet, stellt die Duration folglich den **Schwerpunkt der diskon-tierten Zahlungen** dar.

Für den Beweis dieser Aussage betrachten wir das finanzmathematische Analogon zur Summe der Drehmomente, welche nach Voraussetzung Null sein muss. Sei dazu A der gesuchte Schwerpunkt. Dann lautet die Bedingung:

$$\sum_{k=1}^{n} (k - A) \, Z_k \, (1 + i)^{-k} = 0 \,.$$

Daraus folgt

$$A = \frac{\sum_{k=1}^{n} k Z_k \, (1 + i)^{-k}}{\sum_{k=1}^{n} Z_k \, (1 + i)^{-k}} = D_0 (i) \,.$$

Der Schwerpunkt stimmt folglich mit der Duration überein.

Beispiel

Wir betrachten ein festverzinsliches Wertpapier mit zehn Jahren Laufzeit, Ku-pon 60, Rücknahmekurs 100 und Marktzinssatz 5 %. Dann berechnen wir die Duration: $D_0 (0{,}05) = 5{,}6725$. Dort liegt der Unterstützungspunkt für das Gleich-gewicht der Wippe.

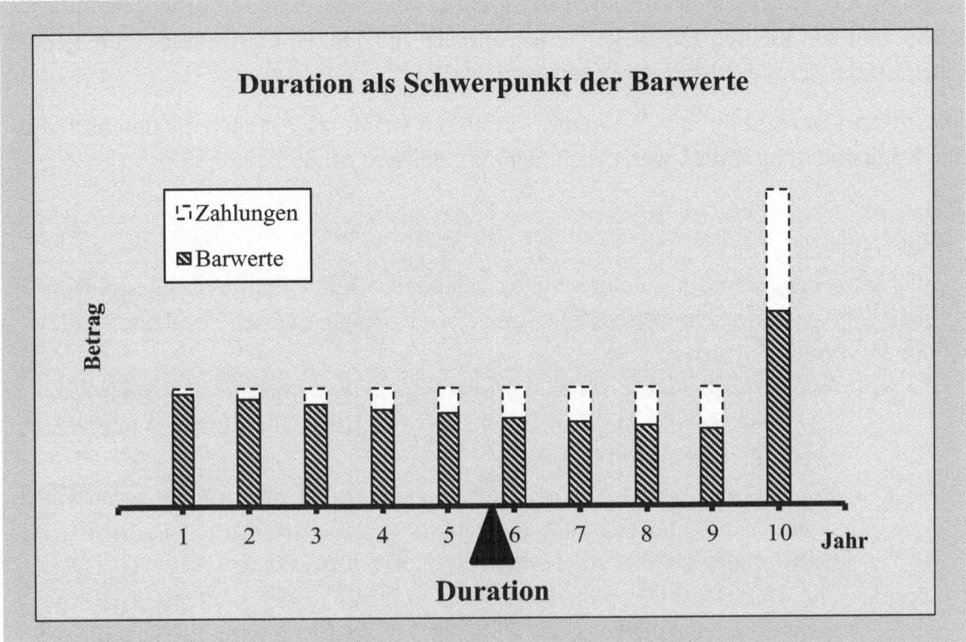

Wie wir gesehen haben, hängt die Duration $D_0(i)$ nicht nur vom Betrachtungszeitpunkt und vom Marktzinssatz i ab sondern auch von der Struktur des betrachteten Zahlungsstroms, speziell für festverzinsliche Wertpapiere also von der Laufzeit und der Kuponhöhe. Diesbezüglich notieren wir die folgenden Regeln.

Regel 1: Die Duration wird mit fallendem Marktzinssatz größer und mit steigendem Marktzinssatz kleiner.

Ein hoher Zinssatz impliziert einen kleinen Barwert, da zukünftigen Zahlungen stark abgezinst werden. Tendenziell wirkt der Abzinsungseffekt stärker auf jene Zahlungen, die weiter in der Zukunft liegen, als auf solche, die früher fällig sind. Deshalb liegt bei höheren Zinssätzen ein größeres Barwertgewicht auf den frühen Zahlungen. Folglich sinkt die Duration bei steigendem Zinssatz. Umgekehrt fällt die Duration bei sinkendem Zinssatz. Die Illustration der Wippe mag diese Argumentation veranschaulichen.

Regel 2: Die Duration wird mit steigender Kuponhöhe kleiner und mit fallender Kuponhöhe größer.

Je höher die Kupons sind, desto mehr Gewicht liegt auf den frühen Zahlungsterminen. Damit ist ein größerer Anteil des gesamten Barwerts mit kürzeren Laufzeiten verbunden. Daraus folgt, dass die Duration kleiner wird, wenn die Kuponhöhe steigt. Ein analoges Argument trifft auf kleiner werdende Kupons zu. In diesem Fall wird die Duration größer. Auch diesen Umstand können wir uns an der Wippe verdeutlichen.

Regel 3: Im Allgemeinen wird die Duration mit steigender Laufzeit größer und mit fallender Laufzeit kleiner. Für diskontierte Anleihen mit langen Laufzeiten gibt es jedoch einen Effekt, der diese Monotonie zerstört.

Diese Regel ist recht intuitiv. Wenn die Verfallszeit steigt, wächst auch die durchschnittliche Kapitalbindungsdauer, wenn auch nicht im gleichen Maße.

Beispiel

Wir betrachten vier Zinsanleihen mit verschiedenen Laufzeiten und unterschiedlichen Kupons zu verschiedenen Zinssätzen. Durch den paarweisen Vergleich werden die drei Regeln illustriert.

Regel 1: Wir vergleichen die Anleihe 3 mit Zinssatz 5 % und Anleihe 4 mit Zinssatz 20 %, jeweils mit Kuponrate 20 %. Die Kurve für Anleihe 3 liegt stets oberhalb derjenigen für Anleihe 4.

Regel 2: Wir vergleichen die Anleihe 2 mit Kuponrate 1 % und Anleihe 4 mit Kuponrate 20 %, jeweils zum Zinssatz von 20 %. Die Kurve für Anleihe 2 liegt für alle Laufzeiten oberhalb der Kurve für Anleihe 4.

Regel 3: Die Durationskurven sind monoton steigend in der Laufzeit. Die Ausnahme bildet Anleihe 2 mit Zinssatz 1 % und Kuponrate 20 %, falls die Verfallszeit größer als 17 Jahre wird.

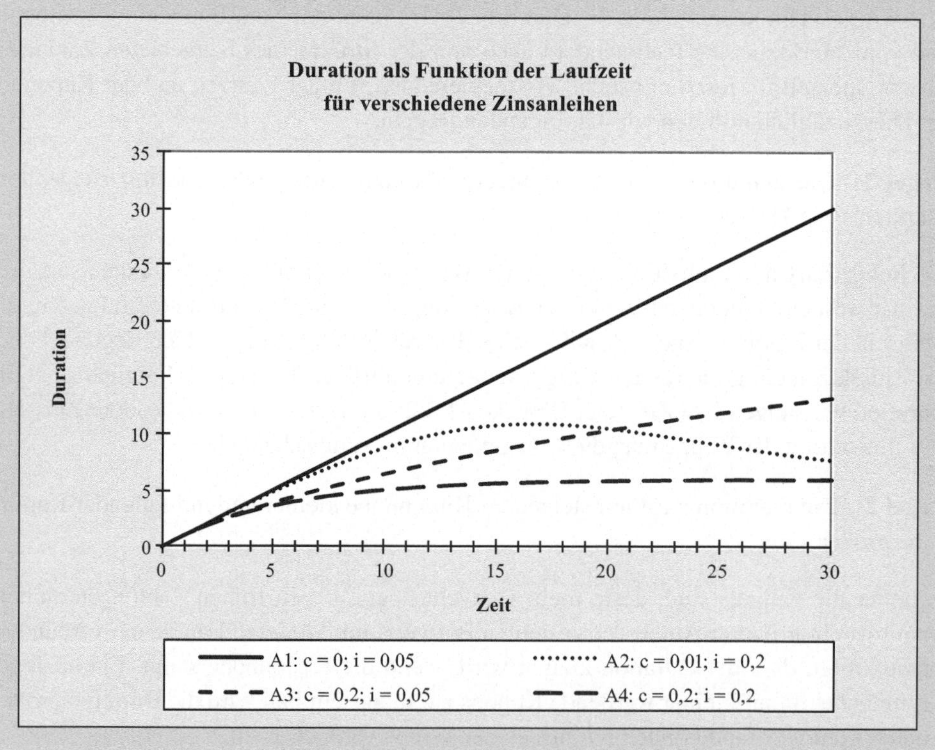

Regel 4: Die Duration des Vermögenswerts einer beliebigen Zinsanleihe zum Zeitpunkt t ist

$$\boxed{D_t\,(i) = D_0\,(i) - t}\ .$$

Zum Beweis betrachten wir das Vermögen, das zum Zeitpunkt t definiert ist durch

$$V_t\,(i) = P_0\,(i) \cdot (1+i)^t\ .$$

Nach der Produktregel ist die Ableitung der Vermögensfunktion

$$V_t'\,(i) = P_0'\,(i) \cdot (1+i)^t + P_0\,(i) \cdot t \cdot (1+i)^{t-1}\ .$$

Daraus folgt für die Duration

$$D_t\,(i) = -\,(1+i)\,\frac{V_t'\,(i)}{V_t\,(i)} = -\,(1+i)\,\frac{P_0'\,(i) \cdot (1+i)^t + P_0\,(i) \cdot t \cdot (1+i)^{t-1}}{P_0\,(i) \cdot (1+i)^t}\ .$$

Dann zerlegen wir diesen Ausdruck in zwei Summanden und finden:

$$D_t\,(i) = -\,(1+i)\,\frac{P_0'\,(i) \cdot (1+i)^t}{P_0\,(i) \cdot (1+i)^t} - t\,\frac{P_0\,(i) \cdot (1+i)^t}{P_0\,(i) \cdot (1+i)^t} = D_0\,(i) - t\ .$$

Die Kompensationsdauer verkürzt sich also um die verstrichene Zeit. Das ist intuitiv richtig.

Regel 5: Die Duration eines Nullkupons ist gleich seiner Laufzeit.

Ein Zerobond ist ein endfälliges Darlehen, welches nur eine einzige Zahlung zum Laufzeitende aufweist. Die durchschnittliche Kapitalbindungsdauer ist folglich gleich der Laufzeit.

Regel 6: Die Duration einer beliebigen Zinsanleihe mit Nennwert N, Kuponrate c, Verfallsdauer n und Rücknahmekurs $P_n = N$ ist zum Zinssatz i:

$$\boxed{D_0\,(i) = \frac{1+i}{i} - \frac{1+i+n\,(c-i)}{c\,((1+i)^n - 1) + i}}\ .$$

Diese Formel lässt sich durch elementares Umformen aus der Definition der Duration herleiten. Der Beweis wird dem Leser zur Übung überlassen.

Regel 7: Für eine Zinsanleihe, die zu pari notiert ist, $P_0 = P_n = N$, gilt:

$$\boxed{D_0\,(i) = \frac{1+i}{i} - \frac{1+i}{i\,(1+i)^n}}\ .$$

Es gilt $c = i$ nach Voraussetzung. Mit der Regel 6 ergibt sich durch Einsetzen die Behauptung.

Regel 8: Für die nachschüssige Rente mit Laufzeit n und Zinssatz i ist die Duration:

$$\boxed{D_0\left(i\right) = \frac{1+i}{i} - \frac{n}{(1+i)^n - 1}}\,.$$

Diese Regel wird analog zu Regel 6 hergeleitet, siehe Übungen.

Regel 9: Für die ewige nachschüssige Rente ist die Duration:

$$\boxed{D_0\left(i\right) = \frac{1+i}{i}}\,.$$

Die Behauptung ergibt sich mittels Grenzwertbildung $n \to \infty$ aus Regel 8.

Investoren besitzen nicht selten mehrere Zinsanleihen. Um die Duration des gesamten Portfolios zu berechnen, betrachten wir den aggregierten Zahlungsstrom. Anschließend können wir die Duration wie gewohnt berechnen.

Beispiel

Wir betrachten eine vierjährige Zinsanleihe mit Kuponhöhe 10 zum Marktzinssatz von 4 %. Dann ist der Kurswert

$$P_0\left(0{,}04\right) = 10 \cdot 1{,}04^{-1} + 10 \cdot 1{,}04^{-2} + 10 \cdot 1{,}04^{-3} + 110 \cdot 1{,}04^{-4} = 121{,}78\,.$$

Die Duration ist

$$D_0\left(0{,}04\right) = \frac{10 \cdot 1{,}04^{-1} + 2 \cdot 10 \cdot 1{,}04^{-2} + 3 \cdot 10 \cdot 1{,}04^{-3} + 4 \cdot 110 \cdot 1{,}04^{-4}}{10 \cdot 1{,}04^{-1} + \cdot 10 \cdot 1{,}04^{-2} + 10 \cdot 1{,}04^{-3} + 110 \cdot 1{,}04^{-4}}$$
$$= 3{,}5383\,.$$

Außerdem stehe eine zweijährige Nullkuponanleihe zur Verfügung, deren Kurswert

$$P_0\left(0{,}04\right) = 100 \cdot 1{,}04^{-2} = 92{,}46$$

ist. Nach Regel 5 ist die Duration des Zerobonds gleich zwei. Der Bestand eines Investors bestehe aus je einer der beiden obigen Zinsanleihen. Der zusammengefasste Zahlungsstrom hat den Auszahlungsstrom (10; 110; 10; 110). Folglich ist die Duration ist dann

$$D_0\left(0{,}04\right) = \frac{10 \cdot 1{,}04^{-1} + 2 \cdot 110 \cdot 1{,}04^{-2} + 3 \cdot 10 \cdot 1{,}04^{-3} + 4 \cdot 110 \cdot 1{,}04^{-4}}{10 \cdot 1{,}04^{-1} + 110 \cdot 1{,}04^{-2} + 10 \cdot 1{,}04^{-3} + 110 \cdot 1{,}04^{-4}}$$
$$= 2{,}8744\,.$$

Tatsächlich kann man zeigen, dass die **Portfolioduration** eine Linearkombination der Durationen der einzelnen Zinsanleihen ist. Genauer gesagt gilt, dass die Duration des Portfolios der gewichtete arithmetische Mittelwert der einzelnen Durationen ist. Dabei sind die Gewichte durch die anteiligen Investitionsbeträge gegeben.

Regel 10: Ein Portfolio bestehe aus m verschiedenen Zinsanleihen. Sei $P_0^k(i)$ der Emissionskurs und $D_0^k(i)$ die Duration der Anleihe k mit Kupon Z^k und Laufzeit n_k zum Marktzinssatz i. Außerdem sei x_k der Anlagebetrag in Anleihe k. Dann ist die Duration $D_0(i)$ des gesamten Portfolios gleich der mit den relativen Anlageanteilen gewichteten Durationen der einzelnen Anleihen:

$$D_0(i) = \sum_{k=1}^{m} \alpha_k D_0^k(i) \quad \text{mit} \quad \alpha_k = \frac{x_k}{V} \quad \text{und} \quad V = \sum_{k=1}^{m} x_k \, .$$

Zum Beweis betrachten wir die Gesamtheit aller Zahlungen. Es sei $\tilde{Z}_j^k$ die gesamte Zahlung in Bezug auf Anleihe k zum Zeitpunkt j ist. Dann ist die Duration des Portfolios

$$D_0(i) = \sum_{k=1}^{m} \sum_{j=1}^{n_k} \frac{j\,\tilde{Z}_j^k (1+i)^{-j}}{V} \, .$$

Durch Einführen einer Eins erhalten wir

$$D_0(i) = \sum_{k=1}^{m} \sum_{j=1}^{n_k} \frac{x_k}{x_k} \cdot \frac{j\,\tilde{Z}_j (1+i)^{-j}}{V} = \sum_{k=1}^{m} \frac{x_k}{V} \sum_{j=1}^{n_k} \frac{j\,\tilde{Z}_j (1+i)^{-j}}{x_k} = \sum_{k=1}^{m} \alpha_k D_0^k(i) \, .$$

Beispiel

Wir betrachten ein Portfolio, das zu je 50 % eines Vermögens $V = 10.000$ in die beiden gegebenen Anleihen aus dem vorherigen Beispiel investiert ist. Dann sind die anteiligen Investitionen:

$$x_1 = x_2 = \frac{V}{2} = 5.000 \, .$$

Folglich sind die Anteile

$$\alpha_1 = \frac{x_1}{V} = 0{,}5; \; \alpha_2 = \frac{x_2}{V} = 0{,}5 \, .$$

Daraus folgt für die Portfolioduration

$$D_0(0{,}04) = \alpha_1 D_0^1(0{,}04) + \alpha_1 D_0^1(0{,}04) = 0{,}5 \cdot 3{,}5383 + 0{,}5 \cdot 2 = 2{,}7691 \, .$$

Anstelle der Anlageträge x_k kann man selbstverständlich auch die Anzahlen a_k der einzelnen Anleihen betrachten. Sei ferner $\tilde{P}_0^k$ der Preis von Anleihe k, dann sind die Anlagebeträge gegeben durch $x_k = a_k \tilde{P}_0^k$. Anschließend kann man Regel 10 anwenden, um die Portfolioduration zu berechnen.

Wir halten abschließend fest, dass die Duration die wichtigste **Risikokennzahl** für Zinsanleihen ist. Sie lässt sich auf verschiedene Arten interpretieren, nämlich als

- **Kompensationsdauer** für sofortige infinitesimal kleine Zinsänderungen,
- Zeitpunkt der **Immunisierung** gegen sofortige infinitesimal kleine Zinsänderungen,
- durchschnittliche Kapitalbindungsdauer,
- zeitlicher **Schwerpunkt** der diskontierten Zahlungen,
- maßgeblich zur **Approximation** des Kurswerts bei einer Zinsänderung, wie wir im folgenden Abschnitt demonstrieren werden.

Die Duration wird folglich als das Risikomaß schlechthin für das Zinsrisiko von festverzinslichen Wertpapieren aufgefasst. Dabei wird vereinfacht angenommen, dass es genau einen Marktzinssatz gibt, der für sämtliche Anlagehorizonte gleichermaßen gilt. Diese Annahme wird als **flache Zinsstruktur** bezeichnet. Darüber hinaus beschränkt sich das betrachtete Änderungsrisiko auf eine sofortige kleine Zinsänderung. Trotz dieser restriktiven Einschränkungen kommt der Duration in der Finanzdienstleistungsbranche eine große praktische Bedeutung zu.

2.2.3 Approximationen

Zur Approximation der Kurswertfunktion eines festverzinslichen Wertpapieres machen wir eine Taylorentwicklung erster Ordnung von $P_0(i)$ um den anfänglichen Marktzinssatz i_0:

$$P_0(i) \approx P_0(i_0) + P_0'(i_0)(i - i_0) \ .$$

Dieser Ausdruck lässt sich unter Verwendung der Duration $D_0(i_0)$ äquivalent schreiben als

$$\boxed{P_0(i) \approx P_0(i_0) - \frac{D_0(i_0)}{1 + i_0} P_0(i_0) \cdot (i - i_0)} \ .$$

Die Kurve des Emissionskurses als Funktion des Marktzinssatzes lässt sich mittels Linearisierung annähern: Die Tangente an den Graphen der Barwertfunktion im Punkt i_0 hat die Steigung $-(1 + i_0)^{-1} \cdot D_0(i_0) \cdot P_0(i_0)$. Das Minuszeichen spiegelt die Tatsache wieder, dass der Kurswert sinkt, wenn der Marktzinssatz steigt.

Beispiel

Wir betrachten eine Anleihe mit Kupon $Z = 3$ und Laufzeit $n = 7$ zum Zinssatz $i_0 = 0,05$. Dann ist

$$P_0\,(0,05) = 3\frac{1 - 1,05^{-7}}{0,05} + 100 \cdot 1,05^{-7} = 88,43\;.$$

und die Duration ist nach der Standardformel für Zinsanleihen

$$D_0\,(0,05) = \frac{1,05}{0,05} - \frac{1,05 + 7\,(0,03 - 0,05)}{0,03\,(1,05^7 - 1) + 0,05} = 6,3728\;.$$

Steigt der Zinssatz auf $i = 0,06$. Dann ist der approximierte Kurswert

$$P_0\,(0,06) \approx 88,43 - 1,05^{-1} \cdot 6,3728 \cdot 88,43 \cdot (0,06 - 0,05) = 83,11\;.$$

Bei einer sofortigen Zinsanhebung um 1 Prozentpunkt fällt also der Kurswert näherungsweise von 88,43 auf 83,11. Zum Vergleich ist der exakte Kurswert für $i = 0,06$

$$P_0\,(0,06) = 3\frac{1 - 1,06^{-7}}{0,06} + 100 \cdot 1,06^{-7} = 83,25\;.$$

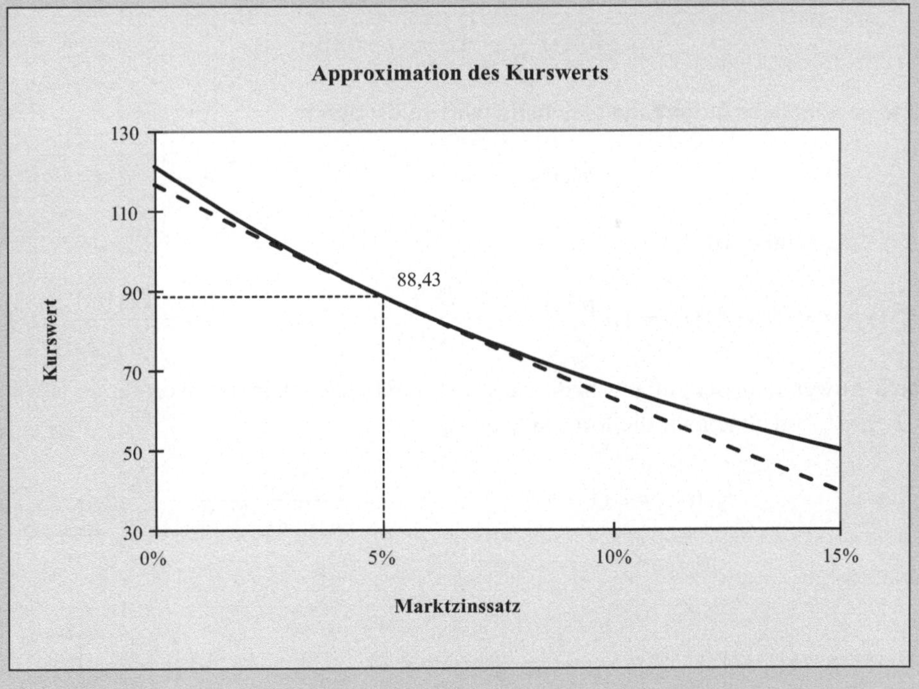

> Die Grafik verdeutlicht die vorgenommene Approximation der Barwertkurve durch die Tangente. Der Approximationsfehler ist umso größer, je größer die Änderung des Marktzinssatzes ist. Der Kursverfall bei steigenden Zinsen wird überschätzt. Der Kursgewinn bei fallenden Zinsen wird unterschätzt. Der approximierte Kurswert liegt stets unterhalb des tatsächlichen Werts.

Die Standardnäherung des Kurswerts anhand der Taylorentwicklung ist in der Praxis weit verbreitet. Eine Approximation entfaltet ihren Nutzen für komplizierte Zahlungsströme. Wir können sie verbessern, indem wir die Evolution der Kurswertfunktion betrachten:

$$P_0'(i) = -\frac{D_0(i)}{1+i} P_0(i) \ .$$

Wenn die Duration $D_0(i)$ vollständig für alle Zinssätze i bekannt wäre, so könnten wir die Funktion $P_0(i)$ durch Lösen dieser gewöhnlichen Differentialgleichung bestimmen. In der Praxis sind jedoch sowohl der Kurswert als auch die Duration nur für den anfänglichen gültigen Zinssatz i_0 bekannt. Deshalb approximieren wir die rechte Seite der obigen Differentialgleichung auf geeignete Weise.

Wir ersetzen $D_0(i)$ durch $D_0(i_0)$ und erhalten eine Approximation für die Evolution der Kurswertfunktion:

$$P_0'(i) \approx -\frac{D_0(i_0)}{1+i} P_0(i) \ .$$

Diese gewöhnliche Differentialgleichung wird gelöst durch

$$P_0(i) = c\,(1+i)^{-D_0(i_0)}$$

mit $c \in \mathbb{R}$, denn es ist

$$P_0'(i) = c\,(-D_0(i_0))\,(1+i)^{-D_0(i_0)-1} = -\frac{D_0(i_0)}{1+i} c\,(1+i)^{-D_0(i_0)} = -\frac{D_0(i_0)}{1+i} P_0(i) \ .$$

Durch Anwendung der Anfangsbedingung, die durch den bekannten Wert für $P_0(i_0)$ spezifiziert ist, berechnen wir die Konstante c aus

$$P_0(i_0) = c\,(1+i_0)^{-D_0(i_0)} \Leftrightarrow c = \frac{P_0(i_0)}{(1+i_0)^{-D_0(i_0)}} \ .$$

Daraus folgt

$$P_0(i) = c\,(1+i)^{-D_0(i_0)} = \frac{P_0(i_0)}{(1+i_0)^{-D_0(i_0)}}\,(1+i)^{-D_0(i_0)} = P_0(i_0)\left(\frac{1+i_0}{1+i}\right)^{D_0(i_0)} \ .$$

Zur Unterscheidung bezeichnen wir diese Approximation mit

$$P_0^{\mathrm{app}}(i) = P_0(i_0) \left(\frac{1 + i_0}{1 + i} \right)^{D_0(i_0)} .$$

Zur Beurteilung der Anpassungsgüte vergleichen wir die exakte und die approximierte Differentialgleichung. Für $i > i_0$ gilt für die Duration $D_0(i) < D_0(i_0)$ nach Regel 1. Daraus folgt

$$0 > -\frac{D_0(i)}{1 + i} P_0(i) > -\frac{D_0(i_0)}{1 + i} P_0(i) .$$

Folglich ist die Ableitung der exakten Kurswertfunktion für $i > i_0$ größer als die Ableitung für den approximierten Kurs; es gilt also $P_0'(i) > P_0^{\mathrm{app}\prime}(i)$. Da beide Funktionen an der Stelle $i = i_0$ übereinstimmen, also $P_0(i_0) = P_0^{\mathrm{app}}(i_0)$ gilt, folgt aus Stetigkeitsgründen, dass für $i > i_0$ stets $P_0(i_0) > P_0^{\mathrm{app}}(i_0)$ gelten muss.

Analog ist für $i < i_0$ stets $D_0(i) > D_0(i_0)$, ebenfalls nach Regel 1. Folglich ist

$$0 > -\frac{D_0(i_0)}{1 + i} P_0(i) > -\frac{D_0(i)}{1 + i} P_0(i) .$$

Daraus schließen wir, dass $P_0^{\mathrm{app}\prime}(i) > P_0'(i)$ für $i < i_0$. Da die Steigungen negativ sind, ist die approximierte Kurswertfunktion links der Stützstelle i_0 flacher als die exakte Kurswertfunktion. Für fallende Marktzinsen steigt der Kurs. Also ist für $i > i_0$ aus Stetigkeitsgründen $P_0^{\mathrm{app}}(i_0) < P_0(i_0)$, denn beide Funktionen stimmen an der Stelle $i = i_0$ überein. Wir fassen zusammen, dass in jedem Fall der approximierte Kurswert kleiner als der exakte Kurs ist. Für quantitative Analysen ist es in der Praxis wünschenswert und konservativ, den exakten Kurswert niemals zu überschätzen. Die verbesserte Approximation erfüllt diese Praxisanforderung.

Beispiel
Wir betrachten die Anleihe aus dem vorherigen Beispiel. Für $i = 0{,}06$ ist der approximierte Kurswert

$$P_0^{\mathrm{app}}(0{,}06) = 88{,}43 \left(\frac{1{,}05}{1{,}06} \right)^{6{,}3728} = 83{,}24 .$$

Bei einer sofortigen Zinsanhebung um 1 Prozentpunkt fällt also der Kurswert näherungsweise auf 83,24. Der absolute Fehler zum exakten Kurswert in Höhe von 83,25 beträgt lediglich 0,01.

Mit Hilfe des Kalküls der Evolution des Kurswerts können wir auch einen Bezug zur Taylorentwicklung herstellen. Ersetzen wir in der exakten Differentialgleichung $D_0(i)$ durch $D_0(i_0)$, $P_0(i)$ durch $P_0(i_0)$ und i durch i_0 so erhalten wir

$$P_0'(i) \approx -\frac{D_0(i_0)}{1+i_0} P_0(i_0) \; .$$

Diese Differentialgleichung wird gelöst durch

$$P_0(i) = -\frac{D_0(i_0) \cdot P_0(i_0)}{1+i_0} i + c$$

mit $c \in \mathbb{R}$, denn die Ableitung ist

$$P_0'(i) = -\frac{D_0(i_0) \cdot P_0(i_0)}{1+i_0} \; .$$

Dadurch, dass der Kurswert $P_0(i_0)$ bekannt ist, können wir die Konstante c bestimmen:

$$P_0(i_0) = -\frac{D_0(i_0) \cdot P_0(i_0)}{1+i_0} i_0 + c \Leftrightarrow c = P_0(i_0) + \frac{D_0(i_0) \cdot P_0(i_0)}{1+i_0} i_0 \; .$$

Somit haben wir die Lösung gefunden:

$$P_0(i) = P_0(i_0) - P_0(i_0) \frac{D_0(i_0)}{1+i_0} (i - i_0) \; .$$

Die so ermittelte Approximation stimmt mit der Formel überein, die aus der Taylorentwicklung stammt. Wir bezeichnen sie deshalb mit $P_0^{\mathrm{T}}(i)$.

Um die Näherung nach Taylor im Vergleich mit der verbesserten Näherung qualitativ zu beurteilen, vergleichen wir die beiden approximierten Differentialgleichungen. Für steigenden Zinssatz $i > i_0$ fällt der Abzinsungsfaktor, das heißt, es gilt dann $(1+i)^{-1} < (1+i_0)^{-1}$ und es ist außerdem $P_0(i) < P_0(i_0)$. Daraus folgt

$$0 > -\frac{D_0(i_0)}{1+i} P_0(i) > -\frac{D_0(i_0)}{1+i_0} P_0(i_0) \; .$$

Demnach ist $P_0^{\mathrm{app}\prime}(i) > P_0^{\mathrm{T}\prime}(i)$. Für steigenden Zinssatz fällt der Kurswert gemäß der verbesserten Approximation $P_0^{\mathrm{app}}(i)$ also weniger stark als der approximierte Kurswert nach der Taylorformel $P_0^{\mathrm{T}}(i)$. Aufgrund der identischen Anfangswertbedingung, die durch $P_0(i_0)$ festgelegt ist, muss aus Stetigkeitsgründen $P_0^{\mathrm{app}}(i) > P_0^{\mathrm{T}}(i)$ gelten. Das analoge Argument greift für alle fallenden Zinssätze $i < i_0$. Somit haben wir, gezeigt, dass die verbesserte Approximation der Approximation nach Taylor generell überlegen ist:

$$\boxed{P_0^{\mathrm{T}}(i) \leq P_0^{\mathrm{app}}(i) \leq P_0(i)} \; .$$

wobei Gleichheit nur an der Stelle i_0 gilt.

2.2.4 Risikokennzahlen

Zur Messung der Abhängigkeit des Kurswerts einer Zinsanleihe von seinen Parametern, insbesondere dem Zinssatz und der Restlaufzeit, betrachten wir nun neben der Duration weitere analytische **Risikokennzahlen**. Jene messen die Sensitivität des Barwerts der zukünftigen Zahlungen bei Änderung der Eingangsgröße. Dazu wird die Kurswertfunktion nach dem zu untersuchenden Parameter abgeleitet. In diesem Sinne ist die bereits ausführlich diskutierte Duration die Risikokennzahl schlechthin für festverzinsliche Wertpapiere. Darüber hinaus gibt es weitere Maßzahlen für die Sensitivität der Kurswertfunktion bezüglich des Zinssatzes. So ist der **Basispunktwert** definiert durch:

$$
W_0\,(i) = P_0'\,(i) \cdot \frac{1}{10.000} \; .
$$

Wir können den Basispunktwert auch allgemein berechnen, indem wir als Ausgangspunkt die Gleichung

$$
P_0\,(i) = \sum_{k=1}^{n} Z_k\,(1+i)^{-k}
$$

betrachten. Dann ist nämlich die erste Ableitung

$$
P_0'\,(i) = \sum_{k=1}^{n} -k Z_k\,(1+i)^{-k-1} \; .
$$

Folglich kann der Basispunktwert mittels der Formel

$$
W_0\,(i) = \frac{1}{10.000} \sum_{k=1}^{n} -k Z_k\,(1+i)^{-k-1}
$$

berechnet werden. Der Basispunktwert stellt die absolute Änderung des Kurswerts dar, wenn sich der Zinssatz um einen **Basispunkt**, das heißt absolut um $\pm 0{,}0001$ ändert. 100 Basispunkte sind also gleich einem Prozentpunkt. Zum Beweis dieser Interpretation betrachten wir die Kursänderung $\Delta P_0 = P_0\,(i_1) - P_0\,(i_0)$ für die Zinsänderung $\Delta i = i_1 - i_0$. Im Grenzwert $\Delta i \to 0$ ist dann

$$
\lim_{\Delta i \to 0} \frac{\Delta P_0}{\Delta i} = \lim_{i_1 \to i_0} \frac{P_0\,(i_1) - P_0\,(i_0)}{i_1 - i_0} = P_0'\,(i) \; .
$$

Folglich ist für kleine Zinsänderungen näherungsweise

$$\frac{P_0\,(i_1) - P_0\,(i_0)}{i_1 - i_0} \approx P_0'\,(i)\ .$$

Daraus folgt für den neuen Kurswert $P_0\,(i_1)$ in linearer Näherung

$$P_0\,(i_1) \approx P_0\,(i_0) + P_0'\,(i) \cdot (i_1 - i_0)\ .$$

Setzen wir nun die Zinsänderung auf einen Basispunkt fest, $i_1 - i_0 = 0{,}0001$, dann ist

$$P_0\,(i_1) \approx P_0\,(i_0) + W_0\,(i_0)\ .$$

Für größere Zinsänderungen in Höhe von mehreren Basispunkten BP, gemessen als ganzzahlige Vielfache von 0,0001, gilt analog

$$\boxed{P_0\,(i_1) \approx P_0\,(i_0) + W_0\,(i_0) \cdot BP}\ .$$

Dabei beachte man, dass der Parameter BP einen negativen Wert annimmt, wenn wir die Auswirkung einer Zinssenkung berechnen wollen.

Beispiel
Für eine Zinsanleihe seien die Werte $P_0\,(0{,}05) = 98{,}53$ und $W_0\,(0{,}05) = -0{,}0047$ bekannt. Dann fällt der Kurs bei einer Zinserhöhung um einen Basispunkt um etwa 0,5 Cent. Konkret ist für $i_1 = 0{,}051$ das heißt, bei einer Zinsänderung von zehn Basispunkten, also $BP = 10$:

$$P_0\,(0{,}051) \approx 98{,}53 - 0{,}0047 \cdot 10 = 98{,}48\ .$$

Der Kurs fällt also approximativ um fünf Cent. Bei einer Zinssenkung um 10 Basispunkte auf $i_1 = 0{,}049$, also für $BP = -10$, steigt der Kurswert näherungsweise um fünf Cent:

$$P_0\,(0{,}049) \approx 98{,}53 - 0{,}0047 \cdot (-10) = 98{,}58\ .$$

Es sei am Rande erwähnt, dass die Approximation des absoluten Kurswerts anhand des Basispunktwerts konsistent ist mit der Standardapproximation mittels der Taylorentwicklung anhand der Duration. In beiden Fällen wird der Kurswert in der Umgebung des Startwerts linearisiert. Die lineare Approximation kann dadurch verbessert werden, dass zusätzlich der Term zweiter Ordnung berücksichtigt wird. Dieser Ansatz führt auf die **Konvexität**, die definiert ist durch

$$\boxed{C_0\left(i\right) = \frac{P_0''\left(i\right)}{P_0\left(i\right)}}\,.$$

Mit den Vorüberlegungen zum Basispunktwert ist die zweite Ableitung der Kurswertfunktion:

$$P_0''\left(i\right) = \sum_{k=1}^{n} k\left(k+1\right) Z_k \left(1+i\right)^{-k-2}\,.$$

Folglich ist die Konvexität gegeben durch

$$\boxed{C_0\left(i\right) = \frac{\displaystyle\sum_{k=1}^{n} k\left(k+1\right) Z_k \left(1+i\right)^{-k}}{\left(1+i\right)^2 \displaystyle\sum_{k=1}^{n} Z_k \left(1+i\right)^{-k}}}\,.$$

Die zweite Ableitung der Kurswertfunktion beschreibt die **Krümmung**. Die Konvexität misst die relative Krümmung im Verhältnis zum Kurswert. Eine große Konvexität ist eine wünschenswerte Eigenschaft eines festverzinslichen Wertpapieres. Denn Zinsanleihen mit größerer Krümmung steigen prozentual stärker im Kurswert, wenn der Marktzinssatz fällt, und fallen weniger stark, wenn der Marktzinssatz steigt.

In der Realität ist der Marktzinssatz zufälligen Schwankungen unterworfen. Deshalb ist der diskutierte Charme einer hohen Konvexität aus Risikogründen tatsächlich praxisrelevant. Das folgende Beispiel illustriert die Tatsache, dass Anleihen mit großer Konvexität tendenziell attraktiv sind.

Beispiel
Gegeben seien zwei festverzinsliche Wertpapiere zum Nennwert 100, Rücknahme zu pari. Der Marktzinssatz sei 10 %. Anleihe A sei ein Zerobond mit 10 Jahren Laufzeit, Anleihe B habe die Kuponrate in Höhe von 9,9 % und 25 Jahre Laufzeit. Dann ist $P_0^A = 38{,}55$, $D_0^A = 10{,}00$ und $C_0^A = 90{,}91$, wie wir elementar berechnen können. Analog ist für Anleihe B: $P_0^B = 99{,}09$, $D_0^B = 10{,}00$ und $C_0^B = 139{,}96$. Beide Zinsanleihen haben also die gleiche Duration. Kurswert und Konvexität der Anleihe A sind geringer als die Werte für Anleihe B. Die folgende Grafik zeigt die relative Änderung des Kurswerts für verschiedene Zinssätze

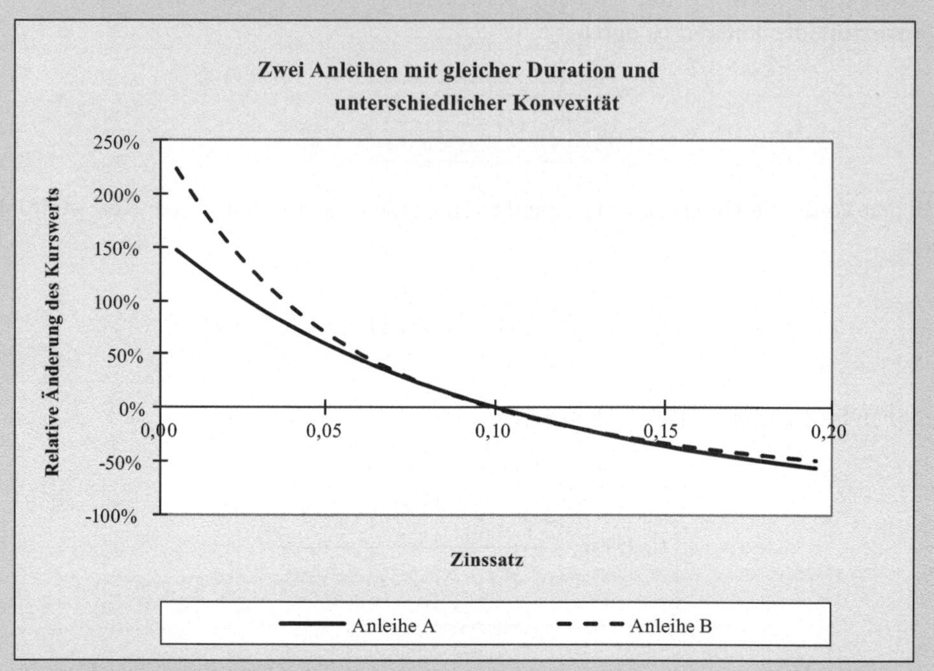

Ein rationaler Investor mit dem Anlagehorizont von 10 Jahren bevorzugt die Anleihe B. Denn für jede Zinssenkung ist der Kursgewinn bei Anleihe B größer als bei Anleihe A und bei jeder Zinssteigerung ist der Kursverlust für Anleihe B geringer als für Anleihe A. Die Anleihe A hat also ein geringeres Zinsänderungsrisiko.

Die Portfolioregel zur Berechnung der Duration lässt sich analog auf die Konvexität übertragen. Man kann nämlich mutatis mutandis zeigen, dass die Konvexität eines Portfolios aus n festverzinslichen Wertpapieren gleich der Summe der gewichteten Konvexitäten der einzelnen Zinsanleihen ist: Es sei A_k der Anlagebetrag in Zinsanleihe k für $k = 1, \ldots, n$. Außerdem sei $V = \sum_{k=1}^{n} A_k$ das gesamte angelegte Vermögen. Dann ist die Konvexität des gesamten Portfolios:

$$C_0\,(i) = \sum_{k=1}^{n} \frac{A_k}{V} C_0^k\,(i)\,.$$

wobei $C_0^k\,(i)$ die Konvexität der Anleihe k ist.

Neben der Konvexität ist auch die **Dispersion** für die Praxis relevant. Die Dispersion ist ein Maß für die Streuung der Barwerte der einzelnen Zahlungen um ihren Schwerpunkt, die Duration. Insofern lässt sich die Duration als Erwartungswert und die Dispersion als Varianz der Zahlungszeitpunkte interpretieren. Die Dispersion $M_0^2(i)$ ist definiert durch

$$M_0^2(i) = \frac{\sum_{k=1}^{n}(k - D_0(i))^2 Z_k(1+i)^{-k}}{\sum_{k=1}^{n} Z_k(1+i)^{-k}}.$$

Dabei ist $D_0(i)$ die Duration des Stroms der Zahlungen Z_k für $k = 1, \ldots, n$. Die Dispersion lässt sich analog zum Verschiebungssatz der Varianz, $Var(X) = E\left(X^2\right) - (E(X))^2$, zerlegen. Es ist nämlich aufgrund der binomischen Formel $(k - D_0(i))^2 = k^2 - 2kD_0(i) + D_0^2(i)$. Setzen wir diesen Ausdruck in die Definition ein, so erhalten wir drei Summanden:

$$M_0^2(i) = \frac{\sum_{k=1}^{n} k^2 Z_k(1+i)^{-k}}{\sum_{k=1}^{n} Z_k(1+i)^{-k}} - 2D_0(i)\frac{\sum_{k=1}^{n} k Z_k(1+i)^{-k}}{\sum_{k=1}^{n} Z_k(1+i)^{-k}} + D_0^2(i)\frac{\sum_{k=1}^{n} Z_k(1+i)^{-k}}{\sum_{k=1}^{n} Z_k(1+i)^{-k}}.$$

Mit Hilfe der Berechnungsformel für die Duration folgt daraus

$$M_0^2(i) = \frac{\sum_{k=1}^{n} k^2 Z_k(1+i)^{-k}}{\sum_{k=1}^{n} Z_k(1+i)^{-k}} - D_0^2(i).$$

Tatsächlich hängt die Dispersion eng mit der Ableitung der Duration zusammen. Dazu berechnen wir allgemein die Ableitung nach dem Zinssatz durch

$$D_0'(i) = \frac{d}{di}\left(\frac{\sum_{k=1}^{n} k Z_k(1+i)^{-k}}{\sum_{k=1}^{n} Z_k(1+i)^{-k}}\right).$$

Mit der Produktregel und der Kettenregel der Differentiation ist dann

$$D_0'(i) = \frac{\sum_{k=1}^{n} -k^2 Z_k(1+i)^{-k-1}}{\sum_{k=1}^{n} Z_k(1+i)^{-k}}$$

$$+ \left(\sum_{k=1}^{n} k Z_k(1+i)^{-k}\right)(-1)\frac{\sum_{k=1}^{n}(-k) Z_k(1+i)^{-k-1}}{\left(\sum_{k=1}^{n} Z_k(1+i)^{-k}\right)^2}.$$

Durch Zusammenfassen erhalten wir

$$D_0'(i) = -(1+i)^{-1}\frac{\sum\limits_{k=1}^{n} k^2 Z_k (1+i)^{-k}}{\sum\limits_{k=1}^{n} Z_k (1+i)^{-k}} + (1+i)^{-1}\frac{\left(\sum\limits_{k=1}^{n} k Z_k (1+i)^{-k}\right)^2}{\left(\sum\limits_{k=1}^{n} Z_k (1+i)^{-k}\right)^2}\,.$$

Daraus folgt schließlich

$$D_0'(i) = -(1+i)^{-1}\left(\frac{\sum\limits_{k=1}^{n} k^2 Z_k (1+i)^{-k}}{\sum\limits_{k=1}^{n} Z_k (1+i)^{-k}} - D_0^2(i)\right)\,.$$

Wir halten also fest, dass die Ableitung der Duration mit der Dispersion zusammenhängt:

$$\boxed{D_0'(i) = -\frac{M_0^2(i)}{1+i}}\,.$$

Je mehr die Zahlungen einer gegebenen Zinsanleihe streuen, desto stärker reagiert die Duration auf eine Änderung des Zinssatzes. Kennt man die Duration zu einem vorgegeben Zinssatz, so kann man anhand der Taylorentwicklung und mit Hilfe der Dispersion näherungsweise die Duration bei ähnlichen Zinssätzen bestimmen. In diesem Zusammenhang möchten wir auch auf die **DDK-Identität** hinweisen. Zwischen Duration, Konvexität und Dispersion gilt nämlich der folgende Zusammenhang:

$$\boxed{M_0^2(i) = (1+i)^2 C_0(i) - D_0^2(i) - D_0(i)}\,.$$

Zum Beweis setzen wir die Berechnungsformeln für die Konvexität und Duration in die rechte Seite ein und erhalten:

$$(1+i)^2 C_0(i) - D_0^2(i) - D_0(i)$$

$$= (1+i)^2 \frac{\sum\limits_{k=1}^{n} k(k+1) Z_k (1+i)^{-k}}{(1+i)^2 \sum\limits_{k=1}^{n} Z_k (1+i)^{-k}} - \frac{\sum\limits_{k=1}^{n} k Z_k (1+i)^{-k}}{\sum\limits_{k=1}^{n} Z_k (1+i)^{-k}} - D_0^2(i)$$

$$= \frac{\sum\limits_{k=1}^{n} k^2 Z_k (1+i)^{-k}}{(1+i)^2 \sum\limits_{k=1}^{n} Z_k (1+i)^{-k}} - D_0^2(i) = M_0^2(i)\,.$$

Dabei haben wir die Berechnungsformel der Dispersion $M_0^2(i)$ nach dem Verschiebungssatz benutzt.

Zu guter Letzt wollen wir die Sensitivität des Kurswerts auf die Restlaufzeit analysieren. Anhand der Amortisationspläne hatten wir bereits erkannt, dass sich der Kurswert mit fortschreitender Zeit dem Rücknahmekurs annähert. Unter Vernachlässigung von Stückzinsen fällt der Kurs einer Prämienanleihe monoton und analog steigt der Kurs einer diskontierten Anleihe mit der Zeit monoton an. Die Kennzahl **Theta** Θ misst, wie sich der Kurswert der Anleihe absolut ändert, wenn die Zeit voranschreitet beziehungsweise die Restlaufzeit abnimmt. Mathematisch formal betrachten wir dazu die Ableitung der Kurswertfunktion nach der Restlaufzeit. Der Einfachheit halber widmen wir uns zunächst einer Nullkuponanleihe, deren Kurswert $P_{n-\tau}$ in Abhängigkeit von der Restlaufzeit $\tau \in [0; n]$ bei festem Zinssatz i gegeben ist durch

$$P_{n-\tau} = P_n \left(1 + i\right)^{-\tau} .$$

Man beachte, dass der Rücknahmekurs P_n zum Vertragsende fest vorgegeben ist. Um die Ableitung von $P_{n-\tau}$ nach τ zu berechnen, betrachten wir die Darstellung

$$\left(1 + i\right)^{-\tau} = \exp\left(\ln\left(1 + i\right)^{-\tau}\right) = \exp\left(-\tau \ln\left(1 + i\right)\right) .$$

Daraus folgt für die Ableitung mit der Kettenregel der Differentiation

$$P'_{n-\tau} = P_n \exp\left(-\tau \ln\left(1 + i\right)\right) \cdot \left(-\ln\left(1 + i\right)\right) = -P_{n-\tau} \ln\left(1 + i\right) .$$

Betrachten wir nun analog zum Basispunktwert in einer kleinen Umgebung von τ_0 die Näherung

$$\frac{P_{n-\tau} - P_{n-\tau_0}}{\tau - \tau_0} \approx P'_{n-\tau_0} .$$

so erhalten wir die Approximation

$$P_{n-\tau} \approx P_{n-\tau_0} + P'_{n-\tau_0} \cdot \left(\tau - \tau_0\right) .$$

Dann setzen wir die Ableitung ein, sodass

$$P_{n-\tau} \approx P_{n-\tau_0} \left(1 - \ln\left(1 + i\right) \cdot \left(\tau - \tau_0\right)\right) .$$

Dadurch lässt sich der Kurswert nach Ablauf einer kurzen Zeitspanne näherungsweise angeben. In Analogie zum Basispunktwert ist Theta Θ definiert durch

$$\boxed{\Theta = P'_{n-\tau} \cdot \frac{1}{365} = \frac{\ln\left(1 + i\right) P_{n-\tau}}{365}} .$$

Theta gibt folglich an, um wie viel sich der Kurswert bei einer Restlaufzeitverringerung von einem Tag, also für $\tau = \tau_0 - 1/365$, ändert:

$$\boxed{P_{n-\tau_0+1/365} - P_{n-\tau_0} \approx \Theta}\ .$$

Diese Formeln gelten nicht nur für Kurswerte sondern auch allgemeiner für Preise von Nullkuponanleihen.

Beispiel

Wir betrachten eine Nullkuponanleihe mit Nennwert 100.000, Rücknahmekurs zu pari, Restlaufzeit von 3 Jahren und Zinssatz 4,5 % pro Jahr. Dann ist der aktuelle Preis für $\tau_0 = 3$ gegeben durch

$$\tilde{P}_0 = 100.000 \cdot 1{,}045^{-3} = 87.629{,}66\ .$$

Der neue Preis am nächsten Tag, also für $\tau = 3 - 1/365 = 2{,}99726$, ist dann näherungsweise

$$\tilde{P}_{0,00274} \approx 87.629{,}66\,(1 - \ln\,(1{,}045) \cdot (-0{,}00274)) = 87.640{,}2280\ .$$

Der approximierte Kurs stimmt bis auf die vierte Nachkommastelle mit dem exakten Preis überein:

$$\tilde{P}_{0,00274} = 100.000 \cdot 1{,}045^{-2{,}99726} = 87.640{,}2287$$

Das Theta ist

$$\Theta = \frac{\ln\,(1{,}045) \cdot 87.629{,}66}{365} = 10{,}57$$

und gibt die approximative Erhöhung des Preises nach Ablauf eines Tages an.

Das Theta ist wie die Duration und die Konvexität barwertgewichtet additiv. Diese Behauptung ergibt sich aus den Rechenregeln für die Ableitung, wie wir sie schon analog für die Duration ausführlich durchgeführt haben. Wir wissen bereits, dass sich jede beliebige Zinsanleihe als Summe von Nullkuponanleihen auffassen lässt. Gegeben sei also ein Portfolio aus n Zerobonds mit Laufzeiten von 1 bis n. Die Restlaufzeit sei wiederum durch τ gekennzeichnet und die aggregierte Zahlung zum Zeitpunkt k sei Z_k.

Dann ist der Kurswert dieses Portfolios zum Zeitpunkt $t = n - \tau$ in allgemeiner Form gegeben durch die Summe der Zeitwerte

$$P_{n-\tau} = \sum_{k=[n-\tau]+1}^{n} Z_k \, (1 + i)^{n-\tau-k} \ .$$

Die Ableitung nach der Restlaufzeit τ ergibt analog zum Nullkupon

$$P'_{n-\tau} = -P_{n-\tau} \ln(1 + i) \ .$$

Somit ist die hergeleitete Approximationsformel für Nullkuponanleihen auch für beliebige Anleiheportfolios gültig. Gleichermaßen erstreckt sich die Definition für Theta auf beliebige Zahlungsströme:

$$\boxed{\Theta = \frac{\ln(1 + i)}{365} \sum_{k=[n-\tau]+1}^{n} Z_k \, (1 + i)^{n-\tau-k}} \ .$$

Es sei bemerkt, dass für gegebenen diskreten jährlichen Zinssatz i der Ausdruck $i_s = \ln(1 + i)$ der zugehörige stetige Zinssatz ist. Das Theta stellt somit eine Näherung für die nach einem Tag verdienten Zinsen auf den aktuellen Kurswert der betrachteten Zinsanleihe dar, wobei der stetige Zinssatz unterjährig zeitproportional angewendet wird.

Für den Erwerbskurs sind insbesondere Kuponzahlungen zu beachten, die an genau festgelegten Terminen fällig sind und als Summe von Zinsen und Tilgung verstanden werden können. An den Kuponterminen fällt der Erwerbskurs jeweils um die Kuponhöhe. Unterjährig steigt der zu zahlenden Kurswert um die zeitproportionalen Stückzinsen an. Für die Änderung des Kurswerts einer beliebigen Anleihe im Verlauf der Zeit ist also neben dem Theta auch der Effekt der Stückzinsen zu beachten.

Zunächst gilt für eine Kuponanleihe, die zu pari notiert ist, dass die laufende Rendite gleich dem effektiven Zinssatz ist. Die Zinsen auf den Kurswert entsprechen also den zu zahlenden Stückzinsen. Der Angebotskurs bleibt folglich konstant. Daran wird deutlich, dass der mit Hilfe des Thetas berechnete, erhöhte Kurswert um die Stückzinsen zu mindern ist.

Für eine diskontierte Anleihe ist die Rendite größer als die Kuponrate. Folglich sind die unterjährig verdienten Zinsen auf den Kurswert, die mittels des Theta approximiert werden können, größer als die Stückzinsen. Deshalb steigt der Angebotskurs im Verlauf der Zeit monoton an.

Für eine Prämienanleihe hingegen ist die Rendite kleiner als die Kuponrate. Daraus folgt, dass die verdienten Zinsen kleiner als die Stückzinsen sind. Da letztere mit dem Kurswert verrechnet werden, fällt der Angebotskurs beständig im Verlauf der Zeit.

Beispiel

Wir betrachten eine Zinsanleihe mit Nennwert 100.000, Rücknahmekurs zu pari, Restlaufzeit von sieben Jahren, Kuponrate 5 % und Zinssatz 3 % pro Jahr. Dann ist Preis nach zwei Jahren gegeben durch

$$\tilde{P}_2 = 5.000 \frac{1 - 1{,}03^{-5}}{0{,}03} + 100.000 \cdot 1{,}03^{-5} = 109.159{,}41 \ .$$

Das zugehörige Theta ist dann

$$\Theta = \frac{\ln{(1{,}045)} \cdot 109.159{,}41}{365} = 8{,}84 \ .$$

Die Stückzinsen für einen Tag sind

$$S = \frac{0{,}05 \cdot 100.000}{365} = 13{,}70 \ .$$

Der approximierte Angebotspreis der Anleihe nimmt nach einem Tag näherungsweise um 4,86 Cent ab:

$$\tilde{P}_{2{,}00274} \approx 109.159{,}41 + \Theta - S = 109.154{,}56 \ .$$

2.3   Risikomanagement

Insbesondere für Versicherungsunternehmen ist es von großer praktischer Bedeutung, die Kapitalanlage in festverzinsliche Wertpapiere derart zu gestalten, dass die eingegangenen Versicherungsverpflichtungen mit großer Sicherheit eingehalten werden können. Der Vorgang wird als **Asset Liability Management** (**ALM**) bezeichnet. Dazu werden die **Aktiva** und **Passiva** der **Bilanz** gemeinsam betrachtet. Denn nur so kann die finanzielle Stabilität des Versicherers gewährleistet werden.

Im Folgenden stellen wir verschiedene ALM Techniken im Detail vor. Im Mittelpunkt steht dabei das Management des Zinsänderungsrisikos. Die nachfolgend dargestellten Methoden sind Repräsentanten eines breiten Spektrums an Verfahren, die insbesondere in der Lebensversicherungsbranche zur praktischen Anwendung gelangt sind.

2.3.1   Cashflow Matching

Lebensversicherer sehen sich der Aufgabe ausgesetzt, aus den erhaltenen Beitragseinnahmen zukünftige Altersrenten zahlen zu müssen. Wir ignorieren in diesem Zusammenhang die Ungewissheit der Lebensspanne und gehen stattdessen von deterministischen Zahlungen für den Versicherer aus. Diese Annahme ist sicherlich im Einzelnen unrealistisch; in der Praxis rechnet man aufgrund des Gesetzes der Großen Zahlen jedoch quasi deterministisch mit den Erwartungswerten des zufälligen Gesamtschadens.

Die versicherungstechnischen Verpflichtungen, englisch **liabilities**, sind der Ausgangspunkt für die Anlage des zur Verfügung stehenden Kapitals, englisch **assets**, das aus den Beitragseinnahmen gebildet wird. Zur adäquaten Steuerung der Kapitalanlagen werden die Rückflüsse des vom Unternehmen gehaltenen Portfolios aus festverzinslichen Wertpapieren auf die Zahlungsverpflichtungen aus dem getätigten Versicherungsgeschäft angepasst. Das **Cashflow Matching** ist in diesem Zusammenhang eine Strategie zur vollständigen Eliminierung des **Zinsänderungsrisikos**.

Das Ziel des Cashflow Matching ist es, die bestehenden Zahlungsverpflichtungen exakt durch die Rückflüsse der Kapitalanlage zu replizieren. Jedes Portfolio aus festverzinslichen Wertpapieren, das diese Bedingung erfüllt, wird **Replikationsportfolio** genannt. Die Rückflüsse aus dem Portfolio werden vollständig aufgebraucht, um die vorgegeben Zahlungsverpflichtungen zu erfüllen. Folglich entfällt jegliche Form der Wiederanlage der erhaltenen Kuponzahlungen.

Theoretisch ist es möglich, jede einzelne Zahlungsverpflichtung durch die Fälligkeit einer entsprechenden Nullkuponanleihe abzusichern. In der Praxis scheitert ein solches Vorhaben an der Verfügbarkeit geeigneter Wertpapiere. Alternativ kann man auf Kuponanleihen zurückgreifen; denn, wie wir bereits wissen, lässt sich jede Kuponanleihe als Portfolio von Zerobonds auffassen. Das folgende Beispiel soll illustrieren, wie man durch Rückwärtsrechnen die Zahlungsverpflichtungen eines Versicherers kongruent durch Kuponanleihen abdecken kann.

Beispiel

Ein Versicherungsunternehmen sei zur Zahlung zukünftiger Leistungen verpflichtet, die der nachfolgenden Tabelle zu entnehmen sind. Ebenso stehen verschiedene Zinsanleihen mit unterschiedlicher Laufzeit zur Verfügung. Der Rücknahmekurs sei jeweils 100 und der Marktzinssatz sei 5 %.

Fälligkeit nach t Jahren	Verpflichtung V_t	Kurswert P_0^t	Kuponhöhe Z^t
1	50.000	99,29	4,25
2	75.000	97,21	3,50
3	200.000	100,00	5,00
4	100.000	105,32	6,50
5	150.000	109,74	7,25

Dann berechnen wir rückwärts, das heißt, beginnend mit der längsten Laufzeit, die Anzahl x_t der benötigten Anleihen eines jeden Typs. Für $t = 5$ lautet die Bedingung

$$V_5 = x_5 \left(P_5^5 + Z^5 \right)$$

und äquivalent

$$x_5 = \frac{150.000}{100 + 7{,}25} = 1.398{,}60 \ .$$

Somit müssen 1.398,60 Anleihen vom Typ 5 zum Nennwert 100 € erworben werden, damit die Zahlungsverpflichtung in Höhe von 150.000 € nach fünf Jahren erfüllt wird. Die Kosten dafür sind $1.398{,}60 \cdot 109{,}74 = 153.484{,}37$.

Betrachten wir nun die Zahlungsverpflichtung nach genau vier Jahren. Dabei ist zu berücksichtigen, dass die fünfjährige Anleihe im vierten Jahr eine Kuponauszahlung vorsieht. Die Bedingung lautet also

$$V_4 = x_5 Z^5 + x_4 \left(P_4^4 + Z^4 \right) \ .$$

Daraus folgt

$$x_4 = \frac{100.000 - 1.398{,}60 \cdot 7{,}25}{100 + 6{,}50} = 843{,}76 \ .$$

Somit müssen Zinsanleihen im Wert von $843{,}76 \cdot 105{,}32 = 88.863{,}60$ gekauft werden. Für $t = 3$ betrachten wir analog unter Berücksichtigung der gehaltenen Anleihen

$$V_3 = x_5 Z^5 + x_4 Z^4 + x_3 \left(P_3^3 + Z^3 \right)$$

sowie für $t = 2$

$$V_2 = x_5 Z^5 + x_4 Z^4 + x_3 Z^3 + x_2 \left(P_2^2 + Z^2 \right)$$

und für $t = 1$ haben wir

$$V_1 = x_5 Z^5 + x_4 Z^4 + x_3 Z^3 + x_2 Z^2 + x_1 \left(P_1^1 + Z^1 \right) \ .$$

Auf diese Weise lässt sich das Anlageproblem des Versicherungsunternehmens rekursiv lösen. Im Ergebnis halten wir fest

Fälligkeit nach t Jahren	Verpflichtung V_t	Anteile x_t	Wert $\tilde{P}_0^t = x_t P_0^t$
1	50.000 €	229,11	22.747,57 €
2	75.000 €	488,85	47.521,49 €
3	200.000 €	1.755,96	175.595,92 €
4	100.000 €	843,76	88.863,60 €
5	150.000 €	1.398,60	153.484,37 €
Gesamt	575.000 €		488.212,95 €

Der Barwert der zukünftigen Verpflichtungen beträgt insgesamt 488.212,95 €. Dabei sind wir stillschweigend davon ausgegangen, dass die gegebenen Zinsanleihen beliebig teilbar sind. Durch das Halten der festverzinslichen Wertpapieren bis zu ihrem jeweiligen Fälligkeitstermin sind sämtliche Zahlungsverpflichtungen exakt abgedeckt.

Im Allgemeinen stehen für das Cashflow Matching in der Praxis nicht nur eine einzige sondern zahlreiche Zinsanleihen zur Verfügung. Also gibt es mehr als eine Möglichkeit, ein gegebenes Zahlungsprofil abzusichern. Deshalb stellt sich die Frage nach der kostengünstigsten Zusammenstellung des absichernden Portfolios. Mit Hilfe der **Ganzzahligen Linearen Optimierung** lässt sich dieses Problem lösen.

Die zukünftigen Zahlungsverpflichtungen seien durch die Folge $V_1, \ldots, V_m$ vorgegeben. Zusätzlich gebe es n verschiedene Zinsanleihen. Der aktuelle Kurs für Anleihe $j = 1, \ldots, n$ sei mit P_0^j bezeichnet. Die Auszahlung von Kuponanleihe j mit $j = 1, \ldots, n$ zum Zeitpunkt k mit $k = 1, \ldots, m$ sei mit Z_k^j bezeichnet. Es sei nun x_j die gesuchte Anzahl von Anleihen des Typs j. Dann soll der gesamte Preis des Portfolios minimiert werden:

$$\text{minimiere} \quad \sum_{j=1}^{n} x_j \cdot P_0^j$$

unter der Nebenbedingung, dass

$$\sum_{j=1}^{n} x_j \cdot Z_k^j \geq V_k \quad \text{für alle } k = 1, \ldots, m$$

sowie

$$x_j \in \mathbb{N} \quad \text{für alle } j = 1, \ldots, n \, .$$

Lineare Optimierungsprobleme werden üblicherweise mit dem **Simplex-Algorithmus** gelöst. Für die Berücksichtigung der Einschränkung der Ganzzahligkeit der Lösung wurden spezielle Variationen entwickelt, wie beispielsweise der **Gomory-Algorithmus**. Die detaillierte Beschreibung dieser und anderer Algorithmen des Operations Research würde den Rahmen dieses Lehrbuchs sprengen. Der Leser sei auf die einschlägige Literatur verwiesen.

Durch den obigen Modellierungsansatz werden die günstigsten Anleihen ausgewählt, um die gegebenen Zahlungsverpflichtungen abzudecken. Überbewertete Zinsanleihen werden nicht gekauft. In der Praxis ist in diesem Zusammenhang allerdings die Bonität der Wertpapiere zusätzlich zu berücksichtigen.

Eine wesentliche Voraussetzung für das Cashflow Matching ist die volle Verfügbarkeit des notwendigen Anlagebetrags zu Beginn des Planungszeitraums. Für Versicherungen ist diese Einschränkung nur bei vorschüssiger Zahlung einer einmaligen Prämie gegeben. Diese Versicherungsform tritt insbesondere bei sofort beginnenden Altersrenten auf.

Die Vorteile des Cashflow Matching liegen darin, dass das Zinsänderungsrisiko vollständig eliminiert wird. Die Rückflüsse des optimalen Portfolios reichen genau aus, um die Zahlungsverpflichtungen zu erfüllen. Eine Wiederanlage ist nicht notwendig. Portfolioumschichtungen sind ebenfalls nicht nötig, sodass keine zusätzlichen Transaktionskosten anfallen.

Allerdings können aufgrund der Inflexibilität der Kapitalanlage keine Marktchancen ausgenutzt werden. Die Attraktivität der Verzinsung ist beim Cashflow Matching unerheblich. Denn das einzige Ziel dieser Strategie ist die Eliminierung des Zinsänderungsrisikos.

2.3.2 Immunisierungsstrategien

Als Alternative zum Cashflow Matching gibt es verschiedene **Immunisierungsstrategien**. Dabei können insbesondere Anlagechancen genutzt werden. Im Gegenzug wird das Zinsänderungsrisiko nicht vollständig eliminiert.

Wir hatten die immunisierende Eigenschaft der Duration bereits kennengelernt: Wird eine Zinsanleihe genau bis zum Zeitpunkt ihrer Duration gehalten, so ist das Vermögen aus Verkaufspreis und wiederangelegten Kuponzahlungen nach unten abschätzbar. Sollte eine sofortige einmalige Zinssenkung oder -steigung vorkommen, so ist das gebildete Vermögen zum Stichtag größer als anfänglich kalkuliert.

Der Wert der Zinsanleihe als Funktion des Zinssatzes nimmt also zum Zeitpunkt ihrer Duration ein Minimum an. Steigt nämlich der Zinssatz, so wird der anfängliche Kursverlust durch höhere Reinvestitionserträge überkompensiert. Fällt der Zinssatz, so übertrifft der anfängliche Kursgewinn die niedrigeren Erträge aus der Wiederanlage der Kuponzahlungen. Für eine sofortige kleine Zinsänderung ist innerhalb einer gewissen Umgebung der Duration, dem sogenannten **Durationsfenster**, das Vermögen ausreichend, um die Zahlungsverpflichtung zu erfüllen. Es liegt somit eine **lokale Immunisierung** gegen das Zinsänderungsrisiko vor.

Tatsächlich haben Finanzdienstleister in der Regel nicht nur eine einzige Zahlungsverpflichtung. Wir nehmen also an, es gebe eine Folge von Verpflichtungen $L_1, \ldots, L_n$, die zu unterschiedlichen Zeitpunkten in der Zukunft fällig sind. Der zugehörige Barwert sei mit V_L bezeichnet. Um die Verpflichtungen zu finanzieren, habe das Unternehmen Kapitalanlagen, die den Zahlungsstrom $A_1, \ldots, A_m$ generieren, und deren Barwert V_A sei. Für Versicherungsunternehmen bestehen die Verpflichtungen aus Versicherungsleistungen, wie beispielsweise Rentenzahlungen. Demgegenüber stehen die Einnahmen aus Beitragszahlungen der Versicherungsnehmer sowie aus Kapitaleinkünften auf bereits angelegte Beiträge.

Um die **vollständige Immunisierung** gegen das Zinsänderungsrisiko zu erlangen muss nun

$$V_A\,(i) \geq V_L\,(i)$$

für jede Zinsänderung von i_0 zu i gelten. Diese Bedingung wird lokal erfüllt, wenn sowohl

$$V_A\,(i_0) = V_L\,(i_0)$$

als auch

$$D_A\,(i_0) = D_L\,(i_0)$$

gilt. Dabei ist $D_A\,(i_0)$ die Duration der Kapitalanlagen und $D_L\,(i_0)$ die Duration der Zahlungsverpflichtungen zum anfänglichen Zinssatz i_0:

$$D_A\,(i_0) = -\,(1 + i_0)\,\frac{V_A'\,(i_0)}{V_A\,(i_0)}$$

$$D_L\,(i_0) = -\,(1 + i_0)\,\frac{V_L'\,(i_0)}{V_L\,(i_0)}\;.$$

Die Forderung nach Vollständigkeit beinhaltet, dass die beiden genannten Bedingungen für jede einzelne Zahlungsverpflichtung gelten mögen.

In der Praxis ist es nicht selten schwierig oder gar unmöglich, eine Zinsanleihe im Markt zu finden, deren Duration gleich dem gewünschten Anlagehorizont T ist. Zur Absicherung einer gegebenen Verpflichtung genügt die Existenz zweier festverzinslicher Wertpapier im Markt, deren Durationen $D_1 < T$ und $D_2 > T$ sind. Denn aufgrund der Portfolioregel für die Duration lässt sich durch geeignete Gewichtung dieser beiden Zinsanleihen ein Portfolio finden, dessen Duration dem vorgegebenen Anlagehorizont entspricht — vorausgesetzt die Anleihen sind beliebig teilbar.

Liegen nun mehrere Verpflichtungen vor, so wird jede einzelne durch ein Portfolio aus zwei geeigneten Zinsanleihen immunisiert. Zur Immunisierung sämtlicher Verpflichtungen des Unternehmens werden alle absichernden Portfolios zusammengetragen. Das Gesamtportfolio erfüllt trivialerweise die gestellten Anforderungen der vollständigen Immunisierung.

Beispiel

Ein Versicherungsunternehmen habe Leistungen in Höhe von $L_1 = 1.000.000$ in genau zwei Jahren sowie $L_2 = 2.000.000$ in genau vier Jahren zu erfüllen. Auf der Anlagenseite stehen Nullkuponanleihen mit Laufzeiten von ein, drei und fünf Jahren zur Verfügung. Es seien A_1, A_2, A_3 die unbekannten Rückzahlungsbeträge der drei genannten Zerobonds. Der anfängliche Zinssatz sei $i = 0,05$.

Zur Immunisierung von L_1 ziehen wir die Anleihen eins und zwei heran. Dann lauten die beiden Bedingungen zur Immunisierung dieser Zahlungsverpflichtung

$$\left| \begin{array}{l} A_1 \cdot 1,05^{-1} + A_2 \cdot 1,05^{-3} = 1.000.000 \cdot 1,05^{-2} \\[2mm] \dfrac{A_1 \cdot 1,05^{-1}}{A_1 \cdot 1,05^{-1} + A_2 \cdot 1,05^{-3}} 1 + \dfrac{A_2 \cdot 1,05^{-3}}{A_1 \cdot 1,05^{-1} + A_2 \cdot 1,05^{-3}} 3 = 2 \end{array} \right| \, .$$

Die zweite Zeile ist äquivalent zu

$$A_1 \cdot 1,05^{-1} = A_2 \cdot 1,05^{-3} \, .$$

Einsetzen in die erste Gleichung liefert im Ergebnis:

$$\left| \begin{array}{l} A_1 = \dfrac{1.000.000}{2 \cdot 1,05} = 476.190,48 \\[2mm] A_2 = A_1 \cdot 1,05^2 = 525.000,00 \end{array} \right| \, .$$

Es werden also 4.761,9048 Anteile des einjährigen Nullkupons und 5.250 Anteile des dreijährigen Nullkupons zum Nennwert und Rücknahmekurs von je 100 gekauft, um die Verpflichtung in Höhe von einer Million Euro nach genau zwei Jahren gegen das Zinsänderungsrisiko zu immunisieren.

Um die Zahlungsverpflichtung L_2 zu immunisieren, verwenden wir die Anleihen zwei und drei:

$$\left| \begin{array}{l} A_2 \cdot 1,05^{-3} + A_3 \cdot 1,05^{-5} = 2.000.000 \cdot 1,05^{-4} \\[2mm] \dfrac{A_2 \cdot 1,05^{-3}}{A_2 \cdot 1,05^{-3} + A_3 \cdot 1,05^{-5}} 3 + \dfrac{A_3 \cdot 1,05^{-5}}{A_2 \cdot 1,05^{-3} + A_3 \cdot 1,05^{-5}} 5 = 4 \end{array} \right| \, .$$

Die zweite Zeile ist äquivalent zu

$$A_2 \cdot 1,05^{-3} = A_3 \cdot 1,05^{-5}$$

und Einsetzen in die erste Gleichung ergibt

$$\left| \begin{array}{l} A_2 = \dfrac{2.000.000}{2 \cdot 1,05} = 952.380,95 \\[2mm] A_3 = A_2 \cdot 1,05^2 = 1.050.000,00 \end{array} \right| \, .$$

Um die Zahlungsverpflichtung von zwei Millionen Euro nach vier Jahren gegen das Zinsänderungsrisiko zu immunisieren, werden 9.523,8095 Anteile des dreijährigen Zerobonds und 10.500 Anteile des fünfjährigen Zerobonds zum Rücknahmekurs 100 gekauft.

Insgesamt gesehen, sind die Anlagebeträge in die drei zur Immunisierung benötigten Anleihen:

$$\tilde{P}_0^1\,(0{,}05) = 476.190{,}48 \cdot 1{,}05^{-1} = 453.514{,}74$$

$$\tilde{P}_0^2\,(0{,}05) = (525.000{,}00 + 952.380{,}95) \cdot 1{,}05^{-3} = 1.276.217{,}21$$

$$\tilde{P}_0^3\,(0{,}05) = 1.050.000{,}00 \cdot 1{,}05^{-5} = 822.702{,}47\,.$$

Zur vollständigen Immunisierung werden 453.514,74 € in Nullkupon eins, 1.276.217,21 € in Nullkupon zwei und 822.702,47 € in Nullkupon drei investiert. Anders ausgedrückt, werden gerundet 4.762 Anleihen mit Laufzeit ein Jahr, 14.774 Anleihen mit Laufzeit drei Jahren und 10.500 Anleihen mit Laufzeit fünf Jahren gekauft. Es sei bemerkt, dass es nicht das einzige Portfolio ist, welches die gewünschte Immunisierung leistet. Beispielsweise könnten wir alternativ die Anleihen eins und drei heranziehen, um die erste Verpflichtung zu immunisieren.

Wir überprüfen abschließend die Gültigkeit der beiden Bedingungen für die vollständige Immunisierung. Zunächst sind die Barwerte:

$$V_L\,(0{,}05) = 1.000.000 \cdot 1{,}05^{-2} + 2.000.000 \cdot 1{,}05^{-4} = 2.552.434{,}43$$

$$V_A\,(0{,}05) = 476.190{,}48 \cdot 1{,}05^{-1} + 1.477.380{,}95 \cdot 1{,}05^{-3} + 1.050.000{,}00 \cdot 1{,}05^{-2}$$

$$= 2.552.434{,}43\,.$$

Für die Durationen gilt nach der Portfolioregel

$$D_L\,(0{,}05) = \frac{1.000.000 \cdot 1{,}05^{-2} \cdot 2 + 2.000.000 \cdot 1{,}05^{-4} \cdot 4}{2.552.434{,}43} = 3{,}2893$$

$$D_A\,(0{,}05) = \frac{453.514{,}74 \cdot 1 + 1.276.217{,}21 \cdot 3 + 822.702{,}47 \cdot 5}{2.552.434{,}43} = 3{,}2893\,.$$

Die vollständige Immunisierung ist ebenso wie das Cashflow Matching äußerst aufwendig. Darüber hinaus ist zu erwähnen, dass sich mit fortschreitender Zeit die Charakteristik der Zahlungsströme der Verpflichtungen ändert. Folglich muss das Kapitalanlageportfolio immer wieder angepasst werden, um die Durationen der Kapitalanlagen und Verpflichtungen auf einander abzustimmen.

Ein vereinfachter Ansatz zur Immunisierung der Zahlungsverpflichtungen gegen das Zinsänderungsrisiko besteht im **Duration Matching**. Ausgangspunkt sind nicht die ein-

zelnen zukünftigen Zahlungsverpflichtungen des Unternehmens $L_1, \ldots, L_n$ sondern nur
der zugehörige Barwert V_L. Auch wenn der Barwert der Verpflichtungen den vorhandenen Vermögensbarwert V_A übersteigt, so können die Barwerte der zugrunde liegenden
Zahlungsströme $L_1, \ldots, L_n$ sowie $A_1, \ldots, A_m$ auf eine Zinsänderung unterschiedlich rea-
gieren. Wenn beispielsweise, der Marktzinssatz steigt, könnten die Anlagen V_A stärker
fallen als die Verpflichtungen V_L, sodass das Unternehmen unterfinanziert wäre. Um eine
solche Situation zu vermeiden und das Zinsänderungsrisiko zumindest lokal zu neutrali-
sieren, werden beim Duration Matching zwei Bedingungen gestellt:

$$\boxed{\begin{aligned} V_A\,(i_0) &\geq V_L\,(i_0) \\ D_A\,(i_0) &= D_L\,(i_0) \ . \end{aligned}}$$

Die erste Bedingung stellt sicher, dass das Unternehmen anfänglich ausreichend finanziert
ist. Die zweite Bedingung beinhaltet im Wesentlichen die Aussage, dass die Ableitung
der Barwertfunktion der Kapitalanlagen größer ist als die Ableitung des Barwerts der
Zahlungsverpflichtungen. Aus Stetigkeitsgründen ist folglich lokal $V_A\,(i) \geq V_L\,(i)$.

Tatsächlich ist beim Duration Matching das Verhältnis der beiden Barwerte $V_A(i)/$
$V_L(i)$ konstant. Dazu betrachten wir die Ableitung dieses **asset liability ratios** nach dem
Zinssatz i gemäß der Quotientenregel

$$\frac{d}{di}\left(\frac{V_A\,(i)}{V_L\,(i)}\right) = \frac{V_L\,(i) \cdot V_A'\,(i) - V_A\,(i) \cdot V_L'\,(i)}{(V_L\,(i))^2} \ .$$

Durch Ausklammern erhalten wir

$$\frac{d}{di}\left(\frac{V_A\,(i)}{V_L\,(i)}\right) = \frac{V_A'\,(i)}{V_L\,(i)} - \frac{V_A\,(i) \cdot V_L'\,(i)}{(V_L\,(i))^2} = \frac{V_A\,(i)}{V_L\,(i)}\left(\frac{V_A'\,(i)}{V_A\,(i)} - \frac{V_L'\,(i)}{V_L\,(i)}\right) \ .$$

Daraus folgt durch Einsetzen der Durationen

$$\frac{d}{di}\left(\frac{V_A\,(i)}{V_L\,(i)}\right) = \frac{V_A\,(i)}{V_L\,(i)} \cdot \frac{1}{1+i}\,(D_L\,(i) - D_A\,(i)) = 0 \ .$$

dass die Ableitung null ist und das asset liability ratio folglich lokal konstant ist.

Beispiel
Als Fortsetzung des vorherigen Beispiels wollen wir die Verpflichtungen des Le-
bensversicherers nun durch die Strategie des Duration Matching absichern. Der
Barwert der Verpflichtungen ist, wie bereits berechnet, $V_L\,(0{,}05) = 2.552.434{,}43$
und die Duration ist $D_L\,(0{,}05) = 3{,}2893$. Somit lauten die beiden Bedingungen für

Duration Matching

$$\left|\begin{array}{c} A_1 \cdot 1{,}05^{-1} + A_2 \cdot 1{,}05^{-3} + A_3 \cdot 1{,}05^{-5} \geq 2.552.434{,}43 \\[2mm] \dfrac{A_1 \cdot 1{,}05^{-1} \cdot 1 + A_2 \cdot 1{,}05^{-3} \cdot 3 + A_3 \cdot 1{,}05^{-5} \cdot 5}{2.552.434{,}43} = 3{,}2893 \end{array}\right| .$$

Hier haben wir drei Unbekannte und zwei Ungleichungen. Es gibt also unendlich viele Lösungen. Wir setzen ohne Beschränkung der Allgemeinheit $A_1 = 100.000$ und verlangen Gleichheit in der ersten Zeile. Dann lassen sich die anderen beiden Variablen elementar mit dem Gauß'schen Algorithmus berechnen:

$$\left|\begin{array}{c} A_2 = 2.306.880{,}95 \\[2mm] A_3 = 592.738{,}13 \end{array}\right| .$$

Insgesamt gesehen, sind die Anlagebeträge in die drei Anleihen:

$$\tilde{P}_0^1 (0{,}05) = 100.000{,}00 \cdot 1{,}05^{-1} = 95.238{,}10$$
$$\tilde{P}_0^2 (0{,}05) = 2.306.880{,}95 \cdot 1{,}05^{-3} = 1.992.770{,}50$$
$$\tilde{P}_0^3 (0{,}05) = 592.738{,}13 \cdot 1{,}05^{-5} = 464.425{,}83 .$$

Für das Duration Matching werden 95.238,10 € in Nullkupon eins, 1.992.770,50 € in Nullkupon zwei und 464.425,83 € in Nullkupon drei investiert. Das bedeutet, dass gerundet 1.000 Stück von der ersten Anleihe, 23.069 Stück von der zweiten Anleihe sowie 5.927 Stück von der dritten Anleihe zum Nennwert von jeweils 100 € gekauft werden.

Frank Redington (1906-1984) verbesserte die Immunisierungsstrategie des Duration Matching, indem er zusätzlich die Konvexität berücksichtigte. Es sei am Rande erwähnt, dass Redington im Jahr 2003 von britischen Aktuaren zum größten Aktuar aller Zeiten gewählt wurde. Gemäß der **Redington-Immunisierung** werden drei Bedingungen gestellt:

$$\boxed{\begin{array}{c} V_A (i_0) \geq V_L (i_0) \\[2mm] D_A (i_0) = D_L (i_0) \\[2mm] C_A (i_0) > C_L (i_0) . \end{array}}$$

Diese Bedingungen stellen sicher, dass Verhältnis der Barwertfunktionen $V_A (i) \, / \, V_L (i)$ ein lokales Minimum besitzt. Denn die Konvexität basiert auf der zweiten Ableitung der Barwertfunktion. Zum Nachweis dieses Zusammenhangs betrachten wir die erste Ableitung des asset liability ratios nach der Quotientenregel der Differentiation:

$$\frac{d^2}{d\,i^2} \left(\frac{V_A (i)}{V_L (i)} \right) = \frac{d}{d\,i} \left(\frac{V_L (i) \cdot V_A' (i) - V_A (i) \cdot V_L' (i)}{(V_L (i))^2} \right) .$$

Daraus folgt

$$\frac{d^2}{di^2}\left(\frac{V_A\,(i)}{V_L\,(i)}\right)$$

$$= \frac{\left(V_L'\,(i)\cdot V_A'\,(i) + V_L\,(i)\cdot V_A''\,(i) - V_A'\,(i)\cdot V_L'\,(i) - V_A\,(i)\cdot V_L''\,(i)\right)\cdot (V_L\,(i))^2}{(V_L\,(i))^4}$$

$$- \frac{\left(V_L\,(i)\cdot V_A'\,(i) - V_A\,(i)\cdot V_L'\,(i)\right)\cdot 2V_L\,(i)\cdot V_L'\,(i)}{(V_L\,(i))^4}\;.$$

Dieser etwas unübersichtliche Ausdruck lässt sich vereinfachen:

$$\frac{d^2}{di^2}\left(\frac{V_A\,(i)}{V_L\,(i)}\right) = \frac{V_A''\,(i)}{V_L\,(i)} - \frac{V_A\,(i)\cdot V_L''\,(i)}{(V_L\,(i))^2} - 2\frac{V_L'\,(i)\cdot V_A'\,(i)}{(V_L\,(i))^2} + 2\frac{(V_L'\,(i))^2\cdot V_A\,(i)}{(V_L\,(i))^3}\;.$$

Durch Ausklammern erhalten wir dann

$$\frac{d^2}{di^2}\left(\frac{V_A\,(i)}{V_L\,(i)}\right) = \frac{V_A\,(i)}{V_L\,(i)}\left(\frac{V_A''\,(i)}{V_A\,(i)} - \frac{V_L''\,(i)}{V_L\,(i)}\right)$$

$$+ 2\frac{V_A\,(i)}{V_L\,(i)}\left(\left(\frac{V_L'\,(i)}{V_L\,(i)}\right)^2 - \frac{V_L'\,(i)}{V_L\,(i)}\cdot\frac{V_A'\,(i)}{V_A\,(i)}\right)\;.$$

Mit der Definition der Duration und der Konvexität folgt daraus

$$\frac{d^2}{di^2}\left(\frac{V_A\,(i)}{V_L\,(i)}\right) = \frac{V_A\,(i)}{V_L\,(i)}\,(C_A\,(i) - C_L\,(i))$$

$$+ 2\frac{V_A\,(i)}{V_L\,(i)}\cdot\frac{1}{(1+i)^2}\left((D_L\,(i))^2 - D_L\,(i)\cdot D_A\,(i)\right)\;.$$

Aufgrund der Voraussetzungen ist der erste Term für $i = i_0$ größer als null und der zweite Term identisch null. Folglich ist die zweite Ableitung für $i = i_0$ positiv. Das asset liability ratio besitzt somit ein lokales Minimum an der Stelle $i = i_0$. Reichen die Kapitalanlagen zum anfänglichen Zinssatz i_0 aus, um die Zahlungsverpflichtungen abzudecken, so leisten sie es auch bei einer kleinen sofortigen Zinsänderung.

Beispiel

Als Fortsetzung der vorherigen Beispiele wenden wir nun die Redington-Immunisierung an. Zur Erinnerung ist der Barwert der Verpflichtungen $V_L\,(0{,}05) = 2.552.434{,}43$ und die Duration $D_L\,(0{,}05) = 3{,}2893$. Weiterhin ist die Konvexität der Zahlungsverpflichtungen

$$C_L\,(0{,}05) = \frac{1.000.000\cdot 1{,}05^{-2}\cdot 1\cdot 2 + 2.000.000\cdot 1{,}05^{-3}\cdot 4\cdot 5}{2.552.434{,}43\cdot 1{,}05^2} = 13{,}6281$$

Wir setzen $C_A(0{,}05) = 13{,}63 > 13{,}6281 = C_L(0{,}05)$ und erhalten die drei einschlägigen Bedingungen

$$\left|\begin{array}{c} A_1 \cdot 1{,}05^{-1} + A_2 \cdot 1{,}05^{-3} + A_3 \cdot 1{,}05^{-5} = 2.552.434{,}43 \\[1mm] \dfrac{A_1 \cdot 1{,}05^{-1} \cdot 1 + A_2 \cdot 1{,}05^{-3} \cdot 3 + A_3 \cdot 1{,}05^{-5} \cdot 5}{2.552.434{,}43} = 3{,}2893 \\[2mm] \dfrac{A_1 \cdot 1{,}05^{-1} \cdot 1 \cdot 2 + A_2 \cdot 1{,}05^{-3} \cdot 3 \cdot 4 + A_3 \cdot 1{,}05^{-5} \cdot 5 \cdot 6}{2.552.434{,}43 \cdot 1{,}05^2} = 13{,}63 \end{array}\right| .$$

Durch Subtraktion des geeigneten Vielfachen der ersten Zeile von der zweiten und dritten gilt

$$\left|\begin{array}{c} A_1 \cdot 1{,}05^{-1} + A_2 \cdot 1{,}05^{-3} + A_3 \cdot 1{,}05^{-5} = 2.552{,}434{,}43 \\[1mm] A_2 \cdot 1{,}05^{-3} \cdot 2 + A_3 \cdot 1{,}05^{-5} \cdot 4 = 2{,}2893 \cdot 2.552.434{,}43 \\[1mm] A_2 \cdot 1{,}05^{-3} \cdot 10 + A_3 \cdot 1{,}05^{-5} \cdot 28 = 13{,}63 \cdot 2.552.434{,}43 \cdot 1{,}05^2 \\[1mm] -2 \cdot 2.552.434{,}43 \end{array}\right| .$$

Jetzt ziehen wir das fünffache der zweiten Zeile von der dritten Zeile ab:

$$\left|\begin{array}{c} A_1 \cdot 1{,}05^{-1} + A_2 \cdot 1{,}05^{-3} + A_3 \cdot 1{,}05^{-5} = 2.552{,}434{,}43 \\[1mm] A_2 \cdot 1{,}05^{-3} \cdot 2 + A_3 \cdot 1{,}05^{-5} \cdot 4 = 2{,}2893 \cdot 2.552.434{,}43 \\[1mm] A_3 = (13{,}63 \cdot 2.552.434{,}43 \cdot 1{,}05^2 - (2 + 5 \cdot 2{,}2893) \cdot 2.552.434{,}43) \\[1mm] \cdot 0{,}125 \cdot 1{,}05^5 \end{array}\right| .$$

Also ist $A_3 = 643.650{,}02$. Daraus folgt schließlich

$$A_2 = \big(2{,}2893 \cdot 2.552.434{,}43 - 643.650{,}02 \cdot 1{,}05^{-5} \cdot 4\big) \cdot 0{,}5 \cdot 1{,}05^3 = 2.214.523{,}76$$

sowie

$$A_1 = \big(2.552{,}434{,}43 - 2.214.523{,}76 \cdot 1{,}05^{-3} - 643.650{,}02 \cdot 1{,}05^{-5}\big) \cdot 1{,}05$$
$$= 141.885{,}35 \, .$$

Insgesamt gesehen, sind die Anlagebeträge in die drei Anleihen:

$$\tilde{P}_0^1(0{,}05) = 141.885{,}35 \cdot 1{,}05^{-1} = 135.128{,}90$$
$$\tilde{P}_0^2(0{,}05) = 2.214.523{,}76 \cdot 1{,}05^{-3} = 1.912.988{,}89$$
$$\tilde{P}_0^3(0{,}05) = 643.650{,}02 \cdot 1{,}05^{-5} = 504.316{,}64 \, .$$

Für die Immunisierung nach Redington werden 135.128,90 € in Nullkupon eins, 1.912.988,89 € in Nullkupon zwei und 504.316,64 € in Nullkupon drei investiert. Sind die Anleihen nur in Vielfachen vom Nennwert 100 verfügbar, so werden gerundet 1.419 Stück von Anleihe 1, 22.145 Stück von Anleihe 2 und 6.437 Stück von Anleihe 3 gekauft. Es sei erwähnt, dass es unendliche viele andere Portfolios gibt, die den Redington-Bedingungen genügen.

Zum Vergleich der drei beschriebenen Immunisierungsstrategien stellen wir das asset liability ratio $V_A(i) / V_L(i)$ grafisch dar.

Beispiel

Die folgende Grafik illustriert das asset liability ratio der drei genannten Immunisierungsstrategien für beliebige Zinsänderungen am vorhergehenden Beispiel. Die Redington-Immunisierung stellt eine Verbesserung des Duration Matchings dar. Es sichert eine relativ stabile Position selbst für größere sofortige Zinsänderungen. Bei der vollständigen Immunisierung ist das asset liability ratio bei einer sofortigen Zinsänderung am größten. Eine sofortige Zinsänderung führt bei der vollständigen Immunisierung stets dazu, dass die Kapitalanlagen die Verpflichtungen übertreffen. Bei den anderen beiden Immunisierungen wird das asset liability ratio negativ, das heißt, die Verpflichtungen sind größer als die Kapitalanlagen. Für die Redington Immunisierung fällt diese Unterdeckung recht gering aus.

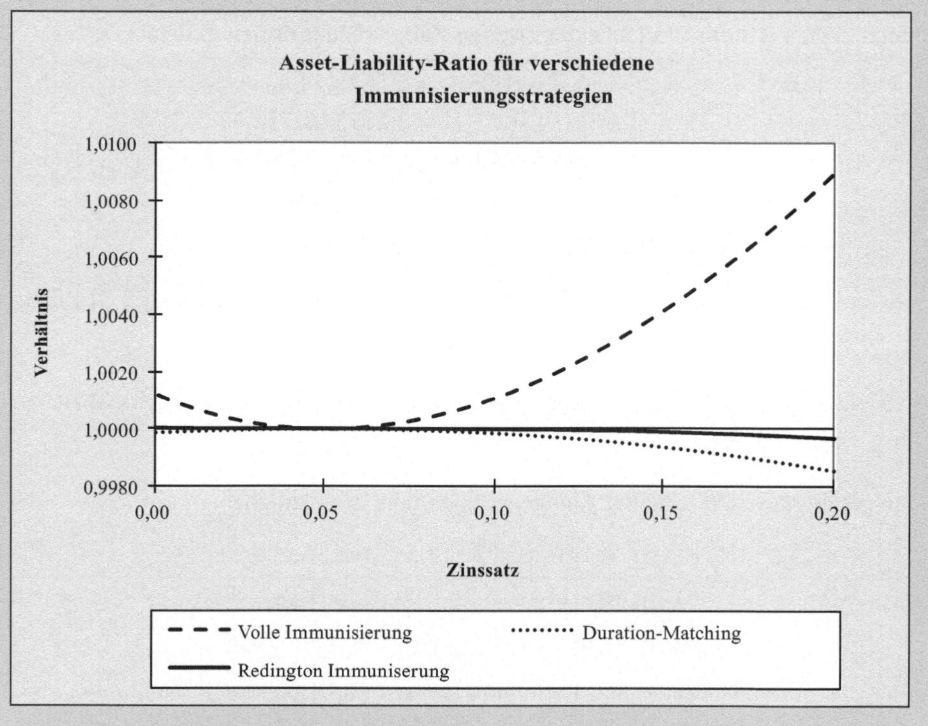

2.3.3 Durationslücke

Für Lebensversicherungsunternehmen ist es in der Praxis schwierig, die eingegangenen Verpflichtungen durch entsprechende Kapitalanlagen hinreichend gegen das Zinsänderungsrisiko abzusichern. Es ist nämlich nicht selten schlichtweg nicht möglich, die verfügbaren Mittel derart anzulegen, dass das benötigte Vermögen zum mittleren Fälligkeitstermin der Verpflichtungen immun gegen sofortige Zinsschwankungen ist. Denn insbesondere für Altersrentenversicherungen übersteigt die Duration der Verpflichtungen die am Markt verfügbare durchschnittliche Kapitalbindungsdauer selbst lang laufender festverzinslicher Wertpapiere.

Die Differenz der Barwerte aus Kapitalanlagen und Verpflichtungen, $NW(i) = V_A(i) - V_L(i)$, stellt die vorhandenen Überschüsse, englisch **net worth**, dar. Wir nehmen an, es gelte $NW(i) > 0$, damit das Unternehmen aktuell nicht unterfinanziert sei. Die Duration berechnen wir dann mit Hilfe der Portfolioregel

$$D_{NW}(i) = \frac{V_A(i)}{V_A(i) - V_L(i)} D_A(i) - \frac{V_L(i)}{V_A(i) - V_L(i)} D_L(i) \ .$$

In der Praxis interessiert man sich dann für die absolute Differenz der Unternehmensüberschüsse, die durch eine sofortige Zinsänderung hervorgerufen wird, relativ zum Barwert der vorhandenen Kapitalanlagen. Zur Berechnung verwenden wir die Taylorapproximation und erhalten näherungsweise

$$\frac{NW(i) - NW(i_0)}{V_A(i_0)} \approx \frac{NW(i_0) - NW(i_0) \frac{D_{NW}(i_0)}{1+i_0}(i - i_0) - NW(i_0)}{V_A(i_0)} \ .$$

Setzen wir nun die Formeln für $D_{NW}(i)$ und $NW(i_0)$ ein, so erhalten wir zunächst

$$\frac{NW(i) - NW(i_0)}{V_A(i_0)} \approx \frac{-(V_A(i) - V_L(i)) \frac{V_A(i_0)D_A(i_0)-V_L(i_0)D_L(i_0)}{(1+i_0)(V_A(i)-V_L(i))}(i - i_0)}{V_A(i_0)} \ .$$

und schließlich

$$\frac{NW(i) - NW(i_0)}{V_A(i_0)} \approx -\left(D_A(i) - \frac{V_L(i)}{V_A(i_0)} D_L(i)\right) \frac{i - i_0}{1 + i_0} \ .$$

Der geklammerte Ausdruck wird als **Durationslücke**, englisch **duration gap**, bezeichnet:

$$\boxed{D_{\mathrm{gap}}(i) = D_A(i) - \frac{V_L(i)}{V_A(i)} D_L(i)} \ .$$

Nehmen wir einmal an, dass die anfänglichen Barwerte der Zahlungsverpflichtungen und Kapitalanlagen gleich sind, also $V_A(i_0) = V_L(i_0)$. Dann ist die Durationslücke $D_{gap}(i_0)$ positiv, wenn die Duration der Anlagen die der Verpflichtungen übersteigt, wenn also $D_A(i_0) > D_L(i_0)$ ist. Wenn nun der Zinssatz steigt, verlieren die Kapitalanlagen mehr an Wert als die Verpflichtungen. Folglich vermindert sich der Überschuss. Fällt der Zinssatz hingegen, so steigt der Barwert der Kapitalanlagen stärker als der Barwert der Zahlungsverpflichtungen. Als direkte Folge wächst der Unternehmensüberschuss.

Ist die Durationslücke $D_{gap}(i_0)$ hingegen negativ, so bedeutet dieser Umstand, dass die Duration der Verpflichtungen die Duration der Anlagen übertrifft, $D_L(i_0) > D_A(i_0)$. Bei einer Anhebung des Zinssatzes, verlieren die Kapitalanlagen weniger an Wert als die Zahlungsverpflichtungen, der Unternehmensüberschuss steigt also. Bei einer Senkung des Zinssatzes hingegen, steigt der Barwert der Verpflichtungen stärker als der Barwert der Anlagen. In diesem Fall sinkt der Überschuss.

Wenn zum einen die Durationen gleich sind, $D_A(i_0) = D_L(i_0)$, und zum Anderen auch die Barwerte gleich sind, $V_A(i_0) = V_L(i_0)$, dann ist die Durationslücke gleich null. Die Überschüsse des Unternehmens ändern sich folglich nicht bei einer Zinsänderung. Diese Erkenntnis ist konsistent mit unseren Erkenntnissen zur Immunisierung, insbesondere dem Duration Matching.

Die Durationslücke spielt insbesondere für aufsichtsrechtliche Vorgaben hinsichtlich des Eigenkapitals von Unternehmen in der Finanzdienstleistungsbranche eine wichtige Rolle. Lebensversicherungsunternehmen weisen in der Regel eine negative Durationslücke auf, denn die Duration der Versicherungsverpflichtungen für Altersrenten übersteigt die Duration selbst langlaufender festverzinslicher Wertpapiere am Markt.

Beispiel

Ein Lebensversicherungsunternehmen habe Kapitalanlagen im Barwert von 520 Millionen Euro und erwartete Zahlungsverpflichtungen im Barwert von 500 Millionen Euro. Dann beträgt der aktuelle Unternehmensüberschuss 20 Millionen Euro. Der Marktzinssatz betrage 4 %. Die Duration der Versicherungsverpflichtungen sei 23,41 Jahre, die der Anlagen 13,17 Jahre. Die Durationslücke ist folglich

$$D_{gap}(0{,}04) = 13{,}17 - \frac{500.000.000}{520.000.000} 23{,}41 = -9{,}34 \,.$$

Sollte der Zinssatz auf 3 % fallen, dann ist näherungsweise

$$\frac{NW(0{,}03) - NW(0{,}04)}{V_A(0{,}04)} \approx -(-9{,}34)\frac{0{,}03 - 0{,}04}{1 + 0{,}04} = -0{,}0898 \,.$$

Der Unternehmensüberschuss sinkt dann also näherungsweise um 8,98 % relativ zu den Kapitalanlagen im Wert von 520 Millionen Euro. Der Überschuss fällt also um etwa 46,7 Millionen Euro auf $-26{,}7$ Millionen Euro. Damit wäre das Unternehmen unterfinanziert.

Es bleibt zu betonen, dass die Definition der Durationslücke auf der ungenauen Taylorapproximation des Kurswerts beruht. Mit Hilfe der verbesserten Approximation lassen sich die Barwerte der Kapitalanlagen und Zahlungsverpflichtungen genauer abschätzen:

$$V_A\,(i) \approx V_A\,(i_0) \left(\frac{1+i_0}{1+i}\right)^{D_A(i_0)}$$

$$V_L\,(i) \approx V_L\,(i_0) \left(\frac{1+i_0}{1+i}\right)^{D_L(i_0)}.$$

Damit lässt sich auch die Näherung der Überschüsse verbessern:

$$NW\,(i) = V_A\,(i) - V_L\,(i) \approx V_A\,(i_0) \left(\frac{1+i_0}{1+i}\right)^{D_A(i_0)} - V_L\,(i_0) \left(\frac{1+i_0}{1+i}\right)^{D_L(i_0)}.$$

Beispiel
In Fortsetzung des obigen Beispiels berechnen wir den neuen Überschuss auf der Grundlage der verbesserten Approximation. Die neuen Barwerte der Kapitalanlagen und Zahlungsverpflichtungen sind bei der genannten Zinssenkung von 4 % auf 3 % näherungsweise

$$V_A\,(0{,}03) \approx 520.000.000 \left(\frac{1+0{,}04}{1+0{,}03}\right)^{-13{,}17} = 590.562.917$$

$$V_L\,(0{,}03) \approx 500.000.000 \left(\frac{1+0{,}04}{1+0{,}03}\right)^{-23{,}41} = 626.904.009.$$

Daraus folgt für den approximierten Überschuss

$$NW\,(0{,}03) \approx 590.562.917 - 626.904.009 = -36.341.092.$$

Der Unternehmensüberschuss fällt näherungsweise auf $-36{,}3$ Millionen Euro, das heißt um 56,3 Millionen Euro. Diese Reduktion um 56,3 Millionen Euro entspricht 10,83 % der Kapitalanlagen im Wert von 520 Millionen Euro. Auf der Grundlage der verbesserten Approximation fällt der Unternehmensverlust deutlich höher aus.

2.4 Formelsammlung für Zinsanleihen

Die wichtigsten Formeln für Zinsanleihen sind an dieser Stelle zusammengefasst.

Bezeichnung	Symbol	Formel
Kurswert einer Zinsanleihe nach der Standardformel	$P_0(i)$	$Z\, a_{\overline{n}\rceil} + P_n v^n$
Kurswert einer Zinsanleihe nach der Aufschlag-Abschlag-Formel	$P_0(i)$	$P_n + (Z - iP_n)\, a_{\overline{n}\rceil}$
Kurswert einer Zinsanleihe nach der Makeham-Formel	$P_0(i)$	$\dfrac{c}{i}\,(P_n - P_n v^n) + P_n v^n$
Duration als Kompensationsdauer	$D_0(i)$	$-(1+i)\,\dfrac{P_0'(i)}{P_0(i)}$
Duration als Mittelwert der Zahlungszeitpunkte	$D_0(i)$	$\dfrac{\sum\limits_{k=1}^{n} k Z_k (1+i)^{-k}}{\sum\limits_{k=1}^{n} Z_k (1+i)^{-k}}$
Duration einer Zinsanleihe	$D_0(i)$	$\dfrac{1+i}{i} - \dfrac{1+i+n(c-i)}{c((1+i)^n - 1) + i}$
Duration eines Par-Bonds	$D_0(i)$	$\dfrac{1+i}{i} - \dfrac{1+i}{i(1+i)^n}$
Duration der endlichen nachschüssigen Rente	$D_0(i)$	$\dfrac{1+i}{i} - \dfrac{n}{(1+i)^n - 1}$
Duration der unendlichen nachschüssigen Rente	$D_0(i)$	$\dfrac{1+i}{i}$
Approximation des Kurswerts nach Taylor	$P_0^{\mathrm{T}}(i)$	$P_0(i_0) - P_0(i_0)\,\dfrac{D_0(i_0)}{1+i_0}\,(i - i_0)$
Verbesserte Approximation des Kurswerts	$P_0^{\mathrm{app}}(i)$	$P_0(i_0)\left(\dfrac{1+i_0}{1+i}\right)^{D_0(i_0)}$
Basispunktwert nach Definition	$W_0(i)$	$P_0'(i) \cdot \dfrac{1}{10.000}$
Basispunktwert gemäß Berechnungsformel	$W_0(i)$	$\dfrac{1}{10.000} \sum\limits_{k=1}^{n} -k Z_k (1+i)^{-k-1}$
Konvexität nach Definition	$C_0(i)$	$\dfrac{P_0''(i)}{P_0(i)}$
Konvexität gemäß Berechnungsformel	$C_0(i)$	$\dfrac{\sum\limits_{k=1}^{n} k(k+1) Z_k (1+i)^{-k}}{(1+i)^2 \sum\limits_{k=1}^{n} Z_k (1+i)^{-k}}$
Dispersion nach Definition	$M_0^2(i)$	$\dfrac{\sum\limits_{k=1}^{n} (k - D_0(i))^2 Z_k (1+i)^{-k}}{\sum\limits_{k=1}^{n} Z_k (1+i)^{-k}}$
Dispersion gemäß DDK-Identität	$M_0^2(i)$	$(1+i)^2 C_0(i) - D_0^2(i) - D_0(i)$

Bezeichnung	Symbol	Formel
Theta nach Definition	Θ	$\dfrac{\ln\left(1+i\right)P_t}{365}$
Theta gemäß Berechnungsformel	Θ	$\dfrac{\ln\left(1+i\right)}{365}\displaystyle\sum_{k=[n-\tau]+1}^{n} Z_k\left(1+i\right)^{n-\tau-k}$
Durationslücke	$D_{\text{gap}}\left(i\right)$	$D_A\left(i\right)-\dfrac{V_L\left(i\right)}{V_A\left(i\right)}D_L\left(i\right)$

2.5 Aufgaben zu Zinsanleihen

A 2.1 Gegeben sei eine Nullkuponanleihe mit drei Jahren Laufzeit zum Kurs 92,86. Berechnen Sie die interne Rendite!

A 2.2 Eine zehnjährige Nullkuponanleihe sei zu 74,41 notiert. Was ist der Kurs einer zehnjährigen Zinsanleihe mit Kuponhöhe 2?

A 2.3 Gegeben sei eine Nullkuponanleihe mit fünf Jahren Laufzeit zum Kurs 84,19 sowie eine fünfjährige Kuponanleihe zum Kurs 97,74. Berechnen Sie die Kuponhöhe!

A 2.4 Für ein Portfolio stehen zwei Nullkuponanleihen zur Verfügung zum Nennwert von je 100 €. Die erste habe eine Laufzeit von einem Jahr mit Kurs 95,24 und die zweite habe eine Laufzeit von 2 Jahren und sei zu 85,74 notiert.
a) Wie hoch sind die internen Renditen der beiden Anleihen?
b) Wie müsste ein Anleger ein Portfolio im Wert von 1.000.000 € aus diesen beiden Anleihen zusammensetzen, um eine Gesamtrendite von 7 % zu erzielen?

A 2.5 Gegeben sei ein festverzinsliches Wertpapier mit Kuponrate 6 % und einer Laufzeit von 3 Jahren. Wie hoch darf der Kurs maximal sein, um eine interne Rendite von mindestens 5 % zu erreichen?

A 2.6 Angenommen, Sie betrachten die Kursnotizen von Anleihen für einen Nennwert von jeweils 100 und Rücknahme zu je 100. Welche Anleihen sind definitiv falsch bewertet?

Anleihe	Kurs P_0	Kupon Z	Rendite i
A	94	3	4 %
B	96	4	3 %
C	104	3	2 %
D	105	0	5 %
E	103	2	3 %
F	100	1	1 %

A 2.7 Gegeben sei eine Nullkuponanleihe mit Laufzeit von 7 Jahren zum Emissionskurs von 75,99. Der Marktzinssatz sei 4 %. Nach einer Haltedauer von genau vier Jahren möchte der Investor die Anleihe verkaufen. Die Marktzinsen seien nun auf 2 % gefallen.
a) Wie hoch ist der aktuelle Kurs?
b) Welche effektive Verzinsung hat der Anleger erzielt?

A 2.8 Gegeben sei eine zweijährige Nullkuponanleihe zum Kurs 97,65 sowie eine zweijährige Zinsanleihe mit Kuponhöhe 2 zum Kurs 101,58. Berechnen Sie den Kurs einer einjährigen Nullkuponanleihe!

A 2.9 Folgende festverzinsliche Wertpapiere seien gegeben: Anleihe A ist ein einjähriger Nullkupon mit Kurswert 91,80; Anleihe B ist eine zweijährige Anleihe mit Kuponhöhe 10 und Kurswert 103,95 und Anleihe C ist ein zweijähriger Nullkupon mit Kurswert 90. Wie lässt sich ein Arbitragegewinn erzielen?

A 2.10 Am Markt gebe es zwei Zinsanleihen: erstens, eine einjährige Anlage mit Kuponhöhe fünf und Kurs zu pari und zweitens, eine zweijährige Anleihe mit Kuponhöhe acht und Kursnotation ebenfalls zu pari. Es soll eine zweijährige Nullkuponanleihe in den Markt emittiert werden, sodass Arbitrage vermieden wird. Welche Rendite und welchen Emissionskurs hat dann dieser Zerobond?

A 2.11 Gegeben seien ein einjähriger, ein zweijähriger und ein dreijähriger Nullkupon mit den Kurswerten 96,15; 93,35; und 91,51. Außerdem gebe es eine Zinsanleihe mit drei Jahren Restlaufzeit und Kuponrate von 2,5 %. Was ist der faire Kurs dieser Anleihe?

A 2.12 Ein Unternehmen habe vor einiger Zeit eine zehnjährige Anleihe mit Kupon 4 auf den Markt gebracht. Wie hoch ist der Kurswert zwei Jahre vor der Rückzahlung – unmittelbar vor und unmittelbar nach der Kuponzahlung? Der Marktzinssatz sei 3,5 %.

A 2.13 Gegeben sei eine festverzinsliche Anleihe zum Nennwert 100 mit Kuponrate von 6,5 % und einer Restlaufzeit von 15 Monaten. Die Anleihe sei an der Börse zu pari notiert.
a) Berechnen Sie die Stückzinsen und daraus den Erwerbskurs unter Berücksichtigung des Börsenkurses!
b) Berechnen Sie direkt den zu zahlenden Erwerbspreis mit Hilfe des Marktzinssatzes von 6,5 % pro Jahr!
c) Welche Rendite hat diese Anleihe? Begründen Sie Ihre Aussage durch einen Vergleich der Ergebnisse aus Teil a) und b) ohne weitere Rechnungen vorzunehmen!

A 2.14 Gegeben sei eine festverzinsliche Anleihe zum Nennwert 100 mit Kuponrate von 4,5 % und einer Laufzeit von 10 Jahren. Der Emissionskurs sei 88,96. Die interne Rendite sei 6,0 %.
a) Berechnen Sie den Rücknahmekurs!

Das Wertpapier werde nach genau 2,5 Jahren zu einem Kurswert verkauft, der dem Käufer eine Rendite von 6,5 % gibt.

b)   Berechnen Sie die Stückzinsen!

c)   Zu welchem Börsenkurs wird die Anleihe verkauft?

A 2.15 Betrachten Sie eine Zinsanleihe mit Kuponhöhe 7, Restlaufzeit 15 Jahre und interner Rendite von 7,5 %. Berechnen Sie

a)   die Kompensationsdauer für eine Zinssatzänderung um $\Delta = \pm 0,01$!

b)   die Kompensationsdauer für eine infinitesimale Zinsänderung!

A 2.16 Betrachten Sie eine Zinsanleihe mit 7 Jahren Laufzeit und 7 % interne Rendite. Die Duration sei 6,0125. Berechnen Sie die Kuponhöhe!

A 2.17 Gegeben sei eine Zinsanleihe mit fünf Jahren Laufzeit und 10 % interne Rendite. Nehmen Sie an, dass die Kuponhöhe nach unten durch Null und nach oben durch den Rücknahmekurs begrenzt ist. Welche Werte für die Duration sind dann möglich?

A 2.18 Leiten Sie für den allgemeinen Fall die Durationsformel einer endlichen nachschüssigen Rente her: $D_0\,(i) = \frac{1+i}{i} - \frac{n}{(1+i)^n - 1}$.

A 2.19 Leiten Sie anhand der Definition der Duration die Durationsformel einer ewigen nachschüssigen Rente her: $D_0\,(i) = \frac{1+i}{i}$.

A 2.20 Weisen Sie nach, dass die Duration einer beliebigen Zinsanleihe mit Nennwert und Rücknahmekurs 100 durch $D_0\,(i) = \frac{1+i}{i} - \frac{1+i+n(c-i)}{c\big((1+i)^n - 1\big) + i}$ berechnet werden kann.

A 2.21 Berechnen Sie auf zwei verschiedenen Wegen die Duration eines Zerobonds.

A 2.22 Einem Investor stehen zwei Zinsanleihen zur Verfügung: Anleihe A habe den Kurswert 98 und die Duration 2; Anleihe B habe den Kurswert von 102 und die Duration 5. Der Investor möchte insgesamt 5.000 € investieren und eine Duration von 3 erreichen. Wie viele Anteile zum Nennwert von je 100 € werden dazu von jeder Anleihe gekauft?

A 2.23 Ein Anleger habe einen Planungshorizont von 5 Jahren und möchte über diesen Zeitraum 500.000 € anlegen. Der Marktzinssatz betrage 5 %. Zur Auswahl stehen zwei endfällige Kuponanleihen mit Rücknahmekurs 100: Kupon 4 und Restlaufzeit 4 Jahre (Anleihe A) einerseits sowie Kupon 6 und Restlaufzeit 10 Jahre (Anleihe B) andererseits. Wie muss das Budget auf diese beiden Wertpapiere aufgeteilt werden, um gegen eine unmittelbar nach Kauf stattfindende kleine Zinsschwankung immun zu sein?

A 2.24 Ein Versicherungsunternehmen habe in genau zehn Jahren eine Zahlung in Höhe von 100.000 € zu leisten. Dazu soll ein Portfolio aus festverzinslichen Wertpapieren gebildet werden. Anleihe A habe eine Kuponrate von 5 % und eine Restlaufzeit von 9 Jahren; Anleihe B sei ein Zerobond mit Restlaufzeit 12 Jahren. Der Einfachheit halber seien beide Anleihen beliebig teilbar. Der aktuelle Marktzinssatz sei 3 %.

a)   Berechnen Sie die aktuellen Kurse und geben Sie die Durationen an!

b)   Berechnen Sie dasjenige Portfolio aus den beiden Anleihen, welches am Stichtag mindestens 100.000 € wert ist!

A 2.25 Ein Investor besitze ein Portfolio aus zehn verschiedenen Zinsanleihen im Marktwert von insgesamt 200.000 € und der Duration von genau 4 Jahren. Anleihe 1 habe eine Duration von 2 Jahren, Anleihe 2 eine Duration von 6 Jahren. Über die restlichen Anleihen sei nichts bekannt. Angenommen, der Investor möchte die Duration des Portfolios um genau ein Jahr erhöhen und den gesamten Anlagewert konstant halten. Wie kann dieses Vorhaben realisiert werden?

A 2.26 Ein Lebensversicherer habe Rückstellungen für zukünftige Rentenverpflichtungen über die nächsten 70 Jahre im Gesamtbarwert in Höhe von 5,7 Milliarden Euro gebildet. Die Duration der zukünftigen Zahlungen sei 27,37 Jahre. Das Unternehme habe mit dem Rechnungszinssatz in Höhe von 1,25 % pro Jahr gerechnet. Approximieren Sie die Reserveänderung bei einer Zinssenkung auf 0,9 % pro Jahr!

A 2.27 Gegeben sei eine Zinsanleihe mit Kuponrate 5 %, Restlaufzeit 10 Jahre und interner Rendite 3 %. Vergleichen Sie mit Hilfe der Duration für eine Zinssatzanhebung um einen Prozentpunkt den resultierenden Näherungskurs nach der Taylorformel einerseits sowie nach der verbesserten Approximation andererseits jeweils mit dem exakten Kurs!

A 2.28 Ein Lebensversicherungsunternehmen habe Zahlungsverpflichtungen von jährlich nachschüssig 100 Millionen Euro für die nächsten 20 Jahre. Für die Kapitalanlage stehen Nullkuponanleihen mit Restlaufzeiten von fünf und 20 Jahren zur Verfügung.

a)   Berechnen Sie den Barwert $V_L(i)$ der Verpflichtungen zum Zinssatz $i = 0{,}025$!

b)   Berechnen Sie die Duration $D_L(i)$!

c)   Berechnen Sie den zu haltenden Nennwert der beiden Anleihen für das Duration Matching der Kapitalanlage!

A 2.29 Es sei $D_L(i)$ die Duration der Zahlungsverpflichtungen und $D_A(i)$ die Duration der Kapitalanlagen. Zeigen Sie, dass die Durationen genau dann identisch sind, das heißt, es ist $D_L(i) = D_A(i)$ genau dann, wenn die Ableitung des asset liability ratios verschwindet, das heißt, wenn

$$\frac{d}{di}\left(\frac{V_A(i)}{V_L(i)}\right) = 0$$

gilt!

Literaturhinweise zu Zinsanleihen

1. Adelmeyer, M., Warmuth, E.: Finanzmathematik für Einsteiger, 2. Aufl. Vieweg+Teubner Verlag (2005)

2. Albrecht, P.: Grundprinzipien der Finanz- und Versicherungsmathematik. Schäffer Poeschel Verlag (2007)

3. Albrecht, P., Maurer, R.: Investment- und Risikomanagement, 4. Aufl. Schäffer Poeschel Verlag (2016)

4. Biermann, B.: Die Mathematik von Zinsinstrumenten, 2. Aufl. Oldenbourg Verlag (2002)

5. Bodie, Z., Kane, A., Marcus, A.J.: Investments, 10. Aufl. McGraw-Hill Education (2014)

6. Bühlmann, N., Berliner, B.: Einführung in die Finanzmathematik Band 1. UTB für Wissenschaft (1997)

7. Chan, W.-S., Tse, Y.-K.: Financial Mathematics for Actuaries, 2. Aufl. Mc Graw Hill Education (2013)

8. Deutsch, H.P.: Derivate und interne Modelle, 5. Aufl. Schäffer Poeschel (2014)

9. Garret, S.J.: An Introduction to the Mathematics of Finance, 2. Aufl. Butterworth-Heinemann (2013)

10. Grundmann, W., Luderer, B.: Finanzmathematik, Versicherungsmathematik, Wertpapieranalyse: Formeln und Begriffe, 3. Aufl. Vieweg+Teubner Verlag (2009)

11. Heidorn, T.: Finanzmathematik in der Bankpraxis, 6. Aufl. Gabler Verlag (2009)

12. Hull, J.C.: Optionen, Futures und andere Derivate, 9. Aufl. Pearson Studium (2015)

13. Luderer, B.: Starthilfe Finanzmathematik, 4. Aufl. Springer Spektrum Verlag (2015)

14. Luderer, B.: Mathe, Märkte und Millionen. Springer Spektrum Verlag (2013)

15. Müller, T.: Finanzrisiken in der Assekuranz. Springer Gabler (2012)

16. Pfeifer, A.: Praktische Finanzmathematik, 5. Aufl. Europa Lehrmittel Verlag (2009)

17. Pfeifer, A.: Finanzmathematik Das große Aufgabenbuch. Europa Lehrmittel Verlag (2015)

Zinsmodelle 3

In den beiden vorherigen Kapiteln waren wir der Einfachheit halber stets davon ausgegangen, dass ein und derselbe konstante Zinssatz zur Verzinsung sämtlicher Zahlungen anzuwenden sei. In der Praxis zeigt sich jedoch, dass die geltende Zinsrate von der Laufzeit des Geldgeschäfts abhängt. Gegenstand dieses Kapitels ist deshalb zunächst die Verallgemeinerung der Zinsrechnung auf laufzeitabhängige Zinssätze. Dazu führen wir eine Reihe von Begriffen und Konzepten ein. Insbesondere gehen wir darauf ein, wie die genannten Zinssätze aus Marktdaten hergeleitet werden können. In diesem Zusammenhang spielt das Arbitrageprinzip eine wesentliche Rolle. Außerdem verallgemeinern wir das Konzept der Duration, mit deren Hilfe es möglich ist, die Auswirkung einer beliebigen Änderung der Zinsstruktur auf den Barwert eines gegebenen Zahlungsstroms zu approximieren.

Im zweiten Teil dieses Kapitels beschäftigen wir uns mit der Tatsache, dass sich Zinssätze zufällig ändern. Dazu stellen wir einige Prognosetechniken vor, die in der Praxis verwendet werden, um die zukünftige Struktur der laufzeitabhängigen Zinssätze zu modellieren. Eine tiefgehende Analyse stochastischer Zinsmodelle liegt jedoch außerhalb des Rahmens dieser einführenden Lektüre. Deterministische und stochastische Szenarienanalysen bilden die Grundlage unserer Überlegungen. Daran schließen sich einfache Verteilungsmodelle an. Darüber hinaus geben wir eine knapp gehaltene Einführung in stochastische Differentialgleichungen und skizzieren zwei Gleichgewichtsmodelle: das Vasicek-Modell sowie das Cox-Ingersoll-Ross-Modell. Zu guter Letzt diskutieren wir Binomialbäume und stellen die Grundzüge zweier Arbitragemodelle vor: das Ho-Lee-Modell und das Hull-White-Modell.

3.1 Zinsstruktur

Bislang haben wir für alle unseren finanzmathematischen Berechnungen einen einheitlichen Zinssatz verwendet. Tatsächlich stellt man jedoch fest, dass diese theoretische Vereinfachung nicht der Realität entspricht: Kürzere Laufzeiten für die Überlassung von

© Springer Fachmedien Wiesbaden GmbH 2017

K.M. Ortmann, *Praktische Finanzmathematik*, Studienbücher Wirtschaftsmathematik,
DOI 10.1007/978-3-658-13834-9_3

Kapital weisen in der Regel eine andere Verzinsung aus als längere Laufzeiten. Wir wollen uns deshalb im Folgenden der Abhängigkeit des Zinssatzes von der Kapitalanlagedauer widmen.

3.1.1 Kassazinssätze

Um die Laufzeitabhängigkeit des Zinssatzes zu erfassen, beginnen wir mit einer Definition. Es sei i_k der jährliche Zinssatz für Geldanlagen mit einer Laufzeit von 0 bis $k \in \mathbb{N}$. Dann bezeichnet man i_k als **fristigkeitsabhängigen Zinssatz** mit Laufzeit k oder auch als **Kassazinssatz**, englisch **spot rate**.

Wichtig ist in diesem Zusammenhang, dass die Überlassung von Kapital sofort beginnen möge. Die Laufzeit sei eine positive ganzzahlige Anzahl von Zinsperioden. Üblicherweise betrachten wir dazu ganze Kalenderjahre. Man beachte außerdem, dass die Verzinsung auf ein volles Jahr bezogen wird.

Beispiel

Wir betrachten die folgenden fristigkeitsabhängigen Zinssätze:

Laufzeit	1	2	3	4	5
Kassazinssatz	i_1	i_2	i_3	i_4	i_5
Wert	0,5 %	0,8 %	1,0 %	1,1 %	1,2 %

Aus einer Geldanlage von 100 € über ein Jahr werden 100,50 €, denn die Zinsen betragen 50 Cent: $100 \cdot 0{,}005 = 0{,}50$. Wird das Kapital für fünf Jahre fest angelegt, so ist der zugehörige jährliche Zinssatz 1,2 %. Aus 100 € werden somit nach Ablauf von fünf Jahren 106,15 €, denn $100 \cdot 1{,}012^5 = 106{,}15$.

Fristigkeitsabhängige Zinssätze stehen in direktem Bezug zu Renditen für Nullkuponanleihen. Denn die Laufzeit einer Nullkuponanleihe ist gleich der Dauer der Geldanlage. Der Kassazinssatz i_k für eine gewisse Laufzeit von 0 bis k ist somit gleich der internen Rendite des Zerobonds mit eben jener Anlagedauer k. Aus der Kenntnis der Kurse von Nullkuponanleihen mit verschiedenen Laufzeiten können also die zugehörigen Kassazinssätze berechnet werden.

Beispiel

Es seien drei Nullkuponanleihen gegeben:
- Anleihe 1: Laufzeit ein Jahr, Kurs: 97,56

- Anleihe 2: Laufzeit zwei Jahre, Kurs: 92,45
- Anleihe 3: Laufzeit drei Jahre, Kurs: 86,38

Dann berechnen wir die Kassazinssätze aus den Renditen dieser Zerobonds:

$$i_1 = \frac{100}{97,56} - 1 = 0,025$$

$$i_2 = \sqrt{\frac{100}{92,45}} - 1 = 0,040$$

$$i_3 = \sqrt[3]{\frac{100}{86,38}} - 1 = 0,050 .$$

Der jährliche Zinssatz für eine einjährige Kapitalanlage ist 2,5 %; wird das zur Verfügung stehende Geld für drei Jahre fest angelegt, so ist der jährliche Zinssatz 5,0 %

3.1.2 Terminzinssätze

Neben den Kassazinssätzen für verschiedene Laufzeiten interessiert man sich in der Praxis auch für die daraus abgeleiteten, zukünftigen, einjährigen Zinssätze. Der jährliche Zinssatz f_k über den Zeitraum von $[k - 1, k)$ wird als **Terminzinssatz**, englisch **forward rate** bezeichnet.

Terminzinssätze werden in der Praxis üblicherweise für eine einjährige Kapitalanlagedauer angegeben. Sie können aus den aktuellen Kassazinssätzen abgeleitet werden. Man nennt sie deshalb **implizite Terminzinssätze**. Der folgende Zeitstrahl verdeutlicht den Zusammenhang zwischen Kassazinssätzen und Terminzinssätzen.

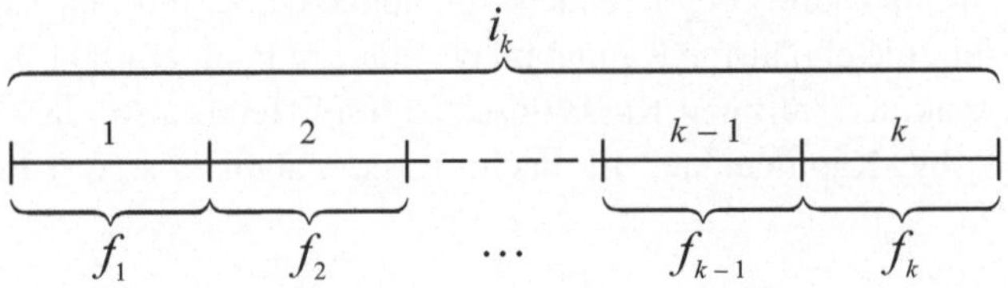

Nach dem Äquivalenzprinzip gilt somit

$$(1 + i_k)^k = (1 + f_1) \cdot (1 + f_2) \cdot \ldots \cdot (1 + f_k)$$

und daraus folgt für den Kassazinssatz

$$\boxed{i_k = \sqrt[k]{(1 + f_1) \cdot (1 + f_2) \cdot \ldots \cdot (1 + f_k)} - 1} .$$

Sind umgekehrt die spot rates gegeben, so betrachten wir den rekursiven Zusammenhang mit den forward rates, der sich ebenfalls anhand eines Zeitstrahls illustrieren lässt.

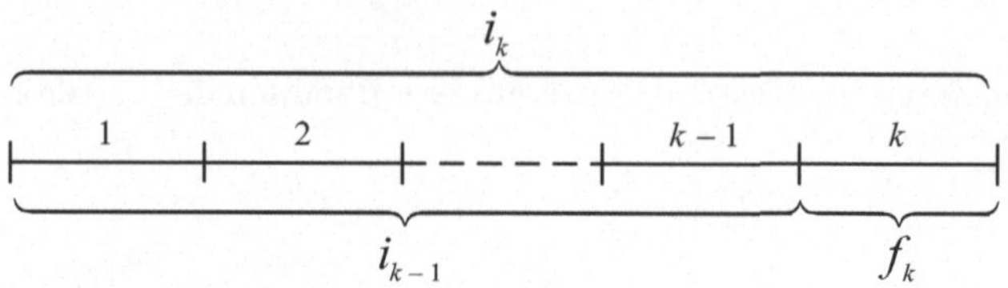

Es gilt also nach dem Äquivalenzprinzip

$$(1 + i_k)^k = (1 + i_{k-1})^{k-1} (1 + f_k)$$

und daraus folgt

$$\boxed{\; f_k = \frac{(1 + i_k)^k}{(1 + i_{k-1})^{k-1}} - 1 \;} \; .$$

Beispiel

Der Kassazinssatz für eine Zinsanleihe mit einem Jahr Laufzeit sei 8 %. Der jährliche Zinssatz für eine Zinsanleihe mit zwei Jahren Laufzeit sei 9 %. Also sind $i_1 = 0{,}08$ und $i_2 = 0{,}09$. Daraus können wir nun die impliziten Terminzinssätze berechnen. Es ist nämlich

$$f_1 = i_1 = 0{,}08$$

$$f_2 = \frac{(1 + i_2)^2}{(1 + i_1)^1} - 1 = \frac{1{,}09^2}{1{,}08} - 1 = 0{,}10 \; .$$

Der Zinssatz für eine sofort beginnende Kapitalanlage über ein Jahr ist i_1, also 8 %. Der Zinssatz für eine einjährige Kapitalanlage, die erst in einem Jahr beginnt, ist f_2, also 10 %. Die aktuell gültigen Kassazinssätze implizieren also, dass der Zinssatz für eine einjährige Kapitalanlage im nachfolgenden Jahr um zwei Prozentpunkte höher sein wird.

Terminzinssätze finden ihre besondere praktische Bedeutung bei sogenannten **Forward Darlehen**. Dazu werden die Konditionen eines zukünftigen Kredits vorzeitig fest vereinbart. Dadurch erhält der Schuldner die Möglichkeit, sich die aktuell gültigen Zinssätze für einen zukünftigen Kredit zu sichern. Im privaten Kontext werden Forward Darlehen als aufgeschobene Annuitätendarlehen für die Immobilienfinanzierung in Anspruch genommen. Dabei fallen allerdings zusätzliche Kosten an, die wir an dieser Stelle allerdings nicht näher diskutieren wollen.

Beispiel

Ein Unternehmen habe einen Finanzierungsbedarf von 10 Millionen Euro in genau zwei Jahren. Die Laufzeit des endfälligen Darlehens soll fünf Jahre betragen. Die Zinsstruktur sei durch die Folge (0,03; 0,035; 0,04; 0,044; 0,047; 0,049; 0,05) gegeben. Dann berechnen wir zunächst die impliziten Terminzinssätze:

$$f_1 = 0{,}030$$

$$f_2 = \frac{1{,}035^2}{1{,}03} - 1 = 0{,}040$$

$$f_3 = \frac{1{,}04^3}{1{,}035^2} - 1 = 0{,}050$$

$$f_4 = \frac{1{,}044^4}{1{,}04^3} - 1 = 0{,}056$$

$$f_5 = \frac{1{,}047^5}{1{,}044^4} - 1 = 0{,}059$$

$$f_6 = \frac{1{,}049^6}{1{,}047^5} - 1 = 0{,}059$$

$$f_7 = \frac{1{,}05^7}{1{,}049^6} - 1 = 0{,}056 \; .$$

Für den endfälligen Kredit gilt die Äquivalenzgleichung

$$K_7 = K_2 \,(1 + f_3)\,(1 + f_4)\,(1 + f_5)\,(1 + f_6)\,(1 + f_7) \; .$$

Mit $K_2 = 10.000.000$ folgt daraus

$$K_7 = 10.000.000 \cdot 1{,}05 \cdot 1{,}056 \cdot 1{,}059 \cdot 1{,}059 \cdot 1{,}056 = 13.135.433{,}01 \; .$$

Aufgrund der aktuellen Zinsstruktur kann das Unternehmen die Konditionen für den zukünftigen Kredit fest vereinbaren. Die endfällige Rückzahlung beträgt 13.135.433,01 €.

Ein endfälliges Forward Darlehen lässt sich für die praktische Anwendung durch Zinsanleihen replizieren. In diesem Zusammenhang ergeben sich die zugehörigen Zahlungen durch Überlegungen zur Vermeidung von Arbitrage.

Institutionelle Anbieter haben die Möglichkeit, Zinsanleihen zu emittieren, um so einen Kredit am Kapitalmarkt aufzunehmen. Soll die Rückzahlung in n Jahren erfolgen, so wird eine Nullkuponanleihe mit n Jahren Laufzeit emittiert. Zusätzlich wird ein Zerobond mit k

Jahren Laufzeit gekauft, wenn der Kredit erst in k Jahren aufgenommen werden soll. Das folgende Beispiel illustriert die kongruente Konstruktion des replizierenden Portfolios.

Beispiel

Als Fortsetzung des vorherigen Beispiels ist der Kurs einer siebenjährigen Nullkuponanleihe mit Rücknahmekurs 100:

$$P_0^A = 100 \, (1 + i_7)^{-7} = 100 \cdot 1{,}05^{-7} = 71{,}07$$

sowie der Kurs eines zweijährigen Zerobonds:

$$P_0^B = 100 \, (1 + i_2)^{-2} = 100 \cdot 1{,}035^{-2} = 93{,}35 \; .$$

Zu Beginn von Jahr zwei gebe es den Finanzierungsbedarf in Höhe von zehn Millionen Euro. Dazu werden 100.000 Stück von Anleihe B gekauft, deren Rückzahlung zum Zeitpunkt $t = 2$ gleich der geforderten Kredithöhe ist. Die sofortigen Kosten dafür betragen 9.335.000 €. Um diesen Betrag zu zu decken, werden 131.349,37 Stück von Anleihe A emittiert, denn $131.349{,}37 \cdot 71{,}07 = 9.335.000$. Die folgende Tabelle verdeutlicht die resultierenden Zahlungen für das Unternehmen zu den Zeitpunkten 0, 2 und 7:

Zeitpunkte	Anleihe A	Anleihe B	Anleiheportfolio $100.000 \cdot A - 131.349{,}37 \cdot B$
$t = 0$	93,35	71,07	$-100.000 \cdot 93{,}35 + 131.349{,}37 \cdot 71{,}07 = 0$
$t = 2$	100	0	$100.000 \cdot 100 = 10.000.000$
$t = 7$	0	100	$-131.349{,}37 \cdot 100 = -13.134.937$

Somit ist die fällige Rückzahlung nach sieben Jahren 13.134.937 €. Die Differenz zum Ergebnis aus dem vorherigen Beispiel ist auf Rundungen der Kurswerte auf zwei Nachkommastellen zurückzuführen.

Anhand des Forward Darlehens wird ersichtlich, dass die aktuelle Zinsstruktur die Verzinsungskonditionen für zukünftige Kreditgeschäfte impliziert.

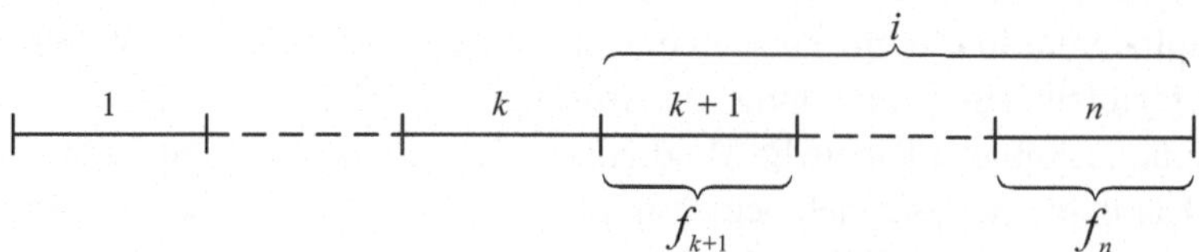

Wir berechnen die interne Rendite i des Kreditgeschäfts, welches in k Jahren beginnt, und eine Laufzeit von n Jahren hat, mittels der Terminzinssätze nach dem Äquivalenzprinzip:

$$i = \left(\prod_{j=k+1}^{n} (1 + f_j) \right)^{\frac{1}{n-k}} - 1 \,.$$

Setzen wir nun die Berechnungsformel für die einjährigen Terminzinssätze ein, so sehen wir, dass sich aufeinanderfolgende Aufzinsungsfaktoren aufheben:

$$
\begin{aligned}
i &= \left(\frac{(1 + i_{k+1})^{k+1}}{(1 + i_k)^k} \cdot \frac{(1 + i_{k+2})^{k+2}}{(1 + i_{k+1})^{k+1}} \cdot \ldots \cdot \frac{(1 + i_n)^n}{(1 + i_{n-1})^{n-1}} \right)^{\frac{1}{n-k}} - 1 \\
&= \left(\frac{(1 + i_n)^n}{(1 + i_k)^k} \right)^{\frac{1}{n-k}} - 1 \,.
\end{aligned}
$$

Die interne Rendite entspricht der impliziten Terminzinsrate über einen mehrjährigen Zeitraum. Alternativ kann sie als impliziter zukünftiger Kassazinssatz mit Laufzeit von $(n - k)$ Jahren, beginnend in k Jahren, aufgefasst werden. Folglich kann man schon vorab die implizite und konsistente Struktur der zukünftigen Kassazinssätze berechnen.

Beispiel
Als Fortsetzung des vorherigen Beispiels berechnen wir den effektiven Zinssatz aus der Gleichung

$$10.000.000 \, (1 + i)^5 = 13.135.433 \,.$$

Daraus folgt

$$i = \sqrt[5]{13{,}135433} - 1 = 0{,}0561 \,.$$

Diesen Wert kann man auch direkt, das heißt, ohne Zwischenergebnisse, berechnen:

$$i = \left(\frac{(1 + i_7)^7}{(1 + i_2)^2} \right)^{\frac{1}{7-2}} - 1 = \sqrt[5]{\frac{1{,}05^7}{1{,}035^2}} - 1 = 0{,}0561 \,.$$

Der in zwei Jahren gültige fristigkeitsabhängige Zinssatz für die Anlagedauer von fünf Jahren beträgt also 5,61 %. Das ist jedoch keine Prognose, sondern der mit der aktuellen Zinsstruktur verträgliche Wert für den zukünftigen Kassazinssatz.

3.1.3 Zinsänderungstheorien

Es gibt verschiedene wissenschaftliche Erklärungen für die Struktur der Kassazinssätze und die Veränderung derselben. Wie wir exemplarisch berechnet haben, implizieren mit der Laufzeit ansteigende Zinssätze gemäß $i_k > i_{k-1}$ für die zugehörigen Terminzinssätze, dass $f_k > i_k$, weil nämlich

$$f_k = \frac{(1 + i_k)^k}{(1 + i_{k-1})^{k-1}} - 1 > \frac{(1 + i_k)^k}{(1 + i_k)^{k-1}} - 1 = 1 + i_k - 1 = i_k \ .$$

Insbesondere ist somit der Terminzinssatz für eine in einem Jahr beginnende einjährige Kapitalanlage f_2 größer als der aktuell gültige Kassazinssatz i_1 für eine sofort beginnende einjährige Kapitalanlage.

Bei der Zinsänderungstheorie läuft die Denkweise nun genau anders herum. Ausgangspunkt für die Ermittlung der aktuell gültigen Struktur der Zinsen sind die Erwartungen bezüglich der Terminzinssätze in der Zukunft. Aus der Kenntnis aller zukünftigen einjährigen Zinssätze lassen sich nämlich die aktuell gültigen Kassazinssätze für längerfristige Kapitalanlagen ableiten. Besteht konkret die Erwartung, dass der Terminzinssatz für eine einjährige Kapitalanlage, die in einem Jahr beginnt, größer ist als der aktuelle Kassazinssatz für eine einjährige Geldanlage, also $f_2 > i_1$, so ergibt sich daraus für den aktuellen fristigkeitsabhängigen Zinssatz für zwei Jahre:

$$i_2 = \sqrt{(1 + f_1) \cdot (1 + f_2)} - 1 > \sqrt{(1 + i_1)^2} - 1 = i_1 \ .$$

Unter der genannten Erwartung des Anstiegs des einjährigen Zinssatzes in der Zukunft entsteht folglich eine normale Zinsstruktur in der Gegenwart, die dadurch gekennzeichnet ist, dass die Kassazinssätze als Funktion der Laufzeit steigen. Im umgekehrten Fall kann man analog argumentieren. Gilt nämlich $f_2 < i_1$, so folgt daraus $i_2 < i_1$.

In der Praxis gibt es besondere Umstände, die die Erwartungshaltung an sich verändernde Zinsen beeinflussen. Beispielsweise mag man aufgrund des bevorstehenden Eingreifens der Europäischen Zentralbank erwarten, dass die Zinsen fallen oder steigen. In der **Erwartungstheorie** variieren die Kurse beziehungsweise Renditen für kurz- und langlaufende Anleihen gemäß den Erwartungen bezüglich der Änderungen in den Terminzinssätzen.

Die reine Erwartungshaltung der Marktteilnehmer reicht jedoch nicht aus, um die Veränderung der Zinsstruktur im Verlauf der Zeit vollständig zu erklären. Die Differenz der kurzfristigen und langfristigen Kassazinssätze wird deshalb durch einen Aufschlag für das damit verbundene Ausfallrisiko des Emittenten in Verbindung gebracht. Diese Risikoprämie wird Laufzeitprämie oder Liquiditätsprämie genannt.

Obwohl eine Zinsanleihe vorzeitig verkauft werden kann, ist der zwischenzeitliche Verkaufskurs abhängig von der dann vorherrschenden Zinsstruktur und somit a priori unsicher. Mit einer lang laufenden Kapitalanlage, die nicht bis zum Ende der Laufzeit gehalten wird, ist somit das Kurswertrisiko verbunden. Die Anleihe kann nur mit einer gewissen Unsicherheit hinsichtlich des Kurswerts vorzeitig verkauft werden. Der Inhaber eines festverzinslichen Wertpapieres verzichtet also auf Liquidität, die nur unter Risiko vorzeitig und vollständig wiederhergestellt werden kann. Daraus erklärt sich der Name Liquiditätsprämie als Aufschlag auf die Zinsen für länger laufenden Geldgeschäfte. Außerdem rufen wir in Erinnerung, dass der Kurs einer lang laufenden Anleihe stärker auf eine Zinsänderung reagiert als der Kurs einer kurz laufenden Anleihe, wie wir anhand der Duration nachvollzogen haben. Folglich sollten langfristige Anleihen eine höhere Rendite haben, die durch einen Risikozuschlag gekennzeichnet ist.

Diese Erklärungsansätze gehören zur **Liquiditätstheorie**. Jedoch gibt es in der Praxis nicht nur Zinsstrukturen mit ansteigenden Kassazinssätzen. Die Liquiditätstheorie muss folglich erweitert werden.

Tatsächlich entstehen Kurse für Zinsanleihe durch das Zusammenspiel von Angebot und Nachfrage auf den Kapitalmärkten. Aus den beobachteten Kursen lassen sich fristigkeitsabhängige Zinssätze berechnen. Durch das Zusammenfügen der Kassazinssätze gemäß ihren Laufzeiten entsteht die Zinsstrukturkurve. Angebot und Nachfrage nach Zinsanleihen sind nicht gleichmäßig im Markt verteilt, das heißt, für alle Laufzeiten gleich.

Lebensversicherer und Pensionsfonds sind vorzugsweise in langfristige Kapitalanlagen interessiert, denn ihre Verpflichtungen sind ebenfalls langfristiger Natur. Banken hingegen bevorzugen kurzfristige Geldanlagen. Umgekehrt hängt das Angebot von festverzinslichen Wertpapieren vom Finanzierungsbedarf von Staaten und Unternehmen ab. Nach der **Marktsegmentierungstheorie** entsteht die Zinsstrukturkurve durch Angebot und Nachfrage getrennt in jedem Segment des Marktes, also unabhängig voneinander für jede Laufzeit getrennt. Deshalb ist die in der Praxis beobachtete Zinsstrukturkurve nicht zwangsläufig normal.

3.1.4 Zinsstrukturkurven

Wir wollen nun die mögliche Beziehung zwischen Kassazinssätzen und Laufzeit diskutieren. Grundsätzlich unterscheidet man vier Typen. Den Spezialfall der **flachen Zinsstruktur** hatten wir bereits kennengelernt. Sie herrscht vor, wenn der Zinssatz von der Laufzeit unabhängig ist. Eine sogenannte **normale Zinsstruktur** liegt vor, wenn die Kassazinssätze als Funktion der Laufzeit ansteigen. Die **inverse Zinsstruktur** ist dadurch gekennzeichnet, dass die Kassazinssätze mit zunehmender Laufzeit sinken. In der Praxis sind darüber hinaus Kurven denkbar, die einen Buckel enthalten.

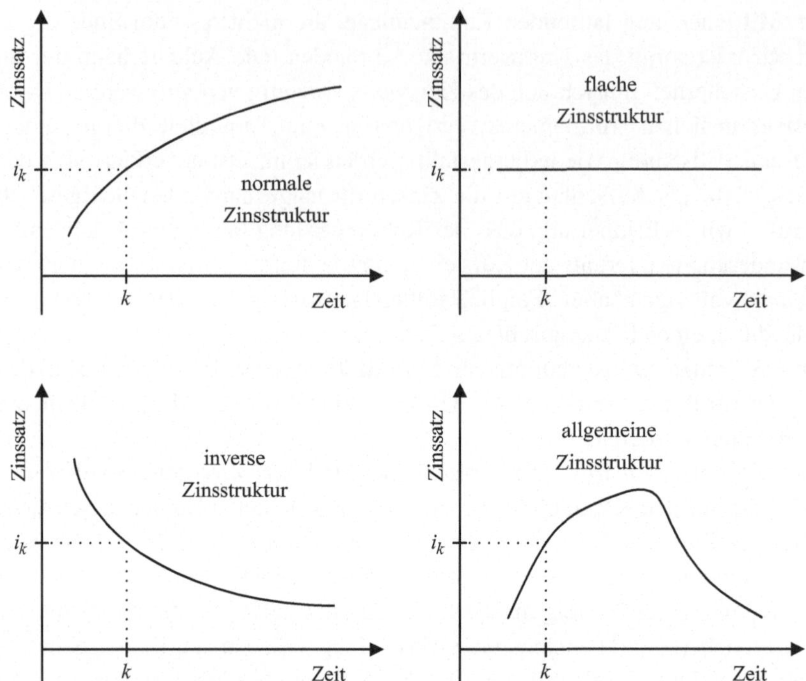

Wie schon angedeutet, ist die Zinsstrukturkurve nicht direkt im Markt beobachtbar. Wir können die Kassazinssätze für ganzzahlige Laufzeiten allerdings anhand der Kurse und Renditen von festverzinslichen Wertpapieren berechnen. Dafür gibt es verschiedene Ansätze.

Wie wir bereits wissen, sind Kassazinssätze identifizierbar als Renditen für Nullkuponanleihen. Hat man also für jede Laufzeit einen Nullkupon, so berechnet man einfach die internen Renditen und ist fertig. Denn die **Zinsstrukturkurve** gibt den Zusammenhang der internen Renditen für Nullkuponanleihen mit unterschiedlichen Laufzeiten an.

In der Praxis scheitert dieser Ansatz zumeist daran, dass es die zur Berechnung der Zinsstruktur notwendigen Zerobonds im Markt gar nicht gibt. Dann greift man stattdessen auf Kuponanleihen zurück. Sind Kupon tragende Zinsanleihen mit aufsteigenden Laufzeiten gegeben, so kann man daraus die Zinsstruktur ableiten. Dazu werden sukzessive alle Terminzinssätze berechnet und daraus die Kassazinssätze hergeleitet.

Nach Definition ist $f_1 = i_1$. Es seien nun die Terminzinssätze $f_1, \ldots, f_n$ bekannt. Dann gilt für eine Zinsanleihe mit $n + 1$ Jahren Laufzeit:

$$\boxed{P_0 = \sum_{k=1}^{n+1} Z_k \, (1 + i_k)^{-k}} \, .$$

Ersetzen wir in dieser Formel Kassazinssätze durch Terminzinssätze, so ist

$$P_0 = \sum_{k=1}^{n+1} \frac{Z_k}{\prod_{j=1}^{k} \left(1 + f_j\right)} = \frac{Z_{n+1}}{(1 + f_{n+1}) \prod_{j=1}^{n} \left(1 + f_j\right)} + \sum_{k=1}^{n} \frac{Z_k}{\prod_{j=1}^{k} \left(1 + f_j\right)} \; .$$

Diese Gleichung können wir nach dem gesuchten Terminzinssatz f_{n+1} auflösen. Zunächst sortieren wir dazu die Terme:

$$(1 + f_{n+1}) \prod_{j=1}^{n} \left(1 + f_j\right) = \frac{Z_{n+1}}{P_0 - \sum_{k=1}^{n} \frac{Z_k}{\prod_{j=1}^{k} \left(1 + f_j\right)}} \; .$$

Daraus folgt schließlich

$$f_{n+1} = \frac{Z_{n+1}}{P_0 \prod_{j=1}^{n} \left(1 + f_j\right) - \sum_{k=1}^{n} Z_k \prod_{j=k+1}^{n} \left(1 + f_j\right)} - 1 \; .$$

Das folgende Beispiel illustriert die sukzessive Vorgehensweise.

Beispiel

Gegeben seien folgende Anleihen

Anleihe	Laufzeit	Kurs	Zahlung in $k = 1$	Zahlung in $k = 2$	Zahlung in $k = 3$
1	1	97,09	100	–	–
2	2	98,15	3	103	–
3	3	97,42	4	4	104

Zunächst ist der gesuchte Terminzinssatz f_1 gleich der Rendite i_1 für Anleihe 1:

$$f_1 = i_1 = \frac{100}{97{,}09} - 1 = 0{,}0300 \; .$$

Zur Berechnung von f_2 betrachten wir die zweite Anleihe und setzen $P_0 = 98{,}15$ sowie $n = 1$:

$$f_2 = \frac{103}{98{,}15 \cdot 1{,}03 - 3} - 1 = 0{,}0500 \; .$$

Dann berechnen wir f_3 anhand der dritten Zinsanleihe mit $P_0 = 97{,}42$ sowie $n = 2$:

$$f_3 = \frac{104}{97{,}42 \cdot 1{,}03 \cdot 1{,}05 - 4 \cdot 1{,}05 - 4} - 1 = 0{,}0704 \ .$$

Damit sind alle Terminzinssätze bekannt. Die Kassazinssätze sind folglich:

$$i_1 = f_1 = 0{,}0300$$

$$i_2 = \sqrt{(1 + f_1) \cdot (1 + f_2)} - 1 = \sqrt{1{,}03 \cdot 1{,}05} - 1 = 0{,}0400$$

$$i_3 = \sqrt[3]{(1 + f_1) \cdot (1 + f_2) \cdot (1 + f_3)} - 1 = \sqrt[3]{1{,}03 \cdot 1{,}05 \cdot 1{,}0704} - 1 = 0{,}0500 \ .$$

Wie wir bereits wissen, kann jede Zinsanleihe als Portfolio von Nullkuponanleihen aufgefasst werden. Ist umgekehrt eine beliebige Anleihe gegeben, so können Mantel und Bogen
getrennt werden. Diesen Vorgang bezeichnet man als **Anleihezerlegung**, englisch **stripping**. Der gegebene Zahlungsstrom wird dazu in seine Bestandteile zerlegt. Jede einzelne
Zahlung wird separiert und getrennt handelbar. Die Anleihezerlegung ist in der Praxis
beispielsweise für gewisse **Bundesanleihen** auch praktisch möglich.

Mit Hilfe der Zerlegung einer Zinsanleihe in seine Bestandteile lässt sich das Problem
der Kassazinssätze rekursiv lösen. Bei diesem Ansatz werden sukzessive die Diskontierungsfaktoren beziehungsweise Kassazinssätze mit ansteigender Laufzeit berechnet.

Es seien nun die Kassazinssätze $i_1, \ldots, i_n$ bekannt. Dann gilt für eine Anleihe mit $n + 1$
Jahren Laufzeit

$$P_0 = \sum_{k=1}^{n+1} Z_k \, (1 + i_k)^{-k} = Z_{n+1} \, (1 + i_{n+1})^{-n-1} + \sum_{k=1}^{n} Z_k \, (1 + i_k)^{-k} \ .$$

Dabei ist die letzte Zahlung die Summe aus Kupon und Rücknahmekurs, also $Z_{n+1} = Z + P_{n+1}$, wenn wir denn eine einzelne Anleihe und kein Portfolio von Anleihen betrachten. Man achte darauf, dass es bei diesem Ansatz zwingend notwendig ist, Barwerte zu
betrachten. Denn andernfalls könnten wir für die Diskontierung nicht die Kassazinssätze
heranziehen. Durch äquivalente Umformung erhalten wir zunächst

$$\left(P_0 - \sum_{k=1}^{n} Z_k \, (1 + i_k)^{-k} \right) (1 + i_{n+1})^{n+1} = Z_{n+1} \ .$$

Schließlich ist

$$i_{n+1} = \sqrt[n+1]{\frac{Z_{n+1}}{P_0 - \sum_{k=1}^{n} Z_k \, (1 + i_k)^{-k}} - 1} \ .$$

Das folgende Beispiel illustriert die schrittweise Berechnung der Kassazinssätze.

Beispiel

Gegeben seien die drei Zinsanleihen des vorherigen Beispiels:

Anleihe	Laufzeit	Kurs	Zahlung in $k = 1$	Zahlung in $k = 2$	Zahlung in $k = 3$
1	1	97,09	100	–	–
2	2	98,15	3	103	–
3	3	97,42	4	4	104

Anhand der Rendite der ersten Anleihe berechnen wir den gesuchten Kassazinssatz i_1. Dazu sei $P_0 = 97{,}09$ sowie $n = 0$:

$$i_1 = \frac{100}{97{,}09} - 1 = 0{,}0300 \,.$$

Für die zweite Anleihe gilt mit $P_0 = 98{,}15$ sowie $n = 1$

$$i_2 = \sqrt{\frac{103}{98{,}15 - 3 \cdot 1{,}03^{-1}}} - 1 = 0{,}0400 \,.$$

Analog berechnen wir i_3 anhand der Anleihe 3. Es ist nämlich für $P_0 = 97{,}42$ sowie $n = 2$

$$i_3 = \sqrt[3]{\frac{104}{97{,}42 - 4 \cdot 1{,}03^{-1} - 4 \cdot 1{,}04^{-2}}} - 1 = 0{,}0500 \,.$$

Damit haben wir sämtliche Kassazinssätze sukzessive berechnet. Im Markt sind nun die folgenden, neu geschaffenen Anleihen handelbar:

Anleihe	Laufzeit	Kurs	Rücknahme	Rendite
2a	1	2,91	3	3,00 %
2b	2	95,24	103	4,00 %
3a	1	3,88	4	3,00 %
3b	2	3,70	4	4,00 %
3c	3	89,84	104	5,00 %

Aufgrund der numerischen Instabilität und der inhärenten Fehlerfortpflanzung ist die Methode der gestaffelten Anleihen für die praktische Anwendung im Allgemeinen nicht robust genug. Ein alternativer Ansatz zur Berechnung der Zinsstruktur beruht auf der Vermeidung von Arbitrage. Dazu werden für eine vorgegebene Dauer n zwei Kuponanleihen mit eben jener Laufzeit herangezogen, um den zugehörigen Kassazinssatz i_n zu berechnen. Durch geeignete Gewichtung der beiden Anlagen lässt sich im Allgemeinen ein Portfolio bilden, dessen Zahlungsstrom demjenigen einer Nullkuponanleihe entspricht. In diesem Sinne wird eine gesuchte Nullkuponanleihe durch zwei gegebene Kuponanleihen repliziert. Sodann wird der Kassazinssatz der gesuchten Laufzeit als interne Rendite des gebildeten Portfolios berechnet. Dieses Vorgehen hatten wir bereits bei der Diskussion der Arbitrage ausführlich dargestellt.

Beispiel

Gegeben seien die beiden zweijährigen Kuponanleihen

Anleihe	Laufzeit	Kurs	Kupon	Rücknahme
A_1	2	99,25	4	100
A_2	2	101,17	5	100

Der Kassazinssatz i_2 ist die Rendite i einer zweijährigen Nullkuponanleihe. Aus den beiden gegebenen Kuponanleihen lässt sich ein Zerobond synthetisch herstellen. Zu diesem Zweck betrachten wir das kleinste gemeinsame Vielfache der beiden Kupons. Man kauft 5 Anleihen vom Typ A_1 und verkauft 4 Anleihen vom Typ A_2. Dann ergibt sich folgender Zahlungsstrom für dieses Portfolio:

Anleihe	Laufzeit	Kurs	Kupon	Rücknahme
$5A_1 - 4A_2$	2	$5 \cdot 99{,}25 - 4 \cdot 101{,}17$ $= 91{,}57$	$5 \cdot 4 - 4 \cdot 5$ $= 0$	$5 \cdot 100 - 4 \cdot 100$ $= 100$

Das gebildete Portfolio weist also den Zahlungsstrom einer Nullkuponanleihe auf. Rein theoretisch könnte man auch 4 Anleihen vom Typ A_1 kaufen und 5 Anleihen vom Typ A_2 verkaufen. Dann ist der zugehörige Zahlungsstrom:

Anleihe	Laufzeit	Kurs	Kupon	Rücknahme
$4A_2 - 5A_1$	2	$4 \cdot 101{,}17 - 5 \cdot 99{,}25$ $= -91{,}57$	$4 \cdot 5 - 5 \cdot 4$ $= 0$	$4 \cdot 100 - 5 \cdot 100$ $= -100$

In beiden Fällen ist die interne Rendite gegeben durch

$$i = \sqrt{\frac{100}{91{,}57}} - 1 = 0{,}0450 = i_2 \,.$$

Also beträgt der fristigkeitsabhängige Zinssatz für eine Laufzeit von zwei Jahren 4,5 % pro Jahr.

In der Praxis gibt es üblicherweise eine ganze Fülle von festverzinslichen Wertpapieren, die man zur Ermittlung der Zinsstruktur heranziehen könnte und möchte. Dann kommen Regressions- oder Optimierungstechniken zum Einsatz. Im Rahmen des Cashflow Matching hatten wir bereits die **Lineare Optimierung** diskutiert. Diese Methodik lässt sich auch auf das Problem der Zinsstruktur anwenden.

Es gebe n verschiedene festverzinsliche Wertpapiere. Der aktuelle Kurs für Anleihe $j = 1, \ldots, n$ sie durch P_0^j gegeben. Die Auszahlung von Kuponanleihe j mit $j = 1, \ldots, n$ zum Zeitpunkt k mit $k = 1, \ldots, m$ sei mit Z_k^j bezeichnet. Wir setzen voraus, dass die Anzahl der zur Verfügung stehenden Anleihen größer ist als die Anzahl der zu berechnenden Kassazinssätze, dass also $n > m$ gilt. Die in diesem Zusammenhang frei wählbaren, hinreichend großen Zahlungsverpflichtungen seien durch die Folge $V_1, \ldots, V_m$ vorgegeben.

Es sei dann x_j die gesuchte Anzahl von Anleihen des Typs j. Dann soll der gesamte Preis des Portfolios minimiert werden:

$$\text{minimiere} \ \sum_{j=1}^{n} x_j \cdot P_0^j$$

unter der Nebenbedingung, dass

$$\sum_{j=1}^{n} x_j \cdot Z_k^j \geq V_k \quad \text{für alle } k = 1, \ldots, m$$

sowie

$$x_j \geq 0 \quad \text{für alle } j = 1, \ldots, n \ .$$

Auf die beim Cashflow Matching gemachte Einschränkung der Ganzzahligkeit kann hier verzichtet werden. Aus der Lösung dieses linearen Optimierungsproblems ergeben sich die Anzahl der zu kaufenden Zinsanleihen. Da wir aber an Zinssätzen interessiert sind, betrachten wir das **Duale Optimierungsproblem**:

$$\text{maximiere} \ \sum_{k=1}^{m} d_k \cdot V_k$$

unter der Nebenbedingung, dass

$$\sum_{k=1}^{m} d_k \cdot Z_k^j \leq P_0^j \quad \text{für alle } j = 1, \ldots, n$$

sowie

$$d_k \geq 0 \quad \text{für alle } k = 1, \ldots, m \ .$$

Die Variablen d_k für $k = 1, \ldots, m$ sind als Diskontierungsfaktoren zu interpretieren. Mit Hilfe des Simplex-Algorithmus kann die optimale Lösung $(d_1^*, \ldots, d_m^*)$ berechnet werden. Die gesuchten Kassazinssätze sind dann für $k = 1, \ldots, m$

$$i_k = \sqrt[k]{\frac{1}{d_k^*}} - 1 \, .$$

Auf die Besonderheiten der linearen Optimierung im Allgemeinen und der **Dualität** im Besonderen können wir in diesem Rahmen leider nicht näher eingehen. Sie sind Bestandteil des Operations Research.

In der Praxis gibt es zahlreiche statistische Regressionsansätze, um aus beobachteten Marktdaten die Zinsstruktur abzuleiten. Der interessierte Leser kann eine Fülle von Artikeln zu diesem Thema finden, die insbesondere von Zentralbanken veröffentlicht wurden. Eine alternative Methodik zur Ermittlung der Zinsstruktur beruht auf den sogenannten Parikursrenditen, die wir im nächsten Abschnitt vorstellen.

3.2 Rendite- und Risikoberechnungen

Bei Verwendung einer nicht flachen Zinsstruktur wird die Analyse und Bewertung von Barwerten im Allgemeinen und Zinsanleihen im Besonderen sehr schnell recht unübersichtlich. Im Folgenden stellen wir deshalb verschiedene Renditekennzahlen vor, die einen gegebenen Zahlungsstrom unter Vorgabe einer Zinsstruktur zu einem einzigen Wert zusammenfassen. Anhand dieser Kennzahl kann die Güte verschiedener Anleihen miteinander verglichen werden. Außerdem verallgemeinern wir das Konzept der Duration auf eine nicht flache Zinsstruktur, um das Risiko einer Zinsanleihe in diesem Kontext bewerten zu können.

3.2.1 Renditekonzepte

Die Bewertung eines festverzinslichen Wertpapieres bei einer gegebenen Zinsstruktur erfolgt auf der Grundlage des Äquivalenzprinzips. Dabei müssen wir nur darauf achten, die Kassazinssätze korrekt anzuwenden. Für ein Portfolio aus festverzinslichen Wertpapieren mit Rückzahlungsstrom $(Z_1, \ldots, Z_n)$ über n Perioden berechnen wir den Kurswert, indem jede zukünftige Zahlung Z_k mit Hilfe des zugehörigen Kassazinssatzes i_k abgezinst wird:

$$P_0 = \sum_{k=1}^{n} Z_k \left(1 + i_k\right)^{-k} \, .$$

Für eine flache Zinsstruktur, das heißt, wenn $i_k = i$ für $k = 1, \ldots, n$, ist diese Bewertungsgleichung genau gleich derjenigen für einen einheitlichen Zinssatz, die wir bereits ausführlich diskutiert haben.

Bei vollständiger Information über die Zinsstruktur und den Zahlungsstrom interessieren wir uns für die Renditemessung. Dazu berechnen wir die **wertgewichtete Rendite**. Wir bestimmen also, zumeist mit einem geeigneten numerischen Näherungsverfahren, denjenigen Zinssatz i, für den der Barwert der Zahlungen des Inhabers der Anleihe gleich dem Barwert der Zahlungen des Emittenten ist:

$$P_0 = \sum_{k=1}^{n} Z_k \left(1 + i\right)^{-k} \ .$$

Die so ermittelte **interne Rendite**, die den **Effektivzinssatz** darstellt, wird für festverzinsliche Wertpapiere im Englischen als **yield to maturity** bezeichnet.

Beispiel

Wir betrachten eine Zinsstrukturkurve mit linear ansteigenden Kassazinssätzen von 1 % auf 5,5 % über den Zeitraum von zehn Jahren. Gegeben sei außerdem eine Zinsanleihe mit zehn Jahren Laufzeit, Kuponhöhe 3 und Rücknahmekurs 100. Dann ist der Kurswert:

$$\begin{aligned}
P_0 &= 3 \cdot 1{,}01^{-1} + 3 \cdot 1{,}015^{-2} + 3 \cdot 1{,}02^{-3} + 3 \cdot 1{,}025^{-4} + 3 \cdot 1{,}03^{-5} \\
&\quad + 3 \cdot 1{,}035^{-6} + 3 \cdot 1{,}04^{-7} + 3 \cdot 1{,}045^{-8} + 3 \cdot 1{,}05^{-9} + 103 \cdot 1{,}055^{-10} \\
&= 83{,}08 \ .
\end{aligned}$$

Um die interne Rendite i zu bestimmen, vergleichen wir die Barwerte nach dem Äquivalenzprinzip:

$$83{,}08 = \sum_{k=1}^{10} 3 \left(1 + i\right)^{-k} + 103 \left(1 + i\right)^{-10} \ .$$

Durch äquivalenten Umformen erhalten wir ein polynomiales Nullstellenproblem

$$83{,}08 \left(1 + i\right)^{10} - 3 \sum_{k=1}^{9} \left(1 + i\right)^{k} - 103 = 0 \ .$$

welches sich näherungsweise lösen lässt. Im Ergebnis ist die interne Rendite 5,21 %. Sie ist kleiner als die Rendite einer zehnjährigen Nullkuponanleihe mit 5,5 %. Der Grund ist, dass die durchschnittliche Kapitalbindungsdauer der betrachteten zehnjährigen Kuponanleihe aufgrund der vorzeitigen Auszahlung der Kupons geringer als zehn Jahre ist.

Für Kuponanleihen ist die interne Rendite der kapitalgewichtete Durchschnitt der Kassazinssätze. Bei einer normalen Zinsstruktur, in der die Kassazinssätze mit der Laufzeit ansteigen, ist die Rendite einer jeder Kuponanleihe folglich immer geringer als die Rendite einer Nullkuponanleihe mit gleicher Laufzeit. Die Renditekurve liegt also unterhalb der Zinsstrukturkurve. Denn die durchschnittliche Kapitalbindungsdauer ist umso kleiner, je höher die Kuponrate ist. Eine kürzere Laufzeit impliziert bei einer steigenden Zinsstrukturkurve eine niedrigere Rendite.

Für eine inverse Zinsstruktur ist die Argumentation analog. Die interne Rendite einer Kuponanleihe ist größer als die Rendite einer Nullkuponanleihe mit gleicher Laufzeit.

Beispiel

Wir betrachten exemplarisch eine Zinsstruktur, in deren Verlauf die Kassazinssätze für die Laufzeiten von einem Jahr bis zehn Jahre linear von 1 % bis 5,5 % ansteigen. Zusätzlich betrachten wir die impliziten einjährigen Terminzinssätze sowie die internen Renditen von Kuponanleihen, mit Rücknahmekurs 100 und Kuponhöhe 3. Dann lassen sich die Zinssätze grafisch vergleichen.

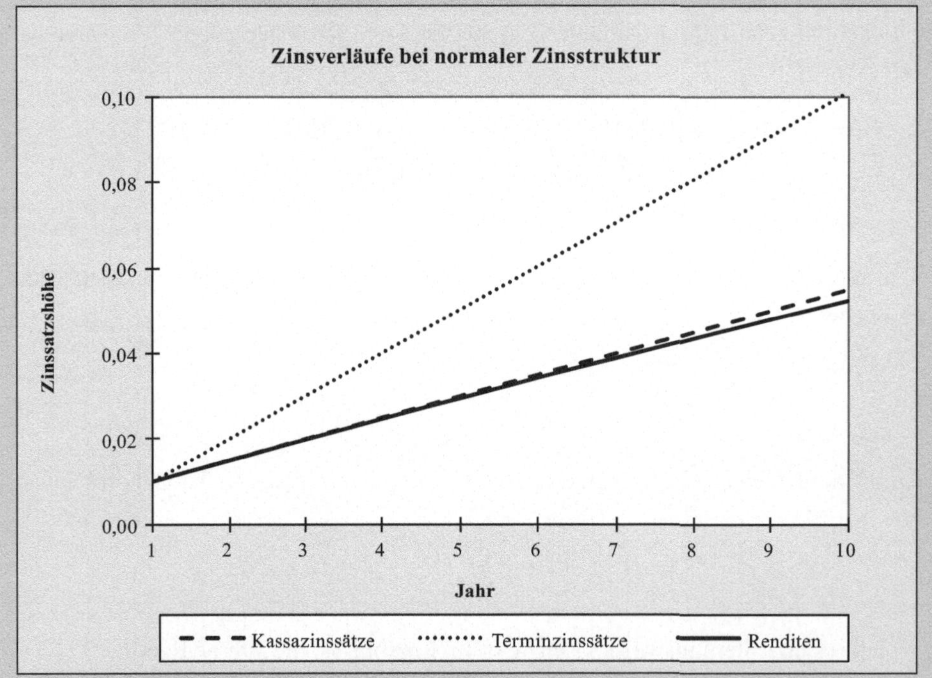

Die Kurve der einjährigen impliziten Terminzinssätze liegt oberhalb der Kurve der Kassazinssätze. Die Renditekurve liegt unterhalb der Zinsstrukturkurve.

Betrachten wir analog eine inverse Zinsstruktur, bei der die Kassazinssätze über zehn Jahre linear von 5,0 % auf 0,5 % fallen, so ergibt sich folgendes Bild:

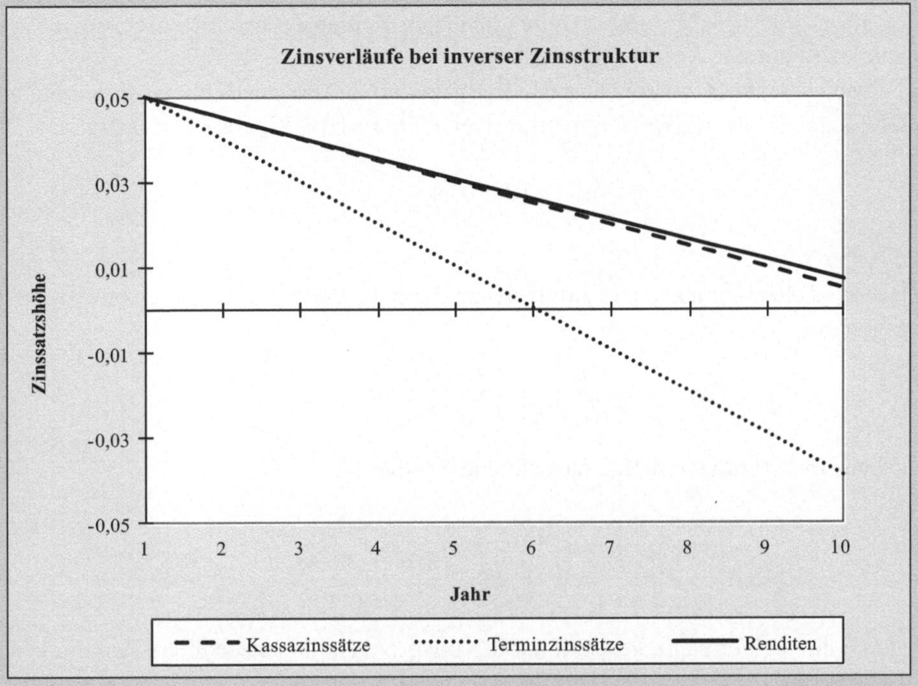

Hier liegt die Kurve der Kassazinssätze oberhalb der Kurve für die impliziten einjährigen Terminzinssätze. Die Renditekurve liegt oberhalb der Zinsstrukturkurve.

Zu erwähnen ist, dass die tatsächliche Wiederanlagemöglichkeit der erhaltenen Kuponzahlungen keine Bedeutung für die Höhe der internen Rendite hat. Die Berechnung des Effektivzinssatzes ist lediglich ein theoretisches Konstrukt, um eine finanzmathematische Bewertungskennzahl zu erhalten. Wenn die Zahlungen des Emittenten wie vereinbart stattfinden, so erzielt die Investition des Inhabers die vorab berechnete interne Rendite.

Für praktische Anwendungen ist das Endvermögen, das ein Investor durch Wiederanlage faktisch erzielt, von besonderem Interesse. Stellt man dann die tatsächlichen Einnahmen und Ausgaben der Finanzinvestition nach dem Äquivalenzprinzip gegenüber, so kann man daraus die **tatsächlich erzielte Rendite** berechnen. In Englisch wird sie **total return** genannt. Streng genommen kann diese Renditekennzahl nur im Nachhinein, das heißt nach Abschluss aller Finanztransaktionen, berechnet werden, wenn nämlich bekannt ist, zu welchen Zinssätzen die Rückzahlungen reinvestiert werden konnten.

Beispiel

Ein Investor habe eine siebenjährige Zinsanleihe mit Kuponhöhe 5 zum Emissionskurs von 97,65 gekauft. Direkt nach Erhalt des dritten Kupons wurde die Anleihe zum Kurs von 104,32 verkauft. Alle erhaltenen Kuponzahlungen wurden auf einem Sparkonto mit 2 % Verzinsung angelegt.

Dann berechnen wir zunächst den Endwert der Sparanlagen V mit Hilfe des nachschüssigen Endwertfaktors $s_{\overline{3}|}$ der dreifachen Rente zum Zinssatz $i = 0,02$:

$$V = 5\,\frac{1,02^3 - 1}{0,02} = 15,30\;.$$

Danach stellen wir nach dem Äquivalenzprinzip die Endwerte der Finanzinvestition gegenüber:

$$97,65 \cdot (1 + i)^3 = 104,32 + 15,30 = 119,62\;.$$

Daraus folgt für die gesuchte tatsächliche Rendite i:

$$i = \sqrt[3]{\frac{119,62}{97,65}} - 1 = 0,0700\;.$$

Durch dieses Wertpapiergeschäft hat der Investor also die tatsächliche Rendite von 7 % erreicht.

Wenn die erhaltenen Kuponzahlungen derart angelegt werden, dass sie zur internen Rendite verzinst werden, so sind die beiden Renditekennzahlen gleich groß, total return ist dann gleich yield to maturity. In der Praxis ist die Gleichheit der tatsächlich erzielten Rendite und der internen Rendite jedoch eher selten der Fall.

3.2.2   Parikursrendite

Die interne Rendite eines festverzinslichen Wertpapieres erhält man durch die nährungsweise Lösung einer nichtlinearen Funktion. Diese Tatsache ist ein nicht unbedeutender Nachteil des Kalküls, denn eine explizite und exakte Berechnung ist nicht möglich. Außerdem variiert die interne Rendite mit der Kuponhöhe — auch für Anleihen mit derselben Anlagedauer.

Beispiel

Wir betrachten zwei Zinsanleihen mit drei Jahren Laufzeit und Rücknahme zu pari. Die Kuponhöhe sei vier beziehungsweise acht. Die Kassazinssätze seien 4 %, 5 %, beziehungsweise 6 %. Dann können wir die Emissionskurse berechnen.

$$P_0^1 = \frac{4}{1{,}04} + \frac{4}{1{,}05^2} + \frac{104}{1{,}06^3} = 94{,}79$$

$$P_0^2 = \frac{8}{1{,}04} + \frac{8}{1{,}05^2} + \frac{108}{1{,}06^3} = 105{,}63\ .$$

Die beiden Bestimmungsgleichungen für die gesuchten internen Renditen lauten

$$\frac{4}{1+i} + \frac{4}{(1+i)^2} + \frac{104}{(1+i)^3} = 94{,}79$$

$$\frac{8}{1+i} + \frac{8}{(1+i)^2} + \frac{108}{(1+i)^3} = 105{,}63\ .$$

Daraus berechnen wir näherungsweise, dass die Rendite der ersten Anleihe 5,95 % beträgt und die Rendite der zweiten Anleihe 5,90 % ist.

Wie wir wissen, sind Kassazinssätze als interne Renditen von Nullkuponanleihen interpretierbar. Die Zinsstruktur gibt also den Verlauf der Renditen von Zerobonds in Abhängigkeit von der Laufzeit an. Für allgemeine Kuponanleihen hängt die interne Rendite zusätzlich von der Kuponhöhe ab. Stellt man die Rendite für öffentliche Anleihen grafisch dar, so erhält man die **Renditestrukturkurve**, englisch **yield curve**, die eine Ebene in den Dimensionen Laufzeit und Kuponhöhe ist. Werden nur Neuemissionen betrachtet, so spricht man von **Emissionsrenditen**, ansonsten von **Umlaufrenditen**.

Um die Eindeutigkeit der betrachteten Rendite zu erzwingen, gibt es noch eine weitere Kennzahl: die **Parikursrendite**, englisch **par rate**. Sie ist definiert als diejenige Kuponrate, die bei einer gegebenen Zinsstruktur die Notation zu pari impliziert. Die Bezeichnung Parikursrendite entspringt der Tatsache, dass die interne Rendite einer zu pari notierten Anleihe gleich ihrer Kuponrate ist, wie wir bereits gezeigt haben.

Wir bezeichnen konkret die Parikursrendite mit Laufzeit n durch i_n^P. Dazu betrachten wir eine n-jährige Zinsanleihe, deren Nennwert, Ausgabekurs und Rücknahmekurs 100 sei. Außerdem sei nach Definition der Parikursrendite die Kuponhöhe gleich $i_n^P \cdot 100$.

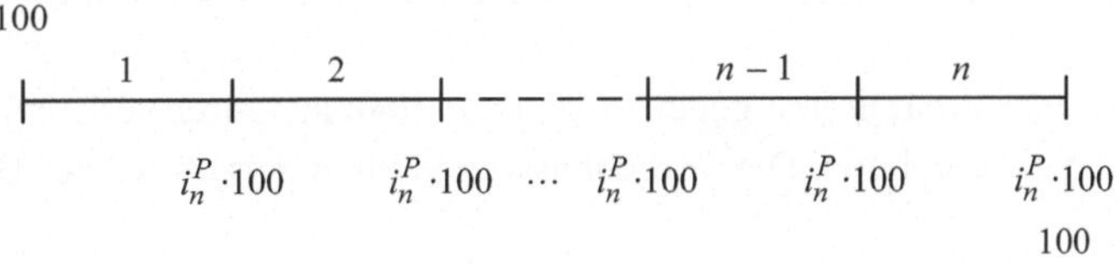

Mit dem Äquivalenzprinzip folgt für solche eine Anleihe, die zu pari notiert ist:

$$100 = \sum_{k=1}^{n} \frac{100 \cdot i_n^P}{(1+i_k)^k} + \frac{100}{(1+i_n)^n} \; .$$

Lösen wir diese Gleichung nach i_n^P auf, so erhalten wir zunächst

$$100 - 100\,(1+i_n)^{-n} = i_n^P \sum_{k=1}^{n} 100\,(1+i_k)^{-k}$$

und schließlich

$$\boxed{\; i_n^P = \frac{1-(1+i_n)^{-n}}{\displaystyle\sum_{k=1}^{n}(1+i_k)^{-k}} \;} \; .$$

Parikursrenditen können also recht einfach aus gegebenen Kassazinssätzen berechnet werden, wie das folgende Beispiel illustriert.

Beispiel

Die Zinsstruktur sei durch die Kassazinssätze 2 %, 3 % beziehungsweise 4 % gegeben. Dann sind die Parikursrenditen für Zinsanleihen mit einem, zwei und drei Jahren Laufzeit:

$$i_1^P = \frac{1-(1+i_1)^{-1}}{(1+i_1)^{-1}} = \frac{1-1{,}02^{-1}}{1{,}02^{-1}} = 0{,}0200$$

$$i_2^P = \frac{1-(1+i_2)^{-2}}{(1+i_1)^{-1}+(1+i_2)^{-2}} = \frac{1-1{,}03^{-2}}{1{,}02^{-1}+1{,}03^{-2}} = 0{,}0299$$

$$i_3^P = \frac{1-(1+i_3)^{-3}}{(1+i_1)^{-1}+(1+i_2)^{-2}+(1+i_3)^{-3}} = \frac{1-1{,}04^{-3}}{1{,}02^{-1}+1{,}03^{-2}+1{,}04^{-3}}$$

$$= 0{,}0395 \; .$$

Wir erkennen, dass die Parikursrenditen wie auch die Kassazinssätze mit der Laufzeit steigen. Allerdings liegen die par rates unter den spot rates.

Sind umgekehrt Parikursrenditen gegeben, so kann man aus ihrer vollständigen Kenntnis alle Kassazinssätze berechnen. Die Vorgehensweise ähnelt derjenigen zur Berechnung der

Zinsstruktur bei gestaffelten Anleihen. Die spot rates werden nämlich sukzessive aus den par rates berechnet. Für $n = 1$ haben wir zunächst

$$i_1^P = \frac{1 - (1 + i_1)^{-1}}{(1 + i_1)^{-1}} \,.$$

Diese Gleichung lösen wir nach dem gesuchten Kassazinssatz i_1 auf. Zunächst ist dann

$$i_1^P \, (1 + i_1)^{-1} + (1 + i_1)^{-1} = 1 \,.$$

Daraus folgt

$$i_1^P + 1 = 1 + i_1$$

und somit ist

$$\boxed{i_1 = i_1^P} \,.$$

Sind nun die Kassazinssätze $i_1, \ldots, i_n$ bekannt, so betrachten wir

$$i_{n+1}^P = \frac{1 - (1 + i_{n+1})^{-n-1}}{\displaystyle\sum_{k=1}^{n+1} (1 + i_k)^{-k}} \,.$$

Diese Gleichung wollen wir nach i_{n+1} umstellen. Zunächst ist

$$i_{n+1}^P \left((1 + i_{n+1})^{-n-1} + \sum_{k=1}^{n} (1 + i_k)^{-k} \right) = 1 - (1 + i_{n+1})^{-n-1} \,.$$

Weiterhin gilt, indem wir die Terme sortieren:

$$\left(1 + i_{n+1}^P\right) (1 + i_{n+1})^{-n-1} = 1 - i_{n+1}^P \sum_{k=1}^{n} (1 + i_k)^{-k} \,.$$

Wir formen weiter um

$$(1 + i_{n+1})^{n+1} = \frac{1 + i_{n+1}^P}{1 - i_{n+1}^P \displaystyle\sum_{k=1}^{n} (1 + i_k)^{-k}}$$

und erhalten schließlich

$$\boxed{\, i_{n+1} = \sqrt[n+1]{\frac{1 + i_{n+1}^P}{1 - i_{n+1}^P \displaystyle\sum_{k=1}^{n} (1 + i_k)^{-k}}} - 1 \,} \,.$$

Beispiel

Die Parikursrenditen für die Laufzeiten eins bis drei seien: 4 %, 3 % beziehungsweise 2 %. Dann ist $i_1 = i_1^P = 0{,}04$. Folglich ist

$$i_2 = \sqrt{\frac{1 + i_2^P}{1 - i_2^P \, (1 + i_1)^{-1}}} - 1 = \sqrt{\frac{1{,}03}{1 - 0{,}03 \cdot 1{,}04^{-1}}} - 1 = 0{,}0299 \; .$$

Daraus lässt sich nun auch der dritte Kassazinssatz berechnen:

$$i_3 = \sqrt[3]{\frac{1 + i_3^P}{1 - i_3^P \left((1 + i_1)^{-1} + (1 + i_2)^{-2} \right)}} - 1$$

$$= \sqrt[3]{\frac{1{,}02}{1 - 0{,}02 \, (1{,}04^{-1} + 1{,}0299^{-2})}} - 1 = 0{,}0197 \; .$$

Wir erkennen, dass die Kassazinssätze etwas kleiner als die Parikursrenditen sind. Sie fallen ebenfalls mit der Laufzeit.

Parikursrenditen können in der Praxis tatsächlich beobachtet werden. Sie finden Anwendung für Zinsgeschäfte, in denen zwei Parteien zukünftige Zahlungen von variablen Zinsen gegen feste Zinsen tauschen. Eine derartige Transaktion nennt man einen **Zinsswap**, englisch **interest rate swap**.

Zur Preisbildung ziehen wir wie gewohnt das Äquivalenzprinzip heran. Die Barwerte der beiden Zahlungsströme sollen gleich sein. Es sei nun i_n^S der feste Zinssatz, englisch **swap rate**, für ein Zinstauschgeschäft mit Laufzeit von n Jahren. Die variablen einjährigen Zinssätze seien mit i_k^V für $k = 1, \ldots, n$ gekennzeichnet. Nur der erste variable Zinssatz i_1^V ist bekannt, die nachfolgenden variablen Zinssätze sind unbekannt, da sich die aktuell gültige Zinsstruktur in der Zukunft ändern kann. Für ein nominelles Kapital N sind die jährlichen festen Zinsen bei einem Zinstauschgeschäft mit n Jahren Laufzeit $N \cdot i_n^S$. Bei der variablen Verzinsung sind die jährlichen Zinszahlungen $N \cdot i_k^V$ für $k = 1, \ldots, n$. Diese Zinszahlungen werden über die gesamte Laufzeit hinweg gegeneinander eingetauscht. Die Barwerte setzen wir deshalb gleich, indem wir zur Bewertung die gültigen Kassazinssätze verwenden:

$$\sum_{k=1}^{n} N \cdot i_n^S \, (1 + i_k)^{-k} = \sum_{k=1}^{n} N \cdot i_k^V \, (1 + i_k)^{-k} \; .$$

Anstelle der zukünftigen variablen Zinssätze i_k^V setzen wir die impliziten Terminzinsätze f_k ein und erhalten dann

$$i_n^S \sum_{k=1}^{n} (1+i_k)^{-k} = \sum_{k=1}^{n} \left(\frac{(1+i_k)^k}{(1+i_{k-1})^{k-1}} - 1 \right) (1+i_k)^{-k}$$

$$= \sum_{k=1}^{n} \left((1+i_{k-1})^{-k+1} - (1+i_k)^{-k} \right) .$$

Die rechte Seite dieser Gleichung stellt eine Teleskopsumme dar, denn aufeinanderfolgende Glieder heben sich auf:

$$\sum_{k=1}^{n} \left((1+i_{k-1})^{-k+1} - (1+i_k)^{-k} \right) = \sum_{k=1}^{n} (1+i_{k-1})^{-k+1} - \sum_{k=1}^{n} (1+i_k)^{-k}$$

$$= \sum_{k=0}^{n-1} (1+i_k)^{-k} - \sum_{k=1}^{n} (1+i_k)^{-k}$$

$$= (1+i_k)^0 - (1+i_n)^{-n} = 1 - (1+i_n)^{-n} .$$

Daraus folgt anhand der obigen Äquivalenzgleichung

$$i_n^S \sum_{k=1}^{n} (1+i_k)^{-k} = 1 - (1+i_n)^{-n} .$$

Schließlich haben wir

$$\boxed{ i_n^S = \frac{1 - (1+i_n)^{-n}}{\displaystyle\sum_{k=1}^{n} (1+i_k)^{-k}} = i_n^P } .$$

Swap rates können also als Kuponraten von zu pari notierten Zinsanleihen aufgefasst werden; swap rates sind gleich den par rates, wenn wir als zukünftige variable Zinssätze die impliziten Terminzinssätze verwenden.

3.2.3 Verallgemeinerte Duration

Die wohl wichtigste Risikokennzahl für festverzinsliche Wertpapiere ist die Duration. Für eine flache Zinsstruktur hatten wir ihre Eigenschaften und ihren Nutzen ausführlich diskutiert. Das Konzept der **Duration** wollen wir nun auf eine beliebige Zinsstruktur verallgemeinern.

Es sei dazu $\mathbf{i} = (i_1, \ldots, i_n)^t$ der Vektor der Kassazinssätze. Dann kann der Kurswert einer beliebigen Zinsanleihe in Abhängigkeit dieses Vektors geschrieben werden als

$$P_0\,(\mathbf{i}) = \sum_{k=1}^{n} Z_k\,(1 + i_k)^{-k}.$$

wobei Z_k die Zahlung des Emittenten zum Zeitpunkt k sei. Für eine gewöhnliche Zinsanleihe ist die letzte Zahlung die Summe aus Kupon und Rückzahlungskurs, also $Z_n = Z + P_n$. Mit dieser Notation ist die **Leitduration** $D_k\,(\mathbf{i})$ für $k = 1, \ldots, n$, englisch **key rate duration**, definiert über die partielle Ableitung der Kurswertfunktion:

$$D_k\,(\mathbf{i}) = -\,(1 + i_k)\,\frac{\frac{\partial P\,(\mathbf{i})}{\partial i_k}}{P\,(\mathbf{i})}.$$

Formal hat die Leitduration dieselbe Struktur wie die klassische Duration. Analog zur klassischen Duration können wir auch die Leitduration ganz allgemein berechnen. Die partielle Ableitung ist nämlich für eine beliebige Zinsanleihe gegeben durch

$$\frac{\partial P_0\,(\mathbf{i})}{\partial i_k} = \frac{\partial}{\partial i_k} \sum_{k=1}^{n} Z_k\,(1 + i_k)^{-k} = -k Z_k\,(1 + i_k)^{-k-1}.$$

Daraus folgt für die Leitduration

$$D_k\,(\mathbf{i}) = -\,(1 + i_k)\,\frac{-k Z_k\,(1 + i_k)^{-k-1}}{\displaystyle\sum_{k=1}^{n} Z_k\,(1 + i_k)^{-k}} = \frac{k Z_k\,(1 + i_k)^{-k}}{\displaystyle\sum_{k=1}^{n} Z_k\,(1 + i_k)^{-k}}.$$

Die Summe der Leitdurationen wird **totale Duration** genannt:

$$D\,(\mathbf{i}) = \sum_{k=1}^{n} D_k\,(\mathbf{i}) = \frac{\displaystyle\sum_{k=1}^{n} k Z_k\,(1 + i_k)^{-k}}{\displaystyle\sum_{k=1}^{n} Z_k\,(1 + i_k)^{-k}}.$$

Die totale Duration gibt also analog zur klassischen Duration die durchschnittliche Kapitalbindungsdauer an. Im Falle einer flachen Zinsstruktur, falls $i_k = i_0$ für alle $k = 1, \ldots, n$ gilt, ist die totale Duration gleich der klassischen Duration. Durch die Leitdurationen können wir die Anteile der einzelnen Zahlungen an der gesamten Kapitalbindungsdauer angeben.

Beispiel

Wir betrachten eine dreijährige Anleihe mit Kupon 3 und Rücknahme zu pari. Die Kassazinssätze seien: 1,9 %, 2,4 % beziehungsweise 2,7 %. Dann ist zunächst der Kurs der Anleihe

$$P_0\,(\mathbf{i}) = 3 \cdot 1{,}019^{-1} + 3 \cdot 1{,}024^{-2} + 103 \cdot 1{,}027^{-3} = 100{,}89\ .$$

Die Leitdurationen sind folglich

$$D_1\,(\mathbf{i}) = \frac{1 \cdot 3 \cdot 1{,}019^{-1}}{100{,}89} = 0{,}0292$$

$$D_2\,(\mathbf{i}) = \frac{2 \cdot 3 \cdot 1{,}024^{-2}}{100{,}89} = 0{,}0567$$

$$D_3\,(\mathbf{i}) = \frac{3 \cdot (100 + 3) \cdot 1{,}027^{-3}}{100{,}89} = 2{,}8274\ .$$

Die totale Duration ist dann $D\,(\mathbf{i}) = 2{,}9133$. Die durchschnittliche Anlagedauer beträgt für diese Anleihe bei der gegebenen Zinsstruktur 2,91 Jahre.

Mit Hilfe der Leitdurationen kann man den Kurs der gegebenen Anleihe bei einer sofortigen Zinsänderung eines einzelnen Kassazinssatzes approximieren. Dazu betrachten wir zunächst das totale Differential

$$dP_0\,(\mathbf{i}) = \sum_{k=1}^{n} \frac{\partial P_0\,(\mathbf{i})}{\partial i_k}\, d\,i_k$$

und folgern daraus, dass

$$\frac{dP_0\,(\mathbf{i})}{P_0\,(\mathbf{i})} = \sum_{k=1}^{n} \frac{\frac{\partial P_0(\mathbf{i})}{\partial i_k}\, d\,i_k}{P_0\,(\mathbf{i})} = \sum_{k=1}^{n} -\frac{D_k\,(\mathbf{i})}{1 + i_k}\, d\,i_k$$

gilt. Die Leitduration $D_k\,(\mathbf{i})$ als Funktion des Zinssatzes i ist uns im Allgemeinen nicht vollständig bekannt. Wir ersetzen sie näherungsweise durch die konstante Leitduration $D_k\,(\mathbf{i}_0)$, die wir kennen mögen. Dann integrieren wir beide Seiten der Gleichung und erhalten approximativ:

$$\int \frac{1}{P_0\,(\mathbf{i})}\, dP_0\,(\mathbf{i}) \approx \int \sum_{k=1}^{n} -D_k\,(\mathbf{i}_0)\, \frac{1}{1 + i_k}\, d\,i_k\ .$$

An der Formel erkennen wir, dass die Integranden jeweils die Ableitung des natürlichen Logarithmus sind. Also haben wir

$$\ln P_0\left(\mathbf{i}\right) + c \approx \sum_{k=1}^{n} - D_k\left(\mathbf{i}_0\right) \ln\left(1 + i_k\right)$$

mit einer gewissen Konstanten $c \in \mathbb{R}$. Mit den Logarithmusregeln vereinfachen wir die Gleichung auf beiden Seiten

$$\ln\left(\tilde{c}\, P_0\left(\mathbf{i}\right)\right) \approx \ln \prod_{k=1}^{n}\left(1 + i_k\right)^{-D_k\left(\mathbf{i}_0\right)} \, ,$$

wobei $\tilde{c} = e^c$ noch zu bestimmen ist. Dann wenden wir auf beiden Seiten die e-Funktion an. Daraus folgt

$$\tilde{c}\, P_0\left(\mathbf{i}\right) \approx \prod_{k=1}^{n}\left(1 + i_k\right)^{-D_k\left(\mathbf{i}_0\right)} \, .$$

Der anfängliche Kurswert $P_0\left(\mathbf{i}_0\right)$ sei uns ebenfalls bekannt. Mit dieser Kenntnis können wir die Konstante $\tilde{c}$ bestimmen. Es gilt folglich

$$\tilde{c} \approx \frac{\displaystyle\prod_{k=1}^{n}\left(1 + i_{0_k}\right)^{-D_k\left(\mathbf{i}_0\right)}}{P_0\left(\mathbf{i}_0\right)} \, .$$

Abschließend ist also

$$P_0\left(\mathbf{i}\right) \approx \frac{\displaystyle\prod_{k=1}^{n}\left(1 + i_k\right)^{-D_k\left(\mathbf{i}_0\right)}}{\tilde{c}} \approx \frac{P_0\left(\mathbf{i}_0\right) \displaystyle\prod_{k=1}^{n}\left(1 + i_k\right)^{-D_k\left(\mathbf{i}_0\right)}}{\displaystyle\prod_{k=1}^{n}\left(1 + i_{0_k}\right)^{-D_k\left(\mathbf{i}_0\right)}} \, .$$

Die approximierte Kurswertfunktion $P_0^{\text{app}}\left(\mathbf{i}\right)$ ist dann also gegeben durch

$$\boxed{\; P_0^{\text{app}}\left(\mathbf{i}\right) = P_0\left(\mathbf{i}_0\right) \prod_{k=1}^{n}\left(\frac{1 + i_{0_k}}{1 + i_k}\right)^{D_k\left(\mathbf{i}_0\right)} \;} \, .$$

Diese Näherung der Kurswertfunktion ist die mehrdimensionale Verallgemeinerung der verbesserten eindimensionalen Approximation auf der Grundlage der klassischen Duration. Sie liefert im Allgemeinen auch bei größeren Zinsstrukturänderungen sehr gute Näherungswerte.

> **Beispiel**
>
> Als Fortsetzung des obigen Beispiels betrachten wir eine sofortige Zinsänderung der fristigkeitsabhängigen Zinssätze auf 4,0 %, 4,5 % beziehungsweise 5,0 % für die Laufzeiten ein, zwei und drei Jahre. Dann ist der approximierte Kurswert
>
> $$P_0^{\text{app}}\,(\mathbf{i}) = 100{,}89 \cdot \left(\frac{1{,}019}{1{,}04}\right)^{0{,}0292} \cdot \left(\frac{1{,}024}{1{,}045}\right)^{0{,}0567} \cdot \left(\frac{1{,}027}{1{,}05}\right)^{2{,}8274} = 94{,}60\,.$$
>
> Im Vergleich dazu ist der exakte Wert
>
> $$P_0\,(\mathbf{i}) = 3 \cdot 1{,}04^{-1} + 3 \cdot 1{,}045^{-2} + 103 \cdot 1{,}05^{-3} = 94{,}61\,.$$

3.3 Zinsprognosen

Wie wir bereits diskutiert hatten, ändern sich die fristigkeitsabhängige Zinssätze im Verlauf der Zeit. In diesem Abschnitt stellen wir einige einfache Prognosetechniken vor, die in der Praxis aus pragmatischen Gründen durchaus verwendet werden, um die zukünftige Zinsstruktur zu modellieren.

Wie wir wissen, sind die einjährigen Terminzinssätze f_k für $k = 1, \ldots, n$, die jeweils im Zeitraum $[k - 1, k)$ gelten, aus den bekannten Kassazinssätzen i_k zu berechnen. Sie dürfen nicht als Prognose für zukünftige Zinssätze missverstanden werden, sondern sind durch die aktuelle Zinsstruktur impliziert. Im Folgenden modellieren wir die zukünftigen einjährigen Zinssätze $\tilde{f}_k$ für den Zeitraum $[k - 1, k)$, die aus heutiger Sicht unsicher sind. Oftmals ist auch $\tilde{f}_1$ unbekannt, wenn beispielsweise ein neues Finanzprodukt auf den Markt gebracht wird, das eine gewisse Vorbereitungszeit benötigt.

3.3.1 Deterministische Zinsszenarien

Eine einfache und in der Praxis nützliche Vorgehensweise besteht darin, gewisse deterministische Szenarien für die zukünftigen Zinssätze in Betracht zu ziehen. Damit können die finanziellen Auswirkungen einer sprunghaften Zinsänderung verdeutlicht werden.

Unter einem **deterministischen Zinsszenario** verstehen wir eine Folge von zukünftigen Terminzinssätzen $\left(\tilde{f}_1, \ldots, \tilde{f}_n\right)$, die sich von der Folge der aus der aktuell gültigen Zinsstruktur abgeleiteten impliziten Terminzinssätzen $(f_1, \ldots, f_n)$ unterscheidet. Derartige Ansätze werden insbesondere im aufsichtsrechtlichen Kontext für Banken und Versicherungen angewendet. Im Falle großer Differenzen zwischen den beiden Folgen nennt man ein solches Szenario einen **Zinsschock** oder auch einen **Zinsstress**. Die Analyse von vorgegebenen Stresstestszenarien soll in diesem Zusammenhang über das nötige Eigenkapital zur Deckung des eingegangenen Zinsrisikos Aufschluss geben.

Beispiel

Ein Lebensversicherer bietet seinen Kunden eine garantierte vorschüssige Rente in Höhe von jährlich 12.000 € für die nächsten zehn Jahre an. Im Gegenzug soll der Versicherte zu Vertragsbeginn den Einmalbeitrag K_0 zahlen. Bei einem einheitlichen Marktzinssatz von 4 % berechnen wir den Barwert gemäß

$$K_0 = 12.000 \frac{1 - 1{,}04^{-10}}{1 - 1{,}04^{-1}} = 101.223{,}98 \ .$$

Nach dem versicherungsmathematischen Äquivalenzprinzip ist der Versicherungsbarwert gleich dem einmalig fälligen Versicherungsbeitrag des Kunden.

Der zu betrachtende Zinsschock bestehe nun darin, dass die zukünftig gültigen einjährigen Terminzinssätze mit steigender Aufschubzeit linear um einen Viertelprozentpunkt pro Jahr zu reduzieren sind. Die zukünftigen Terminzinssätze seien also durch die Folge (3,75 %; 3,5 %; 3,25 %; 3,0 %; 2,75 %; 2,5 %; 2,25 %; 2,0 %; 1,75 %; 1,5 %) gegeben. Damit ist

$$\tilde{K}_0 = 12.000(1 + 1{,}0375^{-1} + 1{,}0375^{-1} \cdot 1{,}035^{-1} + 1{,}0375^{-1} \cdot 1{,}035^{-1} \cdot 1{,}0325^{-1}$$
$$+ \ldots + 1{,}0375^{-1} \cdot 1{,}035^{-1} \cdot \ldots \cdot 1{,}0175^{-1}) = 105.003{,}77 \ .$$

Das Lebensversicherungsunternehmen wäre in diesem Fall um 3.779,79 € unterfinanziert.

3.3.2 Stochastische Zinsszenarien

Als natürliche Erweiterung des Konzepts betrachten wir **stochastische Zinsszenarien**. Liegen mehrere plausible Szenarien vor, so können wir ihnen in pragmatischer Art und Weise Eintrittswahrscheinlichkeiten zuordnen. Die Festsetzung der Folge der Zinssätze liegt ebenso im Ermessen des Modellierers wie die Bestimmung der zugehörigen Wahrscheinlichkeiten. In einem solchen vereinfachten stochastischen Modell kann man Erwartungswert und Varianz der zu betrachtenden finanzmathematischen Größe berechnen.

Beispiel

Wir betrachten das folgende stochastische Szenarienmodell

Szenario	W'keit	$\tilde{f}_1$	$\tilde{f}_2$	$\tilde{f}_3$	$\tilde{f}_4$	$\tilde{f}_5$
1	0,5	1,5 %	2,0 %	2,5 %	3,0 %	3,5 %
2	0,3	4,0 %	3,5 %	3,0 %	2,5 %	2,0 %
3	0,2	2,0 %	4,0 %	6,0 %	5,0 %	4,0 %

Dann berechnen wir exemplarisch den Wert des nachschüssigen Rentenbarwertfaktors $a_{\overline{5}|}$. In allgemeiner Form gilt

$$a_{\overline{5}|} = \frac{1}{\left(1+\tilde{f}_1\right)} + \frac{1}{\left(1+\tilde{f}_1\right)\cdot\left(1+\tilde{f}_2\right)} + \frac{1}{\left(1+\tilde{f}_1\right)\cdot\left(1+\tilde{f}_2\right)\cdot\left(1+\tilde{f}_3\right)}$$

$$+ \frac{1}{\left(1+\tilde{f}_1\right)\cdot\left(1+\tilde{f}_2\right)\cdot\left(1+\tilde{f}_3\right)\cdot\left(1+\tilde{f}_4\right)}$$

$$+ \frac{1}{\left(1+\tilde{f}_1\right)\cdot\left(1+\tilde{f}_2\right)\cdot\left(1+\tilde{f}_3\right)\cdot\left(1+\tilde{f}_4\right)\cdot\left(1+\tilde{f}_5\right)} \, .$$

Konkret berechnen wir für die drei Szenarien:

$$1: \qquad a_{\overline{5}|} = 4{,}6923$$
$$2: \qquad a_{\overline{5}|} = 4{,}5352$$
$$3: \qquad a_{\overline{5}|} = 4{,}4738 \, .$$

Damit ist der Erwartungswert

$$E\left(a_{\overline{5}|}\right) = 0{,}5 \cdot 4{,}6923 + 0{,}3 \cdot 4{,}5352 + 0{,}2 \cdot 4{,}4738 = 4{,}6015 \, .$$

Die Varianz ist nach dem Verschiebungssatz

$$Var\left(a_{\overline{5}|}\right) = 0{,}5 \cdot 4{,}6923^2 + 0{,}3 \cdot 4{,}5352^2 + 0{,}2 \cdot 4{,}4738^2 - 4{,}6015^2 = 0{,}0087 \, .$$

Betrachten wir nun konkret die finanzielle Zusage einer fünffachen nachschüssigen Jahresrente der Höhe 10.000 €. Dann ist der Erwartungswert 46.015 €. Die Standardabweichung ist die Wurzel der Varianz multipliziert mit der Jahresrente, also 933 €, und stellt die typische Abweichung vom Erwartungswert dar.

3.3.3 Ad-hoc-Modelle

Die bisher behandelten Zinsmodelle sind recht starr, da der konkrete Verlauf der Zinsstrukturkurve extern vorgegeben wird. Eine größere Flexibilität erhalten wir dadurch, dass wir die einzelnen Terminzinssätze modellieren. Für jede Laufzeit $k = 1, \ldots, n$ nimmt dazu der zukünftige Terminzinssatz $\tilde{f}_k$ mit vorgegebener Wahrscheinlichkeit $p_j \in [0,1]$ für $j = 1, \ldots, m$ einen konkreten reellen Wert aus einem gegebenen diskreten Wertebereich $\{w_1, \ldots, w_m\}$ an. Dabei gelte selbstverständlich, dass sich die Summe der Wahrscheinlichkeiten zu Eins addiere: $\sum_{j=1}^{m} p_j = 1$. Zusätzlich nehmen wir an, dass die Zinssätze $\tilde{f}_k$ paarweise stochastisch unabhängig seien.

In einem solchen Modell werden die Annahmen auf der Grundlage subjektiven Ermessens festgelegt. Derartige Ad-hoc-Modelle sind pragmatischer Natur, werden in der Praxis aber dennoch durchaus sinnvoll angewendet.

Beispiel

Ein Sparer möchte den erwarteten Endwert und die Standardabweichung einer einmaligen Kapitalanlage von 100 € mit Laufzeit von zwei Jahren berechnen. Allgemein gilt

$$K_2 = 100 \cdot \left(1 + \tilde{f}_1\right) \cdot \left(1 + \tilde{f}_2\right).$$

Die jährlichen Terminzinssätze seien mit gleicher Wahrscheinlichkeit 1 %, 2 % oder 3 %. Dann gibt es folgende Kombinationsmöglichkeiten:

Szenario	$\tilde{f}_1$	$\tilde{f}_2$	K_2	W'keit
1	0,01	0,01	102,01	1/9
2	0,01	0,02	103,02	1/9
3	0,01	0,03	104,03	1/9
4	0,02	0,01	103,02	1/9
5	0,02	0,02	104,04	1/9
6	0,02	0,03	105,06	1/9
7	0,03	0,01	104,03	1/9
8	0,03	0,02	105,06	1/9
9	0,03	0,03	106,09	1/9

Der erwartete Endwert der Spareinlage ist folglich

$$E\left(K_2\right) = \frac{1}{9} \cdot 102,01 + \frac{1}{9} \cdot 103,02 + \ldots + \frac{1}{9} \cdot 105,06 + \frac{1}{9} \cdot 106,09 = 104,04.$$

Die Verteilungsfunktion für die Terminzinssätze muss nicht notwendigerweise diskret vorgegeben werden. Alternativ können wir stetige Verteilungen in Betracht ziehen. Die einfachste Modellannahme in diesem Zusammenhang ist die Gleichverteilung.

Beispiel

Ein Lebensversicherer bietet eine Erlebensfallversicherung mit 20 Jahren Laufzeit gegen eine Einmalprämie von 100.000 € an. Der Einfachheit halber ignorieren wir die Überlebenswahrscheinlichkeit sowie Verwaltungs- und Abschlusskosten. Das Unternehmen werbe mit dem jährlichen Garantiezinssatz von 2,5 %. Wir nehmen vereinfacht an, dass die Terminzinssätze stochastisch unabhängig und identisch verteilt sind. Konkret sei dafür die Gleichverteilung im Intervall $[0{,}01; 0{,}04]$ vorgegeben, also $\tilde{f}_k \sim U\left(0{,}01; 0{,}04\right)$ für $k = 1, \ldots, 20$. Dann ist der Erwartungswert

$$E\left(\tilde{f}_k\right) = \frac{0{,}04 + 0{,}01}{2} = 0{,}025 \, .$$

Im Erwartungswert wird also der zugesagte Garantiezinssatz in Höhe von 2,5 % erzielt. Wir wollen nun die Schwankung quantifizieren. Für den Endwert S der Erlebensfallversicherung gilt aufgrund der stochastischen Unabhängigkeit

$$E\left(S\right) = E\left(100.000 \prod_{k=1}^{20}\left(1 + \tilde{f}_k\right)\right) = 100.000 \prod_{k=1}^{20}\left(1 + E\left(\tilde{f}_k\right)\right)$$

$$= 100.000 \cdot 1{,}025^{20} = 163.861{,}64 \, .$$

Um die Varianz des Endwerts zu berechnen, betrachten wir zunächst die Varianz des Zinssatzes:

$$Var\left(\tilde{f}_k\right) = \frac{1}{12}\left(0{,}04 - 0{,}01\right)^2 = 0{,}000075 \, .$$

Für die Varianz von S gilt gemäß dem Verschiebungssatz

$$Var\left(S\right) = E\left(S^2\right) - \left(E\left(S\right)\right)^2 \, .$$

Den ersten Term können wir nach Voraussetzung direkt berechnen:

$$E\left(S^2\right) = E\left(100.000^2 \prod_{k=1}^{20}\left(1 + \tilde{f}_k\right)^2\right) = 100.000^2 \prod_{k=1}^{20} E\left(\left(1 + \tilde{f}_k\right)^2\right) \, .$$

Dabei ist

$$E\left(\left(1 + \tilde{f}_k\right)^2\right) = E\left(1 + 2\tilde{f}_k + \tilde{f}_k^2\right) = 1 + 2E\left(\tilde{f}_k\right) + E\left(\tilde{f}_k^2\right)$$

Wenden wir erneut den Verschiebungssatz und die bekannte Varianz von $\tilde{f}_k$ an, so erhalten wir

$$E\left(\left(1+\tilde{f}_k\right)^2\right) = 1 + 2E\left(\tilde{f}_k\right) + Var\left(\tilde{f}_k\right) + \left(E\left(\tilde{f}_k\right)\right)^2$$

$$= 1 + 2 \cdot 0{,}025 + 0{,}000075 + 0{,}025^2 = 1{,}0507 \; .$$

Daraus folgt für die Varianz der Versicherungsleistung S:

$$Var\,(S) = 100.000^2 \cdot 1{,}0507^{20} - 163.861{,}64^2 = 38.361.245{,}10 \; .$$

Die Standardabweichung ist dann 6.193,65 €.

An diesem einfachen Beispiel erkennen wir, dass die Analyse der stochastischen Verteilung der zu betrachtenden finanzmathematischen Größe selbst bei einfachen Modellannahmen schon recht aufwendig ist. Aus diesem Grund wird in der Praxis oft ein Modell bevorzugt, das einerseits hinreichend flexibel und andererseits leicht handhabbar ist.

3.3.4 Lognormal-Modell

Das bekannteste analytische Zinsmodell mit unabhängigen zukünftigen Terminzinssätzen ist das Lognormal-Model. Dazu seien die Aufzinsungsfaktoren $\left(1+\tilde{f}_k\right)$ für $k = 1,\ldots,n$ stochastisch unabhängig und identisch lognormalverteilt. Es gelte also, dass die Logarithmen normalverteilt sind mit Erwartungswert μ und Varianz σ^2:

$$\ln\left(1+\tilde{f}_k\right) \sim N\left(\mu,\sigma^2\right) \; .$$

Mit entsprechender Kenntnis der Wahrscheinlichkeitsrechnung ist der Erwartungswert

$$E\left(1+\tilde{f}_k\right) = \exp\left(\mu + \frac{1}{2}\sigma^2\right)$$

und die Varianz ist

$$Var\left(1+\tilde{f}_k\right) = \exp\left(2\mu + \sigma^2\right)\left(\exp\left(\sigma^2\right) - 1\right) \; .$$

Für die zukünftigen Terminzinssätze gilt mit den Rechenregeln für Erwartungswert und Varianz:

$$E\left(\tilde{f}_k\right) = \exp\left(\mu + \tfrac{1}{2}\sigma^2\right) - 1$$
$$Var\left(\tilde{f}_k\right) = \exp\left(2\mu + \sigma^2\right)\left(\exp\left(\sigma^2\right) - 1\right).$$

Für den Endwert K_n einer anfänglichen Zahlung der Höhe K_0 ist aufgrund der Logarithmusregeln

$$\ln K_n = \ln\left(K_0 \prod_{k=1}^{n}\left(1 + \tilde{f}_k\right)\right) = \ln K_0 + \sum_{k=1}^{n} \ln\left(1 + \tilde{f}_k\right).$$

Aus der Wahrscheinlichkeitsrechnung wissen wir, dass die Summe stochastisch unabhängiger, normalverteilter Zufallsgrößen wiederum normal verteilt ist:

$$\sum_{k=1}^{n} \ln\left(1 + \tilde{f}_k\right) \sim N\left(n\mu, n\sigma^2\right).$$

Folglich gilt für die Verteilung des Endwerts

$$\ln K_n \sim N\left(\ln K_0 + n\mu, n\sigma^2\right).$$

Daraus folgt mit den Potenzgesetzen

$$E\left(K_n\right) = K_0 \cdot \exp\left(n\mu + \frac{1}{2}n\sigma^2\right)$$

sowie

$$Var\left(K_n\right) = K_0^2 \cdot \exp\left(2n\mu + n\sigma^2\right)\left(\exp\left(n\sigma^2\right) - 1\right).$$

Ein praktischer Vorteil des Lognormal-Modells gegenüber anderen pragmatischen Modellen liegt in der Möglichkeit zur einfachen expliziten Berechnung von Erwartungswert und Varianz.

Beispiel

Ein Investor möchte 100.000 € über fünf Jahre gewinnbringend investieren. Die Zinsen im Markt seien lognormalverteilt mit den Parametern $\mu = 0{,}03$ und $\sigma^2 = 0{,}0004$. Also ist

$$E\left(1 + \tilde{f}_k\right) = e^{0{,}03 + \frac{1}{2}0{,}0004} = e^{0{,}0302} = 1{,}0307.$$

Der Erwartungswert der Terminzinssätze liegt also bei 3,07 %. Daraus folgt für den Endwert der Investition:

$$E\left(K_5\right) = E\left(100.000\prod_{k=1}^{5}\left(1 + \tilde{f}_k\right)\right) = 100.000 \cdot 1{,}0307^5 = 116.299{,}67 \ .$$

Der erwartete Endwert der Investition ist also 116.299,67 €. Die Varianz der Terminzinssätze ist andererseits

$$\mathit{Var}\left(1 + \tilde{f}_k\right) = e^{2\cdot 0{,}03 + 0{,}0004}\left(e^{0{,}0004} - 1\right) = 0{,}000425 \ .$$

Daraus folgt für die Varianz des Anlageziels

$$\mathit{Var}\left(K_5\right) = K_0^2 \cdot 5 \cdot \mathit{Var}\left(1 + \tilde{f}_k\right) = 100.000^2 \cdot 5 \cdot 0{,}000425 = 21.249.476{,}93 \ .$$

Die Standardabweichung des Endwerts beträgt folglich 4.609,72 €.

Für komplexe finanzmathematische Bewertungen wendet man in der Praxis immer öfter eine **stochastische Simulation** an. Dazu werden mit Hilfe von Zufallszahlen, die gemäß den Modellvorgaben erzeugt werden, hinreichend viele mögliche Szenarien betrachtet. Für jedes Zinsszenario wird dann die gesuchte finanzmathematische Größe berechnet. Anhand einer großen Anzahl von Simulationen wird anschließend eine empirische Auswertung durchgeführt.

Beispiel

Eine Investmentbank möchte einen Garantiefonds zum Nennwert $N = 10.000$ auflegen. In jedem Jahr soll eine nachschüssige Kuponzahlung ausgeschüttet werden, deren Höhe mit der Zeit variiert. Die garantierte Kuponrate c_k in den ersten beiden Jahren sei 2 %, in den darauf folgenden drei Jahren 3 % und in den letzten fünf Jahren 4 %. Wenn die zukünftige einjährige Terminzinsrate $\tilde{f}_k$ in einem gegebenen Jahr k mit $k = 1,\ldots,10$ größer als die Kuponrate c_k ist, so erhöht sich die Kuponzahlung in diesem Jahr auf $N \cdot \tilde{f}_k$, andernfalls ist sie gleich der festgelegten Garantie, $N \cdot c_k$. Für den Auffüllungsbedarf A_k in Jahr k, den die Bank zu tragen hat, gilt also

$$A_k = \begin{cases} 0 & \text{falls} \quad \tilde{f}_k \geq c_k \\ N\left(c_k - \tilde{f}_k\right) & \text{falls} \quad \tilde{f}_k < c_k \end{cases} .$$

Die Kosten für die Garantie G sind der Barwert der jährlichen Aufstockungsbeträge. Es ist also

$$G = \sum_{k=1}^{10} \frac{A_k}{\prod_{j=1}^{k} \left(1 + \tilde{f}_j\right)}\,.$$

Wir nehmen exemplarisch an, dass die Bank in sichere Anleihen investiert, deren Terminzinssätze einem Lognormal-Modell mit Parametern $\mu = 0{,}06$ und $\sigma^2 = 0{,}0009$ folgen. Dann machen wir eine stochastische Simulation: Für jeden der zehn Terminzinssätze erzeugen wir eine zufällige Realisation gemäß der spezifizierten Lognormalverteilung. Dann berechnen wir die Kosten der Garantie in diesem zufälligen Szenario. Den Vorgang wiederholen wir mit Hilfe eines Computers 10.000 Mal. Dann können wir die Verteilung der Garantiekosten empirisch auswerten.

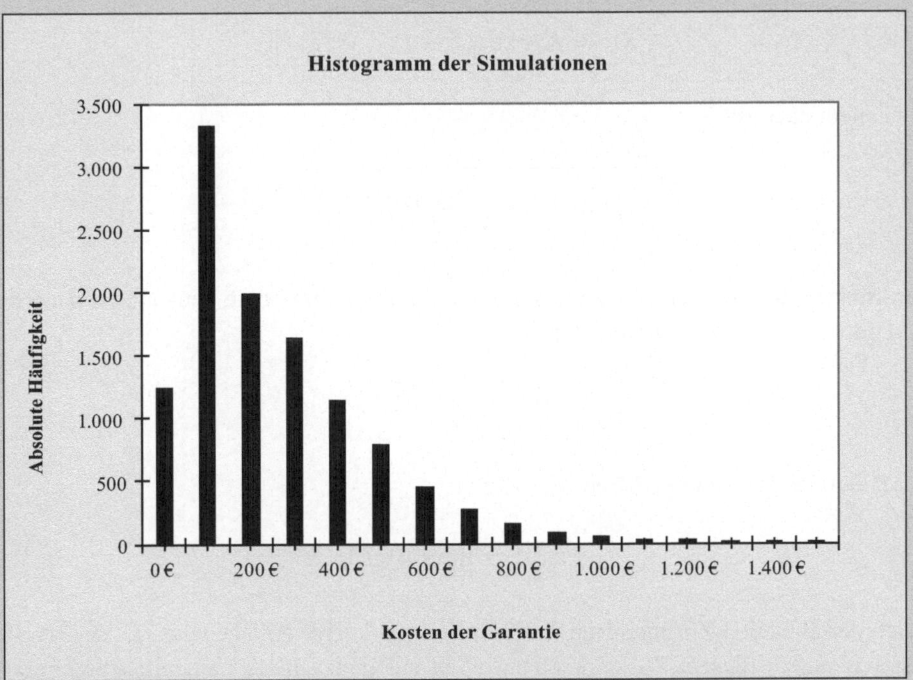

Im arithmetischen Mittelwert betragen die Kosten der Garantie 230,24 €. Um die tatsächlichen Garantiekosten mit großer Sicherheit tragen zu können, mag das Bankmanagement entscheiden, die Kosten für das Produkt auf das 90 %-Quantil festzusetzen, das in diesem Fall 527,29 € beträgt.

3.4 Gleichgewichtsmodelle

Um auch fortgeschrittene stochastische Modelle begreifen zu können, sind tiefgehende Kenntnisse der stochastischen Analyse notwendig. An dieser Stelle geben wir eine knappe Einführung in das Thema und skizzieren die beiden bekanntesten **Gleichgewichtsmodelle**. Diese klassischen Modelle der Zinsstruktur enthalten genau eine Unsicherheitsquelle. Für eine tiefer gehende Analyse sei auf die weiterführende Literatur verwiesen.

3.4.1 Stochastische Prozesse

Wir wollen nun solche Zinsmodelle betrachten, welche die zukünftige Entwicklung der Kassazinssätze in stetiger Zeit beschreiben. Zur Berechnung der Zeitwerte verwenden wir folglich das Kalkül der stetigen Verzinsung. Es sei dazu K_t das Kapital zum Zeitpunkt t. Außerdem sei $i\,(t, T)$ der stetige Zinssatz zum Zeitpunkt t, der im Zeitintervall $[t, T]$ gültig ist. Dann gilt für den Endwert K_T, wie wir bereits gezeigt haben,

$$\boxed{K_T = K_t \exp\left((T - t) \cdot i\,(t, T)\right)}\,.$$

Äquivalent dazu ist

$$\boxed{i\,(t, T) = \frac{1}{T - t} \ln\left(\frac{K_T}{K_t}\right)}\,.$$

Der **kurzfristige momentane Zinssatz** $r\,(t)$, englisch **short rate** genannt, ist dann definiert durch die Grenzwertbetrachtung

$$\boxed{r\,(t) = \lim_{T \to t} i\,(t, T)}\,.$$

Für $T = 0$ ist der sofortige Momentanzinssatz

$$r\,(0) = \lim_{T \to 0} i\,(0, T)$$

gleich der aktuellen Zinsintensität mit infinitesimal kurzer Anlagedauer. Es sei erwähnt, dass wir uns in diesem Zusammenhang nicht auf ganzzahlige Laufzeiten beschränken wollen, sondern allgemein $T \in \mathbb{R}^+$ zulassen.

Der Momentanzinssatz kann als Zinsrate auf einem Bankkonto interpretiert werden, die sich von einem Tag auf den anderen ändern kann. In der Praxis spricht man deshalb auch von der **overnight rate**. Streng genommen ist die short rate jedoch nur ein theoretisches Konstrukt, welches wir nutzen, um die Zinsstruktur zu modellieren.

Den kurzfristigen momentanen Zinssatz können wir durch

$$r\left(t\right) = \lim_{T \to t} \frac{\ln K_T - \ln K_t}{T - t} = \frac{d}{ds} \ln K_s \bigg|_{s=t}$$

angeben. Ist andererseits die short rate $r\left(t\right)$ bekannt, so erkennen wir durch Integralbildung, dass

$$\int_t^T r\left(s\right) ds = \int_t^T \frac{d}{ds} \ln K_s\, ds = \ln K_T - \ln K_t = \ln \frac{K_T}{K_t}$$

gilt. Daraus folgt für den Endwert

$$\boxed{K_T = K_t \cdot \exp\left(\int_t^T r\left(s\right) ds\right).}$$

Diese Darstellung ist die Verallgemeinerung der stetigen Verzinsungsformel mit einer variablen Zinsintensität. Durch die vollständige Angabe des Momentanzinssatzes $r\left(t\right)$ im Intervall $[0, T]$ sind sämtliche Zeitwerte eines Anfangskapitals K_0 eindeutig festgelegt. Aus der Kenntnis der Zeitwerte lassen sich die Kurse von Nullkuponanleihen, ihre internen Renditen und somit auch die Kassazinssätze für alle Laufzeiten berechnen.

Für die Prognose der zukünftigen short rate gehen wir davon aus, dass sich der Wert des Momentanzinssatzes zufällig auf- oder abbewegt. Das mathematische Modell dieser Zufallsbewegungen wird als **zufällige Irrfahrt**, im Englischen als **random walk**, bezeichnet. Dieses Konzept hat in der modernen Finanzmathematik eine große Bedeutung erlangt.

Im Zweidimensionalen ist eine zufällige Irrfahrt dadurch gekennzeichnet, dass der nächste Schritt in eine zufällige Richtung geht und eine zufällige Länge hat. Die gesamte Irrfahrt entsteht durch die Aneinanderreihung der einzelnen Schritte. In der Finanzmathematik betrachtet man nur eindimensionale Zufallsbewegungen. In diesem Sinn sind für unsere Zwecke nur die Schrittweite und das Vorzeichen relevant.

Betrachten wir mehrere aufeinanderfolgende Schritte im random walk Modell, so ergibt sich daraus eine Folge von Zufallszahlen. Diesen Ansatz können wir spezifizieren. Konkret sei $r\left(t\right)$ der zufällige kurzfristige Momentanzinssatz zum Zeitpunkt t. Dann ist die Familie von Zufallsvariablen $(r\left(t\right))_{t \in \mathbb{R}^+}$ ein **stochastischer Prozess**. Jedes Element $r\left(t\right)$ dieser Familie wird durch einen Zeitpunkt $t \in \mathbb{R}^+$ gekennzeichnet, und stellt den zufälligen Momentanzinssatz zu eben diesem Zeitpunkt dar. Ein stochastischer Prozess ist also eine Zusammenfassung von Zufallsgrößen, wie sie beispielsweise durch eine zufällige Irrfahrt entstehen. Es sei erwähnt, dass wir vorwiegend Prozesse in stetiger Zeit mit stetigem Wertebereich betrachten wollen.

Ein spezieller stochastischer Prozess, der auf einem random walk beruht, ist ein sogenannter **Markov-Prozess**. Dabei ist der und nur der aktuelle Wert der Zufallsvariablen für die Prognose des unmittelbar nachfolgenden Wertes ausschlaggebend. Die vergangenen Werte und der Weg der zurückliegenden zufälligen Irrfahrt sind für den Prozess ohne Belang. Die Markov-Eigenschaft eines zufälligen Prozesses ist konsistent mit der sogenannten schwachen Markteffizienz in der Finanzwirtschaft. Demnach enthält der gehandelte Wert eines Finanztitels bereits alle Informationen der Vergangenheit. In der Praxis gibt es wenig Hinweise, dass technische Analysen historischer Daten tatsächlich einen Vorteil bringen. Wir nehmen deshalb an, dass die zufällige Entwicklung des Momentanzinssatzes ein Markov-Prozess ist.

Für die konkrete mathematische Modellierung verwenden wir einen sogenannten **Wiener-Prozess**, der ein spezieller Markov-Prozess ist. Er ist dadurch charakterisiert, dass seine zufälligen Änderungen normalverteilt sind mit Mittelwert null und Varianz in Höhe der vergangenen Zeit. Formal ausgedrückt ist ein stochastischer Prozess $(W(t))_{t \in \mathbb{R}^+}$ ein Wiener-Prozess, wenn drei Bedingungen erfüllt sind. Erstens wird der Ausgangspunkt der Irrfahrt durch $W(0) = 0$ normiert. Zweitens, für beliebige $0 \leq s < t$ ist die Differenz der Werte $(W_t - W_s)$ die normalverteilte Zufallsvariable mit Erwartungswert 0 und Varianz $(t - s)$. Gleichgültig wie hoch der Wert $W(t)$ ist, die Wertänderung $(W_{t+\Delta t} - W_t)$ in einem kleinen Zeitintervall Δt ist immer in derselben Weise normalverteilt: $(W_{t+\Delta t} - W_t) \sim N(0, \Delta t)$. Wenn wir nun beliebig kleine Zeitdifferenzen betrachten, dann ist die infinitesimale Änderung $dW(t)$ verteilt wie $N(0, dt)$. In äquivalenter Form können wir den Zusammenhang mit der Standardnormalverteilung herstellen:

$$dW(t) \sim \sqrt{dt} \cdot Z \quad \text{mit} \quad Z \sim N(0,1) \ .$$

denn nach den Rechenregeln für Erwartungswert und Varianz ist $E\left(\sqrt{dt} \cdot Z\right) = dt \cdot E(Z) = 0$ sowie $Var\left(\sqrt{dt} \cdot Z\right) = dt \cdot Var(Z) = dt$. Drittens und schließlich, müssen für je zwei sich nicht überlappende Zeitintervalle die zugehörigen zufälligen Veränderungen unabhängig sein. Für beliebige $0 \leq r < s \leq t < u$ sind $(W(s) - W(r))$ und $(W(u) - W(t))$ stochastisch unabhängig.

Beispiel

Es sei $\Delta t = 0{,}004$. Das entspricht einem Tag bei 250 Handelstagen an der Börse im Jahr. Für die Wahrscheinlichkeit, dass die Wertänderung in einem Wiener-Prozess am ersten Tag positiv, aber kleiner als 2 % ist, in Verbindung damit, dass die Wertänderung am zweiten Tag negativ, aber nicht kleiner als -1 % ist, gilt aufgrund der stochastischen Unabhängigkeit

$$P\left(0 < W_{0{,}004} - W_0 < 0{,}02; \quad -0{,}01 < W_{0{,}008} - W_{0{,}004} < 0\right)$$
$$= P\left(0 < W_{0{,}004} - W_0 < 0{,}02\right) \cdot P\left(-0{,}01 < W_{0{,}008} - W_{0{,}004} < 0\right) \ .$$

Da die Änderungen normalverteilt sind mittels $N(0; 0,004)$, gilt durch Standardisierung mit den Werten $\mu = 0$ und $\sigma = \sqrt{0,004}$

$$P(0 < W_{0,004} - W_0 < 0,02) = P\left(\frac{0-0}{\sqrt{0,004}} < \frac{W_{0,004} - W_0 - 0}{\sqrt{0,004}} < \frac{0,02-0}{\sqrt{0,004}}\right).$$

Dabei ist

$$Z = \frac{W_{0,004} - W_0}{\sqrt{0,004}} \sim N(0; 1)$$

standardnormal verteilt. Daraus folgt

$$P(0 < W_{0,004} - W_0 < 0,02) = P(0 < Z < 0,3162)$$
$$= \Phi(0,3162) - 0,5 = 0,1241.$$

wobei Φ die Verteilungsfunktion der Standardnormalverteilung ist. Analog gilt

$$P(-0,01 < W_{0,008} - W_{0,004} < 0)$$
$$= P\left(\frac{-0,001-0}{\sqrt{0,004}} < \frac{W_{0,008} - W_{0,004}-0}{\sigma} < \frac{0-0}{\sqrt{0,004}}\right)$$
$$= P\left(\frac{-0,01}{\sqrt{0,004}} < Z < 0\right) = P(0 < Z < 0,1581)$$
$$= \Phi(0,1581) - 0,5 = 0,0628.$$

Somit haben wir im Ergebnis:

$$P(0 < W_{0,004} - W_0 < 0,02; -0,01 < W_{0,008} - W_{0,004} < 0) = 0,1241 \cdot 0,0628$$
$$= 0,0078.$$

Das heißt, die Wahrscheinlichkeit für das Aufeinanderfolgen der genannten Änderungen der Werte im Wiener-Prozess ist 0,0078.

3.4.2 Vasicek-Modell

Als konkrete Anwendung von stochastischen Prozessen betrachten wir nun die sogenannten **Gleichgewichtsmodelle** für die zufällige zukünftige Entwicklung des kurzfristigen momentanen Zinssatzes. Ausgangspunkt solcher Modelle ist eine Annahme über das ökonomisch sinnvolle Verhalten des kurzfristigen momentanen Zinssatzes in einem zeitstetigen stochastischen Modell. In einem sogenannten **Ein-Faktor-Modell** enthält der stochastische Prozess für den Momentanzinssatz nur eine Unsicherheitsquelle. Das bedeutet, dass wir genau einen stochastischen Prozess zu seiner Modellierung verwenden wollen. In einem solchen Modell genügt die short rate $r\,(t)$ einer **stochastischen Differentialgleichung** der Form

$$\boxed{dr\,(t) = m\,(r) \cdot dt + s\,(r) \cdot dW\,(t)}\,.$$

Der Term $m\,(r)$ ist die momentane **Drift**. Sie gibt die Richtung der Evolution des momentanen Zinssatzes an. Die momentane **Volatilität** wird durch den Term $s\,(r)$ spezifiziert; sie ist für die Höhe der zufälligen Schwankungen zuständig. Zur Lösung stochastischer Differentialgleichungen benötigt man tiefergehende Kenntnisse der stochastischen Analyse, insbesondere des **Itô-Kalküls**. In dieser Hinsicht sei der Leser auf die weiterführende Lektüre der höheren Finanzmathematik verwiesen. Wir wollen an dieser Stelle nur die Ergebnisse angeben. Es sei ergänzend notiert, dass wir für den Prozess der short rate $r\,(t)$ eine risikoneutrale Welt voraussetzen. In dieser Welt erwirtschaftet man in einem sehr kurzen Zeitintervall $[t, t + \Delta t]$ im Mittel $r\,(t) \cdot \Delta t$ an Zinsen.

Es ist intuitiv klar, dass der momentane kurzfristige Zinssatz nicht beliebig steigen oder fallen kann, sondern vielmehr tendenziell um einen langfristigen Mittelwert pendeln sollte. Diese Eigenschaft nennt man die **Rückkehr zum Mittelwert**, englisch **mean reversion**. Oldrich Vasicek griff diese Idee 1977 auf. Das bekannteste und nach ihm benannte Modell für die zufällige Entwicklung der short rate postuliert, dass

$$\boxed{dr\,(t) = a\,(\mu - r\,(t)) \cdot dt + \sigma \cdot dW\,(t)}$$

gelten möge. Der Momentanzinssatz driftet im **Vasicek-Modell** mit der Rate $a > 0$ zum langfristig gültigen Wert μ. Diese deterministische Bewegung wird durch eine stochastische Abweichung $\sigma \cdot dW\,(t)$ überlagert.

Der von Vasicek unterstellte stochastische Prozess ist unter dem Namen **Ornstein-Uhlenbeck-Prozess** bekannt. Seine Eigenschaften sind wohlbekannt: Für gegebenes $t > 0$ ist $r\,(t)$ bei gegebenem $r\,(0)$ normalverteilt mit Erwartungswert $\mu + (r\,(0) - \mu)\exp\,(-at)$ und Varianz $\sigma^2\,(1 - \exp\,(-2at))\,/2a$. Wir haben also

$$\boxed{r\,(t) \sim N\left(\mu + (r\,(0) - \mu)\exp\,(-at)\,;\; \sigma^2\,(1 - \exp\,(-2at))\,/2a\right)}\,.$$

Im Grenzwert $t \to \infty$ strebt der Erwartungswert des Momentanzinssatzes $r\,(t)$ gegen μ und die Standardabweichung gegen $\sigma/\sqrt{2a}$.

Sodann können wir den Erwartungswert des abgezinsten Rücknahmekurses im risikoneutralen Maß betrachten. Der erwartete Kurs $\tilde{P}\,(t, T)$ einer Nullkuponanleihe mit Rücknahmekurs 1, Fälligkeitsterm T zum Bewertungsstichtag t ist im Vasicek-Model konkret gegeben durch

$$\boxed{\tilde{P}\,(t, T) = \exp\,(A\,(t, T) - B\,(t, T)\,r\,(t))}$$

mit

$$\boxed{B\,(t,T) = \frac{1 - \exp\left(-a\,(T - t)\right)}{a}}$$

und

$$\boxed{A\,(t,T) = \left(B\,(t,T) - (T - t)\right)\left(\mu - \frac{\sigma^2}{2a^2}\right) - \frac{\sigma^2}{4a}\left(B\,(t,T)\right)^2}\ .$$

Der erwartete Kurs einer jeden Nullkuponanleihe ist also zu jedem Zeitpunkt in Abhängigkeit vom kurzfristigen Momentanzinssatz darstellbar.

Wie wir bereits gesehen haben, gilt allgemein bei stetiger Verzinsung, die kontinuierlich mit der erwarteten Zinsrate $\tilde{i}\,(0,T)$ durchgeführt wird, für die Wertentwicklung des anfänglichen erwarteten Kurses $\tilde{P}\,(0,T)$ einer Zinsanleihe mit Laufzeit T und mit Rücknahmekurs zu Eins:

$$\tilde{P}\,(0,T)\exp\left(T \cdot \tilde{i}\,(0,T)\right) = \tilde{P}\,(T,T) = 1\ .$$

Daraus folgt für den erwarteten stetigen Kassazinssatz $\tilde{i}\,(0,T)$ mit Laufzeit T

$$\tilde{i}\,(0,T) = \frac{-\ln \tilde{P}\,(0,T)}{T}\ .$$

Dabei ist

$$\tilde{P}\,(0,T) = \exp\left(A\,(0,T) - B\,(0,T)\,r\,(0)\right)$$

mit

$$B\,(0,T) = \frac{1 - \exp\left(-aT\right)}{a}$$

sowie

$$A\,(0,T) = \left(\frac{1 - \exp\left(-aT\right)}{a} - T\right)\left(\mu - \frac{\sigma^2}{2a^2}\right) - \frac{\sigma^2}{4a}\left(\frac{1 - \exp\left(-aT\right)}{a}\right)^2\ .$$

Daraus folgt

$$\begin{aligned}
\tilde{i}\,(0,T) &= \frac{B\,(0,T)\,r\,(0) - A\,(0,T)}{T} \\[2mm]
&= \frac{1 - \exp\left(-aT\right)}{aT}\,r\,(0) - \left(\frac{1 - \exp\left(-aT\right)}{aT} - 1\right)\left(\mu - \frac{\sigma^2}{2a^2}\right) \\[2mm]
&\quad + \frac{\sigma^2}{4aT}\left(\frac{1 - \exp\left(-aT\right)}{a}\right)^2\ .
\end{aligned}$$

Als interessante Schlussfolgerung halten wir fest, dass der erwartete stetige Kassazinssatz $\tilde{i}\,(0, T)$ linear von der momentanen Zinsrate $r\,(0)$ abhängt. Der Zusammenhang mit der Zeit T ist nicht linear.

Abschließend können wir den erwarteten diskreten jährlichen Kassazinssatz $\tilde{i}_n$ mit Laufzeit von n Jahren angeben:

$$\tilde{i}_n = \exp\left(\tilde{i}\,(0, n)\right) - 1\ .$$

Beispiel

Wir betrachten das Vasicek-Modell mit den gegebenen Parametern $a = 0,3;\ \mu = 0,02;\ \sigma = 0,01$. Außerdem sei der Startwert $r\,(0) = 0,025$ bekannt. Exemplarisch betrachten wir $T = 10$. Dann sind die Hilfsgrößen

$$B\,(0,10) = \frac{1 - \exp\left(-0,3 \cdot 10\right)}{0,3} = 3,1674$$

$$A\,(0,10) = \left(\frac{1 - \exp\left(-0,3 \cdot 10\right)}{0,3} - 10\right)\left(\mu - \frac{0,01^2}{2 \cdot 0,3^2}\right)$$

$$-\frac{0,01^2}{4 \cdot 0,3}\left(\frac{1 - \exp\left(-0,3 \cdot 10\right)}{0,03}\right)^2 = -0,1337\ .$$

Somit ist der erwartete Kurs

$$\tilde{P}\,(0,10) = \exp\left(-0,1337 - 3,1674 \cdot 0,025\right) = 0,8083\ .$$

Für den Nennwert 100 ist der erwartete anfängliche Kurs bei Rücknahme zu pari also 80,83. Daraus folgt für die erwartete stetige Rendite

$$\tilde{i}\,(0,10) = \frac{-\ln 0,8083}{10} = 0,0213\ .$$

Folglich ist der diskrete Kassazinssatz für die Laufzeit von zehn Jahren

$$\tilde{i}_{10} = \exp\left(0,0213\right) - 1 = 0,0215\ .$$

Der erwartete diskrete Kassazinssatz ist mit 2,15 % etwas größer als der erwartete stetige Kassazinssatz 2,13 %.

Auf die mathematisch statistische Schätzung und die marktkonsistente Festlegung der Parameterwerte μ, σ und a verzichten wir an dieser Stelle. Dies ist eine typische Aufgabe der Finanzmarktstatistik. Es sollte allerdings erwähnt sein, dass die aktuell beobachtete Zinsstruktur nicht unbedingt mit der modellierten erwarteten Zinsstruktur im Vasicek-Model zum Zeitpunkt $t = 0$ hinreichend genau übereinstimmt. Diese Diskrepanz ist für gewisse finanzmathematische Anwendungen, wie die Beurteilung von derivativen Finanzinstrumenten, ein bedeutender Nachteil. Mit dem folgenden Beispiel illustrieren wir, dass sich mit dem Vasicek-Model grundsätzlich eine normale, eine inverse und auch eine gekrümmte Zinsstruktur darstellen lässt.

Beispiel

Wir wollen die Struktur der diskreten Kassazinssätze für verschiedene Parameterkombinationen grafisch veranschaulichen. Es sei dazu $a = 0{,}2$ und $r\,(0) = 0{,}04$. Außerdem sei

Modell A: $\mu = 0{,}06;\ \sigma = 0{,}01$

Modell B: $\mu = 0{,}06;\ \sigma = 0{,}045$

Modell C: $\mu = 0{,}02;\ \sigma = 0{,}01$

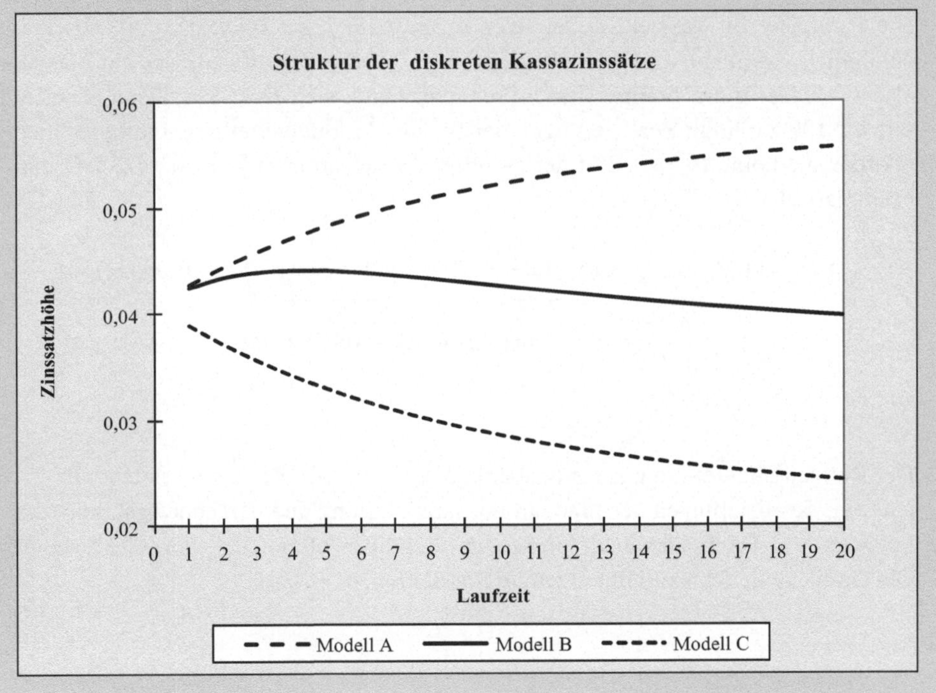

Die Kenntnis der Erwartungswerte ist im Rahmen der stochastischen Analyse nicht unbedingt vollständig befriedigend. Darüber hinaus sind gegebenenfalls die Volatilität oder auch die Quantile der Verteilung von besonderem Interesse. Um die zufällige Evolution des Momentanzinssatzes im Verlauf der Zeit konkret anzugeben, wird der angegebene stochastische Prozess diskretisiert. Man kann zeigen, dass im Vasicek-Model für die Folge der diskreten Zeitpunkte (t_k) die rekursive Gleichung

$$r_{t_{k+1}} = r_{t_k} \exp\left(-a\left(t_{k+1} - t_k\right)\right) + \mu\left(1 - \exp\left(-a\left(t_{k+1} - t_k\right)\right)\right)$$
$$+ \sqrt{\frac{\sigma^2}{2a}\left(1 - \exp\left(-2a\left(t_{k+1} - t_k\right)\right)\right)} \cdot \varepsilon_{t_{k+1}} \,.$$

exakt erfüllt ist. Dabei ist $\varepsilon_{t_{k+1}}$ eine zufällige Realisierung einer standardnormal verteilten Zufallsgröße. Auf der Grundlage dieser Rekursion können wir mittels einer **stochastischen Simulation** jede Menge Pfade, das heißt Folgen (r_{t_k}), erzeugen. Jeder vollständige Pfad stellt ein mögliches Szenario für die Entwicklung des Momentanzinssatzes mit der vorgegebenen Schrittweite im gesamten Zeitraum dar.

Beispiel

Die Parameter im Vasicek-Model seien $a = 0{,}25$; $\mu = 0{,}04$; $\sigma = 0{,}001$. Der anfängliche Momentanzinssatz sei $r(0) = 0{,}03$. Die Schrittweite sei ein Monat, also $1/12$. Der Betrachtungszeitraum sei zehn Jahre, also $T = 120$. Dann generieren wir 120 zufällige Realisierungen der Standardnormalverteilung und berechnen rekursiv die Folge $(r(t_k))$. Mit der zufälligen Realisation $\varepsilon_{1/12} = 0{,}5423$ ist dann exemplarisch

$$r_{1/12} = 0{,}03 \exp\left(-0{,}25 \cdot 0{,}0833\right) + 0{,}04\left(1 - \exp\left(-0{,}25 \cdot 0{,}0833\right)\right)$$
$$+ \sqrt{\frac{0{,}001^2}{2 \cdot 0{,}25}\left(1 - \exp\left(-2 \cdot 0{,}25 \cdot 0{,}0833\right)\right)} \cdot 0{,}5423$$
$$= 0{,}0304 \,.$$

Der Betrachtungszeitraum sei zehn Jahre, also $T = 120$. Dann generieren wir 120 zufällige Realisierungen der Standardnormalverteilung und berechnen rekursiv die Folge $(r(t_k))$. Damit haben wir ein Szenario für die Evolution der short rate erzeugt. Die Grafik zeigt zehn zufällig erzeugte Simulationen.

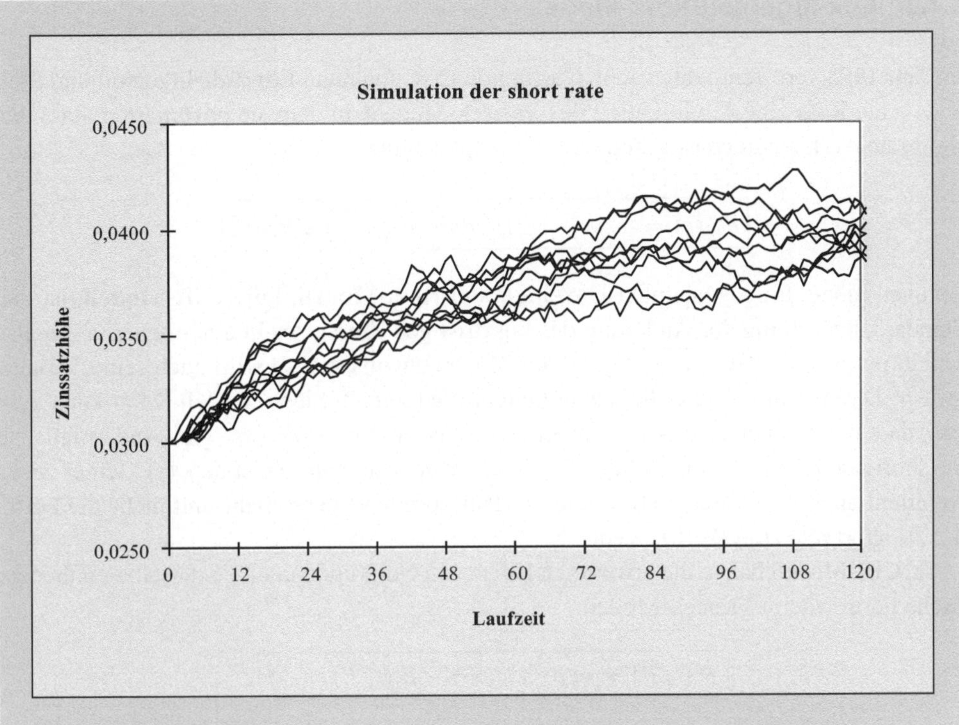

Mit der Kenntnis der short rates lassen sich für jedes simulierte Szenario sämtliche finanzmathematischen Berechnungen durchführen, die für die konkrete Fragestellung von Belang sind. Schließlich kann die Verteilung der erzielten Ergebnisse empirisch untersucht werden. Eine solche Vorgehensweise auf der Grundlage stochastischer Simulationen spielt in der Praxis eine große Rolle. Für die Anwendung von sogenannten **Monte-Carlo-Simulationen** in der Finanzwelt sei auf die weiterführende Literatur verwiesen.

Als Schwachstelle des Vasicek-Modells wurde oft angeführt, dass der risikolose Zinssatz $r(t)$ negativ werden kann. Tatsächlich können in diesem Modell sowohl Kassazinssätze als auch Terminzinssätze mit endlicher Laufzeit negative Werte annehmen. In der Praxis geht man davon aus, dass niemand gezwungen werden kann, sein Geld zu negativen Zinsen anzulegen. Im Zweifelsfall wird das vorhandene Kapital eben nicht bei einer Bank deponiert. Im Zuge der Finanzkrise wurden jedoch tatsächlich negative Zinsen auf deutsche **Bundesanleihen** beobachtet.

Ein echter Nachteil des Modells von Vasicek ist, dass die Varianz des risikolosen Zinssatzes $r(t)$ nur von der Zeit t, nicht aber vom Momentanzinssatz $r(t)$ abhängt. Empirische Analysen hingegen zeigen, dass die Varianz der short rate mit steigendem Wert von $r(t)$ ebenfalls größer wird.

3.4.3 Cox-Ingersoll-Ross-Modell

Im Jahr 1985 veröffentlichten John Carrington Cox, Jonathan Edwards Ingersoll und Stephen Alan Ross eine Modifikation des Vasicek-Models, in dem sie postulierten, dass die short rate $r\,(t)$ der stochastischen Differentialgleichung

$$dr\,(t) = a\,(\mu - r\,(t)) \cdot dt + \sigma\,\sqrt{r\,(t)}\cdot dW\,(t)$$

genügen möge. Im sogenannten **Cox-Ingersoll-Ross-Modell**, kurz **CIR-Modell**, ist die Standardabweichung der Änderung des kurzfristigen Zinssatzes in einem kurzen Zeitabschnitt proportional zu $\sqrt{r\,(t)}$. Steigt der Momentanzinssatz, so wird auch seine Varianz größer. Darin liegt der entscheidende Unterschied zum Vasicek-Modell. Man kann zeigen, dass der Momentanzinssatz immer positiv ist, wenn $2a\mu > \sigma^2$ gilt. Andernfalls ist die short rate zumindest nie negativ. Denn wenn die instantane Zinsrate $r\,(t)$ kleiner wird, so nimmt auch ihre Varianz ab. In diesem Fall dominiert dann mehr und mehr die Drift, die die short rate zum Wert μ zieht.

Im CIR-Modell haben die erwarteten Kurse von Nullkuponanleihen dieselbe mathematische Form wie im Vasicek-Modell:

$$\tilde{P}\,(t,T) = \exp\left(A\,(t,T) - B\,(t,T)\,r\,(t)\right).$$

wobei hier abweichend

$$B\,(t,T) = \frac{2\,(\exp\,(\gamma\,(T-t)) - 1)}{2\gamma + (\gamma + a)\,(\exp\,(\gamma\,(T-t)) - 1)}$$

und

$$A\,(t,T) = \frac{2a\mu}{\sigma^2}\,\ln\left(\frac{2\gamma\,\exp\left(\frac{(a+\gamma)(T-t)}{2}\right)}{2\gamma + (\gamma + a)\,(\exp\,(\gamma\,(T-t)) - 1)}\right)$$

mit

$$\gamma = \sqrt{a^2 + 2\sigma^2}$$

gilt. Im CIR-Modell kann man steigende, fallende und gekrümmte Zinsstrukturen darstellen.

Beispiel

Wir betrachten das CIR-Modell mit den gegebenen Parametern $a = 0{,}3$; $\mu = 0{,}02$; $\sigma = 0{,}01$. Außerdem sei der Startwert $r(0) = 0{,}025$ vorgegeben. Exemplarisch betrachten wir $T = 10$. Dann sind die Hilfsgrößen

$$\gamma = \sqrt{0{,}3^2 + 2 \cdot 0{,}01^2} = 0{,}3003$$

$$B(0{,}10) = \frac{2\left(\exp\left(0{,}3003 \cdot 10\right) - 1\right)}{2 \cdot 0{,}3003 + \left(0{,}3003 + 0{,}3\right)\left(\exp\left(0{,}3003 \cdot 10\right) - 1\right)} = 3{,}1661$$

$$A(0{,}10) = \frac{2 \cdot 0{,}3 \cdot 0{,}02}{0{,}01^2} \ln\left(\frac{2 \cdot 0{,}3003 \exp\left(\frac{(0{,}3 + 0{,}3003) \cdot 10}{2}\right)}{2 \cdot 0{,}3003 + \left(0{,}3003 + 0{,}3\right)\left(\exp\left(0{,}3003 \cdot 10\right) - 1\right)}\right)$$

$$= -0{,}1366 \ .$$

Somit ist der erwartete Kurs

$$\tilde{P}(0{,}10) = \exp\left(-0{,}1366 - 3{,}1661 \cdot 0{,}025\right) = 0{,}8059 \ .$$

Der erwartete anfängliche Kurs ist gleich 80,59, wenn die Rücknahme zu 100 erfolgt. Daraus folgt für die erwartete stetige Rendite

$$\tilde{i}(0{,}10) = \frac{-\ln 0{,}8059}{10} = 0{,}0216 \ .$$

Folglich ist der erwartete diskrete Kassazinssatz für die Laufzeit von zehn Jahren

$$\tilde{i}_{10} = \exp\left(0{,}0216\right) - 1 = 0{,}0218 \ .$$

Der erwartete diskrete Kassazinssatz ist mit 2,18 % etwas größer als der erwartete stetige Kassazinssatz in Höhe von 2,16 %. Die Ergebnisse hinsichtlich der Erwartungswerte im CIR-Model sind denen im Vasicek-Model hier sehr ähnlich.

Der Vorteil des Vasicek-Modells und des CIR-Modells gegenüber anderen Modellen liegt darin begründet, dass sich mit wenigen Parametern die vollständige Zinsstruktur für alle zukünftigen Zeitpunkte angeben lässt. Bei beiden vorgestellten Ein-Faktor-Modellen wird das zukünftige Verhalten der short rate durch eine Zufallsvariable gesteuert, die einem Wiener-Prozess folgt. Es gibt zwar mehrere Modellparameter, aber im Endeffekt wird die gesamte Zinsstruktur nur durch einen einzigen stochastischen Einflussfaktor bestimmt. Folglich ändern sich die Kassazinssätze für unterschiedliche Laufzeiten tendenziell in die gleiche Richtung. Diese theoretische Modellvorgabe wird durch die Praxis widerlegt: Kurse für Nullkuponanleihen mit unterschiedlicher Laufzeit können sich in gegensätzliche Richtungen entwickeln.

3.5 Arbitragemodelle

Ein weiterer Nachteil der Gleichgewichtsmodelle ist, dass die aktuelle Zinsstruktur kein Modellparameter ist, sondern durch geeignete Kalibrierung des Modells anhand der zur Verfügung stehenden Parameter erzeugt wird. Im Gegensatz dazu verwenden **Arbitragemodelle**, die auf dem Prinzip der Arbitragefreiheit beruhen, die gegebene Zinsstruktur als Ausgangsbasis zur Modellierung der zukünftigen Zinssätze.

Wir wollen uns zunächst an einem einfachen Beispiel klarmachen, dass sich die gegebene Zinsstruktur nicht beliebig verändern kann. Der Grund liegt in der Vermeidung von Arbitrage. Das Prinzip der Arbitragefreiheit führt nämlich zu gewissen Einschränkungen für die mögliche zukünftige Entwicklung der Zinsstruktur.

Als Ausgangspunkt wählen wir eine flache Zinsstruktur, das heißt, es gelte $i_k = i$ für $k = 1, \ldots, n$. Nehmen wir einmal an, dass die neue Zinsstruktur in genau einem Jahr mit absoluter Sicherheit durch eine Parallelverschiebung der anfänglichen Struktur gekennzeichnet ist. Es gelte also $\tilde{i}_k = \tilde{i} + \varepsilon$ für $k = 1, \ldots, n$ mit $\varepsilon \neq 0$ zum Zeitpunkt $t = 1$. Dann können wir durch Arbitrage ein Portfolio bilden, welches anfänglich nichts kostet und nach einem Jahr einen positiven Kurswert hat. Schließen wir eine derartige Arbitragemöglichkeit im Markt kategorisch aus, so ist die angenommene Parallelverschiebung folglich nicht möglich.

Zum Nachweis von Arbitrage betrachten wir drei Nullkuponanleihen: Anleihe A habe eine Laufzeit von einem Jahr, Anleihe B zwei Jahre und Anleihe C drei Jahre. Die gesuchte Anzahl der Anleihen vom Typ A, B, C sei mit x_A, x_B, x_C bezeichnet. Wir suchen dann ein Portfolio aus diesen drei Nullkuponanleihen, welches zum Zeitpunkt $t = 0$ zum Ausgangszinssatz i den Kurswert null ausweist:

$$P_0^P (i) = x_A P_0^A (i) + x_B P_0^B (i) + x_C P_0^C (i) = 0 \,.$$

und zum Zeitpunkt $t = 1$ einen positiven Kurswert zum neuen Zinssatz $\tilde{i}$ hat:

$$P_1^P (i) = x_A P_1^A (\tilde{i}) + x_B P_1^B (\tilde{i}) + x_C P_1^C (\tilde{i}) > 0 \,.$$

Die Kurswerte der drei Anleihen zum Zeitpunkt $t = 1$ können wir unter Berücksichtigung des Zinssatzes $\tilde{i}$ direkt angeben:

$$P_1^A (\tilde{i}) = 100$$
$$P_1^B (\tilde{i}) = 100 \left(1 + \tilde{i}\right)^{-1}$$
$$P_1^C (\tilde{i}) = 100 \left(1 + \tilde{i}\right)^{-2} \,.$$

Daraus folgt durch Einsetzen in die zweite Bedingung

$$x_A 100 + x_B 100 \left(1 + \tilde{i}\right)^{-1} + x_C 100 \left(1 + \tilde{i}\right)^{-2} > 0 \,.$$

Diese Ungleichung ist äquivalent zu

$$f\left(\tilde{i}\right) = x_A \left(1 + \tilde{i}\right)^2 + x_B \left(1 + \tilde{i}\right) + x_C > 0 \,.$$

Die Funktion $f\left(\tilde{i}\right)$ ist ein Polynom zweiten Grades in $\tilde{i}$. Wir weisen nun nach, dass sie ein globales Minimum in $\tilde{i} = i$ hat. Dazu betrachten wir die erste und zweite Ableitung und fordern, dass

$$f'(i) = 2x_A \left(1 + i\right) + x_B = 0$$
$$f''(i) = 2x_A > 0 \,.$$

Wir setzen ohne Beschränkung der Allgemeinheit $x_A = 1$. Daraus folgt dann

$$x_B = -2x_A \left(1 + i\right) = -2\left(1 + i\right) \,.$$

Da unser Portfolio anfänglich den Wert null hat, muss für die Anzahl der Anleihen vom Typ C

$$x_C = \frac{-x_A P_0^A\left(i\right) - x_B P_0^B\left(i\right)}{P_0^C\left(i\right)}$$

gelten. Wir setzen die bekannten Werte $x_A = 1$ und $x_B = -2\left(1 + i\right)$ ein und erhalten

$$x_C = \frac{-100\left(1 + i\right)^{-1} + 2\left(1 + i\right) 100 \left(1 + i\right)^{-2}}{100\left(1 + i\right)^{-3}} = \left(1 + i\right)^{-2} \,.$$

Man beachte, dass die berechneten Anteile nur vom gegebenen Zinssatz i abhängen. Schließlich können wir den Kurswert des Portfolios zum Zeitpunkt $t = 1$ berechnen:

$$P_1^P\left(i\right) = x_A P_1^A\left(\tilde{i}\right) + x_B P_1^B\left(\tilde{i}\right) + x_C P_1^C\left(\tilde{i}\right)$$
$$= 100 \left(1 - 2\left(1 + i\right)\left(1 + \tilde{i}\right)^{-1} + \left(1 + i\right)^{-2}\left(1 + \tilde{i}\right)^{-2}\right) \,.$$

Gemäß unserer Konstruktion ist der Kurswert $P_1^P\left(i\right)$ des so gebildeten Portfolios zum Zeitpunkt $t = 1$ für jede Wahl von ε mit $\varepsilon \neq 0$ positiv. Für $\varepsilon = 0$, das heißt für $\tilde{i} = i$, nimmt die Kurswertfunktion ihr Minimum in Höhe von null an. Gehen wir also davon aus, dass sich eine gegebene flache Zinsstruktur durch eine Parallelverschiebung in eine neue flache Zinsstruktur wandelt, so können wir eine Arbitragestrategie angeben, die in jedem Fall einen Gewinn abwirft.

Beispiel

Anfänglich gelte eine flache Zinsstruktur mit $i = 0{,}05$. Dann sind die Kurswerte der drei Nullkuponanleihen mit Laufzeit von einem, zwei und drei Jahren:

$$P_0^A (0{,}05) = 100 \cdot 1{,}05^{-1} = 95{,}24$$
$$P_0^B (0{,}05) = 100 \cdot 1{,}05^{-2} = 90{,}70$$
$$P_0^C (0{,}05) = 100 \cdot 1{,}05^{-3} = 86{,}38 \ .$$

Die Anzahl der Anleihen werden berechnet durch

$$x_A = 1$$
$$x_B = -2 \cdot 1{,}05 = -2{,}1$$
$$x_C = 1{,}05^{-2} = 1{,}1025 \ .$$

Folglich ist der Kurswert dieses Portfolios zum Zeitpunkt $t = 0$:

$$P_0^P (0{,}05) = 1 \cdot 95{,}24 - 2{,}1 \cdot 90{,}70 + 1{,}1025 \cdot 86{,}38 = 0 \ .$$

Zum Zeitpunkt $t = 1$ sei die neue Zinsstruktur durch $i = 0{,}06$ gekennzeichnet. Dann sind die Kurswerte der drei Nullkuponanleihen:

$$P_1^A (0{,}06) = 100$$
$$P_1^B (0{,}06) = 100 \cdot 1{,}06^{-1} = 94{,}34$$
$$P_1^C (0{,}06) = 100 \cdot 1{,}06^{-2} = 89{,}00 \ .$$

Für den Kurswert unseres Portfolios folgt daraus

$$P_1^P (0{,}06) = 1 \cdot 100 - 2{,}1 \cdot 94{,}34 + 1{,}1025 \cdot 89 = 0{,}0089 \ .$$

Ist der neue Zinssatz zum Zeitpunkt $t = 1$ stattdessen $i = 0{,}04$ so sind die Kurswerte der Zerobonds:

$$P_1^A (0{,}04) = 100$$
$$P_1^B (0{,}04) = 100 \cdot 1{,}04^{-1} = 96{,}15$$
$$P_1^C (0{,}04) = 100 \cdot 1{,}04^{-2} = 92{,}46 \ .$$

Daraus folgt für den Kurswert unseres Portfolios

$$P_1^P (0{,}04) = 1 \cdot 100 - 2{,}1 \cdot 96{,}15 + 1{,}1025 \cdot 92{,}46 = 0{,}0092 \ .$$

In beiden Fällen ist der Kurswert unseres Portfolios zum Zeitpunkt $t = 1$ positiv. Um die Ganzzahligkeit zu erzwingen, können wir 10.000 einjährige Nullkuponanleihen kaufen, 21.000 zweijährige Nullkuponanliehen verkaufen, und 11.025 dreijährige Nullkuponanleihen kaufen. Die Erlöse aus Kauf und Verkauf heben sich auf. Nach einem Jahr ist das Portfolio in den beiden Szenarien 89 € beziehungsweise 92 € wert. Wir würden also in beiden Fällen einen risikolosen Gewinn machen.

Wenn der Finanzmarkt in einer Welt verharrt, in der nur flache Zinsstrukturen vorkommen, so gibt es die Möglichkeit zu Arbitrage. Wir gehen wie gewohnt davon aus, dass risikolose Gewinne ausgeschlossen sein sollen. Somit schlussfolgern wir, dass sich gegebene Zinssätze nicht beliebig ändern können.

3.5.1 Binomialbäume

Zur Modellierung der Evolution der Zinssätze beziehungsweise der Kurse von Nullkuponanleihen betrachten wir nun ein simples stochastisches Modell. Wir nehmen vereinfacht an, es gebe nur einen einzigen Änderungszeitpunkt in genau einem Jahr. Zu diesem Zeitpunkt nehme der Anleihekurs einer gegebenen Anleihe zufällig einen von genau zwei möglichen Werten an. Dieses in der modernen Finanzmathematik beliebte, diskrete Modell ist das **Binomialmodell**. Der zugrundeliegende mathematische Ansatz wird nicht nur für die Modellierung der Zinsstrukturkurve verwendet, sondern ist auch für die Bewertung von Optionen äußerst nützlich.

Das verallgemeinerte Arbitrageprinzip bildet die Grundlage aller Berechnungen im Binomialmodell. Ausgehend vom bekannten Ausgangszustand gibt es im Binomialmodell genau zwei zufällige Entwicklungen. Die Unsicherheit wird im **Binomialbaum** durch zwei stochastische Szenarien modelliert, die wir mit u (up) und d (down) bezeichnen. Der zugrunde liegende Wahrscheinlichkeitsraum für einen einzelnen Schritt ist $\Omega = \{u, d\}$. Die zufällige Realisation $\omega \in \Omega$ stellt eine Aufwärts- oder Abwärtsbewegung dar. Die zugehörigen Wahrscheinlichkeiten seien durch $P(\omega = u) = p$ beziehungsweise $P(\omega = d) = 1 - p$ gegeben.

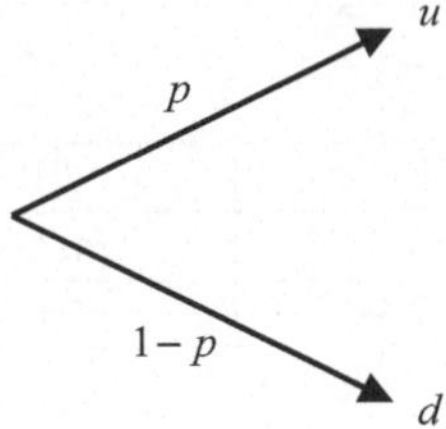

Die aktuellen Kurse aller Nullkuponanleihen im Markt sind der Ausgangspunkt unseres Binomialmodells. Aus der Kenntnis dieser Kurse lässt sich die Zinsstruktur ableiten, denn die zugehörigen internen Renditen entsprechen den Kassazinssätzen.

Wir gehen stillschweigend davon aus, dass die Rücknahme jeweils zum Nennwert 100 erfolgt. Der Anschaulichkeit halber verdeutlichen wir das Konzept des Binomialbaums in Zeitintervallen von je einem Jahr anhand der diskreten exponentiellen Verzinsung. Man beachte, dass die Evolution der Kurse in der Zeit von zwei Variablen abhängt: dem Bewertungszeitpunkt sowie dem Fälligkeitstermin.

Als grundlegende ökonomische Voraussetzung verlangen wir, dass der Finanzmarkt effizient sein möge, in dem Sinne, dass alle Marktteilnehmer dieselbe Information über die zufällige Evolution der Kurse haben und keinen risikolosen Profit erzielen können. Dazu verallgemeinern wir das **Arbitrageprinzip** auf unsichere Zustände in der Zukunft. Eine Arbitragemöglichkeit existiere genau dann, wenn

a)   ein Investor eine Finanztransaktion durchführen kann, die einen sicheren sofortigen Gewinn und in keinem möglichen zukünftigen Zustand einen Verlust bringt, oder wenn

b)   ein Investor eine Finanztransaktion durchführen kann, die anfänglich nichts kostet, in keinem möglichen zukünftigen Zustand einen Verlust bringt und in mindestens einem möglichen zukünftigen Zustand einen Gewinn bringt.

Beispiel

Wir betrachten die beiden folgenden Nullkuponanleihen und ihre stochastische Kursentwicklung, um die erste Art von Arbitrage zu illustrieren. Die Vorzeichen erklären sich aus dem Zahlungsfluss für den Inhaber.

Anleihe	P_0	P_1^u	P_1^d
A	−89,00	90,00	88,00
B	−97,70	99,00	96,80

Dann kaufen wir zehn Anleihen vom Typ B und verkaufen elf Anleihen vom Typ A. Dadurch machen wir einen sofortigen Gewinn von $10 \cdot (−97,70) + (−11) \cdot (−89,00) = 2$. Die Zahlungen in beiden möglichen stochastischen Zuständen addieren sich zu null, denn $10 \cdot 99,00 + (−11) \cdot 90,00 = 0$ und $10 \cdot 96,80 + (−11) \cdot 88,00 = 0$. Damit liegt eine Arbitragemöglichkeit gemäß dem ersten Teil der Definition vor.

Um die zweite Art von Arbitrage zu illustrieren, betrachten wir die folgende Marktsituation

Anleihe	P_0	P_1^u	P_1^d
A	−89,00	90,00	88,00
B	−97,90	99,00	96,50

Hier kaufen wir elf Einheiten von Anleihe A und verkaufen zehn Stück von Anleihe B. Dann gilt zum Zeitpunkt null: $11 \cdot (−89,00) + (−10) \cdot (−97,90) = 0$. Im Zustand

u ist der Saldo ebenfalls null: $11 \cdot 90{,}00 + (-10) \cdot 99{,}00 = 0$. Im Zustand d machen wir einen Gewinn: $11 \cdot 88{,}00 + (-10) \cdot 96{,}50 = 3$. Wenn der Zustand d mit positiver Wahrscheinlichkeit angenommen wird, so gibt es folglich eine Arbitragemöglichkeit gemäß dem zweiten Teil der Definition.

Im mehrperiodigen Binomialmodell mit n Jahren betrachten wir den Grundraum $\Omega = \{u, d\}^n$. Mögliche Szenarien sind dann Folgen von Aufwärts- und Abwärtsbewegungen, die wir mit $\omega = (\omega(1), \ldots, \omega(n))$ bezeichnen, wobei in jedem Schritt $\omega(k) = u$ oder $\omega(k) = d$ ist. Betrachten wir exemplarisch die Folge von einer Aufwärtsbewegung gefolgt von zwei Abwärtsbewegungen, so ist $\omega = (u, d, d)$.

Nach einem Schritt sind die beiden möglichen Kurse einer gegebenen Nullkuponanleihe P_1^u und P_1^d. Nach zwei Schritten gibt es die vier Möglichkeiten P_2^{uu}, P_2^{ud} sowie P_2^{du}, P_2^{dd}. Der so erstellte Baum lässt sich weiter verlängern. Wir müssen dabei allerdings berücksichtigen, dass der Kurs einer jeden Nullkuponanleihe zu ihrem Fälligkeitstermin deterministisch ist, und der Baum somit zusammenwächst.

Exemplarisch betrachten wir die Evolution des Kurses einer dreijährigen Nullkuponanleihe. Wir nehmen an, dass sich der anfängliche Kurs P_0 einer dreijährigen Nullkuponanleihe nach einen Schritt mit der Wahrscheinlichkeit $p^u \in (0; 1)$ auf den Wert P_1^u erhöht, oder aber mit der Wahrscheinlichkeit $p^d = (1 - p^u)$ auf P_1^d verringert. Um eine deterministische Kursentwicklung auszuschließen, verlangen wir, dass $p^u > 0$ und $P_1^u > P_1^d$ gelten möge. Im zweiten Schritt können die Wahrscheinlichkeiten anders ausfallen. So erhöhe sich der Kurs P_1^u im zweiten Schritt mit Wahrscheinlichkeit $p^{uu} > 0$ auf P_2^{uu}. Hier gelte analog $p^{ud} = (1 - p^{uu})$ sowie $P_2^{uu} > P_2^{ud}$. Ausgehend von jedem Knoten mögen sich die beiden Wahrscheinlichkeiten für die Aufwärts- und die Abwärtsbewegung jeweils auf eins addieren. Der Kurs in der Aufwärtsbewegung nach einem Schritt sei stets größer als der Kurs in der Abwärtsbewegung. Der letzte Schritt ist deterministisch, denn es ist $P_3 = 100$.

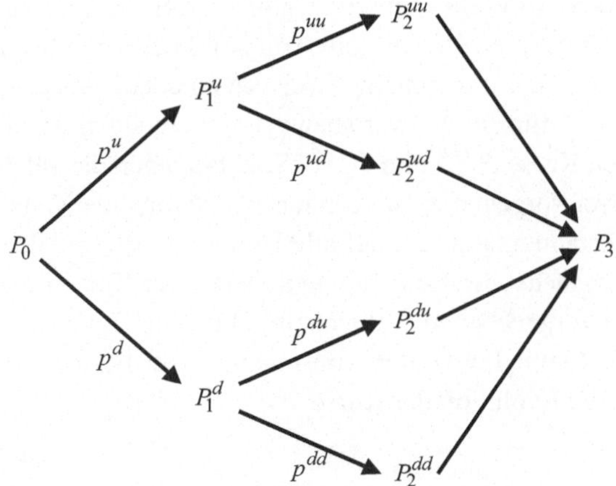

Die Parameter in einem solchen Binomialmodell sind nicht vollkommen frei wählbar, da wir Arbitrage ausschließen wollen. Diesen Umstand wollen wir nun näher untersuchen. Es sei dazu i der risikolose Zinssatz für die Laufzeit von einem Jahr, zu dem Kapital angelegt oder aufgenommen werden kann. Wir können diese effektive Zinsrate i aus dem Kurs einer einjährigen Nullkuponanleihe berechnen. Denn der Rücknahmekurs der einjährigen Zinsanleihe ist deterministisch, nämlich gleich dem Nennwert in Höhe von 100. Die **allgemeine Arbitragebedingung** für jede mehrjährige Nullkuponanleihe lautet dann:

$$\boxed{P_1^d < (1 + i)\, P_0 < P_1^u}\,.$$

Wäre nämlich $P_1^d \geq (1 + i)\, P_0$, so leiht man sich das nötige Geld, um eine Anleihe zum Kurs von P_0 zu kaufen. Der effektive Zinssatz ist i, sodass die Rückzahlung des Kredits nach einem Jahr $(1 + i)\, P_0$ beträgt. Zu diesem Zeitpunkt hat sich der Kurswert auf P_1^u erhöht oder auf P_1^d erniedrigt. In beiden Fällen ist der zukünftige Kurs größer gleich dem fälligen Rückzahlungsbetrag: $P_1^u > P_1^d \geq (1 + i)\, P_0$. Da $p > 0$ ist, führt diese Anlagestrategie mit positiver Wahrscheinlichkeit zu einem echten risikolosen Gewinn.

Wäre andererseits $(1 + i)\, P_0 \geq P_1^u$, so emittiert man, beziehungsweise verkauft man, eine Anleihe zum Kurs P_0 und legt das Kapital zum Zinssatz i an. Das gebildete Vermögen nach einem Jahr ist dann $(1 + i)\, P_0$. Dann wäre zu diesem Zeitpunkt $P_1^d < P_1^u \leq (1 + i)\, P_0$. Da $(1 - p) > 0$ ist, hat man mit positiver Wahrscheinlichkeit nach einem Jahr mehr Geld, als man benötigt, um die Anleihe zurückzukaufen. In beiden Fällen gäbe es folglich Arbitrage, die wir jedoch ausschließen wollen.

Die diskutierte Bedingung lässt sich auf jeden Zustand im Binomialbaum analog anwenden. Für einen beliebigen Knoten, der spezifiziert sei durch das Szenario $\omega_k = (\omega(1), \dots, \omega(k))$ mit $k < n - 1$, lautet die allgemeine Arbitragebedingung

$$\boxed{P_{k+1}^{\omega_k d} < (1 + i^{\omega_k})\, P_k < P_{k+1}^{\omega_k u}}\,.$$

Neben der allgemeinen Arbitragebedingung gibt es weitere Einschränkungen hinsichtlich der ökonomisch sinnvollen Kursbildung von Nullkuponanleihen in der Zukunft. Wir unterscheiden in diesem Zusammenhang zwei verschiedene Ansätze. Bei vorgegebener Wahrscheinlichkeit $p^{\omega_k u}$ für die Aufwärtsbewegung berechnen wir die mit dem Arbitrageprinzip konsistenten Kurse $P_1^{\omega_k u}$ und $P_1^{\omega_k d}$. Sind hingegen die zukünftigen Kurse $P_1^{\omega_k u}$ und $P_1^{\omega_k d}$ arbitragefrei vorgegeben, so können wir daraus die Wahrscheinlichkeit $p^{\omega_k u}$ berechnen. Dieses Verfahren lässt sich auf alle Knoten im Binomialbaum anwenden.

Widmen wir uns zunächst der Berechnung konsistenter Kurse im Binomialmodell mit drei Zinsanleihen bei vorgegebenen Wahrscheinlichkeiten. Gegeben seien also drei Nullkuponanleihen A, B, C mit Laufzeiten von einem, zwei beziehungsweise drei Jahren. Dann betrachten wir die Evolution der Kurse

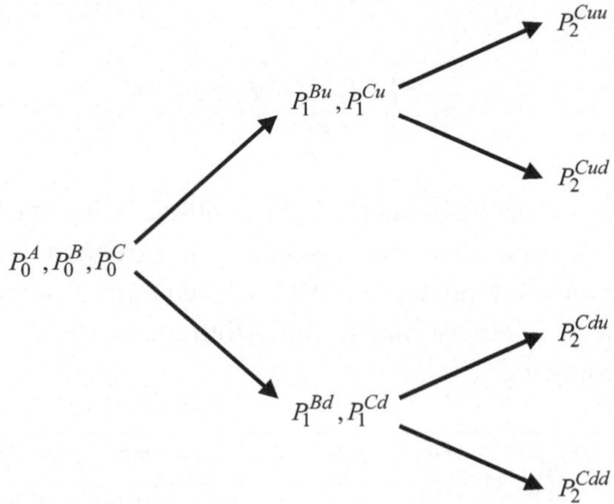

Die deterministischen Kurse $P_1^A = P_2^B = P_3^C = 100$ haben wir hier der Übersicht halber weggelassen.

Wir ziehen nun die beiden Anleihen A und C heran, um zum Zeitpunkt $t = 1$ die beiden möglichen Kurse der zweijährigen Anleihe B exakt zu replizieren. Es sei dazu x die Anzahl der Anleihen vom Typ C und y die Anzahl der Anleihen vom Typ A. Alternativ können wir y als denjenigen Betrag interpretieren, der zum Zeitpunkt $t = 0$ zum Zinssatz i risikolos angelegt, beziehungsweise geliehen wird. Wir fordern, dass nach einem Jahr zwei Gleichungen erfüllt sein sollen:

$$\left| \begin{array}{c} xP_1^{Cu} + yP_1^A = P_1^{Bu} \\ xP_1^{Cd} + yP_1^A = P_1^{Bd} \end{array} \right| \; .$$

Ziehen wir die zweite Gleichung von der ersten ab, so erhalten wir

$$xP_1^{Cu} - xP_1^{Cd} = P_1^{Bu} - P_1^{Bd} \; .$$

Daraus folgt

$$x = \frac{P_1^{Bu} - P_1^{Bd}}{P_1^{Cu} - P_1^{Cd}} \; .$$

Dann setzen wir diesen Ausdruck in die zweite Gleichung ein:

$$\frac{P_1^{Bu} - P_1^{Bd}}{P_1^{Cu} - P_1^{Cd}} P_1^{Cd} + yP_1^A = P_1^{Bd} \; .$$

Folglich gilt

$$yP_1^A = \frac{P_1^{Cu} - P_1^{Cd}}{P_1^{Cu} - P_1^{Cd}} P_1^{Bd} - \frac{P_1^{Bu} - P_1^{Bd}}{P_1^{Cu} - P_1^{Cd}} P_1^{Cd} = \frac{P_1^{Cu} P_1^{Bd} - P_1^{Cd} P_1^{Bu}}{P_1^{Cu} - P_1^{Cd}} \; .$$

Schließlich haben wir

$$y = \frac{P_1^{Cu} P_1^{Bd} - P_1^{Cd} P_1^{Bu}}{P_1^A \left(P_1^{Cu} - P_1^{Cd}\right)} \; .$$

Das so gebildete Portfolio aus Nullkuponanleihen mit Laufzeit von einem und drei Jahren ist am Zeitpunkt $t = 1$ äquivalent zum zweijährigen Zerobond. Nach dem law of one price muss der Wert dieses Äquivalenzportfolios auch zum Zeitpunkt $t = 0$ mit dem Kurswert der Anleihe B übereinstimmen, um Arbitrage zu vermeiden. Also lautet die spezielle Arbitragebedingung:

$$\boxed{P_0^B = xP_0^C + yP_0^A = \frac{P_1^{Bu} - P_1^{Bd}}{P_1^{Cu} - P_1^{Cd}} P_0^C + \frac{P_1^{Cu} P_1^{Bd} - P_1^{Cd} P_1^{Bu}}{P_1^{Cu} - P_1^{Cd}} \cdot \frac{P_0^A}{P_1^A}} \; .$$

Die aktuellen Kurse P_0^A, P_0^B und P_0^C sowie der Rücknahmekurs P_1^A sind grundsätzlich bekannt. Somit liefert die hergeleitete Gleichung eine Konsistenzbeziehung zwischen den vier unbekannten Kurswerten P_1^{Bu}, P_1^{Bd}, P_1^{Cu} und P_1^{Cd}. Die zukünftigen Kurswerte sind im Binomialmodell also nicht frei wählbar, sondern müssen zueinander in einer gewissen Beziehung stehen, um Arbitrage auszuschließen.

Beispiel

Wir betrachten das konkrete Binomialmodell mit den bekannten Kurswerten $P_0^A = 99{,}01$, $P_0^B = 98{,}23$ sowie $P_0^C = 96{,}53$ zum Zeitpunkt $t = 0$. Außerdem setzen wir fest, dass $P_1^{Bd} = 98{,}55$ sowie $P_1^{Cu} = 98{,}25$ und $P_1^{Cd} = 96{,}47$ ist. Dann können wir die konsistente Festlegung für P_1^{Bu} berechnen. Dazu lösen wir die Beziehungsgleichung

$$P_0^B = \frac{P_1^{Bu} - P_1^{Bd}}{P_1^{Cu} - P_1^{Cd}} P_0^C + \frac{P_1^{Cu} P_1^{Bd} - P_1^{Cd} P_1^{Bu}}{P_1^{Cu} - P_1^{Cd}} \cdot \frac{P_0^A}{P_1^A}$$

nach dem gesuchten Kurs P_1^{Bu} auf, indem wir die Gleichung zunächst mit $\left(P_1^{Cu} - P_1^{Cd}\right)$ multiplizieren:

$$P_0^B \left(P_1^{Cu} - P_1^{Cd}\right) = \left(P_1^{Bu} - P_1^{Bd}\right) P_0^C + \left(P_1^{Cu} P_1^{Bd} - P_1^{Cd} P_1^{Bu}\right) \frac{P_0^A}{P_1^A}$$

und dann die Terme sortieren, sodass

$$P_0^B \left(P_1^{Cu} - P_1^{Cd}\right) + P_1^{Bd} P_0^C - P_1^{Cu} P_1^{Bd} \frac{P_0^A}{P_1^A} = P_1^{Bu} P_0^C - P_1^{Cd} P_1^{Bu} \frac{P_0^A}{P_1^A} \; .$$

Im Ergebnis ist

$$P_1^{Bu} = \frac{P_0^B \left(P_1^{Cu} - P_1^{Cd}\right) + P_1^{Bd} P_0^C - P_1^{Cu} P_1^{Bd} \frac{P_0^A}{P_1^A}}{P_0^C - P_1^{Cd} \frac{P_0^A}{P_1^A}}$$

gilt. Konkret ist hier

$$P_1^{Bu} = \frac{98{,}23 \cdot (98{,}25 - 96{,}47) + 98{,}55 \cdot 96{,}53 - 98{,}25 \cdot 98{,}55 \cdot 0{,}9901}{96{,}53 - 96{,}47 \cdot 0{,}9901} = 99{,}70 \,.$$

Um Arbitrage auszuschließen, muss der Kurs P_1^{Bu} auf 99,70 festgelegt werden.

Wenn die zukünftigen Kurse im Binomialmodell nicht der genannten Beziehungsgleichung genügen, so eröffnet sich die Möglichkeit, risikolose Gewinne zu erzielen.

Beispiel

In Fortsetzung des obigen Binomialmodells sei $P_1^{Bu} = 99{,}65$. Dann berechnen wir die Anzahl x von dreijährigen Nullkuponanleihen (Anleihe C) und y die Anzahl von einjährigen Zerobonds (Anleihe A). Wie allgemein hergeleitet, ist dann

$$x = \frac{P_1^{Bu} - P_1^{Bd}}{P_1^{Cu} - P_1^{Cd}} = \frac{99{,}65 - 98{,}55}{98{,}25 - 96{,}47} = 0{,}6180$$

sowie

$$y = \frac{P_1^{Cu} P_1^{Bd} - P_1^{Cd} P_1^{Bu}}{P_1^A \left(P_1^{Cu} - P_1^{Cd}\right)} = \frac{98{,}25 \cdot 98{,}55 - 96{,}47 \cdot 99{,}65}{100 \, (98{,}25 - 96{,}47)} = 0{,}3893 \,.$$

Wir betrachten also dasjenige Portfolio, welches aus 0,3893 Anteilen der Anleihe A und 0,6180 Anteilen der Anleihe C besteht. Dieses Portfolio hat gemäß seiner Konstruktion zum Zeitpunkt $t = 1$ im Falle der Aufwärtsbewegung den Wert

$$x P_1^{Cu} + y P_1^A = 0{,}6180 \cdot 98{,}25 + 0{,}3893 \cdot 100 = 99{,}65 = P_1^{Bu} \,.$$

Für die Abwärtsbewegung gilt

$$x P_1^{Cd} + y P_1^A = 0{,}6180 \cdot 96{,}47 + 0{,}3893 \cdot 100 = 98{,}55 = P_1^{Bd} \,.$$

In beiden Fällen ist der Wert des Portfolios gleich dem Wert der Anleihe B. Der anfängliche Kurs unseres Portfolios ist:

$$x P_0^C + y P_0^A = 0{,}6180 \cdot 96{,}53 + 0{,}3893 \cdot 99{,}01 = 98{,}20 \,.$$

Wir stellen fest, dass $98{,}20 < 98{,}23 = P_0^B$. Somit kaufen wir sofort 0,3893 Anteile der Anleihe A sowie 0,6180 Anteile der Anleihe C und verkaufen eine Anleihe B. Der Saldo ist 0,03. Zum Zeitpunkt $t = 1$ verkaufen wir dann die gehaltenen Anteile an Anleihe A und C und kaufen eine Anleihe B zurück. Der Saldo dieser Transaktion ist null. Da wir keine weiteren Anleihen besitzen, ist der Zahlungsstrom auch in allen folgenden Jahren null. Wir haben somit einen sofortigen risikolosen Gewinn gemacht.

Die spezielle Arbitragebedingung lässt sich problemlos auf größere Binomialbäume verallgemeinern. Denn durch die beiden Nullkuponanleihen mit der kürzesten und der längsten Laufzeit lässt sich der zufällige Zahlungsstrom einer jeden anderen Nullkuponanleihe in analoger Vorgehensweise replizieren.

Sobald marktkonsistente, das heißt, arbitragefreie Kurse im Binomialmodell vorliegen, können wir die Wahrscheinlichkeiten in jedem Zweig des Binomialbaums berechnen. Um das Vorgehen zu verdeutlichen, betrachten wir die erste Verzweigung am Beginn des Baumes. Es seien dazu arbitragefreie Kurse P_0, P_1^u und P_1^d gegeben.

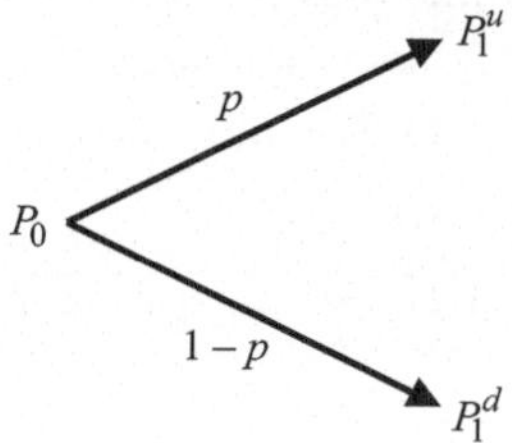

Weiterhin sei i der risikolose Zinssatz, der sich aus dem Kurs einer einjährigen Nullkuponanleihe berechnen lässt. Wir verlangen nun, dass der Kurswert P_0 gleich dem Erwartungswert der abgezinsten zufälligen Kurswerte ist. Wir suchen also die Wahrscheinlichkeit $p \in (0; 1)$, sodass

$$\boxed{P_0 = p P_1^u \left(1 + i\right)^{-1} + (1 - p)\, P_1^d \left(1 + i\right)^{-1}}.$$

Da der risikolose Zinssatz i deterministisch ist, können wir äquivalent verlangen, dass der aufgezinste Kurswert gleich dem Erwartungswert der zufälligen Kurswerte nach einem Jahr ist:

$$P_0 \left(1 + i\right) = p P_1^u + (1 - p)\, P_1^d.$$

Der gewichtete Mittelwert der zufälligen Kurse soll also genau dem risikolosen Kapitalwachstum des anfänglichen Kurswerts entsprechen. Durch Sortieren der einzelnen Terme erhalten wir

$$P_0\,(1+i) - P_1^d = pP_1^u - pP_1^d$$

und daraus folgt

$$\boxed{\; p = \frac{P_0\,(1+i) - P_1^d}{P_1^u - P_1^d} \;}\;.$$

Diese so berechnete Wahrscheinlichkeit p wird **risikoneutrale Wahrscheinlichkeit** genannt. Der Parameter p ist dadurch festgelegt, dass wir das **Erwartungswertprinzip** anwenden. Dieses Prinzip spielt insbesondere in Versicherungsmathematik eine große Rolle. Dabei wird der Versicherungsnettobeitrag gleich dem erwarteten Versicherungsschaden gesetzt. Ein anschauliches Beispiel dafür liefert die Sachversicherung. Anhand einschlägiger Schadenstatistiken wird der erwartete jährliche Schadenbedarf pro Versicherungsvertrag geschätzt. Dieser Wert ist der Nettopreis der Versicherung. Aufschläge gibt es für die unsicheren Abweichungen vom Erwartungswert, also das Schwankungsrisiko, sowie Kosten und Gebühren. Das Erwartungswertprinzip wird in diesem Zusammenhang als **versicherungsmathematisches Äquivalenzprinzip** bezeichnet.

Das Erwartungswertprinzip in der Finanzmathematik geht davon aus, dass Investoren Anleihen kaufen, abwarten und schließlich verkaufen. Eine solche Handelsstrategie soll nicht zu erwarteten Gewinnen führen können. Dabei ist zu beachten, dass die Berechnung des Erwartungswerts nicht nach subjektivem Ermessen erfolgen darf, sondern in einer objektiven, risikoneutralen Welt stattfindet.

Beispiel

Die folgenden Kurswerte einer mehrjährigen Nullkuponanleihe seien gegeben: $P_0 = 93{,}52$, $P_1^u = 95{,}67$ sowie $P_1^d = 89{,}11$. Der Kurs eines einjährigen Zerobonds sei $98{,}28$. Dann ist zunächst der risikolose Zinssatz i:

$$i = \frac{100}{98{,}28} - 1 = 0{,}0175\,.$$

Daraus folgt für die risikolose Wahrscheinlichkeit p:

$$p = \frac{P_0\,(1+i) - P_1^d}{P_1^u - P_1^d} = 0{,}9218$$

Die Wahrscheinlichkeit für die Aufwärtsbewegung wird auf $92{,}18\,\%$ festgesetzt, sodass der Kurs P_0 als diskontierter Erwartungswert der zufälligen Kurse P_1^u und P_1^d dargestellt werden kann.

Für einen beliebigen Knoten im Ausgangszustand $\omega_k = (\omega(1), \ldots, \omega(k))$ mit $k < n - 1$ lautet die analoge Bedingung im Erwartungswertprinzip

$$\boxed{P_k = p^{\omega_k} P_{k+1}^{\omega_k u} (1 + i^{\omega_k})^{-1} + (1 - p^{\omega_k}) P_{k+1}^{\omega_k d} (1 + i^{\omega_k})^{-1}}.$$

Daraus folgt dann

$$\boxed{p^{\omega_k} = \frac{P_k (1 + i^{\omega_k}) - P_{k+1}^{\omega_k d}}{P_{k+1}^{\omega_k u} - P_{k+1}^{\omega_k d}}}.$$

Sind risikoneutrale Wahrscheinlichkeiten vorgegeben, so können wir daraus iterativ mit dem Erwartungswertprinzip die Kurse im Binomialmodell berechnen.

Beispiel

Ein Investor interessiere sich für eine dreijährige Zinsanleihe mit Rücknahmekurs 100. Die der Bewertung nach dem Erwartungswertprinzip zugrundeliegende risikolose Wahrscheinlichkeit sei $p = 0{,}5$ und die risikolosen Zinssätze im zweiten Schritt seien durch: $i^u = 0{,}02$; $i^d = 0{,}025$ und im letzten Schritt durch $i^{uu} = 0{,}01$; $i^{ud} = 0{,}03$; $i^{du} = 0{,}015$; $i^{dd} = 0{,}035$ gegeben. Dann gilt zunächst

$$P_2^{uu} = P_3 (1 + i^{uu})^{-1} = 100 \cdot 1{,}01^{-1} = 99{,}01$$

$$P_2^{ud} = P_3 (1 + i^{ud})^{-1} = 100 \cdot 1{,}03^{-1} = 97{,}09$$

$$P_2^{du} = P_3 (1 + i^{du})^{-1} = 100 \cdot 1{,}015^{-1} = 98{,}52$$

$$P_2^{dd} = P_3 (1 + i^{dd})^{-1} = 100 \cdot 1{,}035^{-1} = 96{,}62.$$

Daraus folgt mit dem Erwartungswertprinzip

$$P_1^u = p P_2^{uu} (1 + i^u)^{-1} + (1 - p) P_2^{ud} (1 + i^u)^{-1}$$
$$= (0{,}5 \cdot 99{,}01 + 0{,}5 \cdot 97{,}09) \cdot 1{,}02^{-1} = 96{,}13$$

$$P_1^d = p P_2^{du} (1 + i^d)^{-1} + (1 - p) P_2^{dd} (1 + i^d)^{-1}$$
$$= (0{,}5 \cdot 98{,}52 + 0{,}5 \cdot 96{,}62) \cdot 1{,}025^{-1} = 95{,}19.$$

Auf diese Art und Weise können wir alle Kurse im Binomialbaum rückwärts berechnen.

Es sei erwähnt, dass wir den risikolosen Zinssatz für eine gegebene Verzweigung anhand des Kurswerts derjenigen Nullkuponanleihe berechnen können, die in der nächsten

Periode fällig wird. Der aufmerksame Leser wird erkennen, dass auch die zukünftigen risikolosen einjährigen Zinssätze, die wir in diesem Beispiel vorgegeben haben, nicht frei wählbar sind. Somit ist auch in diesem Zusammenhang das Arbitrageprinzip zu beachten.

Wir halten abschließend fest, dass in einem Binomialmodell die zukünftigen Kurse und die risikolosen Wahrscheinlichkeiten voneinander abhängig sind, damit Arbitrage vermieden wird. Auf dieser Tatsache beruhen die sogenannten Arbitragemodelle zur Prognose der zukünftigen Zinssätze.

3.5.2 Ho-Lee-Modell

Die Schwierigkeit zur Anwendung von Binomialbäumen in der Praxis liegt darin, dass die Anzahl der Knoten exponentiell wächst: Nach n Schritten haben wir 2^n unbekannte Kurswerte. Derart viele Bedingungen können wir nicht mit realen Marktpreisen abgleichen. Deshalb ist auch praktischer Sicht eine Vereinfachung des Binomialmodells notwendig.

Anstelle eines Binomialbaums wird deshalb ein **Binomialgitter** betrachtet. Ein solches Gitter ist definiert als ein rekombinierender Baum:

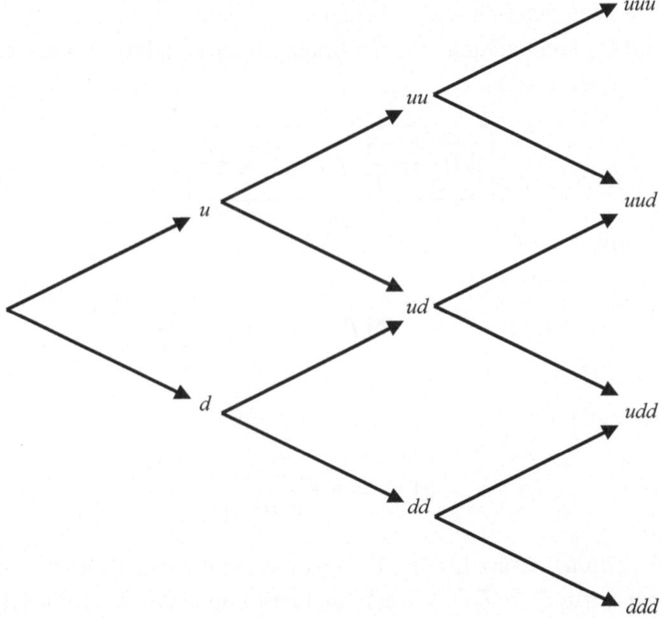

Im Binomialgitter hängt der Kurs einer Nullkuponanleihe in einem gegebenen Knoten nicht vom Pfad ab, sondern nur von der Anzahl der Auf- beziehungsweise Abwärtsbewegungen, die benötigt werden, um zu dem gewünschten Zustand zu gelangen. Ein Binomialgitter ist also durch Pfadunabhängigkeit gekennzeichnet. Nach n Schritten gibt es lediglich $n + 1$ Knoten, was die praktische Anwendung wesentlich erleichtert.

1986 veröffentlichten Thomas S. Y. Ho und Sang Bin Lee das erste No-Arbitrage-Model für die Zinsstruktur, das auf einem Binomialgitter basiert. Ausgangspunkt der Ermittlung der zukünftigen Kurse von Nullkuponanleihen im **Ho-Lee-Modell** ist die bekannte anfängliche Zinsstruktur. Ho und Lee haben zunächst durch eine Vorwärtsrechnung die zukünftigen risikolosen Zinssätze bestimmt. Dann haben sie in einer Rückwärtsrechnung durch Vorgabe der risikoneutralen Wahrscheinlichkeiten die Kurswerte in jedem Zustand berechnet. Im Ergebnis lässt sich der Momentanzinssatz als Funktion der Anzahl der Aufwärtsbewegungen rekursiv berechnen. Auf die Darstellung der Einzelheiten verzichten wir an dieser Stelle und verweisen stattdessen auf die weiterführende spezielle Literatur.

Im Grenzwert einer immer feiner werdenden Diskretisierung konvergiert das Binomial-gittermodell von Ho und Lee in stetiger Zeit gegen die stochastische Differentialgleichung

$$\boxed{dr\,(t) = \vartheta\,(t) \cdot dt + \sigma \cdot dW\,(t)}\ .$$

Dabei ist die Standardabweichung σ des momentanen kurzfristigen Zinssatzes konstant. Die Variable $\vartheta\,(t)$ gibt an, wie sich die short rate $r\,(t)$ zum Zeitpunkt t verändert. Im Vergleich zum Vasicek-Modell fehlt hier die Rückkehr zum Mittelwert, da $\vartheta\,(t)$ nicht vom kurzfristigen Momentanzinssatz r abhängt.

Die Variable $\vartheta\,(t)$ kann anhand des Arbitrageprinzips analytisch aus der anfänglichen Zinsstruktur berechnet werden:

$$\boxed{\vartheta\,(t) = \frac{\partial}{\partial T} f\,(0, t) + \sigma^2 t}\ .$$

wobei allgemein gilt

$$f\,(t, T) = -\frac{\partial}{\partial T} \ln P\,(t, T) = -\frac{\frac{\partial}{\partial T} P\,(t, T)}{P\,(t, T)}$$

und speziell

$$f\,(0, t) = -\frac{\frac{\partial}{\partial T} P\,(0, t)}{P\,(0, t)}$$

der momentane Terminzinssatz für den Fälligkeitstermin t zum Zeitpunkt null ist. Ferner sei in allgemeiner Form $P\,(t, T)$ der Kurs einer Nullkuponanleihe mit Rücknahmekurs 1, Fälligkeitsterm T zum Bewertungsstichtag t.

Als Lösung der stochastischen Differentialgleichung geben wir wie gewohnt den Erwartungswert an. Der erwartete Kurs $\tilde{P}\,(t, T)$ genügt im Ho-Lee-Model der Berechnungsformel

$$\boxed{\tilde{P}\,(t, T) = \exp\left(A\,(t, T) - (T - t)\,r\,(t)\right)}$$

mit

$$A\left(t,T\right) = \ln P\left(0,T\right) - \ln P\left(0,t\right) - \frac{T-t}{P\left(0,t\right)} \cdot \frac{\partial P\left(0,t\right)}{\partial T} - \frac{1}{2}\sigma^2 t\left(T-t\right)^2 \; .$$

Der erwartete Kurs eines Zerobonds hat im Ho-Lee-Modell also eine ganz ähnliche Struktur wie im Vasicek-Model und CIR-Model.

Beispiel

Es herrsche eine flache Zinsstruktur von 5 % vor und die Standardabweichung im Ho-Lee-Modell sei gegeben durch $\sigma = 0{,}02$. Dann wollen wir den erwarteten Kurs einer Nullkuponanleihe in genau zwei Jahren mit einer Restlaufzeit von dann einem Jahr berechnen.

Es ist $t = 2$ und $T = 2 + 1 = 3$. Gesucht ist also $\tilde{P}\left(2,3\right)$. Im Allgemeinen ist im stetigen Kontext der Kurswert gleich dem diskontierten Wert der Rückzahlung 1 bei stetiger Verzinsung:

$$P\left(t,T\right) = \exp\left(-0{,}05\left(T-t\right)\right) \; .$$

Die partielle Ableitung ist

$$\frac{\partial P\left(t,T\right)}{\partial T} = -0{,}05 \exp\left(-0{,}05\left(T-t\right)\right) \; .$$

Der kurzfristige Momentanzinssatz ist konstant, denn

$$r\left(t\right) = f\left(t,t\right) = -\frac{\frac{\partial}{\partial T} P\left(t,t\right)}{P\left(t,t\right)} = 0{,}05 \; .$$

Analog ist

$$f\left(0,t\right) = -\frac{\frac{\partial}{\partial T} P\left(0,t\right)}{P\left(0,t\right)} = 0{,}05 \; .$$

Damit können wir den Parameter $\vartheta\left(t\right)$ berechnen:

$$\vartheta\left(t\right) = 0 + 0{,}02^2 t = 0{,}0004 t \; .$$

Die short rate driftet also mit konstanter Rate ab. Weiterhin ist im Ho-Lee-Modell

$$A\left(2,3\right) = \ln \exp\left(-0{,}05 \cdot 3\right) - \ln \exp\left(-0{,}05 \cdot 2\right)$$

$$- \frac{3-2}{\exp\left(-0{,}05 \cdot 2\right)} \cdot \left(-0{,}05 \exp\left(-0{,}05 \cdot 2\right)\right) - \frac{1}{2} 0{,}02^2 \cdot 2 \cdot \left(3-2\right) 2$$

$$= -0{,}0004 \; .$$

> Folglich ist der gesuchte Kurswert
>
> $$\tilde{P}\,(2{,}3) = \exp\,(A\,(2{,}3) - (3 - 2)\,r\,(2)) = \exp\,(-0{,}0004 - 0{,}05) = 0{,}9508\;.$$
>
> Der erwartete Kurswert der Anleihe bei Rücknahme zu 100 ist folglich 95,08.

Der Vorteil des Ho-Lee-Models liegt darin begründet, dass es mit der gegebenen Zinsstruktur konsistent ist. Außerdem ist es analytisch lösbar und als diskretes Gittermodell implementierbar. Der wesentliche Kritikpunkt am Ho-Lee-Modell besteht darin, dass die Zinssätze zu jedem Zeitpunkt gleichermaßen schwanken. Außerdem fehlt die Rückkehr zum Mittelwert.

3.5.3 Hull-White-Modell

John Hull und Alan White verallgemeinerten 1990 das Vasicek-Model derart, dass eine exakte Anpassung an die anfängliche Zinsstruktur möglich ist. Das **Hull-White-Modell** postuliert die stochastische Differentialgleichung:

$$\boxed{\,dr\,(t) = (\vartheta\,(t) - a r\,(t)) \cdot dt + \sigma \cdot dW\,(t)\,}\;.$$

wobei a und σ Konstanten sind. Für $a = 0$ geht das Hull-White-Modell in das Ho-Lee-Model über. Das Hull-White-Modell verfügt darüber hinaus für $a \neq 0$ über die Eigenschaft der Rückkehr zum Mittelwert. Klammern wir den Faktor a aus, so erhalten wir nämlich

$$dr\,(t) = a \left(\frac{\vartheta\,(t)}{a} - r\,(t) \right) \cdot dt + \sigma \cdot dW\,(t)\;.$$

Daran erkennen wir die strukturelle Ähnlichkeit zum Vasicek-Model. Anders als dort ist hier das Reversionsniveau zeitabhängig: Zum Zeitpunkt t strebt der kurzfristige Momentanzinssatz r mit der Rate a zum Niveau $\vartheta\,(t)\,/a$.

Der Parameter $\vartheta\,(t)$ kann anhand empirischer Marktdaten anhand des Arbitrageprinzips berechnet werden. Es gilt

$$\boxed{\,\vartheta\,(t) = \frac{\partial}{\partial T}\,f\,(0,t) + a f\,(0,t) + \frac{\sigma^2}{2a}\,(1 - \exp\,(-2at))\,}$$

Im Hull-White-Modell sind die Kurse von Nullkuponanleihen im Erwartungswert durch

$$\boxed{\,\tilde{P}\,(t,T) = \exp\,(A\,(t,T) - B\,(t,T)\,r\,(t))\,}$$

mit

$$B\left(t,T\right) = \frac{1 - \exp\left(-a\left(T - t\right)\right)}{a}$$

und

$$A\left(t,T\right) = \ln P\left(0,T\right) - \ln P\left(0,t\right) - \frac{B(t,T)}{P(0,t)} \cdot \frac{\partial P(0,t)}{\partial T}$$
$$- \frac{\sigma^2}{4a^3}\left(1 - \exp\left(-a\left(T - t\right)\right)\right)^2\left(1 - \exp\left(-2at\right)\right) \ .$$

für $a \neq 0$ gegeben.

Beispiel

Es herrsche eine flache Zinsstruktur von 4 % vor und die beiden Parameter im Hull-White-Modell seien $a = 0{,}05$ und $\sigma = 0{,}01$. Dann wollen wir den erwarteten Kurs einer Nullkuponanleihe in genau drei Jahren mit einer Restlaufzeit von dann zwei Jahren berechnen.

Es sei $t = 3$ und $T = 3 + 2 = 5$. Gesucht ist also $\tilde{P}\left(3{,}5\right)$. Im Allgemeinen ergibt sich der Kurswert als der diskontierte Wert der Rückzahlung 1 bei stetiger Verzinsung aus der Gleichung

$$P\left(t,T\right) = \exp\left(-0{,}04\left(T - t\right)\right) \ .$$

Die partielle Ableitung ist

$$\frac{\partial P\left(t,T\right)}{\partial T} = -0{,}04\exp\left(-0{,}04\left(T - t\right)\right) \ .$$

Der kurzfristige Momentanzinssatz $r\left(3\right)$ ist gegeben durch

$$r\left(3\right) = f\left(3{,}3\right) = -\frac{\frac{\partial}{\partial T}P\left(3{,}3\right)}{P\left(3{,}3\right)} = 0{,}04 \ .$$

Die short rate ist also gleich dem konstanten Zinssatz. Analog ist

$$f\left(0,t\right) = -\frac{\frac{\partial}{\partial T}P\left(0,t\right)}{P\left(0,t\right)} = 0{,}04 \ .$$

Damit können wir den Parameter $\vartheta\left(t\right)$ berechnen:

$$\vartheta\left(t\right) = 0 + 0{,}05 \cdot 0{,}04 + \frac{0{,}01^2}{2 \cdot 0{,}05}\left(1 - \exp\left(-2 \cdot 0{,}05t\right)\right)$$
$$= 0{,}003 - 0{,}001 \cdot \exp\left(-0{,}1t\right) \ .$$

Dadurch ist die lokale Drift festgelegt. Weiterhin ist im Hull-White-Modell

$$B\,(3{,}5) = \frac{1 - \exp\left(-0{,}05\,(5-3)\right)}{0{,}05} = 1{,}9033$$

sowie

$$A\,(3{,}5) = \ln\exp\left(-0{,}04 \cdot 5\right) - \ln\exp\left(-0{,}04 \cdot 3\right) - \frac{B\,(3{,}5)}{\exp\left(-0{,}04 \cdot 3\right)}$$

$$\cdot\,(-0{,}04\exp\left(-0{,}04t\right))$$

$$-\,\frac{0{,}01^2}{4 \cdot 0{,}05^3}\left(1 - \exp\left(-0{,}05\,(5-3)\right)\right)^2 \left(1 - \exp\left(-2 \cdot 0{,}05 \cdot 3\right)\right)$$

$$= -0{,}0043\,.$$

Folglich ist der gesuchte Kurswert

$$\tilde{P}\,(3{,}5) = \exp\left(A\,(3{,}5) - B\,(3{,}5)\,r\,(3)\right) = \exp\left(-0{,}0043 - 1{,}9033 \cdot 0{,}04\right) = 0{,}9227\,.$$

Der erwartete Kurswert der genannten Anleihe bei Rücknahme zu 100 ist dann 92,27.

3.6 Formelsammlung für Zinsmodelle

An dieser Stelle fassen wir die wichtigsten Formeln für Zinsmodelle zusammen.

Bezeichnung	Symbol	Formel
Kassazinssatz: Definition der spot rate	i_k	i_k
Terminzinssatz: Definition der forward rate	f_k	$\dfrac{(1+i_k)^k}{(1+i_{k-1})^{k-1}} - 1$
Parikursrendite: Definition der par rate	i_n^P	$\dfrac{1-(1+i_n)^{-n}}{\sum\limits_{k=1}^{n}(1+i_k)^{-k}}$
Kassazinssatz: sukzessiv berechnet	i_{n+1}	$\sqrt[n+1]{\dfrac{Z_{n+1}}{P_0 - \sum\limits_{k=1}^{n} Z_k\,(1+i_k)^{-k}}} - 1$
Kassazinssatz: sukzessiv aus par rates berechnet	i_{n+1}	$\sqrt[n+1]{\dfrac{1+i_{n+1}^P}{1 - i_{n+1}^P \sum\limits_{k=1}^{n}(1+i_k)^{-k}}} - 1$

Bezeichnung	Symbol	Formel
Terminzinssatz: sukzessiv berechnet	f_{n+1}	$\dfrac{Z_{n+1}}{P_0 \prod\limits_{j=1}^{n} \left(1 + f_j\right) - \sum\limits_{k=1}^{n} Z_k \prod\limits_{j=k+1}^{n} \left(1 + f_j\right)} - 1$
Kurs: verallgemeinerte Definition	P_0	$\sum\limits_{k=1}^{n} Z_k \left(1 + i_k\right)^{-k}$
Leitduration nach Definition	$D_k \, (\mathbf{i})$	$-\left(1 + i_k\right) \dfrac{\dfrac{\partial P \, (\mathbf{i})}{\partial i_k}}{P \, (\mathbf{i})}$
Leitduration gemäß Berechnungsformel	$D_k \, (\mathbf{i})$	$\dfrac{k Z_k \left(1 + i_k\right)^{-k}}{\sum\limits_{k=1}^{n} Z_k \left(1 + i_k\right)^{-k}}$
Totale Duration nach Definition	$D \, (\mathbf{i})$	$\sum\limits_{k=1}^{n} D_k \, (\mathbf{i})$
Totale Duration gemäß Berechnungsformel	$D \, (\mathbf{i})$	$\dfrac{\sum\limits_{k=1}^{n} k Z_k \left(1 + i_k\right)^{-k}}{\sum\limits_{k=1}^{n} Z_k \left(1 + i_k\right)^{-k}}$
Approximation des Kurswerts	$P_0^{\text{app}} \, (\mathbf{i})$	$P_0 \, (\mathbf{i_0}) \prod\limits_{k=1}^{n} \left(\dfrac{1 + i_{0_k}}{1 + i_k}\right)^{D_k \, (\mathbf{i_0})}$
Binomialmodell: Erwartungswertprinzip	P_k	$p^{\omega_k} P_{k+1}^{\omega_k u} \left(1 + i^{\omega_k}\right)^{-1}$ $+ \left(1 - p^{\omega_k}\right) P_{k+1}^{\omega_k d} \left(1 + i^{\omega_k}\right)^{-1}$
Binomialmodell: Risikoneutrale Wahrscheinlichkeit	p^{ω_k}	$\dfrac{P_k \left(1 + i^{\omega_k}\right) - P_{k+1}^{\omega_k d}}{P_{k+1}^{\omega_k u} - P_{k+1}^{\omega_k d}}$
Vasicek-Modell: Stochastische Differentialgleichung	$dr \, (t)$	$a \left(\mu - r \, (t)\right) \cdot dt + \sigma \cdot dW \, (t)$
CIR-Modell: Stochastische Differentialgleichung	$dr \, (t)$	$a \left(\mu - r \, (t)\right) \cdot dt + \sigma \sqrt{r \, (t)} \cdot dW \, (t)$
Ho-Lee-Modell: Stochastische Differentialgleichung	$dr \, (t)$	$\vartheta \, (t) \cdot dt + \sigma \cdot dW \, (t)$
Hull-White-Modell: Stochastische Differentialgleichung	$dr \, (t)$	$\left(\vartheta \, (t) - a r \, (t)\right) \cdot dt + \sigma \cdot dW \, (t)$

3.7 Aufgaben zu Zinsmodellen

A 3.1 Die Kassazinssätze für die Laufzeiten von einem Jahr bis fünf Jahre seien gegeben durch die Folge (0,5 %; 0,8 %; 1,0 %; 1,2 %; 1,5 %). Berechnen Sie damit den Emissionskurs einer Zinsanleihe mit Kuponhöhe zwei und Rücknahmekurs 100!

A 3.2 Gegeben seien drei Nullkuponanleihen mit Laufzeiten von einem, zwei und drei Jahren. Die zugehörigen Emissionskurse seien 99,05; 97,99 und 96,51. Berechnen Sie die Zinsstruktur!

A 3.3 Folgende festverzinsliche Wertpapiere zum Nennwert 100 seien gegeben:
A: Ein einjähriger Nullkupon mit Kurswert 95,67
B: Eine zweijährige Zinsanleihe mit Kuponhöhe 4 und Kurswert 103,47
C: Eine dreijährige Zinsanleihe mit Kuponhöhe 5 und Kurswert 104,25
Berechnen Sie die Kassazinssätze!

A 3.4 Gegeben seien folgende Kassazinssätze für die Laufzeiten eins bis fünf: $i_1 = 0{,}035$; $i_2 = 0{,}038$; $i_3 = 0{,}041$; $i_4 = 0{,}044$; $i_5 = 0{,}047$. Bestimmen Sie die dazugehörigen impliziten Terminzinssätze!

A 3.5 Gegeben seien die folgenden Kassazinssätze für die Laufzeiten ein bis sieben Jahre: (0,020; 0,029; 0,037; 0,044; 0,050; 0,055; 0,059). Berechnen Sie daraus die implizite Zinsstruktur nach Ablauf von zwei Jahren für die nächsten fünf Jahre!

A 3.6 Betrachten Sie die Kassazinssätze: $i_1 = 0{,}02$; $i_2 = 0{,}025$; $i_3 = 0{,}028$; $i_4 = 0{,}029$. Berechnen und interpretieren Sie daraus die Parikursrenditen!

A 3.7 Die folgenden Zinsanleihen zum Nennwert und Rücknahmekurs 100 seien gegeben:
A: eine einjährige Anleihe mit Kurswert 95,45
B: eine zweijährige Anleihe mit Kuponhöhe 4 und Kurswert 99,66
C: eine dreijährige Anleihe mit Kuponhöhe 2 und Kurswert 98,22
Berechnen Sie schrittweise die Zinsstruktur mit Hilfe der Kassazinssätze!

A 3.8 Die folgenden Zinsanleihen zum Nennwert und Rücknahmekurs 100 seien gegeben:
A: eine einjährige Anleihe mit Kurswert 96,32
B: eine zweijährige Anleihe mit Kuponhöhe 3 und Kurswert 94,44
C: eine dreijährige Anleihe mit Kuponhöhe 5 und Kurswert 96,12
Berechnen Sie schrittweise die Zinsstruktur mit Hilfe der Terminzinssätze!

A 3.9 Die folgenden Zinsanleihen zum Nennwert und Rücknahmekurs 100 seien jeweils zu pari notiert:
A: eine einjährige Anleihe mit Kuponhöhe 3,23
B: eine zweijährige Anleihe mit Kuponhöhe 3,57
C: eine dreijährige Anleihe mit Kuponhöhe 4,02
Berechnen Sie schrittweise die Zinsstruktur mit Hilfe der Parikursrenditen!

A 3.10 Am Markt gebe es die beiden folgenden festverzinslichen Wertpapiere, die beide zu pari notiert sind: eine einjährige Zinsanleihe mit Kupon drei und eine zweijährige Zinsanleihe mit Kupon vier. Nun soll eine zweijährige Nullkuponanleihe zum Emissionskurs 100 emittiert werden. Welchen Rücknahmekurs und welche Rendite hat dieser neue Zerobond? Lösen Sie das Problem mit Hilfe von Kassazinssätzen!

A 3.11 Betrachten Sie die zwei folgenden Zinsanleihen, die zu pari notiert sind: eine einjährige Anleihe mit Kupon fünf und eine zweijährige Anleihe mit Kupon drei. Nun soll eine zweijährige Nullkuponanleihe zum Rücknahmekurs 100 emittiert werden. Welchen Emissionskurs und welche Rendite hat dieser neue Zerobond? Lösen Sie das Problem mit Hilfe von Terminzinssätzen!

A 3.12 Gegeben sei eine einjährige Zinsanleihe mit Kupon eins sowie eine zweijährige Zinsanleihe mit Kupon zwei. Beide seien zu pari notiert. Nun soll eine zweijährige Nullkuponanleihe zum Rücknahmekurs 100 emittiert werden. Welchen Emissionskurs und welche Rendite hat dieser neue Zerobond? Lösen Sie das Problem mit Hilfe von Parikursrenditen!

A 3.13 Gegeben seien die Kassazinssätze $i_1 = 0{,}04$ und $i_2 = 0{,}045$.
a) Eine Zinsanleihe mit zwei Jahren Restlaufzeit, Kuponrate in Höhe von 6 % sowie Rückzahlung zu pari sei zum aktuellen Kurswert 99 notiert. Ist dieser Kurs mit der gegebenen Zinsstruktur konsistent?
b) Außer dem falsch bewerteten Zinstitel gebe es nur konsistent bewertete Nullkuponanleihen in ihrem Besitz sowie auf dem Markt. Wie können Sie einen Arbitragegewinn erzielen?

A 3.14 Gegeben seien die Kassazinssätze $i_1 = 0{,}035$ und $i_2 = 0{,}04$ sowie ein festverzinsliches Wertpapier mit Kuponhöhe 8, Nennwert 100 und Rücknahme zu pari.
a) Berechnen Sie den Kurswert!
b) Diese Anleihe sei im Markt zu 110 notiert. Finden Sie eine Arbitragemöglichkeit!

A 3.15 Die folgende Tabelle gibt die Kurse von Nullkuponanleihen mit verschiedenen Laufzeiten an

Restlaufzeit	Kurs
1	94,55
2	87,26
3	82,17
4	77,98

Die nationale Regierung habe vor, eine kupontragende Anleihe mit Laufzeit von vier Jahren herauszugeben. Der jährliche Kupon soll 10 betragen. Der Nennwert und der Rücknahmekurs seien 100.

a) Berechnen Sie den Emissionskurs?

b) Wie hoch ist die interne Rendite?

c) Was ist der Kurs der Anleihe am Ende des ersten Jahres (direkt nach der Kuponzahlung), wenn sich die Zinsstruktur nicht ändert?

A 3.16 Im Markt gebe es die folgenden Nullkuponanleihen zum Nennwert von jeweils 100:

A: eine einjährige Anleihe mit Kurswert 98,23

B: eine zweijährige Anleihe mit Kurswert 95,87

C: eine dreijährige Anleihe mit Kurswert 92,12

D: eine vierjährige Anleihe mit Kurswert 88,75

Berechnen Sie die interne Rendite einer vierjährigen Zinsanleihe mit Kuponrate 3 %!

A 3.17 Ein Investor habe ein festverzinsliches Wertpapier mit Kuponrate 5 % vor einiger Zeit zum Kurs von 102,34 gekauft. Direkt nachdem er den dritten Kupon erhalten hat, verkauft er die Anleihe. Die interne Rendite dieser Finanzinvestition sei 6,5 %. Berechnen Sie den Verkaufskurs!

A 3.18 Ein Kleinanleger habe ein festverzinsliches Wertpapier mit Laufzeit von fünf Jahren und Kuponhöhe 3 zum Emissionskurs von 100 erworben. Die zwischenzeitlich erhaltenen Kupons wurden nicht reinvestiert. Berechnen Sie die tatsächlich erzielte Rendite, also den total return!

A 3.19 Die Zinsstruktur sei durch die folgenden Kassazinssätze gegeben: $i_1 = 0{,}01$; $i_2 = 0{,}02$; $i_3 = 0{,}04$; $i_4 = 0{,}07$; $i_5 = 0{,}11$. Außerdem betrachten wir eine fünfjährige Zinsanleihe mit Kuponhöhe 5.

a) Berechnen Sie den Emissionskurs!

b) Berechnen Sie die Leitdurationen!

c) Approximieren Sie den Kurswert bei einer Parallelverschiebung der Zinskurve um einen Prozentpunkt nach unten!

A 3.20 Auf einem Festgeldkonto liegen 60.000 €, die ein Privatmann für den Kauf einer Immobilie bereit halten möchte. Leider verzögert sich das Finden eines schönen neuen Zuhauses. So werden das Kapital, die Zinsen und Zinseszinsen auf dem Konto belassen. Die Zinsrate werde einmal jährlich zu Jahresbeginn angepasst. Für das erste Jahr sei der Zinssatz mit gleicher Wahrscheinlichkeit 2 %, 3 % oder 4 %. Für das zweite Jahr sei die Zinsrate mit 75 % Wahrscheinlichkeit 3,5 % und mit 25 % Wahrscheinlichkeit 2,5 %. Im dritten Jahr sei der Zinssatz 3 % mit 60 % Wahrscheinlichkeit oder 2 % mit 40 % Wahrscheinlichkeit. Die jährlichen Zinssätze seien stochastisch unabhängig.

a) Berechnen Sie den erwarteten Kontostand am Ende des dritten Jahres!

b) Berechnen Sie die Varianz!

c) Berechnen Sie die Wahrscheinlichkeit, dass der Kontostand mehr als 66.000 € beträgt!

A 3.21 Die jährliche Rendite i eines Investmentfonds sei unabhängig und identisch verteilt. In jedem Jahr sei $(1 + i)$ lognormal verteilt mit Parametern $\mu = 0{,}05$ und $\sigma^2 = 0{,}0025$.

a) Berechnen Sie den erwarteten Endwert einer jährlich vorschüssigen Einlage über 25 Jahre lang in Höhe von jährlich 2.500 €!

b) Wie groß ist die Wahrscheinlichkeit, dass eine einmalige Einlage nach 20 Jahren Laufzeit größer als ihr Erwartungswert ist?

A 3.22 Die Parameter im Vasicek-Model seien gegeben durch $\mu = 0{,}04$, $\sigma = 0{,}03$ sowie $a = 0{,}2$. Die kurzfristige momentane Zinsrate sei $r\,(0) = 0{,}025$.

a) Berechnen Sie die erwarteten diskreten jährlichen Zinssätze für die Laufzeiten von einen bis fünf Jahre zum Zeitpunkt $t = 0$!

b) Geben Sie die erwarteten diskreten jährlichen Zinssätze für die Laufzeiten von einen bis fünf Jahre zum Zeitpunkt $t = 2$ an und vergleichen Sie die Ergebnisse!

A 3.23 Die Parameter im CIR-Model seien gegeben durch $\mu = 0{,}04$, $\sigma = 0{,}03$ sowie $a = 0{,}2$. Die kurzfristige momentane Zinsrate sei $r\,(0) = 0{,}025$.

a) Berechnen Sie die erwarteten diskreten jährlichen Zinssätze für die Laufzeiten von einen bis fünf Jahre zum Zeitpunkt $t = 0$!

b) Geben Sie die erwarteten diskreten jährlichen Zinssätze für die Laufzeiten von einen bis fünf Jahre zum Zeitpunkt $t = 2$ an und vergleichen Sie die Ergebnisse!

A 3.24 Betrachten Sie ein Binomialmodell über zwei Perioden. Der Kurs einer einjährigen Nullkuponanleihe sei $P_0^A = 97{,}09$, der Kurs einer zweijährigen Nullkuponanleihe sei $P_0^B = 92{,}45$. Die risikoneutrale Wahrscheinlichkeit sei durch $p = 0{,}8$ vorgegeben. Die möglichen Kursbewegungen seien durch $P_1^{Bu} = P_0^B\,(1 + a)$ beziehungsweise $P_1^{Bd} = P_0^B\,(1 - a)$ mit $a > 0$ modelliert. Berechnen Sie die stochastische Zinsstruktur!

A 3.25 Betrachten Sie ein Binomialmodell über zwei Perioden. Die risikoneutrale Wahrscheinlichkeit sei durch $p = 0{,}5$ gegeben. Die einjährigen Zinssätze im Binomialbaum seien $i = 0{,}025$; $i^u = 0{,}015$; $i^d = 0{,}035$. Berechnen sie den aktuellen Kurswert P_0 einer zweijährigen Anleihe mit Kuponhöhe 2!

A 3.26 Betrachten Sie das folgende Binomialmodell

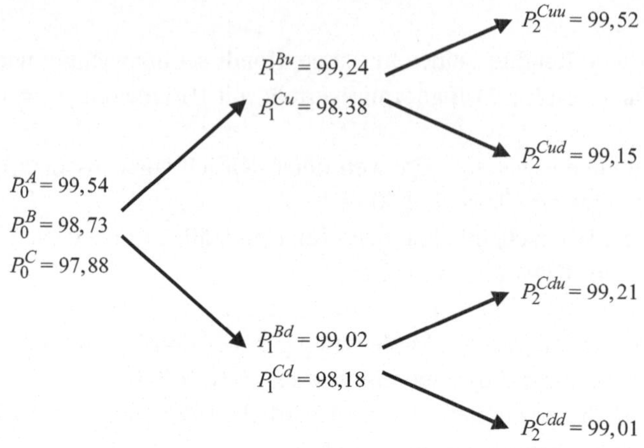

Suchen und finden Sie eine Arbitragemöglichkeit!

A 3.27 Betrachten Sie ein Binomialmodell über drei Perioden mit risikoneutraler Wahrscheinlichkeit von $p = 0,5$ in jedem Zustand. Die risikolosen Zinssätze $i = 0,045$ im ersten Jahr, $i^u = 0,04$; $i^d = 0,06$ im zweiten Jahr und $i^{uu} = 0,02$; $i^{ud} = 0,05$; $i^{du} = 0,045$; $i^{dd} = 0,065$ im dritten Jahr. Berechnen Sie den Kurs einer dreijährigen Nullkuponanleihe mit Rücknahmekurs 100!

A 3.28 Zeigen Sie, dass im Ho-Lee-Modell die erwartete Terminzinsrate $\tilde{f}(t, T)$ für $t > 0$ und $T \to \infty$ gegen Unendlich strebt!

A 3.29 Im Hull-White-Modell mit einer anfänglich flachen Zinsstruktur von 2 % gelte $a = 0,04$ und $\sigma = 0,02$. Berechnen Sie den erwarteten Kurswert $\tilde{P}(0,5)$ für eine sofort beginnende Nullkuponanleihe mit Laufzeit von fünf Jahren und vergleichen Sie diesen Wert mit dem bekannten Kurswert $P(0,5)$!

Literaturhinweise zu Zinsanleihen

1. Adelmeyer, M., Warmuth, E.: Finanzmathematik für Einsteiger, 2. Aufl. Vieweg+Teubner Verlag (2005)

2. Albrecht, P.: Grundprinzipien der Finanz- und Versicherungsmathematik. Schäffer Poeschel Verlag (2007)

3. Albrecht, P., Maurer, R.: Investment- und Risikomanagement, 4. Aufl. Schäffer Poeschel Verlag (2016)

4. Bodie, Z., Kane, A., Marcus, A.J.: Investments, 10. Aufl. McGraw-Hill Education (2014)

5. Cairns, A. J. G.: Interest Rate Models. Princeton University Press (2004)

6. Capinski, M., Zastawniak, T.: Mathematics for Finance, 2. Aufl. Springer (2011)

7. Chan, W.-S., Tse, Y.-K.: Financial Mathematics for Actuaries, 2. Aufl. Mc Graw Hill Education (2013)

8. Cottin, C., Döhler, S.: Risikoanalyse, 2. Aufl. Springer Spektrum Verlag (2013)

9. Deutsch, H. P.: Derivate und interne Modelle, 5. Aufl. Schäffer Poeschel (2014)

10. Garret, S.J.: An Introduction to the Mathematics of Finance, 2. Aufl. Butterworth-Heinemann (2013)

11. Glasserman, P.: Monte Carlo Methods in Financial Engineering. Springer (2003)

12. Hull, J. C.: Optionen, Futures und andere Derivate, 9. Aufl. Pearson Studium (2015)

13. Korn, R., Korn, E., Kroisandt, G.: Monte Carlo Methods and Models in Finance and Insurance, Chapman and Hall/CRC. Taylor & Francis (2010)

14. Müller, T.: Finanzrisiken in der Assekuranz. Springer Gabler (2012)

Lösungen 4

Im Folgenden sind die Ergebnisse der Übungsaufgaben aufgeführt. Was den jeweiligen Lösungsweg betrifft, so beschränken wir uns aus Platzgründen auf den Lösungsansatz, der zumeist die größte Hürde beim Bearbeiten von finanzmathematischen Aufgaben aus der Praxis darstellt. Äquivalente Umformungen lassen wir in den meisten Fällen gänzlich weg, auch wenn sie im Einzelfall wohlmöglich nicht trivial sind. Der Leser sei dazu ermuntert, den nötigen Aufwand in das Nachvollziehen der vollständigen Lösung zu investieren. Es lohnt sich mit Sicherheit, den kompletten Rechenweg mit eigenen Gedanken nachzuvollziehen.

Üblicherweise geben wir Eurobeträge und Prozentzahlen mit zwei Nachkommastellen an. Dabei wird die letzte Stelle kaufmännisch gerundet. Für gewisse Kennzahlen ist mitunter eine größere Genauigkeit nötig. Wenn Zwischenergebnisse gerundet angegeben werden, so wird das Endergebnis dennoch auf der Grundlage ungerundeter Zwischenwerte berechnet. Insofern mag so manches Ergebnis einen scheinbaren Rundungsfehler aufweisen.

4.1 Lösungen zu Kapitel 1 – Zinsrechnung

L 1.1 Es sei $K_0 = 87{,}75$; $K_n = 122{,}85$; $n = 8$. Gesucht ist der lineare Zinssatz i. Dann gilt $K_n = K_0 (1 + in)$ und daraus folgt

$$i = \frac{\frac{K_n}{K_0} - 1}{n} = \frac{\frac{122{,}85}{87{,}75} - 1}{8} = 0{,}05 \ .$$

Der effektive lineare Zinssatz beträgt 5 % pro Periode.

© Springer Fachmedien Wiesbaden GmbH 2017
K.M. Ortmann, *Praktische Finanzmathematik*, Studienbücher Wirtschaftsmathematik,
DOI 10.1007/978-3-658-13834-9_4

L 1.2 Es sei $K_0 = 8.700$; $Z_n = 3.654$; $i = 0{,}07$. Gesucht ist die Anzahl der Zinsperioden n. Dann gilt $Z_n = K_0 i n$ und daraus folgt

$$n = \frac{Z_n}{iK_0} = \frac{3.654}{0{,}07 \cdot 8.700} = 6 \,.$$

Seit Rechnungsstellung sind sechs Zinsperioden vergangen.

L 1.3 Sei $K_1 = 241{,}52$; $K_2 = 85{,}47$; $K_3 = 128{,}75$; $K_4 = 159{,}61$; $K_n = 619{,}52$; $i = 0{,}05$. Die zugehörigen Verzinsungszeiträume sind $t_1 = 18 + 2 \cdot 30 = 78$; $t_2 = 22 + 30 = 52$; $t_4 = 14$. Gesucht ist t_3. Die Barwerte sind

$$L = K_1 \left(1 + i\,\frac{t_1}{360}\right) + K_2 \left(1 + i\,\frac{t_2}{360}\right) + K_3 \left(1 + i\,\frac{t_3}{360}\right) + K_4 \left(1 + i\,\frac{t_4}{360}\right)$$

$$GL = K_n \,.$$

Das Äquivalenzprinzip liefert dann

$$t_3 = 360 \frac{K_n - (K_1 + K_2 + K_3 + K_4)}{iK_3} - \frac{t_1 K_1 + t_2 K_2 + t_4 K_4}{K_3} \,.$$

Nach Einsetzen der Parameterwerte ist im Ergebnis $t_3 = 35$. Der Zahlungseingang war also am 25. November.

L 1.4 Sei $K_0 = 1.000$; $R_1 = 300$; $R_2 = 360$. Stichtag sei der Tag der letzten Ratenzahlung, also vier Monate nach Rechnungsstellung. Die Endwerte der beiden Zahlungsweisen sind in monatlicher Betrachtungsweise

$$L = K_0 \cdot \left(1 + i\,\frac{4}{12}\right)$$

$$GL = R_1 \cdot \left(1 + i\,\frac{4}{12}\right) + R_2 \cdot \left(1 + i\,\frac{1}{12}\right) + R_2 \,.$$

Gleichsetzen $L = GL$ und Auflösen nach i ergibt:

$$i = 12 \frac{R_1 + 2R_2 - K_0}{4K_0 - 4R_1 - R_2} = 12 \frac{300 + 2 \cdot 360 - 1.000}{4 \cdot 1.000 - 4 \cdot 300 - 360} = 0{,}0984 \,.$$

Konkret ist der effektive Zinssatz also 9,84 %.

L 1.5 Sei $K_0 = 2.750$; $K_t = 3.130$. Gesucht sind die Laufzeit t und der effektive Zinssatz i. Für die Zinsusance 30E/360 ist $t = 17 + 7 \cdot 30 + 21 = 248$ beziehungsweise nach der Berechnungsformel $t = (11 - 3) \cdot 30 + 21 - 13 = 248$. Bei linearer Verzinsung gilt $K_t = K_0 \left(1 + i \cdot t/360\right)$ und daraus folgt für den linearen Effektivzinssatz

$$i = \left(\frac{K_t}{K_0} - 1\right) \frac{360}{t} = \left(\frac{3.130}{2.750} - 1\right) \frac{360}{248} = 0{,}2006 \,.$$

Für exponentielle Verzinsung gilt $K_t = K_0 \left(1 + i\right)^{t/360}$. Folglich ist dann der Effektivzinssatz

$$i = \left(\frac{K_t}{K_0}\right)^{\frac{360}{t}} - 1 = \left(\frac{3.130}{2.750}\right)^{\frac{360}{248}} - 1 = 0{,}2067 \,.$$

Für die Zinstagzählmethode Act/Act ist $t = 18 + 30 + 31 + 30 + 31 + 31 + 30 + 31 + 20 = 252$. Somit ist dann der lineare effektive Zinssatz:

$$i = \left(\frac{K_t}{K_0} - 1\right) \frac{365}{t} = \left(\frac{3.130}{2.750} - 1\right) \frac{365}{252} = 0{,}2001$$

und der exponentielle effektive Zinssatz:

$$i = \left(\frac{K_t}{K_0}\right)^{\frac{365}{t}} - 1 = \left(\frac{3.130}{2.750}\right)^{\frac{365}{252}} - 1 = 0{,}2062 \,.$$

Die berechneten Effektivzinssätze liegen je nach Methode zwischen 20,01 % und 20,67 %.

L 1.6 a) Sei $K_0 = 10.000$; $i_1 = 0{,}04$; $i_2 = 0{,}03$; $i_3 = 0{,}02$; $n_1 = 2$; $n_2 = 4$; $n_3 = 3$. Dann ist das Vermögen nach $n = n_1 + n_2 + n_3 = 9$ Jahren:

$$K_n = K_0 \cdot (1 + i_1)^{n_1} \cdot (1 + i_2)^{n_2} \cdot (1 + i_3)^{n_3} = 10.000 \cdot 1{,}04^2 \cdot 1{,}03^4 \cdot 1{,}02^3$$
$$= 12.918{,}62 \,.$$

b) Der effektive Jahreszinssatz wird nach dem Äquivalenzprinzip berechnet:

$$i = \left(\frac{K_n}{K_0}\right)^{\frac{1}{n}} - 1 = \sqrt[9]{1{,}291862} - 1 = 0{,}0289 \,.$$

L 1.7 Sei $K_0 = 100$; $K_1 = 60$; $K_2 = 50$; $n = 2$. Hier betrachten wir die Endwerte:

$$L = K_0 \left(1 + i\right)^2$$
$$GL = K_1 \left(1 + i\right) + K_2 \,.$$

Gleichsetzen liefert eine quadratische Gleichung in i, dessen positive Lösung ist

$$i = \frac{K_1 + \sqrt{K_1^2 + 4 K_0 K_2}}{2 K_0} - 1 = \frac{60 + \sqrt{60^2 + 4 \cdot 100 \cdot 50}}{200} - 1 = 0{,}0681 \,.$$

L 1.8 Sei $R_1 = 150$; $R_2 = 350$; $i = 0{,}07$; $n = 2$. Gesucht ist der Kaufpreis K. Zum Stichtag des Erwerbs ist

$$L = K$$
$$GL = R_1 + R_2 \cdot (1 + i)^{-n} \ .$$

Gleichsetzen ergibt

$$K = R_1 + R_2 \cdot (1 + i)^{-n} = 150 + 350 \cdot 1{,}07^{-2} = 455{,}70 \ .$$

L 1.9 a) Sei $B = 1.000$; $n = 2$; $p = 0{,}03$; $i_0 = 0{,}02$. Das Sparziel ist

$$L = B\left((1 + i_0) + (1 + i_0)^2\right) + npB = 1.000\left(1{,}02 + 1{,}02^2\right) + 0{,}03 \cdot 2 \cdot 1.000$$
$$= 2.120{,}40 \ .$$

b) Für den variablen Zinssatz i sind Leistung und Gegenleistung

$$L = B\left((1 + i_0) + (1 + i_0)^2\right) + npB$$
$$GL = B\left((1 + i) + (1 + i)^2\right) \ .$$

Gleichsetzen und Auflösen nach i liefert:

$$i = -1{,}5 \pm \sqrt{(1 + i_0) + (1 + i_0)^2 + np + 0{,}25} \ .$$

Wenn wir verlangen, dass die Lösung positiv sein soll, beträgt der Effektivzins $3{,}96\,\%$. Die Höhe der Sparrate B ist irrelevant.

L 1.10 Die Kontostände K_k am jeweiligen Jahresende lauten

$$K_0 = Z_0 = -500 < 0$$
$$K_1 = K_0\,(1 + i_S) + Z_1 = -500 \cdot 1{,}12 + 600 = 40 > 0$$
$$K_2 = K_1\,(1 + i_H) + Z_2 = 40 \cdot 1{,}1 - 1.000 = -956 < 0$$
$$K_3 = K_2\,(1 + i_S) + Z_3 = -956 \cdot 1{,}12 + 1.200 = 129.28 > 0 \ .$$

L 1.11 Sei $K_0 = 22.000$; $K_1 = 10.000$; $K_2 = 12.200$; $i = 0{,}01$. Zunächst ist der halbjährige konforme Zinssatz $i_{kon} = \sqrt{1{,}01} - 1 = 0{,}004988$. Dann sind die Barwerte der beiden Zahlungsalternativen:

$$L = K_0 = 22.000$$
$$GL = K_1 v_{kon} + K_2 v_{kon}^2 = 10.000 \cdot 1{,}004988^{-1} + 12.200 \cdot 1{,}004988^{-2} = 22.029{,}58 \ .$$

Die Ratenzahlung ist im Barwert um 29,58 € teurer als die Barzahlung. Würde der Mann sein Geld auf dem Tagesgeldkonto belassen und die Ratenzahlung akzeptieren, so hätte er nach einem Jahr $29{,}58 \cdot 1{,}004988^2 = 29{,}88$ € weniger auf dem Konto als im Fall der Sofortzahlung, wie man auch anhand einer Kontostaffelrechnung verifizieren kann.

L 1.12 Es sei $i = 0{,}02;\ n = 65 - (25 + 10) = 30;\ S = 100.000$. Gesucht ist der Sparbeitrag B. Dann sind Leistung und Gegenleistung zum Zeitpunkt null:

$$L = B\ddot{s}_{\overline{n}|} = B\,\frac{(1+i)^n - 1}{1-v}$$

$$GL = S\ .$$

Daraus folgt mit dem Äquivalenzprinzip durch Gleichsetzen

$$B = S\,\frac{1-v}{(1+i)^n - 1} = 100.000\,\frac{1 - 1{,}02^{-1}}{1{,}02^{30} - 1} = 2.416{,}66\ .$$

Die junge Frau muss beginnend im Alter 35 jährlich vorschüssig 2.416,66 € zur Seite legen.

L 1.13 Es sei $i = 0{,}0125;\ n = 5;\ m = 8;\ R = 9.000$. Gesucht ist der Einmalbeitrag B. Zunächst sind die Barwerte

$$L = R_{m|}\ddot{a}_{\overline{n}|} = R\,\frac{1-v^n}{1-v}\,v^m = R\,\frac{v^m - v^{m+n}}{1-v}$$

$$GL = B\ .$$

Daraus folgt durch Gleichsetzen

$$B = R\,\frac{v^m - v^{m+n}}{1-v} = 9.000\,\frac{1{,}0125^{-8} - 1{,}0125^{-13}}{1 - 1{,}0125^{-1}} = 39.749{,}28\ .$$

Der Vater muss sofort 39.749,28 € für das spätere Studium seiner Tochter zurücklegen.

L 1.14 Gegeben sind die Parameter $i = 0{,}0375;\ n = 5;\ S = 10.000;\ R = S/n = 2.000$. Gesucht ist der Rabatt p beziehungsweise zunächst der reduzierte Preis $\tilde{S}$. Dann stellen wir Leistung und Gegenleistung zum Zeitpunkt null auf:

$$L = R a_{\overline{n}|} = R\,\frac{1-v^n}{i}$$

$$GL = \tilde{S}\ .$$

Daraus folgt nach dem Äquivalenzprinzip, $L = GL$:

$$\tilde{S} = R\,\frac{1-v^n}{i} = 2.000\,\frac{1 - 1{,}0375^{-5}}{0{,}0375} = 8.966{,}52\ .$$

Der reduzierte Kaufpreis ist 8.966,52 €. Der prozentuale Rabatt beträgt 10,33 % von 10.000 €:

$$p = 1 - \frac{\tilde{S}}{S} = 1 - \frac{8.966,52}{10.000} = 0,1033 \; .$$

L 1.15 Es sei $i = 0,04$; $n = 3$; $S = 500$; $p = 0,1$. Gesucht sind die jährlichen Ausgaben A. Dann sind der Barwert des Rabatts und die Kosten der Mitgliedschaft gegeben durch:

$$L = pAa_{\overline{n}|} = pA\frac{1 - v^n}{i}$$

$$GL = S \; .$$

Daraus folgt durch Gleichsetzen

$$A = \frac{S}{p} \cdot \frac{i}{1 - v^n} = \frac{500}{0,1} \cdot \frac{0,04}{1 - 1,04^{-3}} = 1.801,74 \; .$$

Der notwendige Umsatz im Biomarkt beträgt 1.801,74 € pro Jahr, damit sich der Mitgliedsbeitrag für die Genossenschaft in drei Jahren lohnt.

L 1.16 a) Sei $B = 1.000$; $i = 0,03$; $m = 64 - 38 + 1 = 27$; $n = 25$. Gesucht ist das gebildete Kapital K zum Zeitpunkt der letzten Einzahlung. Nach dem Äquivalenzprinzip gilt:

$$K = Bs_{\overline{m}|} = B\frac{r^m - 1}{i} = 1.000\frac{1,03^{27} - 1}{0,03} = 40.709,63 \; .$$

b) Gesucht ist die Rentenhöhe R. Anhand von Teil a) ist zum Rentenbeginn

$$L = Kr^3 = Bs_{\overline{m}|}r^3 = B\frac{r^m - 1}{i}r^3$$

$$GL = R\ddot{a}_{\overline{n}|} = R\frac{1 - v^n}{1 - v} \; .$$

Mit dem Äquivalenzprinzip folgt

$$R = B\frac{r^m - 1}{i}r^3 \cdot \frac{1 - v}{1 - v^n} = 1.000 \cdot \frac{1,03^{27} - 1}{0,03} \cdot 1,03^3 \cdot \frac{1 - 1,03^{-1}}{1 - 1,03^{-25}} = 2.480,24 \; .$$

L 1.17 Sei $K = 10.000$, $R = 6.000$, $i = 0,06$, $n = 10$. Gesucht ist die Zahlungshöhe Z. Die Barwerte sind

$$L = K + Kv^n + Ra_{\overline{n}|} = K(1 + v^n) + R\frac{1 - v^n}{i}$$

$$GL = Z\ddot{a}_{\overline{n+2}|} = Z\frac{1 - v^{n+2}}{1 - v} \; .$$

Daraus folgt mit dem Äquivalenzprinzip

$$Z = \frac{1-v}{1-v^{n+2}}\left(K\,(1+v^n) + R\,\frac{1-v^n}{i}\right).$$

Die äquivalente vorschüssige Rente über 12 Jahre beträgt 6.722,78 €.

L 1.18 Sei $S = 500; K_{n_1} = 10.000; n_1 = 20; i_1 = 0{,}035; n_2 = 10; i_2 = 0{,}015$. Gesucht ist die Ratenhöhe R. Die Fälligkeiten sind am Zeitstrahl dargestellt.

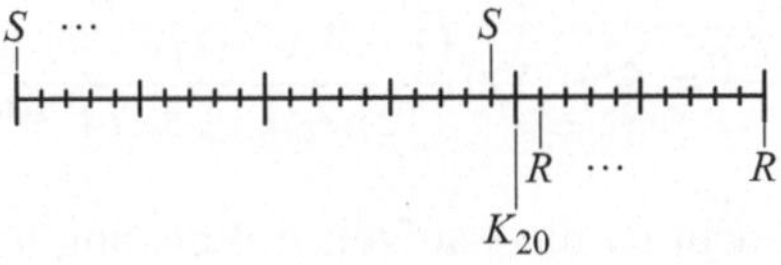

Der Stichtag sei das Ende der Einzahlungsphase beziehungsweise der Beginn der Auszahlungsphase. Dann sind die Zeitwerte:

$$L = S \cdot \ddot{s}^{i_1}_{\overline{n_1}} = S\,\frac{r_1^{n_1}-1}{1-v_1}$$

$$GL = K_{n_1} + Ra^{i_2}_{\overline{n_2}} = K_{n_1} + R\,\frac{1-v_2^{n_2}}{i_2}.$$

Mit dem Äquivalenzprinzip folgt

$$R = \left(S\,\frac{r_1^{n_1}-1}{1-v_1} - K_{n_1}\right)\frac{i_2}{1-v_2^{n_2}} = \left(500\,\frac{1{,}035^{20}-1}{1-1{,}035^{-1}} - 10.000\right)\frac{0{,}015}{1-1{,}015^{-10}}.$$

Die Ratenhöhe ist hier konkret 502,56 €.

L 1.19 Sei $K = 35; i = 0{,}08$. Gesucht ist die Rate p. Dazu wird der Barwertfaktor der geometrisch steigenden Rente $^{\%}(I\ddot{a})_{\overline{n}}$ mit dem Barwertfaktor der ewig vorschüssigen Rente $\ddot{a}_{\overline{\infty}}$ verknüpft. Allerdings beginnt die hier betrachtete Rentenzahlung erst nach einem Jahr. Nach dem Äquivalenzprinzip ist also

$$L = {}^{\%}(I\ddot{a})_{\overline{\infty}} - 1 = \frac{1+\tilde{i}}{\tilde{i}} - 1 \quad \text{mit} \quad \tilde{i} = \frac{i-p}{1+p}$$

$$GL = K.$$

und somit

$$p = \frac{Ki-1}{1+K} = \frac{35\cdot 0{,}08-1}{36} = 0{,}05.$$

L 1.20 a) Sei $K_0 = 250.000$; $n = 20 \cdot 12 = 240$; $i = 0{,}04$. Gesucht ist die Rate R. Zunächst ist der konforme Zinssatz $i_{\text{kon}} = \sqrt[12]{1{,}04} - 1 = 0{,}003274$. Leistung und Gegenleistung sind zum Zeitpunkt 0:

$$L = R\ddot{a}_{\overline{n}|}v^3 = Rv^3\frac{1 - v_{\text{kon}}^n}{1 - v_{\text{kon}}}$$

$$GL = K_0 \,.$$

Nach dem Äquivalenzprinzip ist dann

$$R = K_0\frac{(1 - v_{\text{kon}})\,r^3}{1 - v_{\text{kon}}^n} = 250.000\frac{\left(1 - 1{,}003274^{-1}\right) \cdot 1{,}04^3}{1 - 1{,}003274^{-240}} = 1.688{,}01 \,.$$

b) Hier ist $R = 2.000$. Gesucht ist die Laufzeit n. Leistung und Gegenleistung sind wie in Teil a) gegeben. Gleichsetzen der beiden Ausdrücke liefert die Laufzeit:

$$n = \frac{\ln\left(1 - \frac{K_0 r^3(1 - v_{\text{kon}})}{R}\right)}{\ln(v_{\text{kon}})} = \frac{\ln\left(1 - 125 \cdot 1{,}04^3 \cdot \left(1 - 1{,}003274^{-1}\right)\right)}{\ln(1{,}003274^{-1})} = 187{,}86 \,.$$

Das Kapital reicht für 187 Rentenzahlungen in Höhe von $2.000 \,€$ sowie eine kleinere Schlusszahlung.

L 1.21 Sei $R = 1.000$; $i = 0{,}055$; $m = 25 \cdot 12 = 300$; $n = 20 \cdot 12 = 240$. Gesucht ist der Sparbeitrag B. Zunächst ist der konforme Zinssatz $i_{\text{kon}} = \sqrt[12]{1{,}055} - 1 = 0{,}004472$. Dann sind Leistung und Gegenleistung zum Renteneintritt

$$L = R\ddot{a}_{\overline{n}|} = R\frac{1 - (1 + i_{\text{kon}})^{-n}}{1 - (1 + i_{\text{kon}})^{-1}}$$

$$GL = B\ddot{s}_{\overline{m}|} = B\frac{(1 + i_{\text{kon}})^m - 1}{1 - (1 + i_{\text{kon}})^{-1}} \,.$$

Gleichsetzen liefert das Ergebnis

$$B = R\frac{1 - (1 + i_{\text{kon}})^{-n}}{(1 + i_{\text{kon}})^m - 1} = 1.000\frac{1 - 1{,}004472^{-240}}{1{,}004472^{300} - 1} = 233{,}62 \,.$$

L 1.22 a) Sei $B = 50$; $i = 0{,}025$; $n = 12\,(67 - 22) = 540$. Gesucht ist das angesparte Kapital K_n. Zunächst ist der konforme Zinssatz $i_{\text{kon}} = \sqrt[12]{1{,}025} - 1 = 0{,}002060$. Leistung und Gegenleistung zum Zeitpunkt 0 sind:

$$L = Bs_{\overline{n}|} = B\frac{(1 + i_{\text{kon}})^n - 1}{i_{\text{kon}}}$$

$$GL = K_n \,.$$

Setzen wir Leistung und Gegenleistung gleich, so folgt daraus

$$K_n = B\frac{(1 + i_{\mathrm{kon}})^n - 1}{i_{\mathrm{kon}}} = 50\frac{1{,}00206^{540} - 1}{0{,}00206} = 49.467{,}60 \ .$$

Es werden $s = 0{,}3$ des angesparten Kapitals ausbezahlt, also $14.840{,}28 \ €$.

  b) Der nicht ausgezahlte Betrag in Höhe von $(1 - s)\,K_n = 34.627{,}32$ wird verrentet. Es ist die Rentenhöhe R gesucht. Zum Zeitpunkt der Verrentung ist

$$L = (1 - s)\,K_n = (1 - s)\,Bs_{\overline{n}|} = (1 - s)\,B\frac{(1 + i_{\mathrm{kon}})^n - 1}{i_{\mathrm{kon}}}$$

$$GL = Ra_{\overline{\infty}|} = R\frac{1}{i_{\mathrm{kon}}} \ .$$

Mit $L = GL$ folgt

$$R = (1 - s)\,B\left((1 + i_{\mathrm{kon}})^n - 1\right) = 0{,}7 \cdot 50\left(1{,}00206^{540} - 1\right) = 71{,}33 \ .$$

L 1.23   Sei $K_0 = 45.000$; $R = 500$; $i = 0{,}03$; $n = 5 \cdot 12 = 60$. Gesucht ist das restliche Kapital K_n. Zunächst ist der konforme Zinssatz $i_{\mathrm{kon}} = \sqrt[12]{1{,}03} - 1 = 0{,}002466$. Wir betrachten die Endwerte der beiden Alternativen:

$$L = K_0\,(1 + i_{\mathrm{kon}})^n$$

$$GL = R\ddot{s}_{\overline{n}|} + K_n = R\frac{(1 + i_{\mathrm{kon}})^n - 1}{1 - (1 + i_{\mathrm{kon}})^{-1}} + K_n \ .$$

Das Äquivalenzprinzip liefert dann

$$K_n = K_0 \cdot (1 + i_{\mathrm{kon}})^n - R\frac{(1 + i_{\mathrm{kon}})^n - 1}{1 - (1 + i_{\mathrm{kon}})^{-1}} = 45.000 \cdot 1{,}03^5 - 500\frac{1{,}03^5 - 1}{1 - 1{,}002466^{-1}} \ .$$

Konkret sind nach genau fünf Jahren $19.797{,}22 \ €$ übrig.

L 1.24   a) Sei $R = 850$; $i = 0{,}06$; $n = 8 \cdot 6 = 48$. Gesucht ist monatliche Unterstützung R. Zunächst ist der konforme Zinssatz $i_{\mathrm{kon}} = \sqrt[12]{1{,}06} - 1 = 0{,}004868$. Der Barwert der Zahlungen ist dann gleich

$$L = R\ddot{a}_{\overline{n}|} = R\frac{1 - (1 + i_{\mathrm{kon}})^{-n}}{1 - (1 + i_{\mathrm{kon}})^{-1}} = 850\frac{1 - 1{,}004868^{-48}}{1 - 1{,}004868^{-1}} = 36.482{,}53 \ .$$

b) Gesucht ist die Laufzeit n bei gegebenem Anfangskapital $K_0 = 50.000$. Die Barwerte der beiden äquivalenten Zahlungsströme sind

$$L = K_0$$

$$GL = R\ddot{a}_{\overline{n}|} = R\frac{1 - v_{\mathrm{kon}}^n}{1 - v_{\mathrm{kon}}} \ .$$

Daraus folgt durch Gleichsetzen

$$n = \frac{\ln\left(1 - \frac{K_0}{R}(1 - v_{\text{kon}})\right)}{\ln(v_{\text{kon}})} = \frac{\ln\left(1 - \frac{50.000}{850}(1 - 1{,}004868^{-1})\right)}{-\ln(1{,}004868)} = 69{,}07 \ .$$

Der Neffe kann etwas mehr als 69 Monate studieren, also etwa 11,5 Semester.

L 1.25 a) Sei $R_1 = 800$; $R_2 = 160$; $n_1 = 4 \cdot 12 = 48$; $n_2 = 20 \cdot 12 = 240$; $i = 0{,}045$. Zunächst ist der konforme Zinssatz $i_{\text{kon}} = \sqrt[12]{1{,}045} - 1 = 0{,}003675$. Sei als G das gesuchte Geldgeschenk:

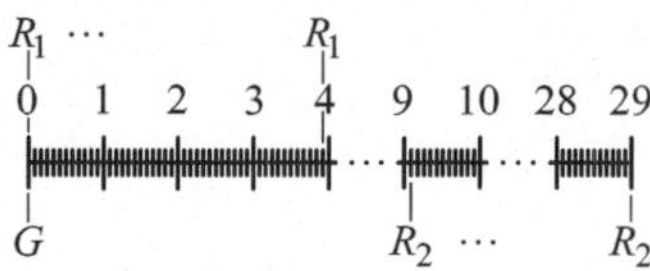

Dann sind die Barwerte der Zahlungen:

$$L = R_1 \ddot{a}_{\overline{n_1}|} = R_1 \frac{1 - v_{\text{kon}}^{n_1}}{1 - v_{\text{kon}}}$$

$$GL = R_2 s_{\overline{n_2}|} v^{29} + G = R_2 \frac{(1 + i_{\text{kon}})^{n_2} - 1}{i_{\text{kon}}} v^{29} + G \ .$$

Setzen wir beide Ausdrücke gleich, dann folgt daraus

$$G = R_1 \frac{1 - v_{\text{kon}}^{n_1}}{1 - v_{\text{kon}}} - R_2 \frac{(1 + i_{\text{kon}})^{n_2} - 1}{i_{\text{kon}}} v^{29} \ .$$

Konkret berechnet, ist das Geschenk 18.124,27 € wert.

b) Es ist die äquivalente Rückzahlungsrate R_2 gesucht. Die Leistung und Gegenleistung sind durch Teil a) mit $G = 0$ gegeben. Mit $L = GL$ folgt

$$R_2 = R_1 \frac{1 - v_{\text{kon}}^{n_1}}{1 - v_{\text{kon}}} \cdot \frac{i_{\text{kon}}(1 + i)^{29}}{(1 + i_{\text{kon}})^{n_2} - 1} = 800 \frac{1 - 1{,}003675^{-48}}{1 - 1{,}003675^{-1}} \cdot \frac{0{,}003675 \cdot 1{,}045^{29}}{1{,}003675^{240} - 1}$$

$$= 329{,}09 \ .$$

L 1.26 Sei $K_0 = 50.000$; $K_n = 5.000$; $i = 0{,}05$; $n = 10 \cdot 6 = 60$. Zunächst ist der konforme Zinssatz $i_{\text{kon}} = \sqrt[12]{1{,}05} - 1 = 0{,}004074$. Die monatliche Rate R ist gesucht. Dann lautet der finanzmathematische Ansatz

$$L = K_0$$

$$GL = K_n v_{\text{kon}}^n + R \ddot{a}_{\overline{n}|} = K_n v_{\text{kon}}^n + R \frac{1 - v_{\text{kon}}^n}{1 - v_{\text{kon}}} \ .$$

Mit dem Äquivalenzprinzip folgt

$$R = \left(K_0 - K_n v_{\text{kon}}^n\right) \frac{1 - v_{\text{kon}}}{1 - v_{\text{kon}}^n} = \left(50.000 - 5.000 \cdot 1{,}05^{-5}\right) \frac{1 - 1{,}004074^{-1}}{1 - 1{,}004074^{-60}} = 863{,}77 \ .$$

L 1.27 a) Sei $K = 30.000$; $i = 0{,}035$; $n = 5 \cdot 12 = 60$. Die Sparrate R ist gesucht. Zunächst ist der konforme Zinssatz $i_{\text{kon}} = \sqrt[12]{1{,}035} - 1 = 0{,}002871$. Dann sind die Barwerte

$$L = K$$

$$GL = Rs_{\overline{n}|} = R\frac{(1 + i_{\text{kon}})^n - 1}{i_{\text{kon}}} \ .$$

Gleichsetzen und Umstellen liefert

$$R = \frac{Ki_{\text{kon}}}{(1 + i_{\text{kon}})^n - 1} = \frac{30.000 \cdot 0{,}002871}{1{,}002871^{60} - 1} = 458{,}89 \ .$$

b) Es sind $m = 2 \cdot 12 = 24$ Monate vergangen, Die Laufzeit soll um $k = 12$ Monate verkürzt werden. Zum Änderungszeitpunkt lauten die Endwerte mit der gesuchten neuen Rate $\tilde{R}$:

$$L = K$$

$$GL = Rs_{\overline{m}|} (1 + i_{\text{kon}})^{n-m-k} + \tilde{R}s_{\overline{n-m-k}|} \ .$$

Mit dem Äquivalenzprinzip folgt

$$\tilde{R} = \frac{Ki_{\text{kon}} - R(1 + i_{\text{kon}})^{n-k} + R(1 + i_{\text{kon}})^{n-m-k}}{(1 + i_{\text{kon}})^{n-m-k} - 1} \ .$$

Konkret berechnet, beträgt die neue Sparrate 717,65 €; sie liegt also um 258,76 € über der ursprünglichen Sparrate in Höhe von 458,89 €.

L 1.28 a) Sei $R = 500$; $i = 0{,}015$; $n = 3{,}5 \cdot 12 = 42$. Das Guthaben K_n ist gesucht. Zunächst ist der konforme Zinssatz $i_{\text{kon}} = \sqrt[12]{1{,}015} - 1 = 0{,}001241$. Wir betrachten dazu den Endwert der Spareinlagen

$$K_n = Rs_{\overline{n}|} = R\frac{(1 + i_{\text{kon}})^n - 1}{i_{\text{kon}}} = 500\frac{1{,}001241^{42} - 1}{0{,}001241^{-1}} = 21.543{,}42 \ .$$

b) Sei nun $K_n = 50.000$. Gesucht ist die Laufzeit n. Wir betrachten dazu die Endwerte:

$$L = K_n$$

$$GL = Rs_{\overline{n}|} = R\frac{(1 + i_{\text{kon}})^n - 1}{i_{\text{kon}}} \ .$$

Mit $L = GL$ folgt

$$n = \frac{\ln(R + K_n i_{\text{kon}}) - \ln(R)}{\ln(1 + i_{\text{kon}})} = \frac{\ln(500 + 50.000 \cdot 0{,}001241) - \ln(500)}{\ln(1{,}001241)} = 94{,}32 \; .$$

Nach 95 Monaten, also sieben Jahren und 11 Monaten, hat die junge Frau genug Geld gespart, um das Cabrio kaufen zu können.

L 1.29 Sei $R_1 = 200$; $n_1 = 10 \cdot 12 = 120$; $R_2 = 450$; $n_2 = 20 \cdot 12 = 240$; $i = 0{,}12$. Die Anzahl der monatlichen Sparraten n ist gesucht.

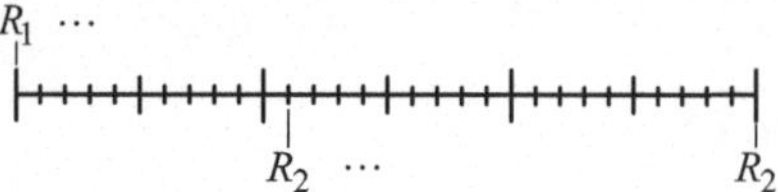

Zunächst ist der konforme Zinssatz $i_{\text{kon}} = \sqrt[12]{1{,}12} - 1 = 0{,}009489$. Zum Zeitpunkt 0 ist

$$L = R_1 \ddot{a}_{\overline{n}|} = R_1 \frac{1 - (1 + i_{\text{kon}})^{-n}}{1 - (1 + i_{\text{kon}})^{-1}}$$

$$GL = R_2 \ddot{a}_{\overline{n_2}|} v_{\text{kon}}^{n_1} = R_2 \frac{1 - (1 + i_{\text{kon}})^{-n_2}}{1 - (1 + i_{\text{kon}})^{-1}} \cdot (1 + i_{\text{kon}})_{-n_1} \; .$$

Gleichsetzen und Umformen ergibt

$$n = \frac{\ln\left(1 - \frac{R_2}{R_1} \cdot \frac{1 - (1 + i_{\text{kon}})^{-n_2}}{(1 + i_{\text{kon}})^{n_1}}\right)}{-\ln(1 + i_{\text{kon}})} = -\frac{\ln\left(1 - \frac{450}{200} \cdot \frac{1 - 1{,}009489^{-240}}{1{,}009489^{120}}\right)}{-\ln(1{,}009489)} = 110{,}96 \; .$$

Man muss 111 Zahlungen in Höhe von 200 € leisten.

L 1.30 Sei $K = 50.000$; $i = 0{,}02$; $m = 2 \cdot 12 = 24$; $n = 10 \cdot 12 = 120$. Die Rückzahlungsrate R ist gesucht. Zunächst ist der konforme Zinssatz $i_{\text{kon}} = \sqrt[12]{1{,}02} - 1 = 0{,}001652$. Wir betrachten die jeweiligen Barwerte

$$L = K$$

$$GL = R_{m|} a_{\overline{n}|} = R \frac{v_{\text{kon}}^m - v_{\text{kon}}^{n+m}}{i_{\text{kon}}} \; .$$

Mit $L = GL$ folgt

$$R = \frac{K i_{\text{kon}}}{v_{\text{kon}}^m - v_{\text{kon}}^{n+m}} = \frac{50.000 \cdot 0{,}001652}{0{,}001652^{-24} - 0{,}001652^{-144}} = 478{,}23 \; .$$

L 1.31 a) Sei $i = 0{,}07$; $p = 0{,}01$; $d = 0{,}02$; $B = 10.000$. Die Kreditsumme K_0 ist gesucht, die wir nach Voraussetzung berechnet durch

$$K_0 (1 - d) = B \Leftrightarrow K_0 = \frac{B}{1 - d} = \frac{10.000}{0{,}98} = 10.204{,}08 \; .$$

b) Die Annuität A ist in jedem Jahr gleich der Rückzahlung im ersten Jahr, also ist

$$A = (i + p) K_0 = (0{,}07 + 0{,}01) \cdot 10.204{,}08 = 816{,}33 \; .$$

Zur Bestimmung der Laufzeit n ist:

$$L = K_0$$
$$GL = Aa_{\overline{n}|} = A \frac{1 - v^n}{i} \; .$$

Daraus folgt

$$n = \frac{\ln (A - i K_0) - \ln (A)}{\ln v} = \frac{\ln (816{,}33 - 0{,}07 \cdot 10.204{,}08) - \ln (816{,}33)}{- \ln (1{,}07)} = 30{,}73 \; .$$

Nach 31 Jahren ist der Kredit vollständig zurückgezahlt, wobei im letzten Jahr eine kleinere Schlussannuität zahlbar ist.

c) Sei $m = [n] = 30$. Dann wird die Schlussannuität SA berechnet durch $SA = K_m (1 + i)$,

wobei K_m die Restschuld am Ende des vorletzten Vertragsjahres ist, für die gelten muss:

$$L = K_0 (1 + i)^m$$
$$GL = K_m + As_{\overline{m}|} \; .$$

Mit $L = GL$ folgt daraus, dass

$$K_m = K_0 (1 + i)^m - As_{\overline{m}|} = 10.204{,}08 \cdot 1{,}07^{30} - 816{,}33 \frac{1{,}07^{30} - 1}{0.07} = 565{,}23 \; .$$

Die Schlussannuität ist dann

$$SA = K_m (1 + i) = 565{,}23 \cdot 1{,}07 = 604{,}79 \; .$$

Die abschließende Annuität im 31. Vertragsjahr beträgt konkret 604,79 €; sie ist deutlich geringer als die reguläre Annuität in Höhe von 816,33 €.

L 1.32 a) Sei $A = 12.000$; $i = 0,06$; $n = 8$. Gesucht ist die Kredithöhe K_0. Dazu betrachten wir Leistung und Gegenleistung zum Zeitpunkt 0:

$$L = K_0$$

$$GL = Aa_{\overline{n}|} = A\frac{1-(1+i)^{-n}}{i}\ .$$

Daraus folgt mit dem Äquivalenzprinzip:

$$K_0 = A\frac{1-(1+i)^{-n}}{i} = 12.000\frac{1-1{,}06^{-8}}{0{,}06} = 74.517{,}53$$

Die Kredithöhe ist also niedriger als 80.000 €.

b) Sei $K_0 = 80.000$; $A = 12.000$; $i = 0,06$. Gesucht ist jetzt die Laufzeit n. Mit dem obigen allgemeinen Ansatz für Leistung und Gegenleistung folgt durch Gleichsetzen und äquivalentes Umformen für die gesuchte Laufzeit n:

$$n = \frac{\ln(A)-\ln(A-K_0 i)}{\ln(1+i)} = \frac{\ln(12.000)-\ln(12.000-80.000\cdot 0{,}06)}{\ln(1{,}06)} = 8{,}77\ .$$

Die Rückzahlung dauert also länger als acht Jahre.

c) Sei $K_0 = 80.000$; $A = 12.000$; $i = 0,06$; $n = 8$. Es ist die Restschuld K_n gesucht. Die Endwerte sind hier

$$L = K_0(1+i)^n$$

$$GL = As_{\overline{n}|} = A\frac{(1+i)^n-1}{i}\ .$$

Mit dem Äquivalenzprinzip folgt

$$K_n = K_0(1+i)^n - As_{\overline{n}|} = 80.000\cdot 1{,}06^8 - 12.000\frac{1{,}06^8-1}{0{,}06} = 8.738{,}23\ .$$

Nach acht Jahren ist die Restschuld größer als Null.

d) Sei $K_0 = 80.000$; $i = 0,06$; $n = 8$. Gesucht ist jetzt die äquivalente Rückzahlungs-rate A. Dazu nutzen wir den obigen Ansatz für Leistung und Gegenleistung. Mit dem Äquivalenzprinzip folgt

$$A = K_0\frac{i}{1-(1+i)^{-n}} = 80.000\frac{0{,}06}{1-1{,}06^{-8}} = 12.882{,}88\ .$$

Die Rückzahlungsrate muss höher als 12.000 € sein, damit der Kredit in acht Jahren voll-ständig zurückgezahlt wird.

e) Gesucht ist der effektive Jahreszinssatz i_{eff}. Mit der Modellierung aus Teil a) formulieren wir daraus ein Nullstellenproblem für den Zinssatz:

$$f(i) = K_0 i (1+i)^n - A(1+i)^n + A = 0.$$

Mit einem Näherungsverfahren berechnen wir $i_{\text{eff}} = 0{,}0424$. Der von der Bank erhobene Zinssatz ist größer. In allen fünf Teilaufgaben wird somit deutlich, dass der Kredit mit den gegebenen Konditionen nicht in acht Jahren zurückgezahlt wird.

L 1.33 a) Sei $K_0 = 1.500.000$; $i = 0{,}065$; $n = 20 \cdot 12 = 240$; $p = 0{,}3$. Es wird die Rückzahlungsrate A gesucht. Zunächst ist der konforme Zinssatz $i_{\text{kon}} = \sqrt[12]{1{,}065} - 1 = 0{,}005262$. Zum Zeitpunkt 0 ist:

$$L = K_0$$

$$GL = Aa_{\overline{n}|} = A\frac{1 - v_{\text{kon}}^n}{i_{\text{kon}}}.$$

Damit haben wir

$$L = GL \Leftrightarrow A = \frac{K_0 i_{\text{kon}}}{1 - v_{\text{kon}}^n} = \frac{1.500.000 \cdot 0{,}005262}{1 - 1{,}005262^{-240}} = 7.713{,}99.$$

b) Sei $t = 15 \cdot 12 = 180$ die verstrichene Zeit in Monaten. Wir suchen die Restschuld K_t. Zum aktuellen Zeitpunkt sind die Zeitwerte

$$L = K_0 (1 + i_{\text{kon}})^t$$

$$GL = As_{\overline{t}|} + K_t = A\frac{(1 + i_{\text{kon}})^t - 1}{i_{\text{kon}}} + K_t.$$

Durch Gleichsetzen von Leistung und Gegenleistung finden wir die Restschuld:

$$K_t = K_0 (1 + i_{\text{kon}})^t - A\frac{(1 + i_{\text{kon}})^t - 1}{i_{\text{kon}}}.$$

Im Ergebnis ist die Restschuld nach 15 Jahren $396.012{,}21$ €.

c) Die Summe der entgangenen Zinsen Z lässt sich als Differenz der ausstehenden Annuitäten und der Restschuld berechnen:

$$Z = A(n - t) - K_t = 7.713{,}99 \cdot (240 - 180) - 396.012{,}21 = 66.826{,}89.$$

Die Bank verlangt als Abschlag

$$D = pZ = 0{,}3 \cdot 66.826{,}89 = 20.048{,}07.$$

Somit ist die gesamte Ablösezahlung

$$K_t + D = 396.012{,}21 + 20.048{,}07 = 416.060{,}28.$$

L 1.34 a) Sei $B = 125.000$; $d = 0,04$. Dann ist die Kreditsumme K_0

$$K_0 (1 - d) = B \Leftrightarrow K_0 = \frac{B}{1 - d} = \frac{125.000}{0,96} = 130.208,33 \ .$$

denn abzüglich 4 % Kosten ergibt sich daraus genau die benötigte Summe für den Wohnungskauf.

b) Es sei $n = 30$; $i = 0,07$, dann wird die Annuität A berechnet durch den Ansatz

$$L = K_0$$

$$GL = Aa_{\overline{n}|} = A\frac{1 - v^n}{i} \ .$$

Gleichsetzen, $L = GL$, liefert dann

$$A = \frac{K_0 i}{1 - v^n} = \frac{130.208,33 \cdot 0,07}{1 - 1,07^{-30}} = 10.493,02 \ .$$

c) Gesucht ist zunächst die reduzierte Kreditsumme $\tilde{K}_0$. Die Barwerte zum neuen Zinssatz $\tilde{i} = 0,09$ sind analog zu Teil a) gegeben. Mit dem Äquivalenzprinzip folgt

$$\tilde{K}_0 = A\frac{1 - \left(1 - \tilde{i}\right)^{-n}}{\tilde{i}} = 10.493,02\frac{1 - 1,09^{-30}}{0,09} = 107.801,67 \ .$$

Somit ist der revidierte Auszahlungsbetrag $\tilde{B}$

$$\tilde{B} = \tilde{K}_0 (1 - d) = 107.801,67 \cdot 0,96 = 103.489,60 \ .$$

Die junge Frau muss also den Kaufpreis auf 103.489,60 € runterhandeln.

L 1.35 Sei $i_S = 0,05$; $p = 0,03$. Dann ist die konstante Annuität $A = (i + p) K_0 = 0,08 K_0$.

Es soll nun die Laufzeit n berechnet werden, sodass die Endwerte

$$L = K_0 (1 + i)^n$$

$$GL = 0,5 K_0 + As_{\overline{n}|} = 0,5 K_0 + A\frac{(1 + i)^n - 1}{i} \ .$$

nach dem Äquivalenzprinzip gleich sind:

$$n = \frac{\ln\left(A - 0{,}5K_0i\right) - \ln\left(A - K_0i\right)}{\ln\left(1 + i\right)} = \frac{\ln\left(0{,}08 - 0{,}5 \cdot 0{,}05\right) - \ln\left(0{,}08 - 0{,}05\right)}{\ln\left(1{,}05\right)}$$

$$= 12{,}42 \ .$$

Um die Restschuld nach t Jahren zu berechnen, betrachten wir analog

$$L = K_0\left(1 + i\right)^t$$

$$GL = K_t + As_{\overline{t}\rceil} = K_t + A\frac{\left(1 + i\right)^t - 1}{i} \ .$$

Folglich ist die Restschuld nach dem Äquivalenzprinzip

$$K_t = K_0\left(1 + i\right)^t - A\frac{\left(1 + i\right)^t - 1}{i} \ .$$

Nach $t = 12$ Jahren ist die Restschuld $K_{12} = 0{,}5225\,K_0$, für $t = 13$ gilt $K_{13} = 0{,}4686\,K_0$.

L 1.36 a) Es seien gegeben: Kreditsumme $K_0 = 1.500$, Disagio $D = 50$, Gebühr $G = 5$, Sollzinssatz $i = 0{,}06$ und Vertragslaufzeit $n = 15$. Dann sind die gleichbleibenden Annuitäten A nach der Formel für Ratenkredite

$$A = \frac{K_0\left(1 + n\frac{i}{12}\right) + D + nG}{n} = \frac{1.500 \cdot \left(1 + 15 \cdot 0{,}005\right) + 50 + 15 \cdot 5}{15} = 115{,}83 \ .$$

b) Um den effektiven Jahreszinssatz i_{eff} zu berechnen, betrachten wir zunächst die Barwerte zum konformen Zinssatz i_{kon}

$$L = K_0$$

$$GL = Aa_{\overline{n}\rceil} = A\frac{1 - v_{\text{kon}}^n}{i_{\text{kon}}} \ .$$

Daraus folgt durch Gleichsetzen ein Nullstellenproblem für den konformen Zinssatz i_{kon}:

$$f\left(i_{\text{kon}}\right) := K_0 i_{\text{kon}} - A\left(1 - \left(1 + i_{\text{kon}}\right)^{-n}\right)$$

$$= 1.500 i_{\text{kon}} - 115{,}83\left(1 - \left(1 + i_{\text{kon}}\right)^{-15}\right) = 0 \ .$$

Wir berechnen näherungsweise $i_{\text{kon}} = 0{,}018962$. Der effektive Zinssatz ist folglich

$$i_{\text{eff}} = \left(1 + i_{\text{kon}}\right)^{12} - 1 = 1{,}018962^{12} - 1 = 0{,}2528 \ .$$

L 1.37 Sei $K_0 = 160.000$; $K_n = 250.000$; $D_1 = 8.000$; $D_1 = 5.500$; $D_1 = 4.000$. Ferner seien die Laufzeiten $n_1 = 5$; $n_2 = 3$; $n_3 = 4$; $n = 12$. Zum Zinssatz $i = 0,07$ stellen wir die Barwerte der Ausgaben und Einnahmen auf:

$$A = K_0 = 160.000$$

$$E = D_1 s_{\overline{n_1}|} v^{n_1} + D_2 s_{\overline{n_2}|} v^{n_1+n_2} + D_3 s_{\overline{n_3}|} v^{n_1+n_2+n_3} + K_n v^n$$

$$= 8.000 \frac{1 - 1,07^{-5}}{0,07} + 5.500 \frac{1,07^{-5} - 1,07^{-8}}{0,07} + 4.000 \frac{1,07^{-8} - 1,07^{-12}}{0,07}$$

$$+ 250.000 \cdot 1,07^{-12}$$

Konkret berechnen wir Einnahmen in Höhe von $161.981,18 \, €$, die somit größer sind als die Ausgaben. Das Investment genügte der Renditevorgabe.

L 1.38 a) Lösung mit der Methode der internen Rendite: Sei $i = 0,06$, K der Kaufpreis und M die Jahresmiete mit $K = 15M$ nach Voraussetzung. Da die Rückzahlung in voller Höhe erfolgt, ist die Miete gleich den Zinsen auf den Kaufpreis. Es gilt:

$$M = K \cdot i = 15M \cdot i \Leftrightarrow i = \frac{1}{15} = 0,067 > 0,06 = i$$

Der Zinssatz liegt über der Renditevorgabe, also ist die Investition lohnenswert.

Alternative Lösung mit der Kapitalwertmethode: Der Barwert der Einnahmen ist dann

$$E = \frac{K}{15} \cdot a_{\overline{n}|} + Kv^n = K \left(\frac{1 - 1,06^{-n}}{15 \cdot 0,06} + 1,06^{-n} \right) > K \left(\frac{1 - 1,06^{-n}}{1} + 1,06^{-n} \right)$$

$$= K = A \, .$$

Somit ist der Kapitalwert der Investition größer als Null, da die Einnahmen die Ausgaben übertreffen.

b) Für die Einnahmen gilt nach der Kapitalwertmethode

$$E = \frac{K}{15} \cdot a_{\overline{n}|} + 0,7Kv^n = K \left(\frac{1 - 1,06^{-20}}{15 \cdot 0,06} + 0,7 \cdot 1,06^{-20} \right) = 0,98K < K = A \, .$$

Da die Ausgaben größer als die Einnahmen sind, lohnt sich die Investition nicht.

L 1.39 Gesucht ist der Kaufpreis K, gegeben ist $M = 50.000$; $N = 10.000$; $G = 25.000$ sowie $n = 12$; $i = 0,07$.

Ausgaben und Einnahmen sind dann

$$A = K + Na_{\overline{n}|} = K + N\frac{1 - (1 + i)^{-n}}{i}$$

$$E = M\ddot{a}_{\overline{n}|} + Kv^n = M\frac{1 - (1 + i)^{-n}}{1 - (1 + i)^{-1}} + K(1 + i)_{-n} \; .$$

Nach Voraussetzung soll der Kapitalwert das Geldgeschenk übertreffen, also $KW = E - A > G$. Daraus folgt

$$K \leq \frac{M}{1 - v} - \frac{N}{i} - \frac{G}{1 - v^n} = \frac{50.000}{1 - 1{,}07^{-1}} - \frac{10.000}{0{,}07} - \frac{25.000}{1 - 1{,}07^{-12}} = 576.463{,}58 \; .$$

Konkret berechnen wir, dass der Kaufpreis kleiner gleich 576.463,58 € sein muss.

L 1.40 Sei $K_0 = 20.000$; $K_n = 5.000$; $i = 0{,}1$; $n = 5$. Gesucht ist die nachschüssige Rate R. Damit können die Barwerte der Einnahmen und Ausgaben aufgestellt werden:

$$A = K_0$$

$$E = Ra_{\overline{n}|} + K_n v^n = R\frac{1 - v^n}{i} + K_n v^n \; .$$

Der Kapitalwert dieser Investition soll größer als Null sein, also $KW = E - A > 0$. Durch äquivalentes Umformen finden wir die Lösung:

$$R \geq \frac{K_0 i - K_n i v^n}{1 - v^n} = \frac{2.000 \cdot 0{,}1 - 5.000 \cdot 0{,}1 \cdot 1{,}1^{-5}}{1 - 1{,}1^{-5}} = 4.456{,}96 \; .$$

L 1.41 Es sei K die Kosten für 10.000 Blatt Papier. Dann ist nach Voraussetzung der Preis für den jährlichen Kauf von 10.000 Blatt $P_1 = K$, für den Kauf von 20.000 Blatt alle zwei Jahre $P_2 = 2K \cdot (1 - 0{,}03) = 1{,}94K$, und für den Kauf von 40.000 Blatt alle vier Jahre $P_3 = 4K(1 - 0{,}06) = 3{,}76K$. Es gibt folglich drei Investitionsalternativen:

<pre>
     0   1   2   3   4
     ├──────┼──────┼──────┼──────┤
     P₁   P₁   P₁   P₁
     P₂   P₂
     P₃
</pre>

Der Barwert der jeweiligen Ausgaben ist

$$A_1 = P_1\ddot{a}_{\overline{4}|} = K\frac{1 - (1 + i)^{-4}}{1 - (1 + i)^{-1}} = \frac{1 - 1{,}04^{-4}}{1 - 1{,}04^{-1}}K = 3{,}7751K$$

$$A_2 = P_2 \cdot \left(1 + (1 + i)^{-2}\right) = \left(1 + 1{,}04^{-2}\right)1{,}94K = 3{,}7336K$$

$$A_3 = P_3 = 3{,}76K \; .$$

Wir erkennen, dass $A_2 < A_3 < A_1$ ist. Alternative 2 ist somit auszuwählen, weil sie die geringsten Kosten verursacht. Ergänzend sei erwähnt, dass die verfügbaren Mittel in Höhe von $4K$ die Einnahmen E darstellen. Der Kapitalwert einer jeden Investition ist die Differenz aus Einnahmen und Ausgaben. Wir erkennen folglich die Relation $KW_2 > KW_3 > KW_1$. Es ist die Investition mit dem größten Kapitalwert durchzuführen. Der altmodische Professor sollte also jeweils 20.000 Blatt Papier auf einmal kaufen.

L 1.42 a) Wir rechnen in Tausendereinheiten. Dann lautet die Bestimmungsgleichung für den gesuchten Zinssatz i durch Endwertbetrachtung nach dem Äquivalenzprinzip:

$$13\,(1+i)^3 + 3\,(1+i)^2 + 5\,(1+i) = 25\,.$$

Daraus berechnen wir näherungsweise, dass $i = 0{,}0751$ ist.

b) Die Gleichung für den gesuchten Zinssatz lautet hier:

$$(1+i)^3 = \frac{17}{13} \cdot \frac{22}{17+3} \cdot \frac{25}{22+5}\,.$$

Daraus folgt durch Wurzelziehen, dass $i = 0{,}1003$ ist. Der jährliche Wertzuwachs im letzten Jahr ist im Gegensatz zu den beiden Vorjahren negativ. In der wertgewichteten Renditeberechnung erhält die Kapitalverringerung im dritten Jahr mehr Gewicht als bei der zeitgewichteten Rendite. Die wertgewichtete Rendite ist folglich deutlich kleiner als die zeitgewichtete Rendite.

4.2 Lösungen zu Kapitel 2 – Zinsanleihen

L 2.1 Es sei $P_0^A = 92{,}86$; $P_n^A = 100$; $n = 3$. Dann gilt für die interne Rendite

$$i = \sqrt[n]{\frac{P_n^A}{P_0^A}} - 1 = \sqrt[3]{\frac{100}{92{,}86}} - 1 = 0{,}025\,.$$

Die interne Rendite beträgt 2,5 %.

L 2.2 Sei $P_0 = 74{,}41$; $N = P_n = 100$; $c = 0{,}02$; $n = 10$. Dann ist zunächst die Rendite

$$i = \left(\frac{P_n}{P_0}\right)^{\frac{1}{n}} - 1 = \sqrt[10]{\frac{100}{74{,}41}} - 1 = 0{,}03\,.$$

Mit der Formel nach Makeham folgt daraus für den gesuchten Kurs P_0 der Kuponanleihe mit der Substitution $K_0 = P_n v^n = 100 \cdot 1{,}03^{-10} = 74{,}41$:

$$P_0 = \frac{c}{i}\,(P_n - K_0) + K_0 = \frac{0{,}02}{0{,}03}\,(100 - 74{,}41) + 74{,}41 = 91{,}47\,.$$

L 2.3 Es sei $P_0^A = 84{,}19$; $P_n^A = 100$; $n = 5$. Dann gilt für den Marktzinssatz

$$i = \sqrt[n]{\frac{P_n^A}{P_0^A}} - 1 = \sqrt[5]{\frac{100}{84{,}19}} - 1 = 0{,}035 \; .$$

Daraus folgt mit der Formel nach Makeham mit $P_0^B = 97{,}74$; $P_n^B = 100$ und $P_n^B v^n = P_n^A v^n = P_0^A$ für die gesuchte Kuponrate c: $P_0^B = \frac{c}{i}\left(P_n^B - P_0^A\right) + P_0^A$. Daraus folgt

$$c = i\,\frac{P_0^B - P_0^A}{P_n^B - P_0^A} = 0{,}035\,\frac{97{,}74 - 84{,}19}{100 - 84{,}19} = 0{,}03 \; .$$

Die Kuponhöhe ist drei.

L 2.4 a) Für Anleihe A sei $n = 1$; $P_n^A = N = 100$; $P_0^A = 95{,}24$. Dann ist die interne Rendite i nach dem Äquivalenzprinzip

$$P_0^A\,(1+i) = P_n^A \Leftrightarrow i = \frac{P_n^A}{P_0^A} - 1 = \frac{100}{95{,}24} - 1 = 0{,}0500 \; .$$

Für Anleihe B sei $n = 2$; $P_n^B = N = 100$; $P_0^B = 85{,}74$. Für die interne Rendite i gilt

$$P_0^B\,(1+i)^2 = P_n^B \Leftrightarrow i = \sqrt{\frac{P_n^B}{P_0^B}} - 1 = \sqrt{\frac{100}{85{,}74}} - 1 = 0{,}0800 \; .$$

b) Gesucht ist die relative Gewichtung $\alpha \in [0,1]$ der ersten Anleihe. Für das Portfolio seien die Zahlungen $Z_0 = \alpha P_0^A + (1-\alpha)\,P_0^B$; $Z_1 = \alpha P_1^A$; $Z_2 = (1-\alpha)\,P_2^B$. Mit $i = 0{,}07$ sind die Endwerte gegeben durch

$$L = Z_0\,(1+i)^2 = \left(\alpha P_0^A + (1-\alpha)\,P_0^B\right)(1+i)^2$$
$$GL = Z_1\,(1+i) + Z_2 = \alpha P_1^A\,(1+i) + (1-\alpha)\,P_2^B \; .$$

Mit dem Äquivalenzprinzip folgt

$$\alpha = \frac{P_2^B - P_0^B\,(1+i)^2}{P_0^A\,(1+i)^2 - P_1^A + P_2^B - P_0^B\,(1+i)^2 - iP_1^A} \; .$$

Konkret berechnen wir $\alpha = 0{,}4737$. Es müssen also etwa 47,37 % des gesamten Kapitals, das heißt, etwa 473.700 € in Anlage 1 investiert werden. Damit muss Anlage 2 im Wert von etwa 526.300 € im Portfolio vorhanden sein. Somit werden 4.737 Anleihen vom Typ A und 5.263 Anleihen vom Typ B zum Nennwert von je 100 € gekauft.

L 2.5 Sei $n = 3$; $P_n = N = 100$; $c = 0{,}06$; $Z = c \cdot N = 6$; $i = 0{,}05$. Nach der Standardformel muss für den gesuchten Emissionskurs P_0 gelten:

$$P_0 \leq Z \frac{1 - (1 + i)^{-n}}{i} + P_n (1 + i)^{-n} = 6 \frac{1 - 1{,}05^{-3}}{0{,}05} + 100 \cdot 1{,}05^{-3} \leq 102{,}72 \ .$$

L 2.6 Anleihe A könnte korrekt bewertet sein, wenn die Laufzeit, die nicht angegeben ist, passend ist. Anleihe B ist falsch bewertet: da der aktuelle Kurs von 96 kleiner als der Rücknahmekurs von 100 ist, muss die interne Rendite größer als die Kuponrate von 4 % sein. Anleihe C könnte korrekt bewertet sein, wenn die Laufzeit, die nicht angegeben ist, konsistent mit den genannten Parametern ist. Anleihe D ist falsch bewertet: bei einem Kurs von 105 und Rücknahme zu 100 ergibt sich eine negative Rendite. Anleihe E ist falsch bewertet, denn da der aktuelle Kurs von 103 größer als der Rücknahmekurs von 100 ist, muss die interne Rendite kleiner als die Kuponrate von 2 % sein. Anleihe F ist korrekt bewertet, da der Kurs zu pari notiert ist und die Kuponrate gleich der internen Rendite ist.

L 2.7 a) Sei $n = 7$; $P_n = N = 100$; $i = 0{,}04$. Mit dem alten Zinssatz wäre der Kurswert nach $t = 4$ Jahren $P_t = P_0 (1 + i)^t = 75{,}99 \cdot 1{,}04^4 = 88{,}90$. Das ist jedoch nicht der richtige Berechnungsansatz. Korrekterweise betrachten wir die Restlaufzeit, da sie der Anlagehorizont des Käufers ist. Sei also $i_{neu} = 0{,}02$. Dann ist nach der Standardformel

$$P_t = P_n (1 + i_{neu})^{-(n-t)} = 100 \cdot 1{,}02^{-3} = 94{,}23 \ .$$

Der Kurswert ist also höher als zum ursprünglichen Zinssatz, weil die Zinsrate gefallen ist.

b) Wir stellen den Emissionskurs und den erzielten Verkaufskurs gegenüber. Gesucht ist die interne Rendite i über die ersten vier Jahre

$$L = P_0 (1 + i)^t$$
$$GL = P_t = P_n (1 + i_{neu})^{-(n-t)} \ .$$

Mit dem Äquivalenzprinzip folgt dann

$$i = \sqrt[t]{\frac{P_n (1 + i_{neu})^{-n+t}}{P_0}} - 1 = \sqrt[4]{\frac{94{,}23}{75{,}99}} - 1 = 0{,}0553 \ .$$

Aufgrund des gesunkenen Marktzinssatzes erzielt der Investor die interne Rendite von 5,53 %.

L 2.8 Nach Voraussetzung sind die Zahlungsströme:

Zeitpunkte	Anleihe A	Anleihe B	Anleihe C
$t = 0$	$-P_0$	$-97{,}65$	$-101{,}58$
$t = 1$	100	0	2
$t = 2$	0	100	102

Dabei ist P_0 der gesuchte Kurs des einjährigen Zerobonds. Ferner sei $\mathbf{x} = (x_1, x_2, x_3)^T \in \mathbb{R}^3$ der Vektor der unbekannten Portfoliogewichte. Dann muss nach dem Arbitrageprinzip gelten

$$\begin{pmatrix} -P_0 & -97{,}65 & -101{,}58 \\ 100 & 0 & 2 \\ 0 & 100 & 102 \end{pmatrix} \begin{pmatrix} x_1 \\ x_2 \\ x_3 \end{pmatrix} = \begin{pmatrix} 0 \\ 0 \\ 0 \end{pmatrix}.$$

Dazu wird die Determinante der Matrix berechnet und gleich null gesetzt. Im Ergebnis ist

$$P_0 = \frac{19.770}{200} = 98{,}85\,.$$

Zur Vermeidung von Arbitrage muss der Kurswert der einjährigen Nullkuponanleihe 98,85 betragen.

L 2.9 Es geht darum, die Anzahl der zu kaufenden und zu verkaufenden Anleihen zu berechnen. Dazu betrachten wir die Zahlungstabelle aus Sicht des Inhabers:

Zeitpunkte	Anleihe A	Anleihe B	Anleihe C
$t = 0$	$-91{,}80$	$-103{,}95$	-90
$t = 1$	100	10	0
$t = 2$	0	110	100

Um einen Arbitragegewinn zu erzielen, müssen sich die Zahlungen in jedem zukünftigen Zeitpunkt zu null addieren. Im zu bildenden Portfolio sei x die Anzahl der Einheiten von Anleihe A, y die Anzahl der Einheiten von Anleihe B und z die Anzahl der Einheiten von Anleihe C. Damit erhalten wir das lineare Gleichungssystem

$$\begin{pmatrix} -91{,}80 \\ 100 \\ 0 \end{pmatrix} x + \begin{pmatrix} -103{,}95 \\ 10 \\ 110 \end{pmatrix} y + \begin{pmatrix} -90 \\ 0 \\ 100 \end{pmatrix} z = \begin{pmatrix} \lambda \\ 0 \\ 0 \end{pmatrix} \quad \text{mit } \lambda > 0\,.$$

Durch elementare Umformungen finden wir zunächst heraus, dass $\lambda = -42{,}30x$ ist. Wegen $\lambda > 0$ folgt daraus $x < 0$. Setzen wir nun ohne Beschränkung der Allgemeinheit

$x = -1$ so folgt daraus weiterhin, dass $y = 10$ und $z = -11$. Es werden eine Anleihe vom Typ A und elf Anleihen vom Typ C verkauft sowie zehn Anleihen vom Typ B gekauft. Der sofortige Gewinn ist dann 42,30. An allen anderen Zeitpunkten summieren sich die Zahlungen zu Null.

L 2.10 Wir betrachten die Zahlungstabelle aus Sicht des Inhabers:

Zeitpunkte	Anleihe A	Anleihe B	Anleihe C
$t = 0$	-100	-100	$-P_0$
$t = 1$	105	8	0
$t = 2$	0	108	100

Dabei ist P_0 der gesuchte Emissionskurs. Es sei x die Anzahl der Einheiten von Anleihe A, y die Anzahl der Einheiten von Anleihe B und z die Anzahl der Einheiten von Anleihe C. Um Arbitrage zu vermeiden, müssen die drei Zahlungsströme linear abhängig sein. Das lineare Gleichungssystem

$$\begin{pmatrix} -100 \\ 105 \\ 0 \end{pmatrix} x + \begin{pmatrix} -100 \\ 8 \\ 108 \end{pmatrix} y + \begin{pmatrix} -P_0 \\ 0 \\ 100 \end{pmatrix} z = \begin{pmatrix} 0 \\ 0 \\ 0 \end{pmatrix}$$

muss also unendlich viele Lösungen besitzen. Dazu muss die Determinante der Matrix gleich null sein. Daraus folgt, dass $P_0 = 970.000/11.340 = 85,54$ ist. Die Rendite ist folglich nach dem Äquivalenzprinzip

$$i = \sqrt{\frac{100}{85,54}} - 1 = 0{,}0812 \, .$$

L 2.11 Wir betrachten die Zahlungstabelle aus Sicht des jeweiligen Inhabers:

Zeitpunkte	Anleihe A	Anleihe B	Anleihe C	Anleihe D
$t = 0$	$-96,15$	$-93,35$	$-91,51$	$-P_0$
$t = 1$	100	0	0	2,5
$t = 2$	0	100	0	2,5
$t = 3$	0	0	100	102,5

Dabei ist P_0 der gesuchte Emissionskurs. Es sei w die Anzahl der Einheiten von Anleihe A, x die Anzahl der Einheiten von Anleihe B, y die Anzahl der Einheiten von Anleihe C und z die Anzahl der Einheiten von Anleihe D. Nach dem law of one price müssen sich die Zahlungen in jedem Zeitpunkt zu Null addieren. Wir betrachtet also das lineare Gleichungssystem

$$
\begin{pmatrix} -96{,}15 \\ 100 \\ 0 \\ 0 \end{pmatrix} w + \begin{pmatrix} -93{,}35 \\ 0 \\ 100 \\ 0 \end{pmatrix} x + \begin{pmatrix} -91{,}51 \\ 0 \\ 0 \\ 100 \end{pmatrix} y + \begin{pmatrix} -P_0 \\ 2{,}5 \\ 2{,}5 \\ 102{,}5 \end{pmatrix} z = \begin{pmatrix} 0 \\ 0 \\ 0 \\ 0 \end{pmatrix} .
$$

Ohne Beschränkung der Allgemeinheit setzen wir $z = 1$ und bestimmen so den Kurs einer Anleihe des Typs D. Daraus folgt, dass $y = -1{,}025$ sowie $x = -0{,}025$ und $w = -0{,}025$. Anhand der ersten Zeile folgt dann $P_0 = 98{,}54$. Um Ganzzahligkeit zu erreichen, setzen wir nun $z = 1.000$. Daraus folgt $y = -1.025$ und $x = w = -25$. 1.000 Stück der gesuchten Anleihe lassen sich dadurch generieren, dass je 25 Zerobonds mit einjähriger und zweijähriger Laufzeit sowie 1.025 Einheiten des dreijährigen Nullkupons gekauft werden.

L 2.12 Sei $n = 10$; $N = P_n = 100$; $Z = 4$; $i = 0{,}035$. Unmittelbar nach der Kuponzahlung betrachten wir die verstrichene Zeit $t + \varepsilon$ mit $t = 8$ und $\varepsilon > 0$. Dann ist die Restlaufzeit $n - (t + \varepsilon)$. Die Endwerte sind gegeben durch

$$
L = P_{t+\varepsilon} \, (1 + i)^{n-t-\varepsilon}
$$
$$
GL = Z \, (1 + i) + Z + P_n \, .
$$

Mit dem Äquivalenzprinzip folgt im Grenzwert $\varepsilon \to 0$

$$
\lim_{\varepsilon \to 0} P_{t+\varepsilon} = \lim_{\varepsilon \to 0} \frac{Z \, (1 + i) + Z + P_n}{(1 + i)^{n-t-\varepsilon}} = \frac{4 \cdot 1{,}035 + 4 + 100}{1{,}035^2} = 100{,}95 \, .
$$

Unmittelbar vor der Kuponzahlung ist eine weitere Kuponzahlung fällig. Deshalb sind die Endwerte bezüglich der Restlaufzeit $n - (t - \varepsilon)$

$$
L = P_{t-\varepsilon} \, (1 + i)^{n-t+\varepsilon}
$$
$$
GL = Z \, (1 + i)_2 + Z \, (1 + i)_1 + Z + P_n \, .
$$

Gleichsetzen und Grenzwertbildung liefert dann

$$
\lim_{\varepsilon \to 0} P_{t-\varepsilon} = \lim_{\varepsilon \to 0} \frac{Z \, (1 + i)^2 + Z \, (1 + i) + Z + P_{12}}{(1 + i)^{n-t+\varepsilon}} = \frac{4 \cdot 1{,}035^2 + 4 \cdot 1{,}035 + 4 + 100}{1{,}035^2}
$$
$$
= 104{,}95 \, .
$$

Die beiden Kurse unterscheiden sich genau durch die Kuponzahlung in Höhe von 4.

L 2.13 a) Sei $B_t = P_n = N = 100$; $c = 0{,}065$; $n - t = 1{,}25$; $Z = cN = 6{,}5$. Dann setzen wir ohne Beschränkung der Allgemeinheit für die nicht genannte Laufzeit $n = 2$ und für die verstrichene Zeit $t = 0{,}75$. Dann ist nämlich die Restlaufzeit 1,25 Jahre, oder 15 Monate. Die Stückzinsen sind

$$S_t = Z\,(t - [t]) = 6{,}5 \cdot 0{,}75 = 4{,}875 \ .$$

Der Erwerbskurs ist dann die Summe aus Börsenkurs und Stückzinsen:

$$P_t = B_t + S_t = 100 + 4{,}875 = 104{,}875 \ .$$

Der Erwerbskurs ist 104,88.

   b) Es sei $i = 0{,}65$. Dann ist der zu zahlenden Kurs

$$P_t = \frac{Z\,(1 + i) + (Z + P_n)}{(1 + i)^{n-t}} = \frac{6{,}5 \cdot 1{,}065 + 106{,}50}{1{,}065^{1{,}25}} = 104{,}836 \ .$$

Der zu zahlende Kurs für den Nennwert 100 ist also 104,84.

   c) Da der Kurs aus Teil a) höher ist als der Kurs aus Teil b), der mit dem Zinssatz 6,5 % berechnet wurde, muss der effektive Zinssatz bezüglich a) etwas kleiner als 6,5 % sein. Denn für einen kleineren Zinssatz als 6,5 % pro Jahr steigt der in Teil b) berechnete Kurs.

   Die Stückzinsen werden zeitproportional berechnet. Es wäre finanzmathematisch korrekt, die Stückzinsen unterjährig konform zu berechnen. Dann wären die Stückzinsen etwas kleiner und die Rendite wäre genau 6,5 %. Aufgrund dieser Diskrepanz ist die Rendite für Teil a) kleiner als 6,5 %, obwohl der Kurs zu pari notiert ist.

L 2.14 a) Sei $N = 100$; $P_0 = 88{,}96$; $c = 0{,}045$; $Z = cN = 4{,}5$; $i = 0{,}06$; $n = 10$. Dann ist der Rücknahmekurs zu pari notiert:

$$P_{10} = P_0\,(1 + i)^n - Z\frac{(1 + i)^n - 1}{i} = 88{,}96 \cdot 1{,}06^{10} - 4{,}5\frac{1{,}06^{10} - 1}{0{,}06} = 100{,}00 \ .$$

b) Stückzinsen fallen für genau ein halbes Jahr an, sei also $t = 2{,}5$. Dann ist

$$S_t = (t - [t]) \cdot Z = 0{,}5 \cdot 4{,}5 = 2{,}25 \ .$$

c) Wir betrachten den Zahlungsstrahl:

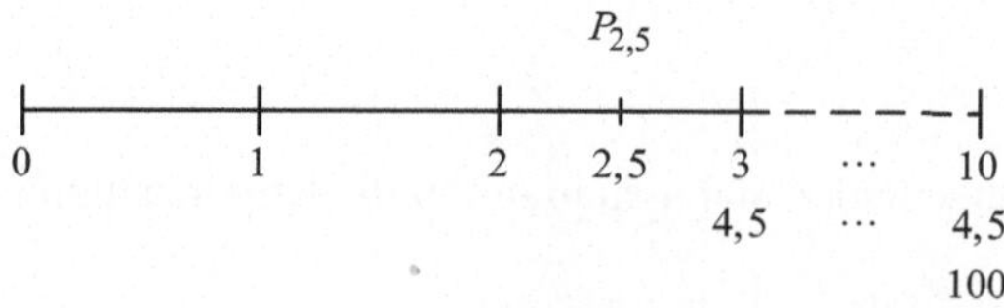

Es stehen noch $n - [t] = 8$ Kuponzahlungen aus. Für den finanzmathematischen Brutto-kurs gilt mit $i = 0{,}065$

$$P_t = \left(Z \frac{(1+i)^{n-[t]} - 1}{i} + P_n \right) \frac{1}{(1+i)^{n-t}} = \left(4{,}5 \frac{1{,}065^8 - 1}{0{,}065} + 100 \right) \cdot 1{,}065^{-7{,}5}$$

$$= 90{,}63 \ .$$

Daraus folgt für den Börsenkurs:

$$B_t = P_t - S_t = 90{,}63 - 2{,}25 = 88{,}38 \ .$$

Der Börsenkurs ist also 88,38, sodass die interne Rendite 6,5 % ist.

L 2.15 a) Sei $n = 15$; $P_n = N = 100$; $Z = 7$. Außerdem sei $i_1 = 0{,}075$; $i_2 = 0{,}065$; $i_3 = 0{,}085$. Dann berechnen wir zunächst die Kurswerte nach der Standardformel $P_0 = Z a_{\overline{n}|} + P_n v^n$. Konkret ist: $P_0(i_1) = 95{,}59$; $P_0(i_2) = 104{,}70$; $P_0(i_3) = 87{,}54$. Die Kompensationszeitpunkte sind die Schnittpunkte der Kurswertkurve. Wir berechnen im Speziellen für die Absenkung des Zinssatzes von $i_1 = 0{,}075$ auf $i_2 = 0{,}065$

$$t = \frac{\ln P_0(i_2) - \ln P_0(i_1)}{\ln(1+i_1) - \ln(1+i_2)} = \frac{\ln(104{,}70) - \ln(95{,}59)}{\ln(1{,}075) - \ln(1{,}065)} = 9{,}75 \ .$$

Analog gilt für die Zinsanhebung von $i_1 = 0{,}075$ auf $i_3 = 0{,}085$

$$t = \frac{\ln P_0(i_3) - \ln P_0(i_1)}{\ln(1+i_1) - \ln(1+i_3)} = \frac{\ln(87{,}54) - \ln(95{,}59)}{\ln(1{,}075) - \ln(1{,}085)} = 9{,}49 \ .$$

b) Die Kompensationsdauer für eine sofortige kleine Zinsänderung ist gleich der Duration. Mit der allgemeinen Berechnungsformel gilt mit $c = Z/N = 0{,}07$

$$t = D_0(i_1) = \frac{1+i_1}{i_1} - \frac{1+i_1 + n(c-i_1)}{c((1+i_1)^n - 1) + i_1} = \frac{1{,}075}{0{,}075} - \frac{1{,}075 + 15(0{,}07 - 0{,}075)}{0{,}07(1{,}075^{15} - 1) + 0{,}075}$$

$$= 9{,}6191 \ .$$

L 2.16 Sei $P_n = N = 100$; $n = 7$; $i = 0{,}07$; $D_0(i) = 6{,}0125$. Wir suchen die Kuponhöhe Z. Aufgrund der Definition der Duration gilt

$$D_0(i) = \frac{n P_n v^n + \sum_{k=1}^{n} k Z (1+i)^{-k}}{P_n v^n + \sum_{k=1}^{n} Z (1+i)^{-k}} \ .$$

Durch äquivalentes Umformen finden wir

$$Z = \frac{P_n\,(n - D_0\,(i))}{\sum\limits_{k=1}^{n}(D_0\,(i) - k)\,(1 + i)^{n-k}} = \frac{i P_n\,(n - D_0\,(i))}{D_0\,(i)\,((1 + i)^n - 1) + n + 1 - \frac{(1+i)^n - (1+i)^{-1}}{1 - (1+i)^{-1}}}\;.$$

Im Ergebnis ist die Kuponhöhe nach Einsetzen der gegebenen Parameterwerte gleich fünf.

L 2.17 Sei $n = 5$; $P_n = N = 100$; $i = 0{,}1$; $D_0\,(i) = 4$. Ist die Kuponhöhe null, so ist die Anleihe ein Zerobond mit Duration 5. Gilt $Z = P_n$, also $c = Z/N = 1$, so folgt mit der Formel für die Duration

$$D_0\,(i) = \frac{1 + i}{i} - \frac{1 + i + n\,(c - i)}{c\,((1 + i)^n - 1) + i} = \frac{1{,}1}{0{,}1} - \frac{1{,}1 + 5\,(1 - 0{,}1)}{1{,}1^5 - 1 + 0{,}1} = 3{,}1183\;.$$

Die Duration liegt also im Intervall $[3{,}1183;\,5]$.

L 2.18 Seien Laufzeit n, Ratenhöhe Z und Zinssatz i beliebig. Dann sind der Barwert und die Ableitung des Barwerts der nachschüssigen Rente:

$$P_0\,(i) = Z a_{\overline{n}|} = Z \frac{1 - (1 + i)^{-n}}{i}$$

$$P_0'\,(i) = Z \frac{n\,(1 + i)^{-n-1}\,i - 1\,(1 - (1 + i)^{-n})}{i^2}\;.$$

Daraus folgt für die Duration nach Definition

$$\begin{aligned}
D_0\,(i) &= -(1 + i)\frac{P_0'\,(i)}{P_0\,(i)} = -(1 + i)\,\frac{Z\frac{n(1+i)^{-n-1}i - 1\left(1 - (1+i)^{-n}\right)}{i^2}}{Z\frac{1 - (1+i)^{-n}}{i}}\\[2mm]
&= \frac{-n\,(1 + i)^{-n}\,i + (1 + i)\,(1 - (1 + i)^{-n})}{i\,(1 - (1 + i)^{-n})} = \frac{1 + i}{i} + \frac{-n\,(1 + i)^{-n}\,i}{i\,(1 - (1 + i)^{-n})}\\[2mm]
&= \frac{1 + i}{i} - \frac{n}{(1 + i)^n - 1}\;.
\end{aligned}$$

L 2.19 Seien Ratenhöhe Z und Zinssatz i beliebig. Dann sind der Barwert und die Ableitung der ewigen nachschüssigen Rente:

$$P_0\,(i) = Z a_{\overline{\infty}|} = \frac{Z}{i}$$

$$P_0'\,(i) = -\frac{Z}{i^2}\;.$$

Daraus folgt für die Duration nach Definition

$$D_0\,(i) = -(1 + i)\frac{P_0'\,(i)}{P_0\,(i)} = -(1 + i)\,\frac{-\frac{Z}{i^2}}{\frac{Z}{i}} = \frac{1 + i}{i}\;.$$

L 2.20 Seien Laufzeit n, Kuponhöhe Z und Zinssatz i beliebig. Dann sind der Kurswert und die Ableitung einer beliebigen Zinsanleihe:

$$P_0(i) = Za_n + P_n v^n = Z\frac{1-(1+i)^{-n}}{i} + P_n(1+i)^{-n}$$

$$P_0'(i) = Z\frac{n(1+i)^{-n-1}i - 1(1-(1+i)^{-n})}{i^2} - nP_n(1+i)^{-n-1}\;.$$

Daraus folgt per Definition für die Duration mit $P_n = N = 100$ und $c = Z/N$:

$$D_0(i) = -(1+i)\frac{P_0'(i)}{P_0(i)} = -(1+i)\frac{Z\frac{n(1+i)^{-n-1}i - 1(1-(1+i)^{-n})}{i^2} - nP_n(1+i)^{-n-1}}{Z\frac{1-(1+i)^{-n}}{i} + P_n(1+i)^{-n}}$$

$$= (1+i)\frac{\frac{Nc\left(-n(1+i)^{-n-1}i + 1 - (1+i)^{-n}\right)}{i^2} + \frac{i^2 nN(1+i)^{-n-1}}{i^2}}{\frac{iNc\left(1-(1+i)^{-n}\right)}{i^2} + \frac{i^2 N(1+i)^{-n}}{i^2}}$$

$$= \frac{1+i}{i} \cdot \frac{c\left(-n(1+i)^{-n-1}i + 1 - (1+i)^{-n}\right) + i^2 n(1+i)^{-n-1}}{c(1-(1+i)^{-n}) + i(1+i)^{-n}}$$

$$= \frac{1+i}{i}$$

$$\cdot \frac{-cn(1+i)^{-n-1}i + c - c(1+i)^{-n} + i^2 n(1+i)^{-n-1} + i(1+i)^{-n} - i(1+i)^{-n}}{c - c(1+i)^{-n} + i(1+i)^{-n}}$$

$$= \frac{1+i}{i} \cdot \left(\frac{c - c(1+i)^{-n} + i(1+i)^{-n}}{c - c(1+i)^{-n} + i(1+i)^{-n}}\right.$$

$$\left. + \frac{-cn(1+i)^{-n-1}i + i^2 n(1+i)^{-n-1} - i(1+i)^{-n}}{c - c(1+i)^{-n} + i(1+i)^{-n}}\right)$$

$$= \frac{1+i}{i} + \frac{-cn(1+i)^{-n} + in(1+i)^{-n} - (1+i)^{-n+1}}{c - c(1+i)^{-n} + i(1+i)^{-n}}$$

$$= \frac{1+i}{i} + \frac{(1+i)^{-n}(n(i-c) - (1+i))}{c(1-(1+i)^{-n}) + i(1+i)^{-n}}$$

$$= \frac{1+i}{i} + \frac{n(i-c) - (1+i)}{c((1+i)^n - 1) + i}$$

$$= \frac{1+i}{i} - \frac{1+i+n(c-i)}{c((1+i)^n - 1) + i}\;.$$

L 2.21 Für eine Nullkuponanleihe ist die Kuponhöhe $Z = 0$. Für beliebige Laufzeit n und beliebigen Zinssatz i ist die Duration per Definition

$$D_0(i) = -(1+i)\frac{P_0'(i)}{P_0(i)} = -(1+i)\frac{-nP_n\cdot(1+i)^{-n-1}}{P_n(1+i)^{-n}} = n\frac{P_n\cdot(1+i)^{-n}}{P_n\cdot(1+i)^{-n}} = n\;.$$

Mit der der allgemeinen Berechnungsformel gelangen wir zum gleichen Ergebnis:

$$D_0(i) = \frac{\sum\limits_{k=1}^{n} kZ(1+i)^{-k} + nP_n(1+i)^{-n}}{\sum\limits_{k=1}^{n} Z(1+i)^{-k} + P_n(1+i)^{-n}} = \frac{nP_n(1+i)^{-n}}{P_n(1+i)^{-n}} = n \, .$$

L 2.22 Sei $P_0^A = 98$; $D_0^A = 2$; $P_0^B = 102$; $D_0^B = 5$. Außerdem sei x_1 der Anlagebetrag in Anleihe A und x_2 der Anlagebetrag in Anleihe B. Die Summe der Investitionen muss $V = 5.000$ ergeben. Die Gesamtduration $D = 3$ ist die Summe der gewichteten Einzeldurationen.

$$\left| \begin{array}{c} x_1 + x_2 = V \\ \frac{x_1}{V} D_0^A + \frac{x_2}{V} D_0^B = D \end{array} \right| \, .$$

Im Ergebnis ist

$$\left| \begin{array}{l} x_1 = V\left(1 - \dfrac{D - D_0^A}{D_0^B - D_0^A}\right) = 5.000\left(1 - \dfrac{3-2}{5-2}\right) = 3.333,33 \\[2ex] x_2 = V\dfrac{D - D_0^A}{D_0^B - D_0^A} = 5.000\dfrac{3-2}{5-2} = 1.666,6 \end{array} \right| \, .$$

Daraus folgt für die Anzahl der Anteile:

$$a_1 = \frac{x_1}{P_0^A} = \frac{3.333,33}{98} \approx 34$$

und analog

$$a_2 = \frac{x_2}{P_0^B(i)} = \frac{1.666,67}{102} \approx 16 \, .$$

L 2.23 Für Anleihe A sei $n = 4$; $N = P_n = 100$; $Z = 4$; $c = Z/N = 0,04$; $i = 0,05$. Dann ist die Duration:

$$D_0^A(i) = \frac{1+i}{i} - \frac{1+i+n(c-i)}{c((1+i)^n - 1) + i} = \frac{1,05}{0,05} - \frac{1,05 + 4(0,04 - 0,05)}{0,04(1,05^4 - 1) + 0,05} = 3,7705 \, .$$

Analog sei für Anleihe B mit $n = 10$; $N = P_n = 100$; $Z = 6$; $c = Z/N = 0,06$; $i = 0,05$:

$$D_0^B(i) = \frac{1+i}{i} - \frac{1+i+n(c-i)}{c((1+i)^n - 1) + i} = \frac{1,05}{0,05} - \frac{1,05 + 10(0,06 - 0,05)}{0,06(1,05^{10} - 1) + 0,05} = 7,8921 \, .$$

Wir berechnen die Duration des Portfolios sich aus den gewichteten Einzeldurationen. Die Summe der Anteile muss dabei Eins ergeben. Somit gilt mit $D_0\,(i) = 5$

$$\left| \begin{array}{c} \alpha_1 \cdot D_0^A\,(i) + \alpha_2 \cdot D_0^B\,(i) = D \\ \alpha_1 + \alpha_2 = 1 \end{array} \right| .$$

Durch äquivalentes Umformen finden wir heraus, dass

$$\alpha_1 = \frac{D_0^B\,(i) - D_0\,(i)}{D_0^B\,(i) - D_0^A\,(i)} = \frac{7{,}8921 - 5}{7{,}8921 - 3{,}7705} = 0{,}70169$$

$$\alpha_2 = \frac{D_0\,(i) - D_0^A\,(i)}{D_0^B\,(i) - D_0^A\,(i)} = \frac{5 - 3{,}7705}{7{,}8921 - 3{,}7705} = 0{,}29831 .$$

Es werden 70,169 % von 500.000 €, also etwa 350.845 €, in Anleihe A und 149.155 € in Anleihe B investiert, sodass die Duration des Portfolios fünf beträgt.

L 2.24 a) Für Anleihe A sei $n = 9$; $N = P_n = 100$; $c = 0{,}05$; $Z = cN = 5$; $i = 0{,}03$. Dann ist der Kurswert nach der Standardformel

$$P_0^A\,(i) = Z\frac{1 - (1 + i)^{-n}}{i} + P_n\,(1 + i)^{-n} = 5\frac{1 - 1{,}04^{-9}}{0{,}03} + 100 \cdot 1{,}03^{-9} = 115{,}57 .$$

Die Duration ist gemäß der Berechnungsformel

$$D_0^A\,(i) = \frac{1 + i}{i} - \frac{1 + i + n\,(c - i)}{c\,((1 + i)^n - 1) + i} = \frac{1{,}03}{0{,}03} - \frac{1{,}03 + 9\,(0{,}05 - 0{,}03)}{0{,}05\,(1{,}03^9 - 1) + 0{,}03} = 7{,}5863 .$$

Für Anleihe B sei $n = 12$; $N = P_n = 100$; $i = 0{,}03$. Dann ist der Kurswert

$$P_0^B\,(i) = P_n\,(1 + i)^{-n} = 100 \cdot 1{,}03^{-12} = 70{,}14 .$$

Die Duration $D_0^B\,(i) = n = 12$.

b) Die Duration des Portfolios $D_0\,(i) = 10$ ist die gewichtete Summe aus den einzelnen Durationen: $D_0\,(i) = \alpha D_0^A\,(i) + (1 - \alpha)\,D_0^B\,(i)$. Daraus folgt

$$\alpha = \frac{D_0^P\,(i) - D_0^B\,(i)}{D_0^A\,(i) - D_0^B\,(i)} = \frac{10 - 12}{7{,}5863 - 12} = 0{,}45313 .$$

Der Investor sollte 45,31 % des nötigen Vermögens in Anleihe A und 54,69 % in Anleihe B investieren. Das angestrebte Vermögen nach zehn Jahren ist $V_t\,(i) = 100.000$ ergibt sich aus

$$V_t\,(i) = V_0\,(i) \cdot (1 + i)^t \Leftrightarrow V_0\,(i) = V_t\,(i) \cdot (1 + i)^{-t} = 100.000 \cdot 1{,}03^{-10}$$
$$= 74.409{,}39 .$$

Also wird 45,313 % von 74.409,39 €, also etwa 33.717 €, in Anleihe A und 40.692 € in Anleihe B investiert.

L 2.25 Es seien $\tilde{P}_0^k(i)$ der Marktpreis und $D_0^k(i)$ die Duration der Anleihe $k = 1, \ldots, 10$. Außerdem sei die Summe der Preise der zehn Anleihen gleich $V_0(i) = 200.000$. Dann ist nach Voraussetzung die Duration des Portfolios vor der Transaktion

$$D_0(i) = \sum_{k=1}^{n} \frac{\tilde{P}_0^k(i)}{V_0(i)} D_0^k(i) = 4 .$$

Ferner sei bekannt, dass $D_0^1(i) = 2$; $D_0^2(i) = 6$. Sei nun M der Transaktionswert. Es ist klar, dass Anleihe 1 verkauft werden muss und Anleihe 2 gekauft werden muss, damit die Duration des Portfolios steigt. Somit ist für die neue Duration:

$$D_0^{\mathrm{neu}}(i) = \frac{\tilde{P}_0^1(i) - M}{V_0(i)} D_0^1(i) + \frac{\tilde{P}_0^2(i) + M}{V_0(i)} D_0^2(i) + \sum_{k=3}^{10} \frac{\tilde{P}_0^k(i)}{V_0(i)} D_0^k(i) = 5$$

Subtraktion der beiden Gleichungen liefert im Ergebnis

$$M = \frac{V_0(i)}{D_0^2(i) - D_0^1(i)} = \frac{200.000}{6 - 2} = 50.000 .$$

Der Investor verkauft Anteile von Anleihe 1 im Wert von 50.000 € und kauft in derselben Höhe Anteile von Anleihe 2, sodass die Duration des Portfolios von 4 Jahre auf 5 Jahre steigt.

L 2.26 Es sei $i_0 = 0{,}0125$; $P_0(i_0) = 5{,}7$; $D_0(i_0) = 27{,}37$; $i = 0{,}009$. Dann ist nach der Approximationsformel nach Taylor:

$$P_0^{\mathrm{T}}(i) - P_0(i_0) = -P_0(i_0) \frac{D_0(i_0)}{1 + i_0} (i - i_0) = -5{,}7 \frac{27{,}37}{1{,}0125} (0{,}009 - 0{,}0125)$$
$$= 0{,}539290 .$$

Mit der verbesserten Approximationsformel gilt:

$$P_0^{\mathrm{app}}(i) - P_0(i_0) = P_0(i_0) \left(\frac{1 + i_0}{1 + i} \right)^{D_0(i_0)} - P_0(i_0) = 5{,}7 \left(\frac{1{,}0125}{1{,}009} \right)^{27{,}37} - 5{,}7$$
$$= 0{,}566653 .$$

Das Unternehmen muss seine Rückstellungen näherungsweise um 567 Millionen Euro erhöhen. Die tatsächlich notwendige Anhebung liegt etwas höher.

L 2.27 Sei $n = 10$; $P_n = N = 100$; $c = 0{,}05$; $Z = cN = 5$; $i_0 = 0{,}03$ und $i = 0{,}04$. Die Kurswerte können wir nach der Standardformel $P_0 = Z a_{\overline{n}|} + P_n v^n$ ermitteln. Konkret berechnen wir $P_0(i_0) = 117{,}06$ und $P_0(i) = 108{,}11$. Die Duration ist nach der Berechnungsformel

$$D_0(i_0) = \frac{1+i_0}{i_0} - \frac{1+i_0+n(c-i_0)}{c((1+i_0)^n-1)+i_0} = \frac{1,03}{0,03} - \frac{1,03+10(0,05-0,03)}{0,05(1,03^{10}-1)+0,03}$$

$$= 8,2717 \ .$$

Nach der Taylorformel ist dann der approximierte Kurs

$$P_0(i) \approx P_0(i_0)\left(1 - \frac{D_0(i_0)}{1+i_0}(i-i_0)\right) = 117,06\left(1 - \frac{8,2717}{1,03} \cdot 0,01\right) = 107,66 \ .$$

Der absolute Fehler ist folglich 0,45. Mit der verbesserten Näherungsformel ist

$$P_0(i) \approx P_0(i_0)\left(\frac{1+i_0}{1+i}\right)^{D_0(i_0)} = 117,06\left(\frac{1,03}{1,04}\right)^{8,2717} = 108,07 \ .$$

Der absolute Fehler beträgt hier nur 0,04.

L 2.28   a) Es sei $S = 100;\ n = 20;\ k = 5$. Dann ist

$$V_L(i) = S a_{\overline{n}|} = 100\frac{1-1,025^{-20}}{0,025} = 1.558,92 \ .$$

Der Barwert der versicherungstechnischen Zahlungsverpflichtungen beträgt etwa 1,56 Milliarden Euro.

b) Die Duration wird nach der bekannten Formel berechnet durch

$$D_L(i) = \frac{1+i}{i} - \frac{n}{(1+i)^n-1} = \frac{1,025}{0,025} - \frac{20}{1,025^{20}-1} = 9,6823 \ .$$

c) Es sei x der Nennwert des fünfjährigen Nullkupons und y der Nennwert des 20-jährigen Zerobonds. Dann lauten die Bedingungen $V_L(i) = V_A(i)$ und $D_L(i) = D_A(i)$. Konkret ist also:

$$\left| \begin{array}{rcl} V_A(i) &=& xv^k + yv^n = V_L(i) \\[2ex] D_A(i) &=& k\dfrac{xv^k}{xv^k+yv^n} + n\dfrac{yv^n}{xv^k+yv^n} = D_L(i) \end{array} \right| \ .$$

Die Lösung dieses Linearen Gleichungssystems ist

$$\left| \begin{array}{l} x = (V_L(i) - yv^n) \cdot (1+i)_k = 1.213,20 \\[2ex] y = \dfrac{V_L(i) \cdot D_L(i) - kV_L(i)}{(n-k)}(1+i)_n = 797,38 \end{array} \right| \ .$$

Es werden also fünfjährige Anleihen zum Nennwert von 1.213,20 Millionen Euro und 20-jährigen Anleihen zum Nennwert von 797,38 Millionen Euro gekauft. Dabei sind wir stillschweigend davon ausgegangen, dass die Rücknahme zum Nennwert erfolgt.

L 2.29 Es sei zunächst $D_L(i) = D_A(i)$. Dann ist

$$\frac{d}{di}\left(\frac{V_A(i)}{V_L(i)}\right) = \frac{V_A'(i)\cdot V_L(i) - V_A(i)\cdot V_L'(i)}{(V_L(i))^2} = \frac{V_A'(i)}{V_L(i)} - \frac{V_A(i)}{V_L(i)}\cdot\frac{V_L'(i)}{V_L(i)}$$

$$= \frac{V_A(i)}{(1+i)\,V_L(i)}\cdot\left((1+i)\frac{V_A'(i)}{V_A(i)} - (1+i)\frac{V_L'(i)}{V_L(i)}\right)$$

$$= \frac{V_A(i)}{(1+i)\,V_L(i)}\,(D_L(i) - D_A(i)) = 0\,.$$

Gilt umgekehrt

$$\frac{d}{di}\left(\frac{V_A(i)}{V_L(i)}\right) = 0\,,$$

dann folgt analog, dass

$$0 = \frac{d}{di}\left(\frac{V_A(i)}{V_L(i)}\right) = \frac{V_A(i)}{(1+i)\,V_L(i)}\,(D_L(i) - D_A(i))\,.$$

Da die Barwerte $V_L(i)$ und $V_A(i)$ positiv sind, müssen folglich die Durationen übereinstimmen, damit das Produkt null wird. Es ist also $D_L(i) = D_A(i)$. Die Gleichheit der Durationen ist also äquivalent zu einem konstanten asset liabilty ratio.

4.3 Lösungen zu Kapitel 3 – Zinsmodelle

L 3.1 Es sei $n = 5$; $P_n = N = 100$; $Z = 2$. Dann ist nach Voraussetzung

$$P_0 = Z(1+i_1)^{-1} + Z(1+i_2)^{-2} + Z(1+i_3)^{-3} + Z(1+i_4)^{-4}$$

$$+ (P_5 + Z)(1+i_5)^{-5}$$

$$= 2\cdot 1{,}005^{-1} + 2\cdot 1{,}008^{-2} + 2\cdot 1{,}01^{-3} + 2\cdot 1{,}012^{-4} + 102\cdot 1{,}015^{-5} = 102{,}49\,.$$

Die Anleihe ist über pari notiert, da die Kuponrate höher ist als alle Kassazinssätze.

L 3.2 Die Zinsstruktur ist durch die Folge der Kassazinssätze definiert, die wiederum als interne Renditen von Nullkuponanleihen berechnet werden. Es gilt also

$$i_1 = \frac{100}{99{,}05} - 1 = 0{,}0096$$

$$i_2 = \sqrt{\frac{100}{97{,}99}} - 1 = 0{,}0102$$

$$i_3 = \sqrt[3]{\frac{100}{96{,}51}} - 1 = 0{,}0119\,.$$

Es handelt sich um eine normale Zinsstruktur, da die Kassazinssätze mit zunehmender Laufzeit ansteigen.

L 3.3 Wir berechnen den einjährigen Kassazinssatz i_1 anhand der Anleihe A:

$$i_1 = \frac{100}{95{,}67} - 1 = 0{,}0453 \; .$$

Mit Hilfe der Anleihe B berechnen wir i_2, indem wir das Äquivalenzprinzip anwenden:

$$i_2 = \sqrt{\frac{104}{103{,}47 - 4 \cdot (1 + 0{,}0453)^{-1}}} - 1 = 0{,}0216 \; .$$

Für i_3 ist analog unter Betrachtung von Anleihe C:

$$i_3 = \sqrt[3]{\frac{105}{104{,}25 - 5 \cdot (1 + 0{,}0453)^{-1} - 5 \cdot (1 + 0{,}0216)^{-2}}} - 1 = 0{,}0351 \; .$$

Die so berechnete Zinsstrukturkurve ist weder normal noch invers.

L 3.4 Nach Definition der Terminzinssätze berechnen wir

$$f_1 = i_1 = 0{,}035$$

$$f_2 = \frac{(1 + i_2)^2}{1 + i_1} - 1 = \frac{1{,}038^2}{1{,}035} - 1 = 0{,}0410$$

$$f_3 = \frac{(1 + i_3)^3}{(1 + i_2)^2} - 1 = \frac{1{,}041^3}{1{,}038^2} - 1 = 0{,}0470$$

$$f_4 = \frac{(1 + i_4)^4}{(1 + i_3)^3} - 1 = \frac{1{,}044^4}{1{,}041^3} - 1 = 0{,}0531$$

$$f_5 = \frac{(1 + i_5)^5}{(1 + i_4)^4} - 1 = \frac{1{,}047^5}{1{,}044^4} - 1 = 0{,}0591 \; .$$

Diese Terminzinssätze sind die impliziten Zinsraten für aufeinanderfolgende einjährige Zinsperioden in der Zukunft.

L 3.5 Die impliziten zukünftigen Kassazinssätze bezeichnen wir mit $\tilde{i}_k$ für $k = 1, \ldots, 5$.
Dann gilt

$$\tilde{i}_1 = \frac{(1 + i_3)^3}{(1 + i_2)^2} - 1 = \frac{1,037^3}{1,029^2} - 1 = 0,0532$$

$$\tilde{i}_2 = \left(\frac{(1 + i_4)^4}{(1 + i_2)^2} \right)^{\frac{1}{2}} - 1 = \sqrt{\frac{1,044^4}{1,029^2}} - 1 = 0,0592$$

$$\tilde{i}_3 = \left(\frac{(1 + i_5)^5}{(1 + i_2)^2} \right)^{\frac{1}{3}} - 1 = \sqrt[3]{\frac{1,050^5}{1,029^2}} - 1 = 0,0642$$

$$\tilde{i}_4 = \left(\frac{(1 + i_6)^6}{(1 + i_2)^2} \right)^{\frac{1}{4}} - 1 = \sqrt[4]{\frac{1,055^6}{1,029^2}} - 1 = 0,0682$$

$$\tilde{i}_5 = \left(\frac{(1 + i_7)^7}{(1 + i_2)^2} \right)^{\frac{1}{5}} - 1 = \sqrt[5]{\frac{1,059^7}{1,029^2}} - 1 = 0,0712 \,.$$

Sämtliche Kassazinssätze steigen an, die Zinsstrukturkurve wird insgesamt etwas flacher.

L 3.6 Es ist

$$i_1^P = i_1 = 0,02$$

$$i_2^P = \frac{1 - (1 + i_2)^{-2}}{(1 + i_1)^{-1} + (1 + i_2)^{-2}} = \frac{1 - 1,025^{-2}}{1,02^{-1} + 1,025^{-2}} = 0,0249$$

$$i_3^P = \frac{1 - (1 + i_3)^{-3}}{(1 + i_1)^{-1} + (1 + i_2)^{-2} + (1 + i_3)^{-3}} = \frac{1 - 1,028^{-3}}{1,02^{-1} + 1,025^{-2} + 1,028^{-3}} = 0,0279$$

$$i_4^P = \frac{1 - (1 + i_4)^{-4}}{(1 + i_1)^{-1} + (1 + i_2)^{-2} + (1 + i_3)^{-3} + (1 + i_4)^{-4}}$$

$$= \frac{1 - 1,029^{-4}}{1,02^{-1} + 1,025^{-2} + 1,028^{-3} + 1,029^{-4}} = 0,0289 \,.$$

Parikursrenditen sind die internen Renditen von Parbonds. Die interne Rendite einer vierjährigen Zinsanleihe mit Kuponrate 2,89 % ist also gleich 2,89 %. Die Kuponhöhe einer dreijährigen Zinsanleihe, die eine Rendite von 2,79 % aufweisen soll, muss 2,79 betragen.

L 3.7 Anhand von Anleihe A berechnen wir den Kassazinssatz i_1:

$$i_1 = \frac{100}{95,45} - 1 = 0,0477 \,.$$

Damit lässt sich anhand der Anleihe B der Kassazinssatz i_2 berechnen:

$$i_2 = \sqrt{\frac{100 + 4}{99{,}66 - 4 \cdot 1{,}0477^{-1}}} - 1 = 0{,}0417 \ .$$

Schließlich ist analog mit Hilfe von Anleihe C:

$$i_3 = \sqrt[3]{\frac{100 + 2}{98{,}22 - 2 \cdot 1{,}0477^{-1} - 2 \cdot 1{,}0417^{-2}}} - 1 = 0{,}0259 \ .$$

Es handelt sich um eine inverse Zinsstruktur.

L 3.8   Anhand von Anleihe A berechnen wir den Terminzinssatz f_1:

$$f_1 = \frac{100}{96{,}32} - 1 = 0{,}0382 \ .$$

Damit lässt sich anhand der Anleihe B der Terminzinssatz f_2 berechnen. Denn es gilt zunächst

$$f_2 = \frac{100 + 3}{94{,}44 \cdot 1{,}0382 - 3} - 1 = 0{,}0837 \ .$$

Schließlich ist analog für f_3 mit Hilfe von Anleihe C:

$$f_3 = \frac{100 + 5}{96{,}12 \cdot 1{,}0382 \cdot 1{,}0837 - 5 \cdot 1{,}0837 - 5} - 1 = 0{,}0745 \ .$$

Daraus können wir die Kassazinssätze berechnen:

$$i_1 = f_1 = 0{,}0300$$
$$i_1 = 0{,}0382$$
$$i_2 = \sqrt{1{,}0382 \cdot 1{,}0837} - 1 = 0{,}0607$$
$$i_3 = \sqrt[3]{1{,}0382 \cdot 1{,}0837 \cdot 1{,}0745} - 1 = 0{,}0653 \ .$$

Es handelt sich um eine normale Zinsstruktur.

L 3.9   Nach Voraussetzung sei $i_1^P = 0{,}0323$; $i_2^P = 0{,}0357$; $i_3^P = 0{,}0402$. Damit ist zunächst

$$i_1 = i_1^P = 0{,}0323 \ .$$

Daraus folgt

$$i_2 = \sqrt{\frac{1 + i_2^P}{1 - i_2^P\,(1 + i_1)^{-1}}} - 1 = \sqrt{\frac{1 + 0{,}0357}{1 - 0{,}0357 \cdot 1{,}0323^{-1}}} - 1 = 0{,}0358$$

sowie

$$i_3 = \sqrt[3]{\frac{1 + i_3^P}{1 - i_3^P\left((1 + i_1)^{-1} + (1 + i_2)^{-2}\right)}} - 1$$

$$= \sqrt[3]{\frac{1 + 0{,}0402}{1 - 0{,}0402\,(1{,}0323^{-1} + 1{,}0358^{-2})}} - 1 = 0{,}0404\ .$$

Die Zinsstruktur ist normal.

L 3.10 Für Anleihe A sei $n = 1$; $P_0 = P_n = N = 100$; $Z = 3$. Dann ist der einjährige Kassazinssatz i_1:

$$i_1 = \frac{P_1 + Z}{P_0} - 1 = \frac{103}{100} - 1 = 0{,}03\ .$$

Für Anleihe B sei $n = 2$; $P_0 = P_n = N = 100$; $Z = 4$. Dann ist nach dem Äquivalenzprinzip zum Stichtag null:

$$P_0 = Z\,(1 + i_1)^{-1} + (Z + P_2)\,(1 + i_2)^{-2}\ .$$

Daraus folgt für den gesuchten Kassazinssatz i_2

$$i_2 = \sqrt{\frac{Z + P_2}{P_0 - Z\,(1 + i_1)^{-1}}} - 1 = \sqrt{\frac{104}{100 - 4 \cdot 1{,}03^{-1}}} - 1 = 0{,}0402\ .$$

Die interne Rendite des neuen Zerobonds ist also gleich 4,02 %. Der Rücknahmekurs P_2 der neuen Anleihe ist 108,20:

$$P_2 = P_0\,(1 + i_2)^2 = 100 \cdot 1{,}0402^2 = 108{,}20\ .$$

L 3.11 Für Anleihe A sei $n = 1$; $P_0 = P_n = N = 100$; $Z = 5$. Dann gilt für f_1:

$$f_1 = i_1 = \frac{P_1 + Z}{P_0} - 1 = \frac{105}{100} - 1 = 0{,}05\ .$$

Für Anleihe B mit $n = 2$; $P_0 = P_n = N = 100$; $Z = 3$ gilt nach dem Äquivalenzprinzip zum Stichtag 2:

$$P_0\,(1 + f_1) \cdot (1 + f_2) = Z\,(1 + f_2) + Z + P_2\ .$$

Daraus folgt für den gesuchten Terminzinssatz f_2:

$$f_2 = \frac{Z + P_2}{P_0\,(1 + f_1) - Z} - 1 = \frac{103}{100 \cdot 1{,}05 - 3} - 1 = 0{,}0098\,.$$

Nach dem Äquivalenzprinzip gilt für den Emissionskurs P_0 der neuen Anleihe:

$$P_0 = P_0\,(1 + f_1)^{-1}\,(1 + f_2)^{-2} = 100 \cdot 1{,}05^{-1} \cdot 1{,}0098^{-1} = 94{,}31\,.$$

Die interne Rendite berechnen wir durch

$$i = \sqrt{(1 + f_1)\,(1 + f_2)} - 1 = \sqrt{1{,}05 \cdot 1{,}0098} - 1 = 0{,}0297\,.$$

L 3.12 Da beide Zinsanleihe zu pari notiert sind, sind die Parikursrenditen gleich den Kuponraten

$$i_1^P = \frac{1}{100} = 0{,}01$$

$$i_1^P = \frac{2}{100} = 0{,}02\,.$$

Die interne Rendite des Zerobonds ist gleich dem Kassazinssatz i_2. Es ist einerseits $i_1 = i_1^P = 0{,}01$ und andererseits

$$i_2 = \sqrt{\frac{1 + i_2^P}{1 - i_2^P\,(1 + i_1)^{-1}}} - 1 = \sqrt{\frac{1{,}02}{1 - 0{,}02 \cdot 1{,}01^{-1}}} - 1 = 0{,}0201\,.$$

Folglich ist der Emissionskurs

$$P_0 = P_2\,(1 + i_2)^{-2} = 100 \cdot 1{,}0201^{-2} = 96{,}10\,.$$

L 3.13 a) Es sei $n = 2$; $P_n = N = 100$; $c = 0{,}06$; $Z = cN = 6$. Dann ist der Kurs nach dem Äquivalenzprinzip:

$$P_0 = Z\frac{1}{1 + i_1} + (P_2 + Z)\,\frac{1}{(1 + i_2)^2} = 6\frac{1}{1{,}04} + 106\frac{1}{1{,}045^2} = 102{,}84 \neq 99{,}00\,.$$

Die Bewertung ist nicht konsistent mit der gegebenen Zinsstruktur. Man wird also die genannte Anleihe am Markt günstig kaufen, in Nullkuponanleihen zerlegen und einzeln teuer verkaufen.

b) Um Arbitrage auszunutzen, muss die gegebene Zinsanleihe aus Teil a) durch eine Linearkombination von Nullkuponanleihen derart zusammengesetzt werden, dass beide Anlagealternativen zukünftig dieselben Zahlungen aufweisen. Es werden also folgende

Anleihen betrachtet: A_1 sei ein einjähriger Nullkupon, A_2 sei ein zweijähriger Nullkupon, A_3 sei die Kuponanleihe aus Teil a). Die Zahlungen aus Sicht des jeweiligen Inhabers sind in der nachfolgenden Tabelle angegeben. Dabei achte man auf die Vorzeichen: ein Minuszeichen steht für eine Ausgabe, ein positives Vorzeichen bedeutet eine Einnahme.

Zeitpunkte	Anleihe A_1	Anleihe A_2	Anleihe A_3	Anleihe A $\begin{aligned}&= -6A_1 \\ &\;-106A_2 \\ &\;+100A_3\end{aligned}$
$t = 0$	$\begin{aligned}&-100/1{,}04 \\ &= -96{,}15\end{aligned}$	$\begin{aligned}&-100/1{,}045^2 \\ &= -91{,}57\end{aligned}$	-99	$\begin{aligned}&-6 \cdot (-96{,}15) \\ &-106 \cdot (-91{,}57) \\ &+100 \cdot (-99) \\ &= 383{,}66\end{aligned}$
$t = 1$	100	0	6	$\begin{aligned}&-6 \cdot 100 \\ &-106 \cdot 0 \\ &+100 \cdot 6 \\ &= 0\end{aligned}$
$t = 2$	0	100	106	$\begin{aligned}&-6 \cdot 0 \\ &-106 \cdot 100 \\ &+100 \cdot 106 \\ &= 0\end{aligned}$

Man kann die Zusammensetzung für das Portfolio A anhand der kleinsten gemeinsamen Vielfachen in der zweiten und dritten Zeile direkt erkennen oder auch formal berechnen. Es sei dazu x die Anzahl der zu kaufenden Einheiten der Anleihe A_1, y die Anzahl der zu kaufenden Einheiten von Anleihe A_2 und z die Anzahl der zu kaufenden Einheiten von Anleihe A_3

Nach dem law of one price müssen sich alle Zahlungen in zukünftigen Zeitpunkten zu Null addieren. Wir haben also folgendes Gleichungssystem für die zukünftigen Zahlungen zu den Zeitpunkten $t = 1$ und $t = 2$:

$$\left. \begin{array}{l} 100x + 0y + 6z = 0 \\ 0x + 100y + 106z = 0 \end{array} \right| \Leftrightarrow \left. \begin{array}{l} x = -\frac{6}{100}z \\ y = -\frac{106}{100}z \end{array} \right| .$$

Setzen wir nun ohne Beschränkung der Allgemeinheit $z = 100$ so folgt daraus $x = -6$ und $y = -106$. Der Arbitragegewinn zum Zeitpunkt $t = 0$ ist dann gleich

$$G = -6 \cdot (-96{,}15) - 106 \cdot (-91{,}57) + 100 \cdot (-99) = 383{,}66 > 0 \, .$$

Ein gewinnbringendes und risikoloses Portfolio ergibt sich dadurch, dass 100 Einheiten von Anleihe A_3 gekauft werden, 6 Einheiten von Anleihe A_1 verkauft werden und 106 Einheiten von Anleihe A_2 verkauft werden. Dadurch ergibt sich ein sofortiger Gewinn von 383,66; alle zukünftigen Zahlungen sind Null.

L 3.14 a) Es sei $n = 2$; $P_n = N = 100$; $Z = 8$. Dann ist der Kurs nach dem Äquivalenzprinzip:

$$P_0 = Z \frac{1}{1 + i_1} + (P_2 + Z) \frac{1}{(1 + i_2)^2} = 8 \frac{1}{1{,}035} + 108 \frac{1}{1{,}04^2} = 107{,}58 \ .$$

b) Die am Markt ausgezeichnete Kurs ist nicht konsistent mit der gegebenen Zinsstruktur, sie ist zu teuer. Man wird also versuchen, den Zahlungsstrom dieser Anleihe durch eine Linearkombination von Nullkuponanleihen zu replizieren. Dann verkauft man das so gebildete Portfolio zum Marktpreis.

Wir betrachten also folgende Wertpapiere: A_1 sei ein einjähriger Nullkupon, A_2 sei ein zweijähriger Nullkupon, A_3 sei die Kuponanleihe aus Teil a). Die Zahlungen aus Sicht des jeweiligen Inhabers für die drei festverzinslichen Wertpapiere sind

Zeitpunkte	Anleihe A_1	Anleihe A_2	Anleihe A_3	Anleihe A $\begin{array}{l} = 8A_1 \\ +108A_2 \\ -100A_3 \end{array}$
$t = 0$	$\begin{array}{l} -100/1{,}035 \\ = -96{,}62 \end{array}$	$\begin{array}{l} -100/1{,}045^2 \\ = -92{,}46 \end{array}$	-110	$\begin{array}{l} 8 \cdot (-96{,}62) \\ +108 \cdot (-92{,}46) \\ -100 \cdot (-110) \\ = 241{,}85 \end{array}$
$t = 1$	100	0	8	$\begin{array}{l} 8 \cdot 100 \\ +108 \cdot 0 \\ -100 \cdot 8 \\ = 0 \end{array}$
$t = 2$	0	100	108	$\begin{array}{l} 8 \cdot 0 \\ +108 \cdot 100 \\ -100 \cdot 108 \\ = 0 \end{array}$

Man kann die Zusammensetzung für das Portfolio A anhand der kleinsten gemeinsamen Vielfachen in der zweiten und dritten Zeile direkt erkennen oder auch formal berechnen. Es sei dazu x die Anzahl der zu kaufenden Einheiten der Anleihe A_1, y die Anzahl der zu kaufenden Einheiten von Anleihe A_2 und z die Anzahl der zu kaufenden Einheiten von Anleihe A_3. Nach dem law of one price müssen sich alle Zahlungen in zukünftigen Zeitpunkten zu Null addieren. Wir haben also folgendes Gleichungssystem für die zukünftigen Zahlungen zu den Zeitpunkten $t = 1$ und $t = 2$:

$$\left| \begin{array}{l} 100x + 0y + 8z = 0 \\ 0x + 100y + 108z = 0 \end{array} \right. \Leftrightarrow \left| \begin{array}{l} x = -\frac{8}{100}z \\ y = -\frac{108}{100}z \end{array} \right. .$$

Setzen wir nun ohne Beschränkung der Allgemeinheit $z = -100$ so folgt daraus $x = 8$ und $y = 108$. Der Arbitragegewinn zum Zeitpunkt $t = 0$ ist dann gleich

$$8 \cdot (-96{,}62) + 108 \cdot (-92{,}46) - 100 \cdot (-110) = 241{,}85 > 0 \ .$$

Die Arbitrageoperation sieht also wie folgt aus: Kauf von 8 Einheiten des einjährigen Zerobonds A_1, Kauf von 108 Einheiten des zweijährigen Zerobonds A_2 und Verkauf von 100 falsch bewerteten Kuponanleihen A_3. Der sofortige risikolose Gewinn ist dabei 241,85 €.

L 3.15 a) Es werden die Kassazinssätze benötigt. Sie lauten

$$i_1 = \frac{100}{94{,}55} - 1 = 0{,}0576$$

$$i_2 = \sqrt{\frac{100}{87{,}26}} - 1 = 0{,}0705$$

$$i_3 = \sqrt[3]{\frac{10}{82{,}17}} - 1 = 0{,}0676$$

$$i_4 = \sqrt[4]{\frac{100}{77{,}98}} - 1 = 0{,}0642 \ .$$

Es sei nun $n = 4$; $P_n = N = 100$; $Z = 10$. Dann ist nach dem Äquivalenzprinzip

$$P_0 = 10 \cdot 1{,}0576^{-1} + 10 \cdot 1{,}0705^{-2} + 10 \cdot 1{,}0676^{-3} + 110 \cdot 1{,}0642^{-4} = 112{,}18 \ .$$

Der Emissionskurs ist also 112,18.

b) Die interne Rendite wird nach dem Äquivalenzprinzip aus der Bestimmungsgleichung

$$112{,}18 \, (1 + i)^4 = 10 \, (1 + i)^3 + 10 \, (1 + i)^2 + 10 \, (1 + i) + 110$$

berechnet. Die Näherungslösung für die interne Rendite ist 6,45 %.

c) Es werden die Terminzinssätze benötigt. Sie sind

$$f_1 = i_1 = 0{,}0576$$

$$f_2 = \frac{(1 + i_2)^2}{1 + i_1} - 1 = \frac{1{,}0705^2}{1{,}0576} - 1 = 0{,}0835$$

$$f_3 = \frac{(1 + i_3)^3}{(1 + i_2)^2} - 1 = \frac{1{,}0676^3}{1{,}0705^2} - 1 = 0{,}0619$$

$$f_4 = \frac{(1 + i_4)^4}{(1 + i_3)^3} - 1 = \frac{1{,}0642^4}{1{,}676^3} - 1 = 0{,}0537 \ .$$

Nach dem Äquivalenzprinzip gilt zum Bewertungsstichtag

$$P_1 = Z\frac{1}{1+f_2} + Z\frac{1}{(1+f_2)(1+f_3)} + (Z+P_4)\frac{1}{(1+f_2)(1+f_3)(1+f_4)} \,.$$

Durch Einsetzen mit $Z = 10$ und $P_4 = 100$ berechnen wir den Kurs 108,64.

L 3.16 Wir berechnen zunächst die Kassazinssätze aus den internen Renditen der Zerobonds:

$$i_1 = \frac{100}{98{,}23} - 1 = 0{,}0180$$

$$i_2 = \sqrt{\frac{100}{95{,}87}} - 1 = 0{,}0213$$

$$i_3 = \sqrt[3]{\frac{100}{92{,}12}} - 1 = 0{,}0277$$

$$i_4 = \sqrt[4]{\frac{100}{88{,}75}} - 1 = 0{,}0303 \,.$$

Damit lässt sich der Kurswert P_0 der gesuchten Anleihe berechnen:

$$P_0 = 3 \cdot 1{,}0180^{-1} + 3 \cdot 1{,}0213^{-2} + 3 \cdot 1{,}0277^{-3} + 103 \cdot 1{,}0303^{-4} = 100{,}00 \,.$$

Für die gesuchte Rendite i gilt gemäß dem Äquivalenzprinzip

$$100 = 3\,(1+i)^{-1} + 3\,(1+i)^{-2} + 3\,(1+i)^{-3} + 103\,(1+i)^{-4} \,.$$

Durch äquivalentes Umformen stellen wir ein polynomiales Nullstellenproblem auf, welches wir mit einem Näherungsverfahren lösen. Die interne Rendite ist konkret 3,0 %, also gleich der Kuponrate, denn die Anleihe ist zu pari notiert.

L 3.17 Es sei $t = 3$; $P_0 = 102{,}34$; $N = 100$; $c = 0{,}05$; $Z = cN = 5$; $i = 0{,}065$. Gesucht ist der Kurs P_t. Nach dem Äquivalenzprinzip gilt

$$P_0 = Z a_{\overline{t}|} + P_t\,(1+i)^{-t} \,.$$

Daraus folgt

$$P_t = P_0\,(1+i)^t - Z\frac{(1+i)^t - 1}{i} = 102{,}34 \cdot 1{,}065^3 - 5\frac{1{,}065^3 - 1}{0{,}065} = 107{,}63 \,.$$

Der Verkaufskurs war also 107,63.

L 3.18 Es sei $n = 5$; $P_0 = P_n = N = 100$; $Z = 3$. Die interne Rendite ist gleich der Kuponrate, also gleich 3 %, denn die Anleihe war zu pari notiert. Gesucht ist allerdings die tatsächliche Rendite i. Nach Voraussetzung gilt mit dem Äquivalenzprinzip

$$P_0 (1 + i)^n = nZ + P_n \; .$$

Daraus folgt

$$i = \sqrt[n]{\frac{nZ + P_n}{P_0}} - 1 = \sqrt[5]{\frac{5 \cdot 3 + 100}{100}} - 1 = 0{,}0283 \; .$$

Da die erhaltenen Kuponzahlungen nicht verzinst wurden, liegt die tatsächlich erzielte Rendite des Kleinanlegers mit 2,83 % unterhalb der internen Rendite der Anleihe mit 3,0 %.

L 3.19 a) Es sei $n = 5$; $P_n = N = 100$; $Z = 5$ sowie $\mathbf{i_0} = (0{,}01; 0{,}02; 0{,}04; 0{,}07; 0{,}11)^t$. Dann ist der Emissionskurs

$$\begin{aligned}
P_0 (\mathbf{i_0}) &= 5 \cdot 1{,}01^{-1} + 5 \cdot 1{,}02^{-2} + 5 \cdot 1{,}04^{-3} + 5 \cdot 1{,}07^{-4} + (100 + 5) \cdot 1{,}011^{-5} \\
&= 77{,}43 \; .
\end{aligned}$$

Der Emissionskurs ist also 77,43.

  b) Die Leitdurationen sind nach Definition

$$D_1 (\mathbf{i_0}) = \frac{1 \cdot Z \cdot (1 + i_1)^{-1}}{P_0 (\mathbf{i_0})} = \frac{1 \cdot 5 \cdot 1{,}01^{-1}}{77{,}43} = 0{,}0639$$

$$D_2 (\mathbf{i_0}) = \frac{2 \cdot Z \cdot (1 + i_2)^{-2}}{P_0 (\mathbf{i_0})} = \frac{2 \cdot 5 \cdot 1{,}02^{-2}}{77{,}43} = 0{,}1241$$

$$D_3 (\mathbf{i_0}) = \frac{3 \cdot Z \cdot (1 + i_3)^{-3}}{P_0 (\mathbf{i_0})} = \frac{3 \cdot 5 \cdot 1{,}04^{-3}}{77{,}43} = 0{,}1722$$

$$D_4 (\mathbf{i_0}) = \frac{4 \cdot Z \cdot (1 + i_4)^{-4}}{P_0 (\mathbf{i_0})} = \frac{4 \cdot 5 \cdot 1{,}07^{-4}}{77{,}43} = 0{,}1971$$

$$D_5 (\mathbf{i_0}) = \frac{5 \cdot (Z + P_5) \cdot (1 + i_5)^{-5}}{P_0 (\mathbf{i_0})} = \frac{5 \cdot (5 + 100) \cdot 1{,}11^{-5}}{77{,}43} = 4{,}0240 \; .$$

c) Es sei $\mathbf{i} = (0; 0{,}01; 0{,}03; 0{,}06; 0{,}10)^t$. Dann ist nach der Approximationsformel

$$P_0 (\mathbf{i}) \approx P_0 (\mathbf{i_0}) \prod_{k=1}^{n} \left(\frac{1 + i_{0_k}}{1 + i_k} \right)^{D_k (\mathbf{i_0})}$$

$$= 77{,}43 \cdot \left(\frac{1{,}01}{1{,}00} \right)^{0{,}0639} \cdot \left(\frac{1{,}02}{1{,}01} \right)^{0{,}1241} \cdot \left(\frac{1{,}04}{1{,}03} \right)^{0{,}1722} \cdot \left(\frac{1{,}07}{1{,}06} \right)^{0{,}1971} \cdot \left(\frac{1{,}11}{1{,}10} \right)^{4{,}0240}$$

$$= 80{,}53 \; .$$

Im Vergleich dazu ist der exakt berechnete Kurs 80,59.

$$P_0\,(\mathbf{i}_0) = 5 \cdot 1,00^{-1} + 5 \cdot 1,01^{-2} + 5 \cdot 1,03^{-3} + 5 \cdot 1,06^{-4} + (100 + 5) \cdot 1,010^{-5}$$
$$= 80,59 \,.$$

L 3.20 a) In allgemeiner Form gilt für den Kontostand nach drei Jahren

$$K_3 = K_0 \cdot \left(1 + \tilde{f}_1\right) \cdot \left(1 + \tilde{f}_2\right) \cdot \left(1 + \tilde{f}_3\right) \,.$$

Aufgrund der stochastischen Unabhängigkeit ist der Erwartungswert

$$E\,(K_3) = E\left(K_0 \cdot \left(1 + \tilde{f}_1\right) \cdot \left(1 + \tilde{f}_2\right) \cdot \left(1 + \tilde{f}_3\right)\right)$$
$$= K_0 \cdot \left(1 + E\left(\tilde{f}_1\right)\right) \cdot \left(1 + E\left(\tilde{f}_2\right)\right) \cdot \left(1 + E\left(\tilde{f}_3\right)\right) \,.$$

Dabei ist nach Voraussetzung

$$E\left(\tilde{f}_1\right) = \frac{1}{3}\,(0,02 + 0,03 + 0,04) = 0,03$$
$$E\left(\tilde{f}_2\right) = 0,75 \cdot 0,035 + 0,25 \cdot 0,025 = 0,0325$$
$$E\left(\tilde{f}_3\right) = 0,6 \cdot 0,03 + 0,4 \cdot 0,02 = 0,026 \,.$$

Daraus folgt

$$E\,(K_3) = 60.000 \cdot 1,03 \cdot 1,0375 \cdot 1,026 = 65.467,52 \,.$$

Der erwartete Kontostand nach drei Jahren ist 65.467,52 €.

b) Die Varianz des Kontostands ist mit dem Verschiebungssatz

$$Var\,(K_3) = E\left(K_3^2\right) - (E\,(K_3))^2$$
$$= K_0^2 \cdot E\left(\left(1 + \tilde{f}_1\right)^2 \cdot \left(1 + \tilde{f}_2\right)^2 \cdot \left(1 + \tilde{f}_3\right)^2\right) - (E\,(K_3))^2 \,.$$

Dabei ist aufgrund der stochastischen Unabhängigkeit

$$E\left(\left(1 + \tilde{f}_1\right)^2 \cdot \left(1 + \tilde{f}_2\right)^2 \cdot \left(1 + \tilde{f}_3\right)^2\right) =$$
$$E\left(\left(1 + \tilde{f}_1\right)^2\right) \cdot E\left(\left(1 + \tilde{f}_2\right)^2\right) \cdot E\left(\left(1 + \tilde{f}_3\right)^2\right) \,.$$

Nach der binomischen Formel ist für $k = 1,2,3$

$$E\left(\left(1 + \tilde{f}_k\right)^2\right) = E\left(\tilde{f}_k^2 + 2\tilde{f}_k + 1\right) = E\left(\tilde{f}_k^2\right) + 2E\left(\tilde{f}_k\right) + 1 \,.$$

Konkret berechnen wir konkret mit den Ergebnissen aus Teil a)

$$E\left(\left(1+\tilde{f_1}\right)^2\right) = \frac{1}{3}\left(0{,}02^2 + 0{,}03^2 + 0{,}04^2\right) + 2 \cdot 0{,}03 + 1 = 1{,}0610$$

$$E\left(\left(1+\tilde{f_2}\right)^2\right) = 0{,}75 \cdot 0{,}035^2 + 0{,}25 \cdot 0{,}025^2 + 2 \cdot 0{,}0325 + 1 = 1{,}0661$$

$$E\left(\left(1+\tilde{f_3}\right)^2\right) = 0{,}6 \cdot 0{,}03^2 + 0{,}4 \cdot 0{,}02^2 + 2 \cdot 0{,}026 + 1 = 1{,}0527 \ .$$

Setzen wir nun alles zusammen, so erhalten wir im Ergebnis

$$Var\left(K_3\right) = 60.000^2 \cdot 1{,}0610 \cdot 1{,}0661 \cdot 1{,}0527 - 65.467{,}52^2 = 442.442{,}95 \ .$$

c) Der Kontostand übertrifft nur dann 66.000 €, wenn in jedem Jahr der höchste Zinssatz realisiert wird:

$$K_3 = 60.000 \cdot 1{,}04 \cdot 1{,}035 \cdot 1{,}03 = 66.521{,}52 \ .$$

In allen anderen Fällen ist der Kontostand geringer als 66.000 €. Die zugehörige Wahrscheinlichkeit ist 15 %:

$$P\left(K_3 > 66.000\right) = P\left(\tilde{f_1} = 0{,}04\right) \cdot P\left(\tilde{f_2} = 0{,}035\right) \cdot P\left(\tilde{f_3} = 0{,}03\right) = \frac{1}{3} \cdot 0{,}75 \cdot 0{,}6$$
$$= 0{,}15 \ .$$

L 3.21 a) Zunächst gilt für die jährliche Rendite nach Voraussetzung

$$E\left(1+i\right) = \exp\left(0{,}05 + 0{,}5 \cdot 0{,}0025\right) = \exp\left(0{,}05125\right) = 1{,}0526 \ .$$

Also ist die erwartete jährliche Rendite 5,26 %. Das erwartete Vermögen nach 25 Jahren ist:

$$E\left(V_{25}\right) = E\left(2.500\ddot{s}_{25}\right) = 2.500 E\left(\frac{(1+i)^{25} - 1}{1 - (1+i)^{-1}}\right)$$
$$= 2.500 \frac{(1 + E\left(i\right))^{25} - 1}{1 - (1 + E\left(i\right))^{-1}} = 2.500 \frac{1{,}0526^{25} - 1}{1 - 1{,}0526^{-1}} = 130.163{,}99 \ .$$

b) Es gilt nach Voraussetzung mit dem Ergebnis aus Teil a)

$$E\left((1+i)^{20}\right) = (1 + E\left(i\right))^{20} = 1{,}0526^{20} = 2{,}7871 \ .$$

Wir halten fest, dass $\ln\left((1+i)^{20}\right) \sim N\left(20\mu, 20\sigma^2\right) = N\left(1; 0{,}05\right)$. Daraus folgt für die gesuchte Wahrscheinlichkeit

$$P\left((1+i)^{20} > 2{,}7871\right) = P\left(\ln(1+i)^{20} > \ln 2{,}7871\right).$$

Durch Standardisierung des Arguments erhalten wir

$$P\left((1+i)^{20} > 2{,}7871\right) = P\left(\frac{\ln(1+i)^{20} - 1}{\sqrt{0{,}05}} > \frac{\ln 2{,}7871 - 1}{\sqrt{0{,}05}} = 0{,}1118\right).$$

Dabei ist

$$Z = \frac{\ln(1+i)^{20} - 1}{\sqrt{0{,}05}} \sim N\left(0{,}1\right).$$

standardnormal verteilt. Daraus folgt schließlich

$$P\left((1+i)^{20} > 2{,}7871\right) = P\left(Z > 0{,}1118\right) = 1 - \Phi\left(0{,}1118\right) = 1 - 0{,}5445 = 0{,}4555,$$

wobei Φ die Verteilungsfunktion der Standardnormalverteilung ist. Die Wahrscheinlichkeit, dass der Endwert größer als der Erwartungswert ist, beträgt also 45,55 %.

L 3.22 a) Mit den Formeln im Vasicek-Model erhalten wir für $t = 0$ und $T \in \{1, 2, 3, 4, 5\}$

T	$B(t,T)$	$A(t,T)$	$\tilde{P}(t,T)$	$\tilde{i}(t,T)$	$\tilde{i}_T$
1	0,9063	−0,0036	0,9741	0,0263	0,0266
2	1,6484	−0,0132	0,9471	0,0272	0,0276
3	2,2559	−0,0271	0,9199	0,0278	0,0282
4	2,7534	−0,0444	0,8930	0,0283	0,0287
5	3,1606	−0,0641	0,8666	0,0286	0,0290

b) Es sei $t = 2$ und $T \in \{3, 4, 5, 6, 7\}$. Dann ist der erwartete Momentanzinssatz

$$r(2) = \mu + (r(0) - \mu)\exp(-2a) = 0{,}04 + (0{,}025 - 0{,}04)\exp(-0{,}4) = 0{,}0299.$$

Somit können wir die Berechnungen analog zu Teil a) durchführen.

T	$B(t,T)$	$A(t,T)$	$\tilde{P}(t,T)$	$\tilde{i}(t,T)$	$\tilde{i}_T$
3	0,9063	−0,0036	0,9697	0,0308	0,0312
4	1,6484	−0,0132	0,9394	0,0313	0,0318
5	2,2559	−0,0271	0,9097	0,0316	0,0321
6	2,7534	−0,0444	0,8809	0,0317	0,0322
7	3,1606	−0,0641	0,8532	0,0318	0,0323

Sämtliche Kassazinssätze sind gestiegen. Die Zinsstruktur ist flacher geworden.

L 3.23 a) Zunächst ist die Hilfsgröße

$$\gamma = \sqrt{a^2 + 2\sigma^2} = \sqrt{0,2^2 + 2 \cdot 0,03^2} = 0,2045 \,.$$

Im CIR-Model berechnen wir dann für $t = 0$ und $T \in \{1,2,3,4,5\}$

T	$B(t,T)$	$A(t,T)$	$\tilde{P}(t,T)$	$\tilde{i}(t,T)$	$\tilde{i}_T$
1	0,9062	−0,0037	0,9739	0,0264	0,0268
2	1,6476	−0,0141	0,9462	0,0276	0,0280
3	2,2537	−0,0297	0,9175	0,0287	0,0291
4	2,7489	−0,0498	0,8882	0,0296	0,0301
5	3,1534	−0,0735	0,8587	0,0305	0,0309

b) Es sei $t = 2$ und $T \in \{3,4,5,6,7\}$. Dann ist der erwartete Momentanzinssatz analog zum Vasicek-Modell gegeben durch

$$r(2) = \mu + (r(0) - \mu)\exp(-2a) = 0,04 + (0,025 - 0,04)\exp(-0,4) = 0,0299 \,.$$

Somit können wir die Berechnungen analog zu Teil a) durchführen.

T	$B(t,T)$	$A(t,T)$	$\tilde{P}(t,T)$	$\tilde{i}(t,T)$	$\tilde{i}_T$
3	0,9062	−0,0037	0,9696	0,0309	0,0314
4	1,6476	−0,0141	0,9386	0,0317	0,0322
5	2,2537	−0,0297	0,9073	0,0324	0,0329
6	2,7489	−0,0498	0,8762	0,0330	0,0336
7	3,1534	−0,0735	0,8454	0,0336	0,0342

Sämtliche Kassazinssätze sind gestiegen. Die Zinsstruktur ist flacher geworden.

L 3.24 Zunächst ist der Kassazinssatz i_1 durch die interne Rendite des einjährigen Zerobonds gegeben:

$$i_1 = \frac{P_1^A}{P_0^A} - 1 = \frac{100}{97,09} - 1 = 0,0300 \,.$$

Der Kassazinssatz i_2 wird durch die interne Rendite des zweijährigen Zerobonds berechnet:

$$i_2 = \sqrt{\frac{P_2^B}{P_0^B}} - 1 = \sqrt{\frac{100}{92,45}} - 1 = 0,0400 \,.$$

Den Parameter a berechnen wir aus der Gleichung für die risikoneutrale Wahrscheinlichkeit

$$p = \frac{P_0^B\,(1+i) - P_1^{Bd}}{P_1^{Bu} - P_1^{Bd}} = \frac{P_0^B\,(1+i) - P_0^B\,(1-a)}{P_0^B\,(1+a) - P_0^B\,(1-a)} \; .$$

Daraus folgt

$$a = \frac{i_1}{2p-1} = \frac{0{,}0300}{2 \cdot 0{,}8 - 1} = 0{,}0500 \; .$$

Damit können wir die einjährigen Zinssätze für jeden Zweig berechnen:

$$i^u = \frac{P_2^B}{P_1^{Bu}} - 1 = \frac{100}{92{,}45\,(1+0{,}05)} - 1 = 0{,}0302$$

$$i^d = \frac{P_2^B}{P_1^{Bd}} - 1 = \frac{100}{92{,}45\,(1-0{,}05)} - 1 = 0{,}1385 \; .$$

L 3.25 Die sicheren Auszahlungen der gegebenen Zinsanleihe seien: $Z_1 = 2$; $Z_2 = 102$.
dann berechnen wir die Kurswerte direkt vor der ersten Kuponzahlung:

$$P_1^u = Z_2\,(1+i^u)^{-1} + Z_1 = 102 \cdot 1{,}015^{-1} + 2 = 100{,}49$$

$$P_1^d = Z_2\left(1+i^d\right)^{-1} + Z_1 = 102 \cdot 1{,}035^{-1} + 2 = 97{,}09 \; .$$

Nach dem Erwartungswertprinzip gilt dann

$$P_0 = p Z_1^u\,(1+i)^{-1} + (1-p)\,Z_1^d\,(1+i)^{-1}$$
$$= 0{,}5 \cdot 100{,}49 \cdot 1{,}015^{-1} + 0{,}5 \cdot 97{,}09 \cdot 1{,}035^{-1} = 96{,}38 \; .$$

Aus dem Binomialmodell ergibt sich der Kurswert der Anleihe zu 96,38.

L 3.26 Wir berechnen die einjährigen Zinssätze

$$i = \frac{P_0^A}{P_1^A} - 1 = \frac{100}{99{,}54} - 1 = 0{,}0046$$

$$i^u = \frac{P_0^B}{P_1^{Bu}} - 1 = \frac{100}{99{,}24} - 1 = 0{,}0077$$

$$i^d = \frac{P_0^B}{P_1^{Bd}} - 1 = \frac{100}{99{,}02} - 1 = 0{,}0099$$

und prüfen dann die allgemeine Arbitragebedingung im gesamten Baum. Die Bedingung
ist für

$$P_2^{Cud} < (1+i^u)\,P_1^{Cu} < P_2^{Cuu}$$

verletzt, denn

$$99{,}15 > 1{,}0077 \cdot 98{,}38 = 99{,}13 < 99{,}52 \ .$$

Man leiht sich im Zustand u das nötige Geld, um eine Anleihe C zum Kurs $P_1^{Cu} = 98{,}38$ zu kaufen. Der risikolose Zinssatz ist $i^u = 0{,}0077$, sodass die Rückzahlung des Kredits nach einem Jahr 99,13 beträgt. Zu diesem Zeitpunkt hat sich der Kurswert auf $P_2^{Cuu} = 99{,}52$ erhöht oder auf $P_2^{Cud} = 99{,}15$ erniedrigt. In beiden Fällen ist der Kurswert höher als die fällige Rückzahlung des Kredits. Die Anleihe C wird also verkauft und der Kredit wird zurückgezahlt, sodass der risikolose Gewinn 0,02 oder 0,39 beträgt.

L 3.27 Es sei $P_3 = 100$. Wir rechnen rückwärts, das heißt von rechts nach links im Binomialbaum. Dann gilt zunächst

$$P_2^{uu} = P_3 \left(1 + i^{uu}\right)^{-1} = 100 \cdot 1{,}02^{-1} = 98{,}04$$

$$P_2^{ud} = P_3 \left(1 + i^{ud}\right)^{-1} = 100 \cdot 1{,}05^{-1} = 95{,}24$$

$$P_2^{du} = P_3 \left(1 + i^{du}\right)^{-1} = 100 \cdot 1{,}045^{-1} = 95{,}69$$

$$P_2^{dd} = P_3 \left(1 + i^{dd}\right)^{-1} = 100 \cdot 1{,}065^{-1} = 93{,}90 \ .$$

Nach dem Erwartungswertprinzip folgt daraus:

$$
\begin{aligned}
P_1^u &= pP_2^{uu} \left(1 + i^u\right)^{-1} + (1 - p)\, P_2^{ud} \left(1 + i^u\right)^{-1} \\
&= 0{,}5 \cdot 98{,}04 \cdot 1{,}04^{-1} + 0{,}5 \cdot 95{,}24 \cdot 1{,}04^{-1} = 92{,}92 \\
P_1^d &= pP_2^{du} \left(1 + i^d\right)^{-1} + (1 - p)\, P_2^{dd} \left(1 + i^d\right)^{-1} \\
&= 0{,}5 \cdot 95{,}69 \cdot 1{,}06^{-1} + 0{,}5 \cdot 93{,}90 \cdot 1{,}06^{-1} = 89{,}43 \ .
\end{aligned}
$$

Somit gilt schließlich

$$
\begin{aligned}
P_0 &= pP_1^u \left(1 + i\right)^{-1} + (1 - p)\, P_1^d \left(1 + i\right)^{-1} \\
&= 0{,}5 \cdot 92{,}92 \cdot 1{,}045^{-1} + 0{,}5 \cdot 89{,}43 \cdot 1{,}045^{-1} = 87{,}25 \ .
\end{aligned}
$$

Der gesuchte Kurs der dreijährigen Nullkuponanleihe ist 87,25.

L 3.28 Im Ho-Lee-Modell gilt

$$
\begin{aligned}
\tilde{f}\left(t, T\right) &= -\frac{\partial}{\partial T} \ln \tilde{P}\left(t, T\right) \\
&= -\frac{\partial}{\partial T} \left(A\left(t, T\right) - (T - t)\, r\left(t\right)\right) \\
&= -\frac{\partial}{\partial T} \left(\ln P\left(0, T\right) - \ln P\left(0, t\right) - \frac{T - t}{P\left(0, t\right)} \cdot \frac{\partial P\left(0, t\right)}{\partial T}\right.
\end{aligned}
$$

$$-\frac{1}{2}\sigma^2 t\,(T-t)^2-(T-t)\,r\,(t)\Bigg)$$

$$=\tilde{f}\,(0,T)-2\tilde{f}\,(0,t)+\sigma^2 t\,(T-t)+r\,(t)\ .$$

Da nach Voraussetzung $t>0$ gilt, wird dieser Ausdruck im Grenzwert $T\to\infty$ durch den Term $\sigma^2 t\,(T-t)$ dominiert. Denn die anderen Summanden sind endlich, da jede vorgegebene aktuelle Zinsstruktur endlich ist. Daraus folgt $\tilde{f}\,(t,T)\to\infty$. Die zukünftig zu erwartende Terminzinsrate geht also für immer länger werdende Zeiträume gegen Unendlich. Diese Eigenschaft des Ho-Lee-Modells ist aus ökonomischer Sicht nicht sinnvoll.

L 3.29 Nach Voraussetzung ist der Momentanzinssatz $r\,(0)=0{,}02$. Weiterhin ist im Hull-White-Modell

$$B\,(0{,}5)=\frac{1-e^{-0{,}04\cdot(5-0)}}{0{,}04}=4{,}5317$$

sowie

$$A\,(0{,}5)=\ln\exp\,(-0{,}04\cdot(5-0))-\ln\exp\,(-0{,}04\cdot(0-0))$$

$$-\frac{B\,(0{,}5)}{\exp\,(-0{,}04\cdot(5-0))}\cdot(-0{,}04\exp\,(-0{,}04\cdot(0-0)))$$

$$-\frac{0{,}02^2}{4\cdot 0{,}04^3}\,(1-\exp\,(-0{,}04\,(5-0)))^2\,(1-\exp\,(-2\cdot 0{,}04\cdot 0))$$

$$=-0{,}0094\ .$$

Folglich ist der erwartete Kurswert

$$\tilde{P}\,(0{,}5)=\exp\,(A\,(0{,}5)-B\,(0{,}5)\,r\,(0))=\exp\,(-0{,}0094-4{,}5317\cdot 0{,}02)=0{,}9048\ .$$

Außerdem ist der bekannte Kurswert bei stetiger Verzinsung

$$P\,(0{,}5)=\exp\,(-0{,}02\cdot 5)=0{,}9048\ .$$

Folglich sind der erwartete Kurswert und der beobachtbare Kurswert gleich. Dieses Ergebnis ist kein Zufall. Denn das Hull-White-Modell ist so konstruiert, dass die erwartete Zinsstruktur zum Zeitpunkt null mit der vorgegebenen Zinsstruktur exakt übereinstimmt.

Sachverzeichnis

30E/360, 24

A

abgebrochene Rente, 42
abzinsen, 3
Abzinsungsfaktor, 7
AIBD, 25
Aktie, 117
Aktiva, 148
allgemeine Arbitragebedingung, 226
allgemeine Tilgung, 48
Amortisationsdauer, 74
Amortisationsmethode, 74
Amortisationsplan, 109
Angebotskurs, 115
Anleihezerlegung, 104, 182
Annuität, 47, 48
Annuitätenfaktor, 51
Annuitätentilgung, 51
äquivalent, 4, 6
Äquivalenzprinzip, 13
Arbitrage, 102
Arbitragemodell, 220
Arbitrageprinzip, 224
arithmetisch fallende Rente, 44
arithmetisch steigende Rente, 43
Asset Liability Management (ALM), 148
asset liability ratio, 156
assets, 149
aufgeschobene Rente, 40
Aufschlag-Abschlag-Formel für Zinsanleihen, 100
aufzinsen, 3
Aufzinsungsfaktor, 7
Ausfallrisiko, 96
Ausgabekurs, 97

B

Barwertrisiko, 120
Basispunkt, 139
Basispunktwert, 139
Bilanz, 148
Binomialbaum, 223
Binomialgitter, 233
Binomialmodell, 223
Bogen, 96
Börsenkurs, 110, 115
Bundesanleihe, 96, 104, 182, 217
Bundesobligation, 96
Bundesschatzbrief, 60, 61

C

Cashflow Matching, 149
clean price, 115
Cox-Ingersoll-Ross-Modell (CIR-Modell), 218
current yield, 98

D

Darlehen, 46
DDK-Identität, 144
deterministisches Zinsszenario, 199
dirty price, 113
Disagio, 58
Diskont, 17
Diskontanleihe, 100, 109
Diskontsatz, 17
Dispersion, 142
Dividende, 77, 117
Drift, 212
Duales Optimierungsproblem, 185
Dualität, 186
Duration, 124, 195
duration gap, 161

© Springer Fachmedien Wiesbaden GmbH 2017
K.M. Ortmann, *Praktische Finanzmathematik*, Studienbücher Wirtschaftsmathematik,
DOI 10.1007/978-3-658-13834-9